VERÖFFENTLICHUNGEN AUF DEM GEBIETE DER FASERSTOFF-FORSCHUNG UND TEXTILTECHNIK

NR. 7

HERAUSGEGEBEN
VON DEN INSTITUTEN FÜR FASERSTOFF-FORSCHUNG
UND FÜR TECHNOLOGIE DER FASERN
DER DEUTSCHEN AKADEMIE DER WISSENSCHAFTEN
ZU BERLIN

HERAUSGEBER
PROF. DR. CORRENS UND PROF. DR.-ING. WALTER FRENZEL

1957

AKADEMIE-VERLAG · BERLIN

DAS VERHALTEN DER DIREKTZIEHENDEN FARBSTOFFE GEGEN TIERISCHE FASERN CELLULOSE- UND KUNSTSPINNFASERN

VON

DR. HERBERT GERSTNER

1957

AKADEMIE-VERLAG · BERLIN

Erschienen im Akademie-Verlag GmbH., Berlin W 8, Mohrenstraße 39
Lizenz-Nr. 202 · 100/375/56
Gesamtherstellung: Druckhaus „Maxim Gorki", Altenburg
Bestell- und Verlagsnummer: 2049/7
Preis: DM 28,—
Printed in Germany

Dem Andenken meines verehrten Lehrers

PROFESSOR DR. HANS STOBBE

gewidmet

INHALTSVERZEICHNIS

VORWORT

Während die theoretischen Hauptfragen des Färbens mit Küpenfarbstoffen, des Färbens mit Beizenfarbstoffen und des Färbens von Celluloseestern, ebenso wie der Bildung von Kupplungsfarbstoffen in Cellulosefasern, schon seit längerer Zeit als geklärt angesehen werden konnten, fehlte dagegen bisher eine widerspruchslose Erklärung des Verhaltens der direktziehenden Farbstoffe gegen tierische und pflanzliche Fasern. Seit dem Erscheinen des von L. PELET-JOLIVET geschriebenen Buches: „Die Theorie des Färbeprozesses“ im Jahre 1910 hat bisher nur E. VALKÓ in seinem ausgezeichneten Werke: „Kolloidchemische Grundlagen der Textilveredlung“, das 1937 erschienen ist, die Forschungsergebnisse über das Färben tierischer und pflanzlicher Fasern in deutscher Sprache zusammenfassend dargestellt. Diese ausgezeichnete vom Standpunkt des Kolloidchemikers geschriebene Zusammenfassung des Verhaltens der direktziehenden Farbstoffe führt zwar schon sehr nahe an eine einheitliche Erklärung des Färbevorganges heran, berücksichtigt jedoch naturgemäß noch nicht die in den letzten Jahren veröffentlichten Forschungsergebnisse über das Färben. Eine solche auch die neuesten Forschungsergebnisse berücksichtigende Zusammenfassung des Verhaltens der direktziehenden Farbstoffe erschien dem Verfasser deswegen angebracht, weil es möglich ist, nunmehr eine widerspruchslose Erklärung des Verhaltens der direktziehenden Farbstoffe gegen tierische und pflanzliche Fasern zu geben. Eine solche die Zusammenhänge im Verhalten der direktziehenden Farbstoffe gegen tierische und pflanzliche Naturfasern, sowie der ihnen nahestehenden Kunstspinnfasern, aufzeigende Darstellung erschien auch deswegen erwünscht, um den Studierenden dadurch einen Überblick über die in den verschiedenen Zeitschriften verstreuten und darum zum Teil schwer zugänglichen wissenschaftlichen Forschungsberichte zu geben, den auch der Farbstoffchemiker als einen bis Ende des Jahres 1954 fortgesetzten Literaturnachweis benutzen kann. Um die Beschaffung von Photokopien der Originalliteratur durch solche Leser, welchen nicht alle erwähnten Zeitschriften direkt zugänglich sind, zu erleichtern, wurden die erwähnten Originalveröffentlichungen meistens nach ihrem vollen Umfang zitiert. Außerdem sollte dem in der Praxis stehenden Chemiker gezeigt werden, daß sich die Kunstspinnfasern je nach ihrer Art analog den als Grundtypen behandelten Naturfasern verhalten, um ihn dadurch in die Lage zu versetzen, die in der Färbereitechnik mit der Einführung neuer Faserarten auftauchenden Schwierigkeiten leichter zu bewältigen.

Um die bestehenden Zusammenhänge deutlich zu machen, wurde auf eine Einteilung des Stoffes nach streng in sich abgeschlossenen Abschnitten, wie sie in den bisherigen Lehrbüchern oder in den Ratgebern der Farbstoffhersteller aus Gründen der leichteren Übersicht zu finden sind, jedoch bewußt verzichtet, weil die gegebene Zusammenfassung die Ratgeber nicht überflüssig machen will, sondern das Ziel verfolgt, die darin gegebenen Vorschriften verständlich zu machen.

Einleitung und Problemstellung

a) Basische, saure und Salzfarbstoffe

Die von den Farbenfabriken synthetisch hergestellten Farbstoffe werden bekanntlich empirisch auf ihre technischen Eigenschaften hin untersucht, bevor entschieden wird, ob ihre Herstellung und ihr Verkauf lohnend erscheinen. Man berücksichtigt ihr Aussehen, ihr Verhalten beim Färben der verschiedenen Faserarten und ihre Echtheitseigenschaften. Der technische Wert eines Farbstoffes wird somit nicht allein durch den Farbstoff selbst bestimmt, sondern ist vor allem von den Eigenschaften der gefärbten Faser mitbedingt. Daran hat sich bis heute noch nichts Entscheidendes geändert, seit H. PERKIN im Jahre 1856 den ersten künstlichen Farbstoff, das Mauvein, gefunden hat. Dieser basische Farbstoff wird seiner geringen Echtheit wegen zwar heute nicht mehr hergestellt, dagegen wird das im Jahre 1856 zuerst von NATANSON gefundene und seit dem Jahre 1859 technisch gewonnene Fuchsin noch heute nach dem von COUPIER im Jahre 1866 entdeckten Verfahren gewonnen. Es wird wie das nach ihm von CARO im Jahre 1863 gefundene Indulin in der Textilfärberei und im Zeugdruck gelegentlich noch verwendet, da beide, wie alle eigentlichen basischen Farbstoffe, die mit Mineralsäuren Salze bilden, tierische Fasern direkt anfärben, während sie sich auf Cellulosefasern nur mittels geeigneter Hilfsstoffe, wie z. B. Tannin, in genügender Wasserechtheit fixieren lassen.

Zum Unterschiede von den vorerwähnten basischen Farbstoffen besitzt das im Jahre 1881 von KÖCHLIN gefundene Gallocyanin als Reaktionsprodukt aus Gallussäure und Nitrosodimethylanilin nicht nur eine basische Gruppe, sondern auch eine von der Gallussäure herrührende saure Gruppe im Molekül. Deswegen ist es nicht nur mit Tannin wie die eigentlichen basischen Farbstoffe auf Pflanzenfasern fixierbar, sondern kann auf diesen auch durch Metalloxyde fixiert werden, wie empirisch gefunden wurde. Nach seinem färberischen Verhalten kann es somit auch als Verbindungsglied zwischen den basischen Farbstoffen und den Beizenfarbstoffen aufgefaßt werden.

Wie beim Gallocyanin das von den eigentlichen basischen Farbstoffen abweichende färberische Verhalten durch den Einfluß der im Gallocyaninmolekül vorhandenen Carbonsäuregruppe hervorgerufen wird, läßt sich durch die Einführung einer oder mehrerer Sulfonsäuregruppen in das Molekül eines basischen Farbstoffes dessen färberisches Verhalten weitgehend ändern, wie an dem von HERMANN im Jahre 1888 gefundene Patentblau erstmalig ersichtlich wurde. Beim Patentblau, wie bei dem von GRIESS im Jahre 1876 gefundenen Orange I und dem von ROUSSIN im gleichen Jahre gefundenen Orange II, welche sämtlich tierische Fasern direkt anfärben, ist das Anion farbig, im Gegensatz zu den basischen Farbstoffen, welche zwar ebenfalls als Salze in den Handel kommen, bei denen jedoch das Kation farbig ist.

Bis dahin war gefunden worden, daß sowohl die basischen Farbstoffe als auch die sauren Farbstoffe auf tierische Fasern aufziehen und in hinreichender Wasserechtheit gebunden werden, während es noch keinen synthetischen Farbstoff gab, der ohne die Vermittlung von Tannin oder einer Beize auf Cellulose in genügender Wasserechtheit fixiert, d. h. gebunden wurde. Die bisher bekannten basischen und sauren Farbstoffe färben zwar Cellulosefasern an, sie werden aber aus unveränderter Baumwolle so leicht wieder ausgewaschen, daß diese Anfärbungen selbst im vorigen Jahrhundert ohne technische Verwertbarkeit waren, und eine Änderung trat erst ein, als im Jahre 1884 mit der Erfindung des Congorot durch BÖTTIGER der erste Farbstoff gefunden wurde, der auf ungebeizte Baumwolle aufzieht und hinreichend wasserecht festgehalten wird. Nachdem im Jahre 1885 die Erfindung des Benzopurpurins 4B durch DUISBERG folgte und nunmehr die Weiterentwicklung der Benzidin-, Orthotolidin- und Dianisidinfarbstoffe einsetzte, drängte sich die Frage auf, warum diese direktfärbenden Farbstoffe von Pflanzenfasern festgehalten werden, während die Monoazofarbstoffe zwar aufziehen, jedoch aus Cellulosefasern leicht wieder ausgewaschen werden. Zur Beantwortung dieser Frage sind außerordentlich zahlreiche Untersuchungen durchgeführt worden, die jedoch meistens nur zu Teilergebnissen führten und als solche veröffentlicht wurden, ohne eine völlig widerspruchslose Erklärung des färberischen Verhaltens der Farbstoffe zu erbringen.

Aus den grundlegenden Untersuchungen von GRAEBE und LIEBERMANN[1] über Farbigkeit und chemische Konstitution wußte man, daß die Farbigkeit einer Verbindung durch selektive Lichtabsorption hervorgerufen wird und daß der von einem Körper reflektierte Anteil des Lichtes seine Farbe bedingt. Aus dieser Erkenntnis und den ihr folgenden Erfahrungen schuf WITT[2] eine Theorie, welche die Farbigkeit und den Farbstoffcharakter in Beziehung zur chemischen Konstitution bringt und welche ermöglicht, bestimmte Atomanordnungen in den Konstitutionsformeln der Farbstoffe gleichsam als Konstruktionsanteile an-

[1] C. GRAEBE und C. LIEBERMANN, Ber. dtsch. chem. Ges. **1**, 106—108 (1868).

[2] O. N. WITT, Ber. dtsch. chem. Ges. **9**, 522—527 (1876); Ber. dtsch. chem. Ges. **21**, 325 (1888). Vgl. auch J. LIFSCHITZ, Studien über die Chromophorfunktion; Z. wiss. Photogr. **16**, 101, 140, 149 (1916), **19**, 198 (1920); Ber. dtsch. chem. Ges. **50**, 897, 906 (1917); Z. phys. Chemie **95**, 1 (1920).

zusehen. Danach wird die Farbigkeit einer chemischen Verbindung durch von ihm als Chromophore bezeichnete Atomgruppierungen hervorgerufen. Diese chromophoren Gruppen bedingen somit die Selektivabsorption der Farbträger, die von ihm als Chromogene bezeichnet werden. Chromogene sind jedoch noch keine Farbstoffe und müssen dem Auge auch nicht unbedingt farbig erscheinen, was der Fall ist, wenn ihre Selektivabsorption wie beim Benzol und Naphthalin im Ultraviolett liegt.[1] Damit ein Chromogen zum Farbstoff wird, der direkt oder indirekt Verwandtschaft zur Faser besitzt, muß in sein Molekül wenigstens noch eine auxochrome Gruppe eingeführt werden, z. B. eine $—NH_2$, eine —OH oder eine $—SO_3H$-Gruppe. Diese auxochromen Gruppen wirken meistens farbvertiefend, weil sie die Selektivabsorption vom Ultraviolett zum Rot verschieben, außerdem rufen sie die Verwandtschaft zur Faser hervor. Daß diese auxochromen Gruppen bevorzugt dazu befähigt sind, Salze zu bilden, war zwar schon frühzeitig erkannt, aber meistens mit einer Lackbildung in Verbindung gebracht[2] und in dieser Hinsicht untersucht und gedeutet worden.[3]

Während die von KNECHT bei tierischen Fasern erhaltenen Versuchsergebnisse nur eine Erklärung der Färbevorgänge im Sinne einer chemischen Umsetzung zuließen, sprachen andere Untersuchungsergebnisse, besonders die bei den pflanzlichen Fasern erhaltenen, für eine physikalische Deutung, und manche Forscher führten die Färbevorgänge sowohl tierischer als auch pflanzlicher Fasern auf kolloidchemische Vorgänge zurück. Die entstandene Unübersichtlichkeit in der Beschreibung der sich in Wirklichkeit abspielenden Vorgänge wird auch dadurch nicht vermindert, daß die von den Herstellerfirmen angegebenen Färbevorschriften ganz den Erfordernissen der Praxis angepaßt sind. Infolgedessen pflegen die für die Farbstoffverbraucher bestimmten Ratgeber und Verwendungsvorschriften, sowie die für Schulen geschriebenen Lehrbücher die Farbstoffe nach den empirisch ermittelten günstigsten Färbemethoden und nach ihrer Verwendungsart als Farbstoffe für Wolle, Seide, Baumwolle, Kunstseide usw. ohne besondere Berücksichtigung ihrer chemischen Konstitution einzuteilen. So werden z. B. in dem Handbuch der Farbenchemie von GEORGIEVICS[4] folgende Farbstoffgruppen unterschieden:

---

[1] Vgl. H. KAUFFMANN, „Über den Zusammenhang zwischen Farbe und Konstitution bei chemischen Verbindungen". F. B. Ahrens Sammlung chem. chem.-techn. Vorträge 9. H. LEY, Farbe und Konstitution bei organischen Verbindungen, Leipzig, Hirzel (1911).

[2] E. KNECHT, Ber. dtsch. chem. Ges. 37, 3479—3484 (1904).

[3] Vgl. C. LIEBERMANN und ST. v. KOSTANECKI, Liebigs Ann. Chem. 240, 245 (1887); R. MÖHLAU und F. STIMMIG, Z. Farben-Textilchem. 3, 358 (1904); L. TSCHUGAEFF, J. prakt. Chemie [2] 75, 153—168 (1907); A. WERNER, Ber. dtsch. chem. Ges. 41, 1062—1071 (1908); P. PFEIFFER, Liebigs Ann. Chem. 398, 137—190 (1913).

[4] G. GEORGIEVICS, Handbuch der Farbenchemie, V. Aufl. F. DEUTICKE, Leipzig und Wien 2—3 (1922).

1. „Saure“ Farbstoffe oder Säurefarbstoffe
2. „Tanninfarbstoffe“
3. „Salzfarben“
4. „Schwefelfarben“
5. Küpenfarbstoffe
6. Beizenfarbstoffe
7. Entwicklungsfarben
8. Albumin oder Pigmentfarben,

während die künstlich hergestellten Farbstoffe in den Ratgebern der Farbenfabriken zunächst einmal nach der gebräuchlichsten Verwendungsart, d. h. nach Wollfarbstoffen und Baumwollfarbstoffen unterteilt werden. Wie schon einleitend am Beispiel des Gallocyanin gezeigt wurde, sind jedoch die Grenzen dieser Gruppen weder nach Verwendungszweck noch nach der Anwendungsart scharf erkennbar, daher findet man die direktziehenden Farbstoffe vor allem in den Gruppen 1—3, aber auch in den Gruppen 6—7, da die Nachchromierungsfarbstoffe zunächst wie direktziehende Farbstoffe gefärbt werden und einige substantive Farbstoffe durch Kupplungsreaktionen auf der Faser analog den Naphtholen in ihrer Wasserechtheit verbessert werden können.

Von der vorstehenden viel verwendeten Einteilung aus ist zwar ersichtlich, in welcher Weise die Farbstoffe angewendet werden, jedoch nicht erkennbar, aus welchem Grunde die basischen Farbstoffe ebenso wie die Säurefarbstoffe auf die tierischen Fasern direkt aufziehen und gebunden werden, warum beide von unveränderten Cellulosefasern jedoch nicht wasserecht aufgenommen werden und weshalb die Salzfarbstoffe sich in bezug auf Cellulosefasern als direktziehende Farbstoffe erweisen, in bezug auf tierische Fasern jedoch nicht in allen Fällen. Ebenso ist nicht ohne weiteres erklärlich, warum die tierischen Fasern sowohl mit den Kationen der basischen Farbstoffe, als auch mit den Anionen der sauren Farbstoffe anfärbbar sind, während die ungebeizten Cellulosefasern mit beiden Farbstoffklassen keine technisch brauchbaren Färbungen geben und warum die basischen Farbstoffe von gebeizten Cellulosefasern fixiert werden, von ungebeizten jedoch nicht. Wenn man die tierischen und die pflanzlichen Fasern in gleicher Weise als geformte Kolloide auffaßt, ohne auf ihre chemische Zusammensetzung näher einzugehen, ist außerdem nicht erklärlich, warum die basischen Farbstoffe von oxydierten Cellulosefasern festgehalten werden, von nicht durch Oxydation veränderter Cellulose dagegen nicht und warum die Salzfarbstoffe durch Oxydation veränderte Cellulose weniger anfärben, als unveränderte Cellulose. Ferner ist bei den Säurefarbstoffen nicht aus den Konstitutionsformen sicher ableitbar, welche Gründe dafür maßgebend sind, daß manche im stark sauren Bade, manche schwachsauer und einige im neutralen Bade gefärbt zu werden pflegen. Weil manche Säurefarbstoffe im neutralen Bade nicht nur tierische Fasern, sondern auch

Cellulosefasern substantiv färben, ist überdies nicht erkennbar, wie die Grenze zwischen den Säurefarbstoffen und den Salzfarben zu ziehen ist, wenn man die Farbstoffe nur nach ihrer Anwendungsweise einteilt.

b) Die Färbetheorien

Darum ist es nicht verwunderlich, daß man lange Zeit die Meinung vertreten hat, es sei infolge der obigen Unterschiede im Verhalten der Farbstoffe und der Fasern unmöglich, eine allgemeingültige Deutung für das Verhalten der direktziehenden Farbstoffe zu finden, nachdem die infolge ihrer Einfachheit bestechende Lösungstheorie von WITT[1] durch die von GEORGIEVICS[2] durchgeführten Untersuchungen widerlegt worden war.

Dieser Forscher hatte, ausgehend von der Überlegung, daß das Verteilungsverhältnis eines löslichen Stoffes zwischen zwei miteinander nicht mischbaren Lösungsmitteln konstant ist, untersucht, ob die Aufnahme von Salzfarbstoffen durch die Cellulosefaser dem HENRYschen Gesetz entspricht. Nach diesem müßte bei allen miteinander nach Temperatur, Salzzusatz usw. vergleichbaren Versuchen, wenn die Färbung dadurch beendet ist, daß sich der Gleichgewichtszustand eingestellt hat, das Verhältnis der Konzentrationen im Färbebad und in der Faser, also $\frac{c - \text{Färbebad}}{c - \text{Faser}}$ konstant sein; gleichgültig, ob man von einem hochkonzentrierten oder einem wenig konzentrierten Färbebad ausgegangen ist. Er fand, daß das nicht der Fall ist, weil die Faser die Tendenz hat, aus verdünnten Lösungen verhältnismäßig mehr Farbstoff aufzunehmen, als aus konzentrierteren. Damit war der Beweis erbracht, daß die direktziehenden Farbstoffe von der Baumwollfaser nicht entsprechend der WITTschen Lösungstheorie aufgenommen und festgehalten werden, sondern daß sich beim Färben ein Sorptionsvorgang abspielt.

Bemerkenswerterweise erfolgt die Sorption der Salzfarbstoffe durch die Cellulosefaser nach der gleichen Gesetzmäßigkeit wie die Adsorption eines Gases an der Grenzfläche fest-gasförmig oder die Adsorption eines gelösten Stoffes an der Grenzfläche fest-flüssig, wie von H. FREUNDLICH[3] festgestellt wurde. Verwendet man die für die Adsorption von Gasen empirisch gefundene parabolische Gleichung

$$a = \alpha \cdot p^{\frac{1}{n}} \tag{1}$$

in der α und $\frac{1}{n}$ Konstanten sind, dann ist a der Adsorptionswert, d. h. die bei 1 cm Quecksilberdruck adsorbierte Menge. Da sich der Adsorptionsexponent in regelmäßiger Weise mit der Temperatur und der Natur

[1] O. N. WITT, Dr. Lehnes Färber-Ztg. 1, 1890/91.
[2] G. GEORGIEVICS, Wiener Mh. Chem. 15, 705—717 (1894).
[3] H. FREUNDLICH, Z. phys. Chem. 59, 284—1071 (1907).

des adsorbierten Gases ändert, wird die Formel (1) als Adsorptionsisotherme bezeichnet. Wie für die Adsorption der Gase gilt auch für die Adsorption in verdünnten Lösungen die Adsorptionsisotherme

$$a = \alpha \cdot c^{\frac{1}{n}} \tag{2}$$

Während α und $\frac{1}{n}$ als Konstanten wieder die Bedeutung wie in Gleichung (1) haben, ist c hier in Gleichung (2) die Gleichgewichtskonzentration in der Lösung nach der Adsorption, ausgedrückt in Mol pro Liter und a ist die adsorbierte Menge des gelösten Stoffes auf die Mengeneinheit des Adsorbens berechnet.

Nach ihrer Ableitung[1] ist die Gleichung (2) somit die mathematische Formulierung für solche Fälle, in denen eine Anreicherung des gelösten Stoffes an der Grenzfläche fest-flüssig eintritt, die Sorption reversibel ist und nicht zu einer Lösung oder einer chemischen Bindung führt. Man sollte sich daher immer bewußt sein, daß selbst wenn die gemessenen Sorptionswerte logarithmiert eine Gerade geben und dadurch die Bedingung der FREUNDLICH-Isotherme erfüllt ist, dies kein so strenger Gegenbeweis gegen die WITTsche Lösungstheorie ist wie die Nichterfüllung des HENRYschen Gesetzes. Die Formeln (1) und (2) sagen an sich nichts darüber aus, weshalb man für jedes Sorptionsmittel und jede sorbierte Substanz charakteristische α-Werte erhält, doch läßt sich die Formel (2) in der Weise auffassen, daß sowohl die Polarität der gelösten Substanz als auch Nebenvalenzkräfte die Anreicherung des gelösten Stoffes an der Grenzfläche fest-flüssig verursachen können. Man kann sogar noch einen Schritt weitergehen und annehmen, daß auch Valenzkräfte diese Anziehung als Vorstufe der Reaktion[2] bedingen können.

Weil nach dem Vorstehenden die Adsorption leicht reversibel ist, muß es jedoch fraglich erscheinen, ob die Erscheinung der Sorption für das Zustandekommen technisch wertvoller nicht reversibler Färbungen von bestimmender Bedeutung ist, und man muß sich fragen, ob nicht andere Ursachen für die Entstehung der technisch brauchbaren Färbungen ausschlaggebend sind.

Nach der Ableitung der Formel (2) ist auch nicht erklärbar, weshalb nach BILTZ und STEINER[3] die Sorption von Nachtblau und Viktoriablau, die bei gewöhnlicher Temperatur polydispers gelöst sind, an Baumwolle nicht nur der Adsorptionsformel nicht folgt, sondern bei steigender Farbstoffkonzentration nach Erreichen eines Maximums sogar absinkt.

---

[1] H. FREUNDLICH, Kapillarchemie, Leipzig, 207ff. (1922).

[2] Vgl. H. FREUNDLICH, Kapillarchemie, Leipzig, 320 (1922). W. M. BAYLISS, Proc. Roy. Soc. London Ser. B 84, 81 (1911). H. N. GILBERT, J. Phys. Chem. 18, 586 (1914). THIELE, erwähnt von WEDEKIND und RHEINHOLD, Ber. dtsch. chem. Ges. 47, 2150 (1914).

[3] W. BILTZ und H. STEINER, Z. Chem. Ind. Koll. 7, 113—22 (1910).

Dieser Befund ist selbst unter der Berücksichtigung, daß Temperaturerhöhung bei beiden Farbstoffen mit farbigem Kation die bei Zimmertemperatur gefundenen Anomalien verringert, bemerkenswert, weil bei den Farbstoffen mit farbigem Anion die polydispers löslichen von Baumwolle stärker sorbiert werden als die molekularlöslichen. Später ist von SPEAKMAN gezeigt worden, daß diese und die von GEORGIEVICS[1] und DIETL erhaltenen Versuchsergebnisse, welche keine gemeinsame Deutung als Wirkung von Oberflächen bzw. der Grenzflächen fest-flüssig zulassen, in der Weise erklärt werden können, daß die Sorption durch elektrische Kräfte bzw. Valenzkräfte verursacht wird.

Die Feststellung von WITT, daß wenigstens eine auxochrome Gruppe im Chromogen vorhanden sein muß, damit ein Chromogen zum Farbstoff wird, läßt sich sowohl dahin auslegen, daß eine polare Verbindung entstehen muß, als auch in der Weise, daß eine Salzbildung ermöglicht wird. Als erster hat CHEVREUL[2] den Färbevorgang als eine Salzbildung zwischen Farbstoff und Proteinfasern aufgefaßt. Nach ihm zeigte JACQUÉMIN[3], daß eine durch Zusatz von Ammoniak entfärbte Fuchsinlösung beim Erwärmen Wolle lebhaft rot anfärbt und daß in diesem Falle die Wolle die Eigenschaft einer Säure annimmt. Nachdem jedoch WITT[4] gezeigt hatte, daß mit Fuchsin gefärbte Seide beim Eintauchen in absoluten Alkohol fast augenblicklich ihren gesamten Farbstoffgehalt an den Alkohol abgibt, verlor der Versuch von JACQUÉMIN viel von seiner Beweiskraft für die chemische Deutung der Färbung.

Andererseits hat NIETZKI[5] schon frühzeitig darauf hingewiesen, daß die Sulfosäuren der Aminoazokörper eine andere Farbe besitzen als ihre Alkalisalze und daß diese Farbstoffsäuren die Proteinfasern nicht mit der Farbe der Sulfosäure, sondern mit der ihrer Alkalisalze anfärben. Die Proteinfasern müssen demnach gegenüber diesen Farbstoffsäuren die Rolle einer Base spielen. Für eine chemische Reaktion zwischen Farbstoff und Faser sprechen auch zwei schon frühzeitig von KNECHT gemachte Feststellungen. Dieser Forscher fand[6], daß Wolle beim Färben mit basischen Farbstoffen nur die Farbbase, also das Farbstoffkation, aufnimmt, während die Säure im Färbebad zurückbleibt. Somit tritt

---

[1] G. v. GEORGIEVICS, Mh. Chem. **32**, 655, 1075 (1911); **33**, 45 (1912); **34**, 735, 751 (1913). G. v. GEORGIEVICS u. A. DIETL, Z. phys. Chem. **87**, 669—91 (1914). A. DIETL, Kolloid-Z. **14**, 319—21 (1914). A. DIETL, Kolloidchem. Beih. **6**, 127—46 (1914). A. DIETL, Mh. Chem. **35**, 787—93, 795—822 (1914).

[2] E. CHEVREUL, C. R. hebd. Séances Acad. Sci. Paris **36**, 981—987 (1853).

[3] E. JACQÉMIN, C. R. hebd. Séances Ac.d. Sci. Paris **82**, 261—262 (1876).

[4] O. N. WITT, Färber-Ztg. **1**, 2 (1890).

[5] R. NIETZKI, Chemie der organischen Farbstoffe, II. Aufl. S. 4 (1896); vgl. auch GILLET, Rev. gén. des Matières colorantes **4**, 187 (1900). P. SISLAY, Rev. gén. des Matières colorantes **4**, 113—116 (1900).

[6] E. KNECHT, Ber. dtsch. chem. Ges. **21**, 1556—1558 (1888); vgl. auch J. Soc. Dyers and Colourists **4**, 72, 104 (1888).

hier eine eindeutige Selektivsorption ein, was für eine Reaktion zwischen dem Farbstoffkation und der Wolle unter Bildung einer chemischen Verbindung spricht. Von der Tatsache ausgehend, daß die Hydrolyseprodukte der Wolle Aminosäuren enthalten, schloß nun KNECHT[1], daß in den tierischen Fasern sowohl Carboxylgruppen als auch Aminogruppen vorgebildet sind und stellte sich vor, daß die Farbbase sich beim Färben mit dem im Keratin oder im Fibroin enthaltenen Carboxylgruppen zu einem unlöslichen Lacke vereinigt, während beim Färben mit sauren Farbstoffen sich die Farbsäure mit der Aminogruppe der Fasersubstanz verbindet. Wenn dies der Fall wäre, könnte man eine Reaktion nach Äquivalenten erwarten. In der Tat fanden KNECHT und APPLEYARD[1] später, daß Wolle beim Färben in konzentrierten Färbebädern die Anionen der angewendeten Säurefarbstoffe im Verhältnis ihrer Molekulargewichte aufnimmt und fanden gleichzeitig, daß auch der mituntersuchte basische Farbstoff Kristallviolett im gleichen Verhältnis aufgenommen wird.

Nach NIETZKI[2] kommt die Eigenschaft des Anfärbens hauptsächlich solchen Körpern zu, welche einen mehr oder weniger ausgesprochenen Säure- oder Basencharakter besitzen. So ist das farbige Azobenzol noch kein Farbstoff, sondern erhält erst durch salzbildende Substituenten färbende Eigenschaften.[3] Weil die Oxyazokörper sich nach NIETZKI[4] auf Grund ihrer Tautomerie mit den Benzochinonphenylhydrazonen unschwer dem Chinontypus einreihen, nahmen BINZ und SCHROETER[5] beim p-Oxyazobenzol, das sowohl in saurer und neutraler Lösung als auch bei erheblichem Überschuß an Alkali in wässeriger Lösung tierische Fasern intensiv anfärbt, an, daß „der durch die reaktionsfähige desmotrope Chinonform veranlaßte Prozeß der sogenannten echten Färbung vielleicht als eine Kernkondensation zwischen Faser und Farbstoff aufzufassen sei, wozu als additiver Faktor noch Salzbildung treten kann". Deswegen stellten beide Forscher[6] verschiedene einfache Abkömmlinge des Azobenzols her, welche sich nicht chinoid umlagern können, deren Bindung an die Proteinfasern also nicht chinhydronartig erfolgen kann und untersuchten sie auf ihr Verhalten gegen Wolle und Seide. Dabei fanden sie, daß sowohl die *p*-Oxybenzolsulfosäure als auch die m, m'-Azobenzoldisulfosäure von Wolle und Seide aus saurem Bade stark

---

[1] E. KNECHT u. J. B. APPLEYARD, Ber. dtsch. chem. Ges. **22**, 1123 (1889); vgl. auch J. Soc. Dyers Colourists, **5**, 71 (1889). E. KNECHT, Ber. dtsch. chem. Ges. **37**, 3479 (1904); vgl. auch J. Soc. Dyers Colourists **20**, 238 (1904).

[2] R. NIETZKI, Chemie der organischen Farbstoffe, III. Aufl. 3 (1897).

[3] R. NIETZKI, l. c. III. Aufl. 31 (1897).

[4] R. NIETZKI, l. c. III. Aufl. 13 (1897); IV. Aufl. 12—14 (1901).

[5] A. BINZ und G. SCHROETER, Ber. dtsch. chem. Ges. **35**, 4225—4229 (1902). A. BINZ und G. SCHROETER, Lehnes Färber-Ztg. **14**, 21—23 (1903).

[6] A. BINZ u. G. SCHROETER, Ber. dtsch. chem. Ges. **35**, 4225—4229 (1902); **36**, 3008—3014 (1903).

absorbiert werden, daß dagegen die Salze dieser Säuren in neutraler und alkalischer Lösung diese Fasern vollkommen farblos lassen. Später[1] ergänzten sie diesen Befund dahin, daß *p*-oxyazobenzolsulfosaures Natrium Wolle auch im neutralen Bade schwach anfärbt, wenn größere Farbstoffmengen in höherer Konzentration als bei den früheren Versuchen angewendet werden.

Wenn die Färbung durch eine Salzbildung zustande kommt, dann müßte die Stärke der Säure sich bei der Salzbildung in der Weise auswirken, daß die stärkere Säure die schwächere zu verdrängen imstande ist. Daher schlossen Binz und Schroeter aus der Tatsache, daß die Färbung auch in Gegenwart von überschüssiger Schwefelsäure noch stattfindet, daß die Azobenzolsulfosäuren sehr starke Säuren sind, die „beim Kampf um die Base mit der Schwefelsäure wohl in Konkurrenz treten können". Folgerichtig konnten sie am Beispiel der Azobenzol-p-carbonsäure zeigen, daß diese als freie Säure ein schwacher Farbstoff ist. „Diese schwache freie Säure färbt die Wolle durch Salzbildung mit der Faser zwar an, die Anfärbung wird bei der Azobenzol-p-carbonsäure jedoch durch Zusatz geringer Mengen Natronlauge ebenso wie durch Zusatz von Schwefelsäure gehindert."

Weil die gewählten Säurederivate des Azobenzols sich infolge ihrer Struktur nicht in Chinonderivate umlagern können, die Azobenzol-p-sulfosäure ebenso wie die m, m'-Azobenzoldisulfosäure durch Wolle dem Bade rasch und fast vollständig entzogen wird und satte goldgelbe Töne liefert, können diese Anfärbungen nur durch bloße Salzbildung entstanden sein. Die Tatsache, daß diese Anfärbungen auf Wolle durch heißes Wasser nicht vollkommen entfernt werden können, wohl aber durch $n/10$ Glaubersalzlösung, spricht nach ihnen[2] ebenfalls für eine Salzbildung zwischen Farbstoff und Faser, welche durch doppelten Umsatz mit Na_2SO_4 rückgängig gemacht werden kann.

Die Verbindungen m, m'-Diaminoazobenzol, m,m'-Tetramethyldiaminoazobenzol, das p-Azobenzoltrimethylammoniumhydroxyd und die p-Azobenzoltrimethylammoniumsalze sind ebenso wie die vorerwähnten Azobenzolsulfosäuren und die Azobenzolcarbonsäure zur Umlagerung in chinoide Formen nicht befähigt, die m-Aminoazokörper, weil metachinoide Formen, so viel wir wissen, nicht existenzfähig sind, die Azobenzoltrialkylammoniumderivate, weil die wanderungsfähigen Wasserstoffatome sämtlich substituiert sind.[3] Von diesen ist das p-Azobenzoltrimethylammoniumchlorid als Verbindung einer starken Base mit einer starken Säure nicht befähigt, tierische Fasern nennenswert anzufärben, stellt man aber die freie Ammoniumbase $C_6H_5—N_2—C_6H_4—N(CH_3)_3—OH$

---

[1] A. Binz u. G. Schroeter, Ber. dtsch. chem. Ges. **37**, 727—30 (1904).
[2] A. Binz u. G. Schroeter, Z. Farbenind. **5**, 421—22 (1906).
[3] A. Binz u. G. Schroeter, Ber. dtsch. chem. Ges. **36**, 3011—14 (1903).

her, so färbt diese als starke Base die Wolle rötlichgelb. Anders liegen die Verhältnisse bei m,m'-Diaminoazobenzol und bei m,m'-Tetramethyldiaminoazobenzol. Diese Substanzen sind schwache Basen, deren Chlorhydrate durch Wasser stark hydrolysiert werden; die Lösungen dieser Chlorhydrate färben daher nach beiden Forschern, indem die durch Hydrolyse entstehenden Ammoniumhydroxyde sich salzartig mit der Wolle und Seide verbinden. Die Färbung hört jedoch auf, sobald genügend Salzsäure vorhanden ist, um die Hydrolyse der Chlorhydrate zurückzudrängen.

Weil die Substanzen: p-Aminoazobenzol, p-Dimethylaminoazobenzol, Chrysoidin und Bismarckbraun sich färberisch jedoch abweichend verhalten, da die vier letztgenannten Verbindungen aus neutralen, schwach saurem Bade und die beiden letztgenannten sogar auch bei „großem" Überschuß von Salzsäure tierische Fasern anfärben, nahmen beide an, daß die Färbungen mit den o- und p-aminierten Azobenzolen sowie den meisten o- und p-Oxyazokörpern nicht oder nicht allein auf normaler Salzbildung beruhen.

Allein vom Standpunkt einer Salzbildung zwischen der tierischen Faser und dem Farbstoff aus betrachtet mag zwar verständlich erscheinen, daß die tierischen Fasern als Proteinsubstanzen in einem Falle mit der Sulfosäure des Azobenzols und den Sulfosäuren der Säurefarbstoffe zu reagieren imstande sind, im anderen Falle aber auch fähig sein sollen, mit dem p-Azobenzoltrimethylammoniumhydroxyd und sogar den Aminoazobenzolen Salze zu bilden. Nicht verständlich wird das Verhalten der tierischen Fasern jedoch, wenn die Farbstoffsäuren als Alkalisalze und die Farbstoffbasen als nicht hydrolysierende Salze von Mineralsäuren zur Anwendung gebracht werden und trotzdem Färbungen zustande kommen, wie das beim Chrysoidin, Bismarckbraun und anderen basischen Farbstoffen der Fall ist.

Die gleiche Denkschwierigkeit ergibt sich, wenn man mit PERRIN[1] u. a. annimmt, daß die Textilfärbungen durch gegenseitige Fällung von entgegengesetzt geladenen Kolloidteilchen zustande kommen sollen.

Gegen diese Ansicht spricht außerdem, daß die meisten basischen Farbstoffe und sehr viele Säurefarbstoffe sogar bei Zimmertemperatur nicht kolloide oder wenig kolloide Lösungen geben, was zum Teil schon von PELET-JOLIVET und WILD[2] festgestellt worden ist. Nimmt man jedoch mit PELET-JOLIVET[3] an, daß beim Färbevorgang die entgegengesetzt geladenen Teilchen anziehend aufeinander wirken und daß die beim Färben verwendeten Zusätze Umladungen hervorrufen können[4], dann wird das merkwürdige Verhalten der tierischen Fasern besser verständ-

[1] J. PERRIN, J. Chem. Phys. 2, 648 (1904); 3, 100 (1905).
[2] L. PELET-JOLIVET u. A. WILD, Z. Chem. Ind. Koll. 3, 174—197 (1908).
[3] L. PELET-JOLIVET, R. C. hebd. Séances Acad. Sci. Paris 145, 1182—83 (1907).
[4] W. HARRISON, J. Soc. Dyers Colourists, 27, 279 (1911).

lich, wie sich aus folgendem ergibt: „Im neutralen Bade fixiert die von Natur aus leicht negativ geladene Wolle mehr basischen als sauren Farbstoff. Im alkalischen Bade laden die OH-Ionen die Wolle negativ, was die basische Färbung erleichtert und die Färbung mit sauren Farbstoffen erschwert.“ Dementsprechend fanden PELET-JOLIVET und ANDERSEN[1], daß in saurem Bade das Kristallponceau von der Wolle in um so größerem Maße sorbiert wird, je stärker die Säure ist, daß die Sorption des Kristallponceau in neutralem Bade schwach und im alkalischen Bade fast null ist, was mit den von BINZ und SCHROETER bei den Azobenzolsulfosäuren gemachten Beobachtungen gut übereinstimmt. Nach PELET-JOLIVET und ANDERSEN verhält sich das Methylenblau als basischer Farbstoff umgekehrt: in saurer Lösung ist die Sorption um so schwächer, je stärker die Säure ist, im neutralen Bade ist die Fixierung beträchtlicher und im alkalischen Bade ist sie am größten.

A. Tierische Proteinfasern

Wolle als amphotere Verbindung

Demgegenüber konnte ELÖD zeigen, daß diese Anschauungen über die Wirksamkeit der Ionen beim Färben von tierischen Fasern nur bedingt richtig sind. Nach ihm kann die Fähigkeit der amphoteren Wollsubstanz je nach dem p_H-Wert der Lösung Ionenreaktionen einzugehen bei der Deutung der Färbevorgänge nicht außer acht gelassen werden.[2] Gemeinsam mit VOGEL stellte er fest, daß Wolle sich nicht als Adsorbens im Sinne der klassischen reversiblen Adsorption verhält und daß die Menge des aus dem Färbebad aufgenommenen Farbstoffes der Wasserstoffionenkonzentration nicht direkt proportional ist. Nach ihnen erfährt eine Kristallviolettlösung von einem Anfangs-p_H-Wert 4,07 beim Färben bei 90° C eine Abnahme der H-Ionenkonzentration, eine solche dagegen mit einem Anfangs-p_H-Wert von 5,4 zeigt eine Abnahme der OH-Ionenkonzentration. Beide Lösungen zeigen nach Einstellung des Gleichgewichtes (nach etwa 60 Minuten) den gleichen Dispersitätsgrad, denselben End-p_H-Wert und haben auch gleich viel Farbstoff an die Wolle abgegeben. Bei einer Kristallviolettlösung mit einem Anfangs-p_H-Wert von 4,6 ändert sich die Ionenkonzentration beim Färben von Wolle bei 90° C dagegen nicht. In dem Bereich von $p_H = 4{,}07$ bis 5,4 kann also von einem Zusammenhang zwischen Adsorption von H- oder OH-Ionen und der Menge des von der Wolle aufgenommenen basischen Farbstoffes keine Rede sein.

[1] L. PELET-JOLIVET u. N. ANDERSEN, C. R. hebd. Séances Acad. Sci. Paris 145, 1340—42 (1907).

[2] E. ELÖD, Z. angew. Chem. 38, 837 (1925), Melliand Textilber. 6, 742—743 (1925).

Etwa um die gleiche Zeit legte SPEAKMAN[1] dar, daß die Faserproteine sich in bezug auf ihr Verhalten gegen elektrische Ladungen wie die kolloidlöslichen Proteinsubstanzen verhalten und wie diese zur Salzbildung mit Säuren und Alkalien nach chemischen Gesetzmäßigkeiten befähigt sind. SPEAKMAN war zu dieser Erkenntnis gekommen, nachdem er gezeigt hatte, daß (wenn man die Wasserstoffionenkonzentration bei der Aufnahme der verschiedenen von GEORGIEVICS und DIETL in bezug auf ihre Sorption durch Wolle untersuchten Säuren berücksichtigt) die von den beiden Forschern erhaltenen Versuchsergebnisse auch als Beweis für eine chemische Bindung aufgefaßt werden können.[2] Nach ihm ist es mehr als wahrscheinlich, daß das Färben von Wolle und Seide mit sauren und basischen Farbstoffen auf chemischen Kräften beruht und nicht auf der Wirkung von Oberflächen. Gemeinsam mit BATTYE[3] konnte er zeigen, daß die FREUNDLICH-Isotherme nur dann erfüllt wird, wenn lediglich die Konzentration des Farbstoffes abgeändert wird. Wächst jedoch die Azidität mit der Zunahme der Farbstoffkonzentration, dann ändert sich auch die Ladung auf dem Adsorbens, wodurch die Sorption verändert wird, was somit die von BILTZ und STEINER gefundene anomale Adsorption erklärt.

Im Einklang mit der von ELÖD und VOGEL gemachten Feststellung, daß beim Färben von Wolle die tierische Faser einem Gleichgewichtszustand zustrebt, zeigte SPEAKMAN[4], daß dies in der Tat der Fall ist und daß dieser Gleichgewichtszustand der Wolle bei Zimmertemperatur in der Nähe von $p_H = 4{,}8$ liegt. Dieser Zustand, in welchem die Faserproteine sich in Übereinstimmung mit den kolloidlöslichen Proteinen sich elektrisch neutral verhalten, chemisch indifferent sind und die geringste Quellung aufweisen, wird deshalb als der isoelektrische Zustand oder als isoelektrischer Punkt bezeichnet. In diesem Zustand wandern die Proteine bei der Kataphorese weder zur Anode noch zur Kathode, sie nehmen nach den Forschungsergebnissen von PROETER[5], LOEB[6], ATKIN[7] u. a. in diesem Punkte nur geringe Mengen von Säuren oder Basen auf, Salze dagegen zu einem höheren Betrage. Weil Wolle wie die übrigen Faserproteine sowohl freie Aminogruppen als auch freie Carboxylgruppen enthält, formuliert SPEAKMAN das isoelektrische Wollmolekül folgendermaßen:

[1] J. B. SPEAKMAN, J. Soc. Dyers Colourists 41, 172—179 (1925).
[2] J. B. SPEAKMAN, Journ. Soc. Dyers Colourists 40, 408—411 (1924).
[3] J. B. SPEAKMAN und A. E. BATTYE, J. Text. Inst. 16, 53—60 (1925).
[4] J. B. SPEAKMAN, J. Soc. Dyers Colourists 41, 172—179 (1925).
[5] H. R. PROETER, J. Chem. Soc. London 105, 313—327 (1914); 109, 307—19 (1916).
[6] J. LOEB, Proteins and the Theory of Colloidal Behavior, London 1922.
[7] W. R. ATKIN, J. Amer. Leather Chemists Assoc. 19, 498—506, 528—541 (1924).

In diesem Schema sind sowohl die Peptidbindungen als auch die Hydroxylgruppen des Keratinmoleküls nicht berücksichtigt. Die Klammern um die NH_2 und die COOH-Gruppe sollen bedeuten, daß keine der beiden Gruppen über einen bestimmten Minimalwert hinaus reagieren kann.

Bringt man eine derartige Wolle in die Lösung einer sehr schwachen Säure, deren P_H-Wert größer als 5 ist, beispielsweise einer niedermolekularen Fettsäure, dann wird diese zwar nach G. v. GEORGIEVICS[1] durch einen Lösungsvorgang, nach ELÖD[2] durch Adsorption und nach STEINHARDT[3] durch Diffusion von der Wolle aufgenommen, ohne daß ein Sättigungswert erreicht wird, so daß man diesen Vorgang am besten als Solvation bezeichnet. Gibt man Wolle dagegen in die Lösung einer starken Säure, deren p_H-Wert kleiner als 4,8 ist, dann wird die Ionisation und damit die Reaktionsfähigkeit der COOH-Gruppe zurückgehalten (angedeutet durch die Klammer) und die Wolle verhält sich als Base und kann als solche Säuren bis zur Erreichung eines Sättigungswertes Salze bilden nach dem Schema:

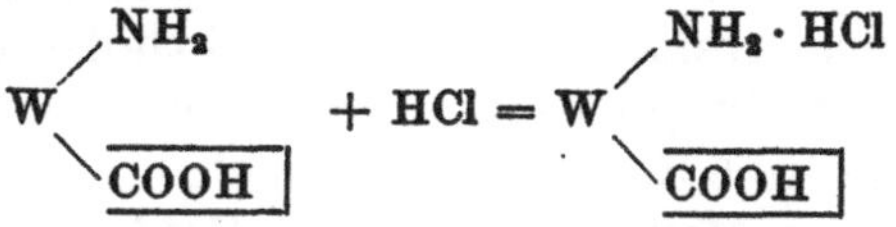

Auf der alkalischen Seite des isoelektrischen Zustandes ($P_H > 4,8$) verhält sich die Wolle wie eine Säure und reagiert nach dem Schema:

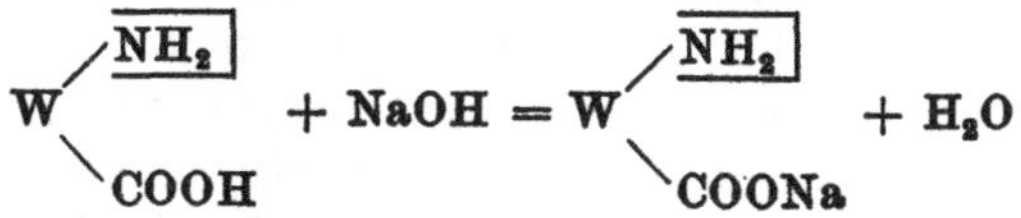

Also nicht von der an sich sauren Reaktion einer Lösung hängt es ab, ob die Säure mit der Wolle zu reagieren imstande ist, sondern der p_H-Wert der jeweiligen Lösung, in welche Wolle gebracht wird, ist allein ausschlaggebend dafür, in welchem Sinne und in welchem Maße eine Wollsalzbildung, d. h. Säureaufnahme bzw. Basenaufnahme unter chemischer Bindung erfolgt.

Weil nach SPEAKMAN[4] die sauren Farbstoffe von den tierischen Fasern ebenso unter Salzbildung aufgenommen werden wie die farblosen Säuren, besteht der Unterschied zwischen der chemischen Erklärung des Färbevorganges und der Sorptionstheorie nach ihm lediglich darin, daß nach der chemischen Theorie primäre, d. h. Hauptvalenzen, nach der Sorptionstheorie dagegen sekundäre, d. h. Nebenvalenzen als wirkende Kräfte bei der Vereinigung von Faser und Farbstoff in Frage kommen.

---

[1] G. v. GEORGIEVICS, Mh. Chem. 34, 733—749 (1913).

[2] E. ELÖD, Kolloidchem. Beih. 19, 306 (1925).

[3] J. STEINHARDT, Ch. FUGITT u. M. HARRIS, J. Res. nat. Bur. Standards 30, 123—28 (1943).

[4] J. B. SPEAKMAN, Journ. Soc. Dyers Colourists, 41, 172—79 (1925).

Das Verhalten farbloser Säuren gegen Wolle

Wenn die von SPEAKMAN geäußerte Ansicht, daß die Säurefarbstoffe von den tierischen Fasern in der gleichen Weise wie die farblosen Säuren gebunden werden, richtig ist, dann wäre zu erwarten, daß farblose Säuren ebenso wie die freien Säuren der Farbstoffe im Verhältnis ihrer Molekulargewichte aufgenommen werden.

Zur Beantwortung dieser Frage haben MEYER und FIKENTSCHER[1] zunächst die Aufnahme von einfachen starken Säuren durch Wolle bzw. Seide studiert, sind dann zur Untersuchung der Bindung der aromatischen Sulfosäuren und anschließend der Farbstoffsäuren selbst übergegangen. Dabei fanden sie, daß bei jeder Säure und auch bei den untersuchten Farbstoffsäuren bei Steigerung der Konzentration ein Grenzwert erreicht wird, der praktisch nicht mehr überschritten werden kann. Dieser Grenzwert ist bei Wolle bei der Aufnahme von allen untersuchten Säuren: Perchlorsäure, Salzsäure, Schwefelsäure, Phosphorsäure, Ameisensäure, Essigsäure, p-Toluolsulfosäure, β-Naphthalinsulfosäure, Naphthalin-1-5-Disulfosäure, Nekalsäure, 1-8-Naphtholsulfosäure, 2-6-Naphtholsulfosäure, 1-Phenylnaphthylamin-8-sulfosäure, Naphtholgelb S, Orange I und Anthosin 5B, ungefähr gleich.

Von einer konstanten Menge Wolle bzw. Seide werden also maximal stets äquivalente Mengen Säure gebunden, vollständig unabhängig von der Art der Säure. Es ist demnach das Säureäquivalent und nicht das Molekularvolumen oder der bei einer Adsorption wirksame Teil der Molekularoberfläche für den Sättigungszustand maßgebend. Der Wert für die maximale Bindung schwankt innerhalb enger Grenzen und liegt für 100 g Wolle im Mittel bei 0,08 Grammäquivalent, für Seide bei 0,024 Grammäquivalent. Daraus berechnet sich, daß zur Bindung von 1 Grammäquivalent Säure ca. 1200 g Wolle notwendig sind, bzw. 4200 g Seide. Tatsächlich verhält sich die tierische Faser also gegenüber Säuren und Farbstoffsäuren wie eine Base und bildet Salze nach dem Schema:

$$\text{Base} + \text{Säure} \rightleftarrows \text{Salz} + \text{Wasser.}$$

Sie gliedert sich hierdurch vollkommen ein in die Reihe der Proteinsubstanzen, die ebenfalls mit Mineralsäuren Salze bilden und für die auch Äquivalentgewichte gleicher Größenordnung errechnet worden sind.[2] Sie unterscheidet sich von den wasserlöslichen salzbildenden Proteinen dadurch, daß sie sich wie ein gequollenes Gel verhält, das sich nicht in der ganzen ihm dargebotenen Flüssigkeit aufzulösen vermag, das aber andererseits durch sein ganzes Volumen hindurch reagieren kann.

---

[1] K. H. MEYER u. H. FIKENTSCHER, Melliand Textilber. 7, 605—610 (1926). K. H. MEYER, Naturwissenschaften 15, 132—134 (1927).

[2] O. KESTNER, Chemie der Eiweißkörper, Verlag Steinkopff (1920).

Wenn die tierische Faser infolge ihrer freien Amino- bzw. Carbonsäuregruppen befähigt wäre, mit Säuren bzw. Alkalien unter Salzbildung zu reagieren, dann müßte

1. das Säurebindungsvermögen abnehmen, wenn man die Anzahl der freien Aminogruppen im Fasermolekül verringert,
2. die obige Gleichung nach beiden Richtungen hin realisierbar sein.

Deswegen haben MEYER und FICKENTSCHER[1] Wolle nach dem Verfahren von VAN SLYKE[2] desaminiert und anschließend das Säurebindungsvermögen der so behandelten Wolle bestimmt. Weil die von ihnen desaminierte Wolle jedoch nur einen Teil ihres basischen Stickstoffes verloren hatte, besaß sie zwar noch basische Eigenschaften, jedoch nur noch etwa zwei Drittel ihres ursprünglichen Säurebindungsvermögens. Später zeigten ELÖD und STOLL[3], daß desaminierte Wolle saure Farbstoffe in sehr deutlich vermindertem Maße, basische Farbstoffe dagegen in erhöhtem Maße aufnimmt, wenn man durch das Desaminieren wenigstens ein Sechzehntel des Gesamtstickstoffs der Wolle entfernt und daß mit steigendem Desaminierungsgrad auch die Veränderung der Farbstoffaufnahme im obigen Sinne steigt. Diese bei weitgehender Desaminierung der Wolle eintretende, der Verminderung des Säurebindungsvermögens entsprechende starke Abnahme der Affinität für saure Farbstoffe ist auch von SPEAKMAN und STOTT[4] sowie HARRIS und SMITH[5] nachgewiesen worden.

Zur Beantwortung der zweiten Frage prüften MEYER und FIKENTSCHER[6] nach, ob das OSTWALDsche Verdünnungsgesetz

$$\frac{x^2}{(1 - x) \cdot v} = \text{konst} \qquad (3)$$

wobei x den hydrolysierten Anteil des Salzes, $(1 - x)$ den nicht hydrolysierten Bruchteil und v den Verdünnungsgrad bedeuten, von dem System Wolle-Säure erfüllt wird. Sie brachten äquivalente Mengen von Wolle und Säure bei zunehmender Verdünnung, die hier durch Änderung des Flottenverhältnisses bewirkt wurde, zusammen und fanden, daß nach Erreichen des Gleichgewichtes bei starken farblosen Säuren das OSTWALDsche Verdünnungsgesetz erfüllt wird, daß die Farbsäuren dieses Gesetz jedoch nicht befolgen.

Auf einem anderen Wege gelangten ELÖD und SILVA[7] zu dem gleichen Ergebnis. Ausgehend von der Ansicht, daß es nicht möglich sei, das

---

[1] K. H. MEYER u. H. FICKENTSCHER, Melliand Textilber. l. c.
[2] HOUBEN-WEYL 4, 463.
[3] E. ELÖD u. W. STOLL zitiert von E. ELÖD, Z. angew. Chem. 41, 19 (1928).
[4] I. B. SPEAKMAN u. E. STOTT, J. Soc. Dyers Colourists 50, 341—48 (1934).
[5] A. L. SMITH u. M. HARRIS, Textile Manufacturer 63, 375, 378 (1937).
[6] K. H. MEYER u. H. FICKENTSCHER, Melliand Textilber. l. c.
[7] E. ELÖD u. E. SILVA, Z. phys. Chem. 137, Abt. A 142—175 (1928).

weitgehende Ineinandergreifen von Adsorption, Diffusion und chemischer Reaktion beim Färbevorgang zu verfolgen, haben sie nachgeprüft, ob die von DONNAN[1] angegebenen Beziehungen für die Einwirkung von Säuren auf Wolle anwendbar und gültig sind. Zunächst stellten sie eine gut definierte Wolle her, indem ungebleichter Kammzug (Kreuzzucht) mit verdünntem Ammoniak entfettet, durch mehrmaliges Waschen mit destilliertem Wasser gereinigt, dann mit verdünnter Essigsäure angegesäuert und hierauf öfters mit destilliertem Wasser und schließlich mit Leitfähigkeitswasser entsäuert wurde. Sie brachten die so gereinigte Wolle, die einen Aschengehalt von 0,1% aufwies, in Leitfähigkeitswasser ($p_H = 5{,}8 - 6{,}4$), worauf sich der p_H-Wert des Wassers bei Zimmertemperatur (20° C) auf 4,9 einstellte. Damit war zunächst der isoelektrische Punkt der Wolle bestimmt.

Von dieser Wolle wurden jeweils 1 g mit je 20 cm³ Salzsäure von verschiedenen bekannten p_H-Werten so lange behandelt, bis keine nennenswerte Menge Salzsäure mehr gebunden wurde. Nach Bestimmung des End-p_H-Wertes der Säurelösungen und des Quellungsgrades der Wollproben wurden diese in Leitfähigkeitswasser eingelegt und dann nach Einstellung des Gleichgewichtes die End-p_H-Werte des Wassers und der Quellungsgrad der Wolle bestimmt. Dann wurde nachgeprüft, ob die von DONNAN angegebenen Gesetzmäßigkeiten über die Existenz eines Gleichgewichtes und eines die freie Diffusion verhindernden Zwanges zutreffen. Es stellte sich bei diesen Untersuchungen heraus, daß sowohl ein Gleichgewicht im Sinne der Formel:

$$\text{Wolle} + \text{HCl} \rightleftarrows \text{Wollchlorid} + H_2O$$

bei Einwirkung von Salzsäure, als auch bei Einwirkung der in der Wollfärberei in großem Maße verwendeten Schwefelsäure[2] besteht und außerdem die Bedingungen der DONNAN-Theorie in bezug auf die Diffusion der Ionen bei Anwendung dieser Mineralsäuren erfüllt werden.

Wolle verhält sich gegenüber Mineralsäuren somit entsprechend den von DONNAN angegebenen Beziehungen zwischen Ladung, Quellung und osmotischem Druck, indem sie im isoelektrischen Zustande die geringste Quellung aufweist, während sowohl bei Erniedrigung der p_H-Werte unter $p_H = 4{,}9$, als auch bei Erhöhung über $p_H = 4{,}9$ die Quellung bei diesem Faserprotein analog den anderen Proteinen zunimmt. Weil die Größe der Potentialdifferenz p von der molaren Ionenkonzentration [H·] innerhalb und außerhalb der Faser nach der Formel von NERNST[3]:

$$P = \frac{R \cdot T}{F} \ln \frac{[H^\cdot]a}{[H^\cdot]i} \qquad (4)$$

[1] F. G. DONNAN, Z. Elektrochem. 17, 572—581 (1911). F. G. DONNAN, Proc. Royal Soc. London 90, 450 (1914). F. G. DONNAN, Chem. Rev. 1, 73ff. (1925).

[2] E. ELÖD u. F. BÖHME, Melliand Textilber. 13, 365—368 (1932); vgl. auch F. BÖHME, Dissertation Karlsruhe 1931.

[3] W. NERNST, Z. phys. Chem. 4, 129—181 (1889).

bestimmt wird, in der $\frac{R}{F}$ die elektrolytische Gaskonstante und T die absolute Temperatur bedeuten, kann also die Ladung, welche die isoelektrische ungeladene Proteinfaser in einem Bade von bestimmten p_H-Wert annimmt, nicht nur dem Sinne, sondern auch der Größe nach auf chemischer Grundlage erklärt werden. Bei gleicher Normalität der farblosen Säure ist sonach die Dissoziationskonstante der farblosen Säure für die Menge des gebildeten Proteinsalzes maßgebend, ihre Wertigkeit im Sinne LOEBS für das Verteilungsverhältnis. Dementsprechend sind Proteinfasern zwar befähigt, im isoelektrischen Zustande Salze durch Sorption aufzunehmen, während ihre Reaktionen mit Säuren und Basen chemische Reaktionen sind, die als Ionenreaktionen allerdings durch elektrische Kräfte bewirkt werden. So wird auch an diesem Beispiel ersichtlich, daß Ursache und Wirkung unlösbar verbunden sind und daß die chemische Theorie über die Wirkung von farblosen Säuren und Basen auf Proteinfasern sich mit der elektrischen Deutung ihres Verhaltens in Übereinstimmung befindet.

Faßt man die Proteinfasern dementsprechend als amphotere Verbindungen auf, die je nach der Stärke der aus ihnen zusammengebrachten Säuren beziehungsweise Basen und der jeweiligen Ionenkonzentration zu reagieren vermögen, dann werden die von BINZ und SCHROETER unter nicht genau definierten Versuchsbedingungen erhaltenen Färbeergebnisse verständlich: Die freien Azobenzolsulfosäuren sind sonach als starke Säuren analog den starken farblosen Säuren zur Salzbildung mit den Faserproteinen befähigt, nicht dazu befähigt sind dagegen ihre Alkalisalze. Es wird auch verständlich, daß die schwache Azobenzol-p-carbonsäure weder bei Gegenwart von Mineralsäure noch bei Gegenwart von Alkali die Faserproteine anzufärben imstande ist.

Andererseits färbt das p-Azobenzoltrimethylammoniumhydroxyd als starke Base tierische Fasern an, während das p-Azobenzoltrimethylammoniumchlorid als Salz einer starken Base mit einer starken Säure von den Proteinfasern (infolge Diffusion) zwar aufgenommen, jedoch nicht durch chemische Bindung festgehalten wird. Dagegen werden die Amminoazobenzole als schwächere Basen in schwach saurer Lösung aufgenommen und gebunden, weil schwach saure Lösungen die negativ geladenen Proteinfasern noch nicht umladen und deswegen eine Reaktion zwischen dem positiv geladenen Farbstoffkation und dem negativ geladenen Faserproteinen bzw. ihren freien Carboxylgruppen noch möglich ist. Es kommt jedoch zu keiner bzw. einer sehr geringfügigen Anfärbung, wenn soviel Salzsäure zugegeben ist, daß die Farbstofflösung einen p_H-Wert besitzt, der wesentlich kleiner ist als der isoelektrische Punkt des Faserproteins.

Sowohl nach den von DONNAN gefundenen Beziehungen, als auch nach dem OSTWALDschen Verdünnungsgesetz müßten also die stärkeren

Säuren bzw. Basen infolge ihrer höheren Ionisierung vor den schwächeren Säuren bzw. Basen zur Proteinsalzbildung begünstigt sein. Läßt man demnach Säuren bzw. Basen von gleicher Normalität nicht im Überschuß, sondern in solchen Mengen auf Wolle einwirken, daß keine maximale Bindung der Säure bzw. Base eintreten kann, dann müßte bei der höher ionisierten Säure bzw. Base die Proteinsalzbildung zu einem größeren Anteil eintreten als bei der weniger ionisierten Säure[1] bzw. Base. Es kommt jedoch bei Anwendung gleicher Normalität von gleichstarken Säuren nur dann zu einem gleichen Anteil an (durch das Maß der Ionisation der Säure gebildetem) Proteinsalz, wenn die in gleicher Normalität angewendeten gleichstarken Säuren etwa die gleiche Molekülgröße besitzen. Differieren die Molekülgrößen, dann wird diejenige Säure, welche das kleinere Molekulargewicht besitzt, zwar von der Wollfaser schneller aufgenommen als diejenige Säure mit größerem Molekulargewicht[2], die Säure mit größerem Molekulargewicht jedoch in größerer Menge.[3] Weil Molekülgestalt und Molekülgröße die innere Reibung einer Lösung bedingen, steht der Befund von GEORGIEVICS[4], nach welchem die Säuren mit größerer innerer Reibung in höherem Maße von der Wollfaser aufgenommen werden, durchaus im Einklang mit der vorstehenden Erklärung. In Übereinstimmung mit der Ansicht, daß die durch die Molekülgröße bedingte innere Reibung das Diffusionsvermögen im Fasergel und damit die Anionenaffinität bedingt, haben auch HARRIS, FUGITT und STEINHARDT festgestellt, daß bei der Einwirkung von Säuren auf Wolle die Anionenaffinität der untersuchten starken Säuren mit der Größe des Anions zunimmt[5] und bei den aromatischen Säuren größer ist als bei den aliphatischen.[6] Die Wirkung der gehinderten freien Diffusion — also ein physikalischer Vorgang — überlagert demnach auch hier wie bei den vorstehend besprochenen Membrangleichgewichten die chemische Wirkung der Anionen in der Weise, daß die schwerer diffundierenden schwächeren Säuren unter Umständen sogar einen höheren Anteil an Proteinsalz zu bilden imstande sind als die leichter diffundierenden stärkeren Säuren. Immer jedoch wird von den farblosen Säuren das OSTWALDsche Verdünnungsgesetz befolgt und die gebildeten Proteinsalze hydrolysieren bei Einwirkung genügender Wassermengen vollständig.

---

[1] Vgl. G. v. GEORGIEVICS, Mh. Chem. 34, 741 (1913). E. ELÖD u. E. SILVA, l. c., E. ELÖD u. H. G. FRÖHLICH, Melliand Textilber. 30, 239—243 (1949).

[2] Vgl. A. DIETL, Kolloid-Z. 14, 319—321 (1914); Kolloidchemische Beih. 6, 127—146 (1914).

[3] I. WALKER u. J. B. APPLEYARD, J. chem. Soc. London 69, 1334 (1896).

[4] G. v. GEORGIEVICS, Mh. Chem. 34, 703—744 (1913).

[5] J. STEINHARDT, C. H. FUGITT und M. HARRIS, J. Res. nat. Bur. Standards 28, 201—206 (1942).

[6] J. STEINHARDT, C. H. FUGITT und M. HARRIS, J. Res. nat. Bur. Standards 26, 293—320 (1941).

Untersucht man das Verhalten von Säuregemischen gegen Wollfasern, dann zeigt sich nach STEINHARDT[1], daß die Anionen der Säuren nicht im Verhältnis ihrer Konzentration an Wolle gebunden werden, sondern daß die Bindung von der Dissoziationskonstanten des Gleichgewichtes: Protein-Anion, wie es bei Einwirkung der einzelnen Säuren feststellbar ist, beherrscht wird. Es ist also die Dissoziationskonstante der Proteinsalze von bestimmender Bedeutung für ihre Bildung und Beständigkeit, und es ist unerheblich, ob eine Membran zur Bildung dieser Membrangleichgewichte vorliegt. Wesentlich für ihr Zustandekommen ist jedoch, daß eine am System beteiligte Ionenart in ihrer freien Diffusion gehindert ist, was durch ihre Ionengröße oder durch Ionenaggregation verursacht sein kann.[2] Demnach ist es keineswegs erforderlich, mit BINZ und SCHROETER im Falle des Säuregemisches Azobenzolsulfosäure-Schwefelsäure die unwahrscheinliche Annahme zu machen, daß die Azobenzolsulfosäure eine stärkere Säure sei als Schwefelsäure. Weil die Azobenzolsulfosäuren ein wesentlich größeres Molekül besitzen als Schwefelsäure, muß ihre freie Diffusion im Wollgel stärker behindert sein, als das bei Schwefelsäure der Fall ist, und es muß analog den von HARRIS, FUGITT und STEINHARDT[3] gemachten Feststellungen die Proteinsalzbildung der Azobenzolsulfosäuren nicht nur möglich, sondern gegenüber Schwefelsäure mengenmäßig sogar begünstigt sein, wenn der Unterschied im Ionisierungsgrad nicht allzu groß ist, wie das bei der Azobenzolcarbonsäure gegenüber Schwefelsäure zweifellos der Fall ist.

Das Verhalten anionischer Farbstoffe gegen Wolle

In Übereinstimmung mit der von den vorerwähnten amerikanischen Autoren vertretenen Ansicht über die Bindung von farblosen und farbigen Anionen an Wolle hatte schon früher der russische Forscher PORAI-KOSCHITZ[4] die Meinung geäußert, daß der Färbevorgang bei den Proteinfasern eine durch Unterschiede im Diffusionsvermögen verursachte Verdrängungsreaktion sei. Nach ihm soll die schwerer eindiffundierende Farbstoffsäure die zuerst eindiffundierte Schwefelsäure in analoger Weise verdrängen, wie es möglich ist, die stärker ionisierte, infolge ihres kleineren Moleküls schneller diffundierende Salzsäure durch die langsamer diffundierende Schwefelsäure aus Wolle zu verdrängen.

---

[1] J. STEINHARDT, J. biol. Chemistry 140, Proc. 124—125 (1941). Washington D. C. Nat. Bureau of Standards.

[2] H. G. BUNGENBERG DE JONG u. O. BANK, Protoplasma 34, 9 (1940).

[3] J. STEINHARDT, CHARLES FUGITT u. MILTON HARRIS, J. Res. nat. Bur. Standards 26, 293—320, 1941; Amer. Dyestuff Rep. 30, 223—24, 246, 250, 263—267, 288—290, 292 (1941).

[4] A. PORAI-KOSCHITZ, J. Chem. Soc. Dyers Colourists 52, 19 (1936).

Diese Ansicht berücksichtigt jedoch die vorerwähnte Tatsache nicht, daß die Anionen farbloser organischer und anorganischer Säuren infolge Hydrolyse aus den Faserproteinen vollständig ausgewaschen werden können, was weder bei den Azobenzolsulfosäuren trotz ihrer an sich geringen Naßechtheitseigenschaften, noch bei den in der Technik verwendeten Farbstoffen mit besseren Naßechtheiten der Fall ist. Zur Erklärung dieser Unstimmigkeit hatten MEYER und FIKENTSCHER[1] angenommen, daß die neben den Farbstoffsäuren angewendete überschüssige farblose anorganische Säure die Hydrolyse des gebildeten Proteinfarbstoffsalzes verhindert. Das mag nach ELÖD und SILVA[2] zwar in beschränktem Maße der Fall sein, kann aber nur eine untergeordnete Rolle spielen, weil sich sonst durch Waschen mit viel Wasser nach Ablösen der Mineralsäure der Farbstoff ebenfalls wieder von der Faser ablösen lassen müßte. Die von DONNAN angegebenen rechnerischen Beziehungen für die Membrangleichgewichte gelten demnach nur für die farblosen Säuren (bzw. Basen), weil sie von der Voraussetzung ausgehend aufgestellt sind, daß die Diffusion durch die Membran ein umkehrbarer Vorgang ist, bei der, wie schon vorerwähnt wurde, im vorliegenden Fall das Fasergel auch die Rolle einer Membran übernehmen kann.

Aus den von DONNAN angegebenen Gesetzmäßigkeiten lassen sich entsprechend den Vorstellungen von ELÖD und SILVA jedoch noch andere Folgerungen ableiten. Setzt man dem außer Farbstoff und Schwefelsäure enthaltenden Färbeband noch ein Neutralsalz, z. B. das beim Färben von Wolle mit Säurefarbstoffen allgemein verwendete Natriumsulfat zu, dann wird durch diesen Zusatz die Ionisation der im Färbebade befindlichen Schwefelsäure herabgesetzt und dadurch der Proteinsalzbildung entgegengewirkt. Das zum sauren Färbebade zugesetzte Neutralsalz wirkt somit egalisierend. Anderseits muß aus dem gleichen Grunde in solchen Fällen, wo kein schwer hydrolysierbares Proteinsalz aus farbigem Anion und Proteinfaser gebildet wurde (wie das bei den Azobenzolsulfosäuren der Fall ist), das Abziehen des Farbstoffanions von der gefärbten Proteinfaser durch Neutralsalzlösungen gegenüber Wasser erleichtert werden, worauf die vorstehenden Autoren in diesem Zusammenhang hingewiesen haben.

Durch die Untersuchung des Salzeinflusses auf die Farbstoffaufnahme von Wolle bei verschiedenen Azofarbstoffen mit mehreren Sulfosäuregruppen haben SPEAKMAN und CLEGG[3] dementsprechend festgestellt, daß in den 1% Glaubersalz enthaltenden sauren Färbebädern mehr Farbstoff von der Faser aufgenommen wird, als in den 13% enthaltenden Bädern der Vergleichsversuche. Nach ihnen haben P. LAROSE und

---

[1] K. H. MEYER u. H. FIKENTSCHER, Naturwissenschaften l. c.
[2] E. ELÖD u. E. SILVA, Z. phys. Chem. **137**, 160 (1928).
[3] J. B. SPEAKMAN und H. CLEGG, J. Soc. Dyers Colourists, **50**, 348—365 (1934).

BENSON[1] bei der Untersuchung der Aufnahme von Orange II durch Wolle in Gegenwart von H_2SO_4 und Na_2SO_4 ermittelt, daß die Sättigung der Wolle mit Farbstoffsäure durch die Säurestärke bestimmt wird, und daß die Salzwirkung nach den DONNANschen Beziehungen erklärbar ist.

Nach KRAFFT[2] soll die Färbung durch die Ausfällung einer kolloiden Substanz auf oder in der Faser zustandekommen, eine Auffassung, die später von PERRIN[3] modifiziert wurde. Weil alle Textilfasern eine negative Ladung annehmen, wenn sie in Wasser gebracht werden und Wolle, wie vorstehend gezeigt wurde, als ein Fasergel aufgefaßt werden kann, wäre demnach vorstellbar, daß die Färbung von Wolle und Seide mit kolloiden Farbstoffen in der gleichen Weise wie die der pflanzlichen Fasern zustandekommt. So hat BANCROFT[4] die Ansicht vertreten, daß beim Färben von Wolle mit kolloiden Farbstoffen im neutralen Bade diese in der gleichen Weise als Salze von den tierischen Fasern aufgenommen werden, wie das beim Färben von Cellulosefasern mit substantiven Farbstoffen nachweislich der Fall ist, welcher Ansicht sich später auch GOODALL[5] angeschlossen hat.

Andererseits besteht jedoch auch die Möglichkeit, daß die tierischen Fasern jeweils nur das Anion der substantiv ziehenden kolloidlöslichen Farbstoffe aufnehmen, weil die substantiven Farbstoffe ebenso Alkalisalze von aromatischen Sulfosäuren sind, wie sehr viele der eigentlichen Wollfarbstoffe.

Um festzustellen, in welcher Weise die kolloidlöslichen substantiven Farbstoffe sich gegen die tierischen Fasern verhalten, d. h. ob sie von Wolle und Seide wie die molekulardispers löslichen Säurefarbstoffe als Farbstoffanionen aufgenommen werden, wie KNECHT und MEYER bei diesen gezeigt hatten, oder ob sie nach BANCROFT als Farbstoffsalze aufgenommen werden, hat PORAI-KOSCHITZ[6] sehr eingehende Untersuchungen durchgeführt. Zunächst stellte er die Ammoniumsalze von zwei kolloidlöslichen substantiven Farbstoffen: Benzopurpurin 4B und Diaminviolett N her, dann prüfte er, wie sich diese Ammoniumsalze gegen tierische und pflanzliche Fasern verhalten. Wenn beim Färben einer Faserart mit einem dieser Ammoniumsalze im neutralen Bade nur das Anion des Ammoniumsalzes von der Faser aufgenommen wird, das Kation dagegen im Färbebad zurückbleibt, brauchte er zur Beantwortung obiger Frage das im gebrauchten Färbebade zurückgebliebene Ammoniak nur abzudestillieren und durch Titration zu bestimmen.

---

[1] P. LAROSE und B. BENSON, Canad. J. Res. Sect. F. 28, 238—256 (1950).
[2] F. KRAFFT, Berichte d. Deutsch. chem. Ges. 32, 1608—1622 (1899).
[3] J. PERRIN, l. c.
[4] W. BANCROFT, Amer. Dyestuff Rep. 4, 151 (1929).
[5] F. L. GOODALL, J. Soc. Dyers Colourits 51, 405—415 (1935).
[6] A. P. PORAI-KOSCHITZ, J. prakt. Chem. (NF) 137, 179—215 (1933).

Damit die Färbebäder völlig erschöpft werden, verwendete er nur 0,2 bis 0,5% obiger Farbstoffe vom Gewicht der Wolle. Dabei werden, wie sich zeigte, die Bäder völlig ausgezogen. Aus der Menge des bei jedem der durchgeführten Färbeversuche abdestillierten Ammoniaks ergab sich, daß beim Färben der Wolle mit Ammoniumsalzen der substantiven Farbstoffe nur das Anion des Farbstoffes von der Wolle aufgenommen wird und daß von einer Sorption des unzersetzten Salzes keine Rede sein kann.

Beim Färben von Baumwolle mit dem Ammoniumsalz des Benzopurpurin 4B zeigte sich jedoch, daß dieser Farbstoff beim Färben der pflanzlichen Faser in der gleichen Konzentration wie oben, bei weitem nicht aus dem Färbebade ausgezogen wird. Außerdem stellte sich bei diesem Versuch heraus, daß beim Färben von Baumwolle mit dem Ammoniumsalz des Benzopurpurin, wie im Falle des Wollfärbeversuches, zwar etwas Ammoniak aus dem Färbebade entweicht, daß hier beim Färben der pflanzlichen Faser das Ammoniumsalz des Benzopurpurin 4B jedoch ohne Spaltung aufzieht.

Sonach werden von Baumwolle die Ammoniumsalze wie auch die Natriumsalze der substantiven Farbstoffe als Salze aufgenommen, während bei Wolle nur die freien Farbstoffsäuren aufgenommen werden. Deswegen schließt Porai-Koschitz mit vollem Recht aus diesem Unterschiede im Verhalten, daß in bezug auf die Proteinfasern nicht der Dispersitätsgrad für die Farbstoffaufnahme bestimmend ist, sondern die chemische Farbstoffkonstitution und daß substantive Farbstoffe, soweit sie Salze von Sulfosäuren wie die sauren Wollfarbstoffe sind, diesen auch in ihrem Verhalten gegen Proteinfasern analog sind.

Beim Kochen einer neutralen Farbstofflösung, welche das Natriumsalz einer Farbstoffsulfosäure enthält, wird sich ohne Zusatz einer Faser also weder im Falle eines sauren noch eines substantiven Farbstoffes in bezug auf die Hydrolyse eine nennenswerte Veränderung ergeben. Auch beim Einführen von Cellulosefasern in solche Lösungen nimmt die Alkalität der Lösung nicht zu. Führt man dagegen Proteinfasern in solche Lösungen ein, dann wird die Alkalität der Farbstofflösung entsprechend der Aufnahme der Farbstoffsäure durch die Proteinfaser verändert. Es spielt sich somit folgender Vorgang ab:

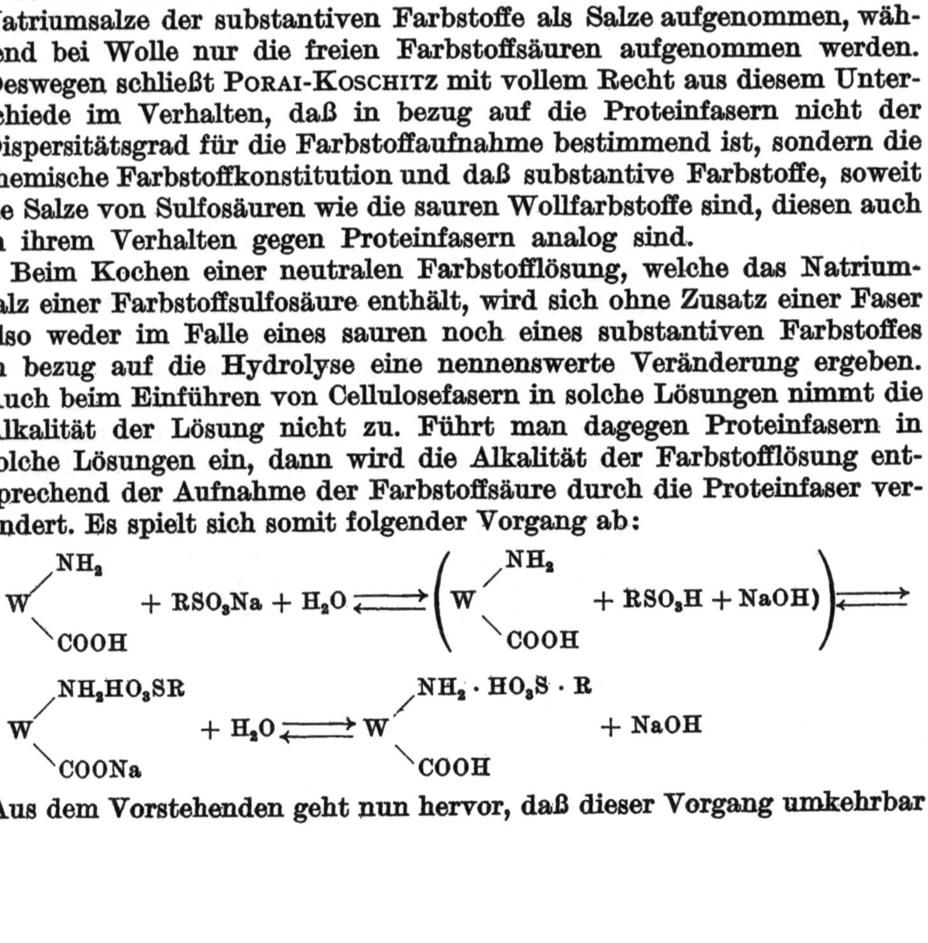

Aus dem Vorstehenden geht nun hervor, daß dieser Vorgang umkehrbar ist und daß die Gegenwart von freiem Alkali den Färbeprozeß bei den tierischen Fasern hemmt.

Um des weiteren größere Mengen von Farbstoff, als dem Bad beim Färben mit Ammoniumsalzen entzogen werden können, zum Aufziehen auf die Wollfaser zu bringen, verwendeten anschließend PORAI-KOSCHITZ und Mitarbeiter infolge der vorstehenden Erkenntnis den Kunstgriff, Wolle mit substantiven Farbstoffen, also den Natriumsalzen von Sulfosäuren, in Gegenwart eines Ammoniumsalzes anzufärben. Als Vertreter der Farbstoffe, die Wolle aus dem üblichen „neutralen" Bade schlecht anfärben, wurde Diaminbordeaux B und als Vertreter der unter diesen Bedingungen anfärbenden Farbstoffe wurde Chikagoblau 6B gewählt. Um die Sättigungsgrenze der Wolle zu bestimmen, wurde in der Weise verfahren, daß die Wollstränge zunächst mit kleinen Mengen Farbstoff und Ammonsulfat nahe Kochtemperatur gefärbt wurden, bis das Bad völlig erschöpft war, dann wurden nacheinander neue Mengen Farbstoff und Ammonsulfat allmählich zugesetzt. In dieser Weise wurde so lange verfahren, bis die Färbebäder nicht mehr erschöpft wurden und auf diesem Wege festgestellt, daß Wolle bei der maximalen Färbung 27% Diaminbordeaux B und 25% Chikagoblau B aufnimmt. Daraus errechnet sich, da das Molekulargewicht von Diaminbordeaux B gleich 648 ist und dieser Farbstoff zwei Sulfogruppen besitzt, daß 0,00083 Grammäquivalent von 1 g Wolle aufgenommen werden. Beim Chikagoblau B mit dem Molekulargewicht 992 kommt man unter Berücksichtigung, daß dieser Farbstoff vier Sulfogruppen enthält, zu einer Aufnahme von 0,001008 Grammäquivalent pro 1 g Wolle.

Offenbar weil diese Versuchsdurchführung noch nicht beweiskräftig genug erschien, hat PORAI-KOSCHITZ in einer weiteren Versuchsreihe auch noch das aus dem zugesetzten Ammoniumsalz freiwerdende Ammoniak bestimmt. Diese mit Zusatz von Ammoniumchlorid vorgenommenen Versuche, die in der gleichen Apparatur wie früher und nach derselben Methode wie bei Verwendung von Ammoniumsulfat durchgeführt wurden, mußten aus der Differenz mit einem Leerversuch somit die der aufgenommenen Sulfonsäure entsprechende Menge Ammoniak ergeben. Als Farbstoffe wurden zu diesen Versuchen nicht nur kolloidlösliche substantive, sondern auch monomolekularlösliche Wollfarbstoffe angewendet, nämlich: Orange II, Kristallponceau, Lanafuchsin GG, Benzoazurin G, Benzopurpurin 4B und Chikagoblau 6B. Die drei ersten sind sogenannte saure Wollfarbstoffe, von denen die beiden ersten Hydroxyle und je eine Sulfogruppe enthalten, der dritte enthält zwei Sulfogruppen, dagegen statt Hydroxyl die Acetylaminogruppe. Von den substantiven Farbstoffen ist der erste ein 0-Oxyazofarbstoff, der zweite ein Aminoazofarbstoff und der dritte ein Aminooxyazofarbstoff. Die beiden ersten substantiven Farbstoffe enthalten je zwei Sulfogruppen, der dritte dagegen vier. Die Ergebnisse der durchgeführten

Versuche zeigen, daß die Menge des Ammoniaks, die dem von der Wolle aufgenommenen Farbstoffanion entspricht, in allen Versuchen fast ganz genau die gleiche ist, sie schwankt von 0,000816—0,000841 Grammäquivalent auf 1 g Wolle.

Wolle nimmt also nicht mehr als 0,00083 Grammäquivalent Farbstoff auf, gleichgültig, ob es ein monomolekularlöslicher saurer oder ein kolloidlöslicher substantiver Farbstoff ist, ob er eine oder zwei oder vier Sulfogruppen besitzt. Bei der von PORAI-KOSCHITZ durchgeführten Versuchsanordnung ist es auch gleichgültig, ob auf 1 g Wolle 1, 2 oder 3 g Salmiak und 3, 3½ oder 6 g Farbstoff angewendet wird.

Die Sättigungsgrenze von Wolle mit Mineralsäuren wurde von PORAI-KOSCHITZ[1] in der gleichen Weise durch Kochen von Wolle unter Zusatz von Schwefelsäure bzw. Salzsäure festgestellt, wobei 0,000811 Grammäquivalent Schwefelsäure und 0,000827 Grammäquivalent Salzsäure von 1 g Wolle aufgenommen wurden. Die Übereinstimmung dieser Werte mit dem von MEYER gefundenen ist um so bemerkenswerter, weil beide Forscher mit Wolle völlig verschiedener Herkunft gearbeitet haben.

Nachdem die von HARRIS und SMITH[2] mit Wolle und Orange II in verschiedenen Konzentrationen durchgeführten Färbeversuche ebenfalls ergeben haben, daß das maximale Aufziehvermögen dieses Farbstoffes (0,82 und 0,83 Millimol auf 1 g Wolle) zahlenmäßig gut übereinstimmt mit dem maximalen Säurebindungsvermögen, kann nicht mehr daran gezweifelt werden, daß die unveränderte Wolle des Schafes, gleichgültig welcher Herkunft sie auch sein mag, immer die gleiche maximale Bindungsfähigkeit für farblose Säuren und Farbstoffsäuren besitzt. Daß die Farbstoffsäure des Orange II in der gleichen Weise wie eine farblose Säure von Wolle aufgenommen wird, konnte MEGGY[3] dadurch beweisen, daß die Gleichung von RIDEAL und GILBERT[4] für die Verbindung einer starken Säure mit einem unlöslichen Protein auch für das System Wolle-Orange-II-Säure gültig ist. Nach ihm beträgt die Affinität von Orange-II-Säure für Wolle bei 60° C 10,300 cal, wovon ungefähr 6000 cal auf die Wasserstoffionen und 4300 cal auf die Farbstoffanionen entfallen.

Auch die von ENDER und MÜLLER[5] veröffentlichten Ergebnisse eingehender Untersuchungen führen zu dem zwingenden Schluß, daß die Farbstoffsäuren in der gleichen Weise an die Aminogruppen der Wolle gebunden werden, wie das bei den farblosen Säuren der Fall ist. Übereinstimmend mit den von ELÖD und seinen Mitarbeitern[6] sowie von

[1] A. PORAI-KOSCHITZ, J. prakt. Chem. (NF) 137, 200 (1933).
[2] M. HARRIS u. A. L. SMITH, Textile Manufacturer 63, 375, 387 (1937).
[3] A. B. MEGGY, Trans. Faraday Soc. 42, 502—506 (1947).
[4] G. A. GILBERT u. E. K. RIDEAL, Proc. Roy. Soc. London 182, 335—346 (1944).
[5] W. ENDER u. A. MÜLLER, Melliand Textilber. 18, 375—378 (1937).
[6] E. ELÖD u. E. SILVA, Z. phys. Chem. 137, 142—175 (1928). E. ELÖD u. F. BÖHME, Melliand Textilber. 13, 365—368 (1932). E. ELÖD u. A. KÖHNLEIN, Melliand Textilber. 17, 410 (1936).

anderer Seite erhaltenen Ergebnissen stellten sie fest, daß das Säurebindungsvermögen von Wolle für Salzsäure und Schwefelsäure mit fallenden p_H-Werten zunimmt. Bei dem p_H-Wert = 1,3, welcher sowohl etwa den $^1/_{10}$ normalen Lösungen beider Säuren als auch ungefähr der Säurekonzentration beim Färben mit Egalisierungsfarbstoffen entspricht, fanden sie, daß 100 g bei 110° C getrocknete Wolle 0,087 g Äquivalent Salzsäure und 0,093 g Äquivalent Schwefelsäure binden, was bei der Schwefelsäure wohl damit zu erklären ist, daß diese Säure in höherer Konzentration nicht völlig dissoziiert. Außerdem stellten sie die reinen Farbstoffsäuren von Orange II, Orange RO, Orange GG, Kristallponceau 6R, Säureanthracenrot G, Naphtholrot S und vier anderen nicht im Handel befindlichen Farbstoffen her und färbten mit den 1/50 normalen Lösungen dieser Farbstoffsäuren Wolle bei 50° C an. Weil bei dieser Färbetemperatur nur die Farbstoffe mit relativ kleinem Molekül: Orange GG, Orange II und Orange RO gut auf die Wolle aufziehen, nicht aber die Farbstoffe mit größerem Molekül, arbeiteten sie in einer weiteren Versuchsreihe bei 90° C. Bei dieser Temperatur erreichen alle untersuchten Farbstoffsäuren mit Ausnahme von Säureanthracenrot G und Walkrot G innerhalb kurzer Zeit den Maximalwert der Farbstoffaufnahme, der bei 0,085 Grammäquivalent für 100 g getrocknete Wolle liegt. Weiterhin stellten sie fest, daß bei den nicht bis zur vollen Absättigung aufgezogenen Farbstoffsäuren die Summe der gravimetrisch bestimmten Farbsäureäquivalente und der bei der Nachbehandlung aufgenommenen Mineralsäure konstant ist und ebenfalls bei 0,085 Grammäquivalent Säure bezogen auf 100 g Wolle liegt.

Da ENDER und MÜLLER sowohl molekular dispers lösliche Farbstoffe wie Orange GG, als auch die assoziiert löslichen Farbstoffe Säureanthracenrot G und Walkrot G zu ihren Versuchen verwendet haben und bei beiden Farbstoffgruppen übereinstimmende Säureäquivalente gefunden wurden, ist damit auf einem anderen als dem von PORAI-KOSCHITZ gewählten Wege bewiesen worden, daß sowohl molekulardisperse als auch assoziiert lösliche Farbstoffe an die Aminogruppen der Wolle gebunden werden. Außerdem haben ENDER und MÜLLER dadurch, daß die nicht bis zur vollen Absättigung gefärbte Wolle noch Mineralsäure bis zum konstanten Werte des Säureäquivalentes aufzunehmen vermag, den Nachweis erbracht, daß auch die in der üblichen Weise nicht bis zur vollen Absättigung gefärbte Wolle die Anionen der direktziehenden Farbstoffe durch ihre Aminogruppen bindet.

Diese Ansicht war schon früher durch SUIDA[1] vertreten worden. Dieser Forscher hatte, ausgehend von der Ansicht, daß sowohl farblose Mineralsäuren als auch Farbstoffsäuren die freien Aminogruppen der Wolle absättigen können, sich die Frage gestellt, wie es kommt, daß mit

[1] W. SUIDA, Z. angew. Chem. 22, 2133 (1909).

Mineralsäure vorbehandelte Wolle sich mit Farbsäuren anfärbt und hatte eine Verdrängung der Mineralsäure unter Bildung einer unlöslichen Verbindung zwischen Wolle und Farbstoffsäure in Betracht gezogen.

Zur Beantwortung der gestellten Frage hat er Phosphorwolframsäure, von der bekannt ist, daß sie mit den basischen Aminosäuren Fällungen gibt, auf Wolle einwirken lassen. Er verwandte zu seinen Versuchen eine 10%ige Lösung von Phosphorwolframsäure, welche er in der Art auf Wolle einwirken ließ, daß etwa 20—25% des Wollgewichtes an Säure zur Anwendung kamen. Nach einstündiger Behandlung bei Wasserbadtemperatur wurde die Wolle sorgfältig gewaschen und schließlich angefärbt. Hierbei zeigte sich, daß unter normalen Bedingungen weder Kristallponceausäure noch Kristallponceausalz oder Kristallponceausalz mit Schwefelsäure die behandelte Faser nennenswert zu färben imstande sind, während die Färbungen mit Kristallviolett oder Fuchsin intensiv ausfielen. Daß es sich in diesem Falle nur um die Bildung unlöslicher phosphorsaurer Wolle handelte, bewies die Behandlung der mit Phosphorwolframsäure gebeizten Wolle mit Ammoniumcarbonatlösung. Nach dieser nahm die mit Phosphorwolframsäure behandelte Wolle wieder die Eigenschaft der ursprünglichen ungebeizten Wolle an, d. h. sie färbte sich in Kristallponceausäure oder Kristallponceausalz und Schwefelsäure kräftig, in Kristallponceausalz fast gar nicht an.

Außerdem hat SUIDA in Fortsetzung der von NIETZKI[1] u. a. mitgeteilten Untersuchungen eine Reihe freier Farbstoffsäuren solcher Azofarbstoffe, welche als Säuren andersfarbig sind als ihre Alkalisalze, auf Wolle einwirken lassen. Er wählte zu seinen Versuchen die Säuren von Kongorot, Benzopurpurin 4B, Toluylenorange G, Chrysophenin und Salmrot, die wegen ihrer Schwerlöslichkeit leicht zu reinigen sind, und brachte sie in gereinigter Form zur Anwendung. Die Farben dieser Säuren und ihrer Salze sind folgende:

	Salz	Säure
Kongorot	rot	blau
Benzopurpurin 4B	rot	blau
Toluylenorange G	gelbstichigorange	braun
Chrysophenin	gelb	braun
Salmrot	fleischrot	blauviolett

Bringt man die gereinigte Wolle in die Suspensionen dieser Farbsäuren, so geht bei gewöhnlicher Temperatur nichts anderes vor sich, als daß die Farbstoffsäurepartikelchen von der Wolle beim Umrühren aufgenommen und adsorptiv festgehalten werden. Erwärmt man indes das Ganze, so sieht man in kurzer Zeit die Wolle sich in der Farbe des Farbsalzes an-

[1] R. NIETZKI, Chemie der organischen Farbstoffe, Berlin, II. Aufl. 4 (1894).

färben. Um dem Einwand zu begegnen, daß die Wandungen der Glas- oder Porzellangefäße Alkali abgeben und dieses den Farbumschlag bedingt, hat SUIDA diese Versuche in einem Platinkessel wiederholt und dabei die gleichen Ergebnisse erzielt.

Weil die von SUIDA beschriebenen qualitativen Versuche ebenso beweiskräftig dafür sind, daß die Farbstoffanionen beim Färben von den freien Aminogruppen der Wolle salzartig aufgenommen werden, wie die vorstehend beschriebenen quantitativen Untersuchungen über die Sättigungsgrenze der mit farblosen Säuren bzw. Farbstoffsäuren behandelten Wolle, ist man somit berechtigt, die Bindung der Farbstoffanionen in chemischem Sinne als eine Salzbindung und das technische Färben mit direktziehenden Farbstoffen unter Zusatz von Mineralsäure als eine Verdrängungsreaktion aufzufassen.

Nach den von DONNAN aufgestellten Beziehungen wäre eine solche Verdrängungsreaktion möglich,

1. wenn die verdrängende Säure stärker, also höher ionisiert ist,
2. wenn die verdrängende Säure in ihrer freien Diffusion stärker gehindert ist.

Für die Ansicht, daß die Farbstoffsäuren direktziehender Farbstoffe starke Säuren sind, sprechen zwar die von R. GNEHM und E. RÖTHELI[1] veröffentlichten Ergebnisse, nach denen man sowohl aus den Farbstoffen Naphtholgelb S, β-Naphtholorange, Helvetiablau und Benzopurpurin mit den Salzen schwacher Basen wie Anilin durch doppelte Umsetzung, als auch direkt aus deren Farbstoffsäuren mit den freien Basen, beständige Farbstoffsalze erhält, doch sagen diese Feststellungen nichts über die wirkliche Stärke dieser Farbstoffsäuren aus. Weil nicht nur die Herstellung, sondern besonders die Reinigung der freien Farbstoffsäuren bis zu einem zur Bestimmung ihrer Säurestärke erforderlichen Grade schwierig ist, sind bisher nur wenige solcher Messungen durchgeführt und veröffentlicht worden. PELET-JOLIVET[2], der die freien Säuren von Kristallponceau und Naphtholgelb S untersucht hat, fand bei diesen hohe Leitfähigkeitswerte, während die freien Farbstoffsäuren von Dianilblau R und Kongorot nach SCHRAMEK und GÖTTE[3] nur eine geringe Grenzleitfähigkeit besitzen. Andererseits geht jedoch aus den von PELET-JOLIVET und WILD[4] durchgeführten Messungen der elektrolytischen Leitfähigkeit sowohl von nicht assoziiert löslichen Natriumsalzen der Farbstoffsäuren saurer Wollfarbstoffe als auch aus den von PELET-

[1] R. GNEHM und E. RÖTHELI, Z. angew. Chemie 12, 503 (1898).
[2] L. PELET-JOLIVET, Die Theorie des Färbeprozesses, Dresden 22—23 (1910).
[3] W. SCHRAMEK und E. GÖTTE, Kolloid-Beih. 34, 239—242 (1931).
[4] L. PELET-JOLIVET u. A. WILD, C. R. hebd. Séances Acad. Sci. Paris 147, 683 bis 685 (1908); Z. Chem. Ind. Koll. 3, 174—197 (1908).

JOLIVET und WILD, KNECHT und BATEY[1], BILTZ[2], SCHAPOSCHNIKOW und BOGOJAVLENSKI[3] sowie SCHRAMEK und GÖTTE durchgeführten Messungen der Leitfähigkeit von assoziiert löslichen Natriumsalzen direkt ziehender Baumwollfarbstoffe hervor, daß die Natriumsalze beider Farbstoffgruppen weitgehend dissoziiert sind und nach PELET-JOLIVET keine Spur einer Hydrolyse zeigen.

Volle Klarheit über das Verhalten der Farbstoffsäuren haben jedoch erst die eingehenden Untersuchungen von ENDER und MÜLLER[4] gebracht. Beide haben zunächst die vorerwähnten gereinigten Farbstoffsäuren saurer Wollfarbstoffe daraufhin untersucht, ob die Sulfonsäuregruppen in den Farbstoffen gleich stark sind, d. h. ob bei denjenigen Farbstoffsäuren, welche zwei bzw. drei Sulfosäuregruppen im Molekül enthalten, die zweite bzw. dritte Sulfosäuregruppe ebenso stark dissoziieren kann wie die erste Sulfosäuregruppe. Sie verfuhren in der Weise, daß zu je 20 ccm der 1/20 normalen Farbstoffsäurelösungen jeweils 1 ccm 1/10 normaler Natronlauge bis zum p_H-Wert = 8 zugegeben wurde. Nach dem Natronlaugenzusatz wurde der p_H-Wert der Lösung bestimmt. Wenn die zweite bzw. dritte Sulfosäuregruppe im Farbstoffmolekül sich wie eine schwache Säure verhält, muß sich bei ihrer Versuchsanordnung ein Potentialsprung ergeben, wenn die starke Säure abgesättigt ist. Weil dieser Potentialsprung nicht festgestellt werden konnte und die Säuren mit zwei und drei Sulfosäuregruppen im Molekül die gleichen Titrationskurven geben wie Mineralsäuren bzw. Farbstoffsäuren mit nur einer Sulfosäuregruppe, war die gleiche Stärke auch bei den übrigen Sulfosäuregruppen zu erwarten.

Weil die Dissoziationskonstanten starker Säuren sehr schwer festzustellen sind, da starke Säuren praktisch völlig dissoziieren, gingen ENDER und MÜLLER[5] zur Bestimmung der Dissoziation der vorstehend erwähnten Farbstoffsäuren von den folgenden Überlegungen aus: „Nach MICHAELIS[6] lassen sich Dissoziationskonstanten mittelstarker Säuren sehr gut aus den p_H-Werten ihrer reinen Säurelösungen von verschiedenem Verdünnungsgrad berechnen. Nach der klassischen Theorie der Dissoziation gilt dafür die Formel:

$$\frac{[H^\cdot]^2}{Cs - [H^\cdot]} = \frac{[A']^2}{Cs - [A']} = Ks \qquad (5)$$

in welcher [H·] die Konzentration der Wasserstoffionen, [A′] die Kon-

[1] E. KNECHT u. I. P. BATEY, J. Soc. Dyers Colourists 25, 194 (1909); 26, 4 (1940).

[2] W. BILTZ u. A. v. VEGESACK, Z. phys. Chem. A 78, 487—896 (1910). W. BILTZ u. F. PFENNING, Z. phys. Chemie A 77, 101—116 (1911). W. BILTZ, Z. phys. Chem. A 88, 629 (1913).

[3] W. G. SCHAPOSCHNIKOW und TH. BOGOJAVLENSKI, Z. Farbenind. 11, 303 (1912).

[4] W. ENDER und A. MÜLLER, Melliand Textilber. 18, 906 (1937).

[5] W. ENDER und A. MÜLLER, Melliand Textilber. 18, 907 (1937).

[6] L. MICHAELIS, Die Wasserstoffionenkonzentration 1, 28 (1922).

zentration der Säureanionen und C_S die Konzentration der nicht dissoziierten Säure ist.

Umgekehrt kann man aus der obigen Gleichung für Säuren mit bekannten Dissoziationskonstanten die Änderungen der p_H-Werte ihrer wäßrigen Lösungen bei fortschreitender Verdünnung berechnen. Die Gleichung muß dann umgeformt werden in:

$$[H\cdot] = -\frac{K_S}{2} + \sqrt{\frac{K_S^2}{4} + K_S \cdot C_S} \qquad (6)$$

$$p_H = -\log [H\cdot] = \log \frac{1}{[H\cdot]}.$$

Trägt man die auf diese Weise berechneten p_H-Werte auf die Ordinate, die Werte für $-\log C_S$ auf die Abszisse eines Koordinatensystems ein, so erhält man den Kurvenverlauf der Abhängigkeit der p_H-Werte von der Verdünnung. ENDER und MÜLLER haben zunächst die p_H-Werte für Säuren mit den Dissoziationskonstanten 1, 10^{-2}, 10^{-4} und 10^{-6} bei den Konzentrationen 1, 0,1, 0,01, 0,001 und 0,0001 berechnet und eingetragen und auf diese Weise ein konvergierendes Kurvenbündel erhalten. In dieses Koordinatensystem mit dem Kurvenbündel der errechneten p_H-Werte von Säuren verschiedener Dissoziationskonstanten haben sie anschließend die Kurven der experimentell bestimmten p_H-Werte der von ihnen hergestellten reinen Farbstoffsäuren eingetragen. Die für diese Farbstoffsäurelösungen von verschiedenen Konzentrationen festgestellten Werte fielen zum Teil zusammen, und zwar so, daß sich zwei Gruppen herausbildeten, deren Kurven sich jeweils deckten. Da beide Kurven für die Farbstoffsäuren zwischen den Kurven der Säuren mit den Dissoziationskonstanten 1 bzw. 10^{-2} liegen, kommen den untersuchten Farbstoffsäuren Dissoziationskonstanten von ungefähr 10^{-1} zu; womit zunächst bewiesen war, daß die Säuren der untersuchten Azofarbstoffe starke Säuren sind, deren Dissoziationskonstanten nicht viel niedriger liegen als die von Schwefelsäure und Salzsäure (Abb. 1).

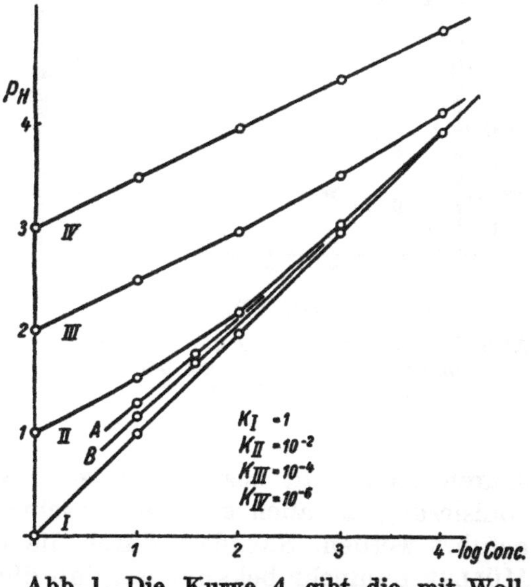

Abb. 1. Die Kurve *A* gibt die mit Wollgelb, Walkrot *G* und Säureanthracenrot *G*, die Kurve *B* die mit den übrigen Farbsäuren gefundenen Werte wieder

Nach ENDER und MÜLLER weicht die Kurve, der die Säuren von Wollgelb, Walkrot G und Säureanthracenrot G angehören, nur wenig von der Kurve der übrigen untersuchten Farbstoffsäuren mit etwas höheren Dissoziationskonstanten ab. Demnach sind die Farbstoffsäuren von Wollgelb, Walkrot G und Säureanthracenrot G etwas schwächer dissoziiert als die Farbstoffsäuren von Kristallponceau und der anderen untersuchten Azofarbstoffe. Infolgedessen sollten ihre Wollfärbungen etwas leichter hydrolysierbar sein als die Färbungen der stärker dissoziierten Wollfarbstoffe und diese müßten wiederum etwas leichter hydrolysieren als die Wollsalze der Mineralsäuren Schwefelsäure und Salzsäure. Diese Unterschiede in der Hydrolysierbarkeit sind aber nur bei gleichem Diffusionsvermögen zu erwarten. Nun haben jedoch die von ELÖD und BÖHME[1] bzw. KÖHNLEIN[2] (Abb. 2) durchgeführten Untersuchungen ergeben, daß die Mineralsäuren sowohl bei Zimmertemperatur als auch in der Wärme von Wolle rascher aufgenommen werden, als die Farbstoffsäuren selbst molekulardispers löslicher Azofarbstoffe wie Kristallponceau. Dieses ungleiche Verhalten im Aufziehungsvermögen konnte jedoch, so lange die Größen der Dissoziationskonstante der Farbstoffsäuren noch nicht bekannt waren, sowohl auf die Unterschiede in der Ionisierung als auch auf das verschiedene Diffusionsvermögen zurückgeführt werden. Nachdem durch die Untersuchungen von ENDER und MÜLLER nunmehr bekannt ist, daß die schwächer ionisierten Farbstoffsäuren von Wollgelb, Walkrot G und Säureanthracenrot G sowohl bei Zimmertemperatur als auch bei 50 bzw. 90° C ungleich langsamer aufziehen als die zum Vergleich mituntersuchten Säuren der Azofarbstoffe: Orange II, Orange RO, Orange GG, Kristallponceau 6R, Naphtholgelb S usw. und die schwächer ionisierten Farbstoffsäuren schwerer hydrolysierbare und darum wasserechtere Wollfärbungen geben, können die Unterschiede in der Festigkeit der Bindung nur auf die stärker behinderte freie Diffusion zurückgeführt werden. Ebenso ist nun verständlich, daß beim Färben mit einem Säuregemisch aus Mineralsäure und Farbstoffsäure die

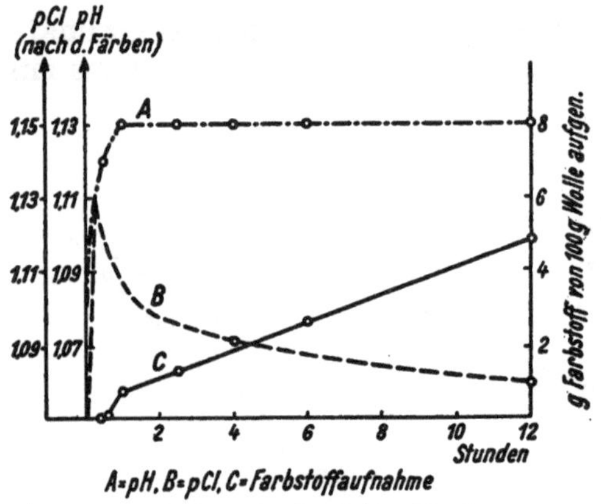

Abb. 2. Zeitlicher Verlauf der Färbung von Wolle mit Kristallponceau bei 20° C. Flotte 1 : 50

[1] E. ELÖD u. F. BÖHME, Melliand Textilber. 13, 365—368 (1932).
[2] E. ELÖD u. A. KÖHNLEIN, Melliand Textilber. 17, 410 (1936).

nach Elöd leichter eindiffundierende stärker ionisierte Mineralsäure durch die in ihrer freien Diffusion stärker behinderte, etwas schwächer ionisierte Farbstoffsäure im Verlauf des Färbens aus der Wolle verdrängt wird.

Daß eine solche Verdrängungsreaktion möglich ist, geht auch aus dem folgenden hervor: Nach Elöd[1] wird bekanntlich nur dann eine maximale Absättigung der Wolle erfolgen, wenn der p_H-Wert der einwirkenden Säurelösung = 1,3 ist, da erst bei diesem p_H-Wert sämtliche basische Aminogruppen der Wolle zur Salzbildung befähigt sind. Nun haben jedoch Ender und A. Müller[2] gezeigt, daß die von ihnen hergestellten Säuren von Azofarbstoffen auch aus ihren $\frac{n}{50}$ Lösungen, die zweifellos einen höheren p_H-Wert als 1,3 besitzen, von Wolle noch maximal gebunden werden können. Nach dieser Feststellung haben Ender und Müller[3] die p_H-Grenzwerte bestimmt, bei denen einige Säuren von Azofarbstoffen noch maximal durch das Protein der Wolle gebunden werden. Sie fanden, daß die Farbstoffsäure von Orange II bei 50° C bei einem Anfangs-p_H-Wert von 2,4 und einem End-p_H-Wert von 2,6 nach einer Färbedauer von drei Tagen bis zur völligen Absättigung der basischen Gruppen der Wolle aufgenommen wird. Bei der Farbstoffsäure von Wollviolett, das aus der Diazoverbindung von 1-Amino-2-naphthol-4-sulfosäure durch Kuppelung mit 1-Naphthol-8-sulfosäure hergestellt war, fanden sie bei 90° C bei einem Anfangs-p_H-Wert von 2,25 und einem End-p_H-Wert von 2,65 nach 8 Stunden völlige Absättigung. Die Werte, die für die übrigen untersuchten Farbstoffsäuren festgestellt wurden, finden sich in der nachstehenden Tabelle.

Tabelle 1

Säuren	p_H-Werte, bei denen noch maximale Absättigung der Wolle durch Säuren erfolgt	
	vor Versuch	nach Versuch
Orange-II-Säure	2,40	2,60
Orange RO-Säure . . .	2,45	2,65
Orange GG-Säure . . .	2,70	2,75
Wollviolett-Säure . . .	2,35	2,65
Wollgelb-Säure[1]	2,70	3,00
Salzsäure	1,25	1,28
Schwefelsäure	1,25	1,44

[1] Wollgelb ist ein Farbstoff folgender Konstitution:

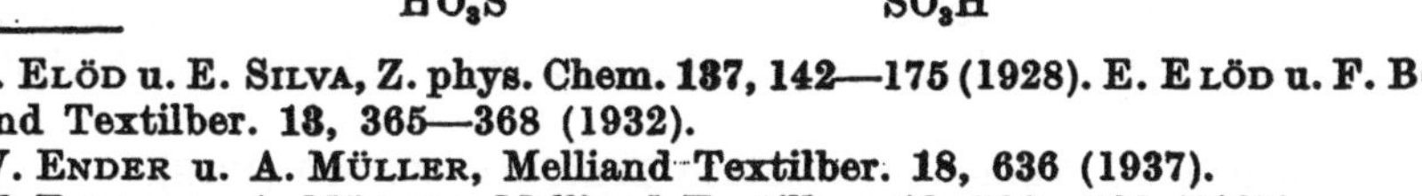

[1] E. Elöd u. E. Silva, Z. phys. Chem. 137, 142—175 (1928). E. Elöd u. F. Böhme, Melliand Textilber. 13, 365—368 (1932).
[2] W. Ender u. A. Müller, Melliand Textilber. 18, 636 (1937).
[3] W. Ender u. A. Müller, Melliand Textilber. 18, 732—733 (1937).

Weil bei p_H-Werten von 2,5 bzw. 3 die mit den Mineralsäuren: Schwefelsäure oder Salzsäure gebildeten Proteinsalze der Wolle bereits einer teilweisen hydrolytischen Spaltung unterliegen, die aus Wolle und Farbstoffsäuren gebildeten Proteinsalze jedoch in Abhängigkeit von der jeweiligen Farbstoffsäure bei p_H-Werten zwischen 2,5 und 3 noch beständig sind, muß es bei Anwendung von Farbstoffsäuren in Gegenwart von Mineralsäuren zu einer Bildung der beständigeren Salze kommen und die zunächst mit der Mineralsäure gebildeten Proteinsalze der Wolle müssen mit zunehmender Farbsäureaufnahme in äquivalenter Menge aus ihrer Bindung mit dem Protein verdrängt werden.[1]

Es kann demnach keinem Zweifel unterliegen, daß die Festigkeit der Bindung der Farbsäureanionen an die basischen Gruppen der Wolle stark abhängig ist von dem Diffusionsvermögen der Farbstoffsäuren. Das Diffusionsvermögen hängt wiederum ab von der Ionenbeweglichkeit. Diese ist bekanntlich nach dem STOKESschen Gesetz:

$$u = \frac{ze}{6\,\pi\eta r} \tag{7}$$

in dem u die Beweglichkeit des Ions, z seine Wertigkeit, η die Viskosität des Mediums, r den Halbmesser des kugelförmig gedachten Ions und e die elektrische Elementarladung bedeuten, von den vorgenannten Größen abhängig. Nun ist jedoch die strenge Gültigkeit dieses Gesetzes im vorliegenden Falle deswegen nicht nachprüfbar, weil die Viskosität des Wollgels nicht bekannt ist und weil die Azofarbstoffe ihrer chemischen Formel nach keine Kugelform besitzen können. Immerhin ist zu erwarten, daß die aus dem STOKESschen Gesetz ableitbaren allgemeinen Regeln erfüllt werden, nach denen

1. die Beweglichkeit bei gleichbleibender Wertigkeit bei wachsender Ionengröße abnimmt,
2. die Beweglichkeit bei gleichbleibender Ionengröße mit wachsender Wertigkeit zunimmt.

Da jedoch mit jeder in das Farbstoffmolekül neu eingeführten Sulfosäuregruppe zwar die Wertigkeit, gleichzeitig aber auch die Größe des Anions ansteigt, mit zunehmender Ionengröße die Beweglichkeit aber abnimmt, und die einzelnen Faktoren sich in ihrem Effekt demnach mehr oder weniger überschneiden können, ist eine Voraussage über den zu erwartenden Endeffekt nach ENDER und MÜLLER nicht immer möglich.[2]

Sieht man die Diffusion nicht als einen durch elektrostatische Kräfte hervorgerufenen Vorgang, sondern rein mechanisch als ein Einsickern von Teilchen in ein Gel an, in welchem durch das eingedrungene Wasser mit zunehmender Quellung eine zunehmende Auflockerung der Fasersubstanz eingetreten ist, dann müßte das Eindringen von Substanzen

---

[1] E. ELÖD u. H. G. FRÖHLICH, Melliand Textilber. **30**, 580 (1949).
[2] W. ENDER und A. MÜLLER, Melliand Textilber. **18**, 992 (1937).

mit kleinem Volumen leichter möglich sein als bei großen Teilchen. Somit ist sowohl aus elektrostatischen, als auch aus rein mechanischen Gründen ein Zusammenhang zwischen dem Molekulargewicht, der Aufziehgeschwindigkeit und der Wasserechtheit und aus elektrokinetischen Gründen ein Einfluß der Zahl der Sulfosäuregruppen zu erwarten. Mögliche Komplikationen wurden von ENDER und MÜLLER dadurch ausgeschaltet, daß sie Farbstoffsäuren verwendet haben, die nach VALKÓ[1] zum größeren Teil nicht assoziiert löslich sind. Sie bestimmten die Wasserechtheit der mit den reinen von ihnen hergestellten Farbstoffsäuren bis zur völligen Absättigung gefärbter Wolle in der Art, daß die gefärbten Wollproben alle gleichmäßig bei 90° C mehrmals mit destilliertem Wasser gewaschen wurden. Die bei dieser Behandlung abgezogenen Mengen an Farbsäure wurden danach durch Titration der wieder frei gewordenen basischen Gruppen der Wolle mit n/10 Schwefelsäure bestimmt. Die so erhaltenen Werte finden sich in der letzten Zahlenreihe der nachstehenden Tabelle.

Tabelle 2

Farbsäuren	Mol.-Gew.	Zahl der Sulfosäuregruppen	aufgenommene Farbsäure in g-Äquivalent nach 8 Stunden bei 50° C	abgezogene Farbsäuremenge in % der ursprünglich auf der Wolle vorhandenen Farbsäure
Orange II	328	1	0,065	45%
Orange RO	342	1	0,039	38%
Orange GG	408	2	0,071	53%
Farbsäure Nr. 10 . .	422	1	0,018	31%
Kristallponceau 6R .	458	2	0,028	42%
Farbsäure Nr. 11 . .	473	2	0,044	44%
Farbsäure Nr. 9 . .	474	2	0,025	24%
Naphtholrot S . . .	538	3	0,022	34%
Wollgelb	642	2	0,007	17%
Säureanthracenrot G	654	2	0,001	sehr klein, Bestimmung ungenau
Walkrot G	686	2	0,006	sehr klein, Bestimmung ungenau

Die oben erwähnten Farbstoffe besitzen folgende Konstitution:

1. Orange II

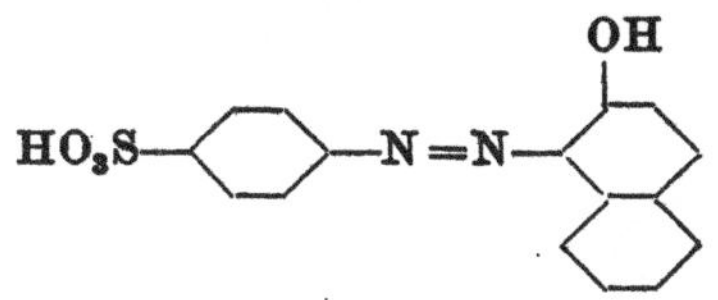

2. Orange RO

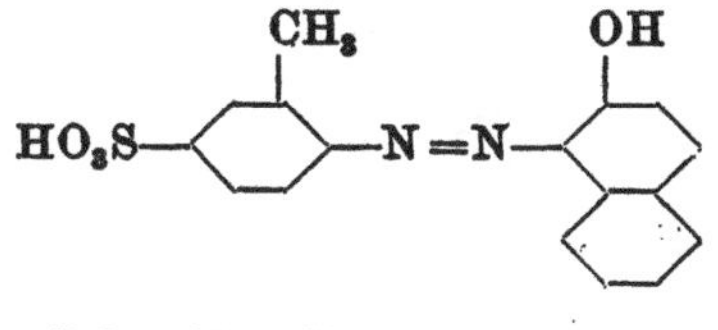

[1] E. VALKÓ, J. Soc. Dyers Colourists 55, 173—182 (1939).

3. Orange GG

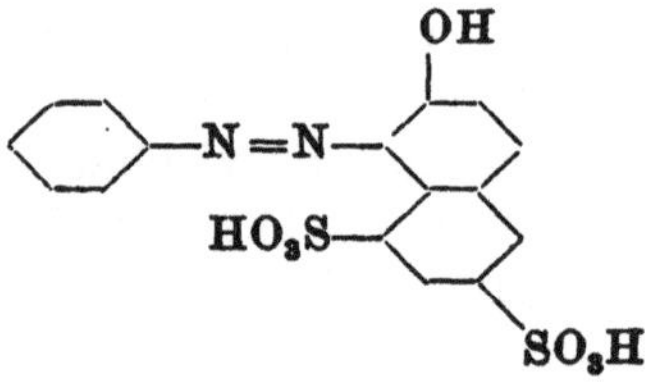

4. Farbsäure Nr. 10

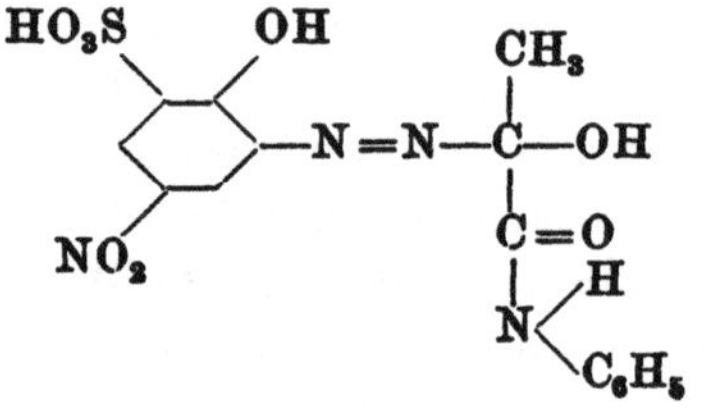

5. Kristallponceau 6 R

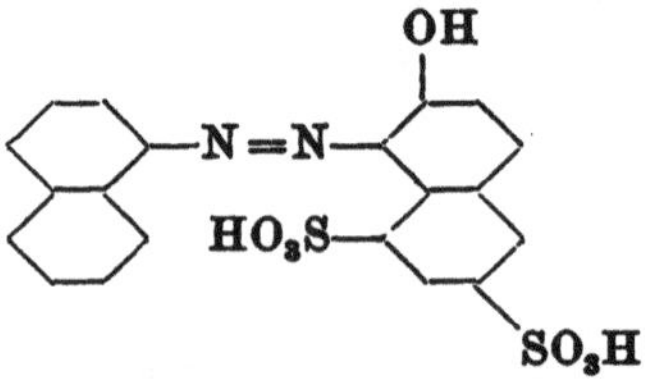

6. Farbsäure Nr. 11

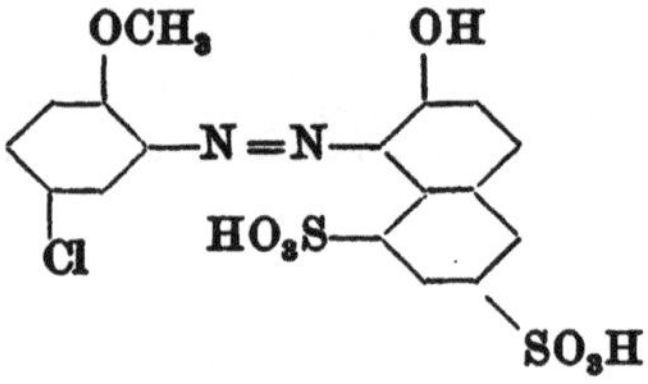

7. Farbsäure Nr. 9

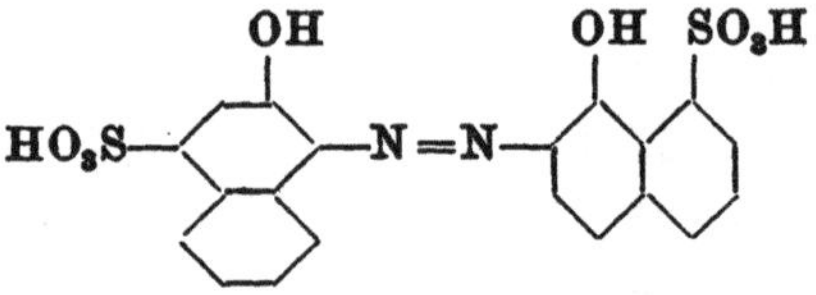

8. Naphtholrot S

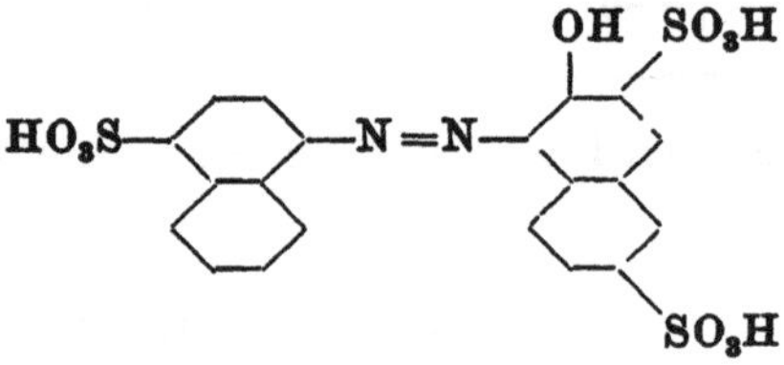

9. Wollgelb

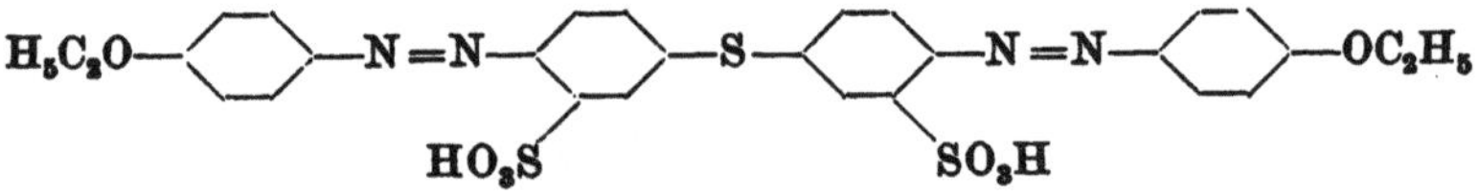

10. Säureanthracenrot G

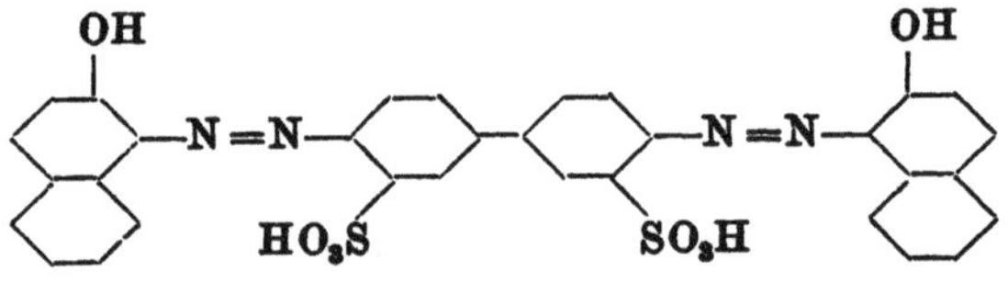

11. Walkrot G 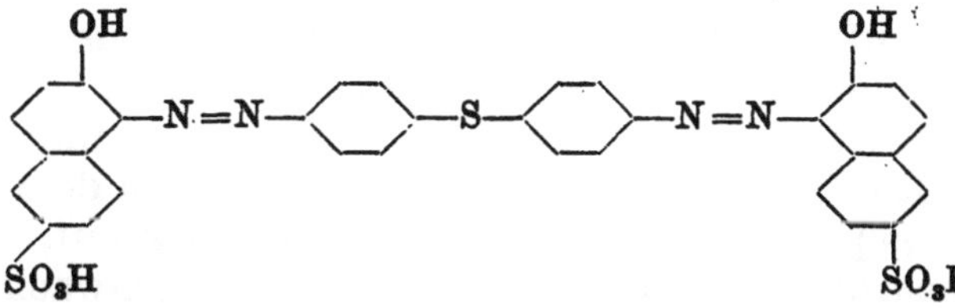

Erinnert man sich, daß die etwas schwächer dissoziierten Farbstoffsäuren von Säureanthracenrot G und Walkrot G wesentlich langsamer aufziehen als die etwas stärker dissoziierten Farbstoffsäuren, die zur Gruppe des Orange GG gehören, und vergleicht man die Zahlenwerte der in acht Stunden bei 50° C aufgenommenen Farbstoffsäuremengen mit den Zahlenwerten ihrer Wasserechtheit, dann wird der zwischen der Aufziehgeschwindigkeit und der Wasserechtheit bestehende Zusammenhang deutlich. Außerdem wird ersichtlich, daß bei gleicher Zahl der Sulfosäuregruppen die Aufziehgeschwindigkeit mit steigendem Molekulargewicht abnimmt und die Wasserechtheit zunimmt. Ferner geht aus der von Ender und Müller mitgeteilten Tabelle hervor, daß die Zahl der im Molekül vorhandenen Sulfosäuregruppen von erheblichem Einfluß auf die Aufziehgeschwindigkeit und die Wasserechtheit ist.

Setzt man die von Ender und Müller untersuchte Farbstoffreihe nach oben und unten fort, dann würden die von Nietzki sowie Binz und Schroeter auf ihr färberisches Verhalten geprüften Farbstoffsäuren: Oxyazobenzolsulfosäure mit dem Molekulargewicht 278 über der Farbstoffsäure des Orange II und die m, m'-Azobenzoldisulfosäure mit dem Molekulargewicht 342 über der Farbstoffsäure des Orange GG mit dem Molekulargewicht 408 stehen. Nach Analogieschluß müßte dann die m, m'-Azobenzoldisulfosäure Wolle noch schlechter wasserecht anfärben als die Farbstoffsäure des Orange GG, welche ebenfalls zwei Sulfogruppen im Molekül besitzt, was mit der Feststellung von Nietzki[1] über das färberische Verhalten der m, m'-Azobenzoldisulfosäure übereinstimmt. Ebenso wäre zu erwarten, daß die isomeren Oxyazobenzolmonosulfosäuren: Tropaeolin Y und die Benzolazo-1-oxybenzol-5-sulfosäure, welche beide das Molekulargewicht 278 besitzen, Färbungen von geringerer Wasserechtheit geben als die Farbstoffsäure des Orange II mit dem Molekulargewicht 328. Tatsächlich färbt die nach ihrer Konstitution dem Orange II ähnliche Benzolazo-1-oxybenzol-5-sulfosäure in saurer Lösung ziemlich schwach und erst bei 3%iger Färbung konnte Meyer[2] einigermaßen kräftige Farbtöne erhalten, während beim Helianthin schon 1% vom Gewicht der Faser zur Erzeugung satter Färbungen genügt. Das der Benzolazo-1-oxybenzol-5-sulfosäure isomere Tropaeolin Y, bei welchem die Oxygruppe und Sulfogruppe sich in

[1] R. Nietzki, Chemie der organischen Farbstoffe, IV. Aufl. 14 (1901).
[2] R. Meyer u. J. Maier, Ber. dtsch. chem. Ges. 36, 2972 (1903).

p-Stellung befinden, verhält sich ähnlich wie die isomere vorerwähnte Oxyazobenzolsulfosäure und wird darum heute nicht mehr hergestellt, weil seine Wasserechtheit zu gering ist. Eliminiert man nun noch die Sulfogruppe des Tropaeolin Y, dann kommt man zu dem von BINZ und SCHROETER[1] geprüften p-Oxyazobenzol und erkennt, warum dieser einigen Metachromfarbstoffen nahestehende, aus schwach saurem Bade auf Proteinfasern ziehende Farbstoff diese mit guter Wasserechtheit anfärbt. Nach der Auxochromtheorie von WITT war es bisher schwer verständlich, daß die Sulfogruppe, welche infolge ihrer stark sauren Eigenschaft gegenüber den anderen Auxochromen bevorzugt zu einer Salzbildung befähigt sein sollte, einem Chromogen eine geringere Affinität zur Faser erteilt[2] als die übrigen Auxochrome mit schwächeren salzbildenden Eigenschaften. Wie vorstehend gezeigt wurde, ist diese nach der rein chemischen Auffassung einer Salzbildung früher schwer verständliche Tatsache nach dem Gesetz von STOKES zwanglos aus der erhöhten Ionenbeweglichkeit erklärbar, nach welchem die Beweglichkeit eines Moleküls mit mehr und stärker dissoziierenden Gruppen größer sein muß als mit weniger bzw. nicht dissoziierenden Auxochromen.

Nachdem von RUGGLI und FISCHLI[3] festgestellt worden ist, daß die Benzidinfarbstoffe erheblich langsamer diffundieren als die in Wasser schnell diffundierenden Azofarbstoffe vom Typ des Orange II, würde die von ENDER und MÜLLER untersuchte Farbstoffreihe nach unten sinngemäß durch die langsam diffundierenden Benzidinfarbstoffe von hohem Molekulargewicht fortgesetzt werden können. Wie aus dem Vergleich der Konstitutionsformeln von Säureanthracenrot G und Benzoazurin G hervorgeht, sind die Unterschiede in der Molekülgröße nicht beträchtlich, doch überwiegen bei dem höher molekularen Benzoazurin G mit dem Molekulargewicht 714, dessen substantive Eigenschaften bereits so sehr, daß dieser Benzidinfarbstoff bereits als ausgesprochener Baumwollfarbstoff verwendet wird. Von dieser Farbstoffklasse sind genau ermittelte Dissoziationskonstanten ihrer Farbstoffsäuren bisher noch nicht veröffentlicht worden. Nach ELÖD[4] und nach den von SCHRAMEK und GÖTTE[5] mitgeteilten Messungen der Leitfähigkeit von Farbstoffsäuren aus der Benzidinreihe, sind diese Farbstoffsäuren jedoch keinesfalls stärker dissoziiert als die Farbstoffsäuren der Azofarbstoffe. Weil jedoch sehr viele substantive zum Färben von Cellulosefasern dienende Farbstoffe noch Aminogruppen im Anion enthalten und deshalb Zwitterionen bilden können, die substantiven Farbstoffe außerdem in salzhaltigen

---

[1] A. BINZ u. G. SCHROETER, Ber. dtsch. chem. Ges. **35**, 4227—28 (1902).
[2] Vgl. R. MEYER u. JOH. MAIER, Ber. dtsch. chem. Ges. **36**, 2972 (1903); R. NIETZKI, Chemie der organischen Farbstoffe, IV. Aufl. 14 (1901).
[3] P. RUGGLI u. A. FISCHLI, Helv. chim. Acta **7**, 1013—1018 (1924).
[4] E. ELÖD, Z. angew. Chem. **49**, 97 (1936).
[5] W. SCHRAMEK u. E. GÖTTE, Kolloid-Beih. **34**, 239—241 (1931).

Lösungen meistens stärker assoziiert sind als die assoziiert löslichen zum Färben von Proteinfasern dienenden Farbstoffe und darum noch Nebenreaktionen eintreten können, sind die beim Färben mit den substantiven Farbstoffen sich abspielenden Vorgänge schwieriger übersehbar als das beim Färben der Proteinfasern mit Azofarbstoffsäuren der Fall ist. Außerdem sind die freien Farbstoffsäuren der substantiven zum Färben von Cellulosefasern dienenden Farbstoffe meistens so schwer löslich, daß sie im Gegensatz zu den Säurefarbstoffen nicht im sauren Färbebade angewendet werden können, wenn man technisch zufriedenstellende Färbungen dieser Farbstoffklasse erhalten will. Darum ist man bei der Gruppe der substantiven Farbstoffe gezwungen, andere Färbeverfahren als bei den Säurefarbstoffen anzuwenden und der von ENDER und MÜLLER[1] gegebene Hinweis, daß es durchaus möglich erscheint, daß zwischen den gewöhnlichen sauren Wollfarbstoffen und den sogenannten „substantiven" Farbstoffen kein prinzipieller, sondern nur ein gradueller Unterschied besteht, ist deshalb bewußt so vorsichtig formuliert worden.

Die zunächst befremdlich wirkende Tatsache, daß diejenigen Farbstoffe, welche am langsamsten auf die Wolle aufziehen, die wasserechtesten Färbungen geben, ist nach dem Vorstehenden durch die geringere Ionenbeweglichkeit und die dadurch bedingte langsame Diffusion der Farbstoffe mit größerem Molekularvolumen erklärbar. Da es keinem Zweifel unterliegen dürfte, daß diejenigen Farbstoffsäuren, welche langsam in die Faser eindiffundieren, auch nur langsam aus der Faser herausdiffundieren können, ist mit dem Diffusionsvermögen auch das Verhalten in bezug auf die Wasserechtheit der Färbungen erklärbar. Bei dieser Annahme ist auch verständlich, daß die durch ihre größeren Moleküle ausgezeichneten Farbstoffsäuren wasserechter gebunden werden, als die farblosen Säuren mit ihren kleinen Molekülen.

Daß die Anionen einbasischer Säurefarbstoffe von Wolle nicht adsorptiv im Sinne der von FREUNDLICH bzw. von GEORGIEVICS vertretenen Auffassung festgehalten werden, geht auch aus den von VICKERSTAFF und LEMIN[2] durchgeführten Untersuchungen hervor. Beide haben nach GILBERT und RIDEAL[3] die beim Färben mit Farbstoffanionen bis zur Halbsättigung der Wolle auftretende Wärmetönung bestimmt und dabei für jeden der untersuchten Farbstoffe eine für ihn charakteristische Wärmetönung gefunden. Durch die Einwirkung anorganischer Anionen auf die gefärbte Wolle wurden wiederum Wärmetönungen errechnet, woraus hervorgeht, daß das Anfärben der Wollfaser weder aus einer einfachen Neutralisation, noch aus einem thermo-

---

[1] W. ENDER u. A. MÜLLER, Melliand Textilber. 18, 907 (1937).
[2] D. R. LEMIN und T. VICKERSTAFF, J. Soc. Dyers Colourists 63, 405—410 (1947).
[3] G. A. GILBERT und E. K. RIDEAL, Proc. Roy. Soc. A 182, 335—346 (1944).

dynamischen Adsorptionsvorgang bestehen kann. Das Färben der Wolle kann demnach auch nicht nur auf einer Diffusionserscheinung beruhen, weil bei einem Diffusionsvorgang keine Wärmetönung auftritt.

Zur Erklärung der hohen Wasserechtheit und schweren Hydrolysierbarkeit der von den Farbstoffsäuren gebildeten Wollsalze haben MEYER und FIKENTSCHER[1] angenommen, daß die beim technischen Färben im sauren Bade vorhandene überschüssige farblose Säure die Hydrolyse des gebildeten Proteinfarbstoffsalzes verhindert. Dies kann jedoch nach ELÖD und SILVA[2] nur in beschränktem Maße der Fall sein, weil sich bei dieser Annahme durch längeres Einwirkenlassen von viel Wasser die in die Faser eingedrungenen Farbstoffsäuren nach dem Entfernen der Mineralsäure ebenfalls abziehen lassen müßten, was jedoch nicht der Fall ist. Nach dem von ihnen und von PORAI-KOSCHITZ geführten Nachweis, daß die Farbstoffsäuren in erster Linie durch ihre Sulfosäuregruppen an die basischen Gruppen der Wolle gebunden sind, haben ENDER und MÜLLER[3] zur Erklärung der unerwartet hohen Naßechtheit der Farbstoffsäuren eine Verstärkung der Farbstofffixierung durch Nebenkräfte angenommen und darauf hingewiesen, daß um so mehr solcher Nebenkräfte auftreten können, je komplizierter das Molekül des Farbstoffes aufgebaut ist. Nach ihnen können auf Grund der Konstitution des Farbstoffes die „substantiven“ Kräfte einen so hohen Betrag erreichen, daß ein derartiger Farbstoff auch auf Fasern, die keine basischen Gruppen besitzen, wie z. B. Cellulose, einigermaßen echt fixiert werden kann.

Ähnliche Gedanken hatten bereits BINZ und SCHROETER entwickelt. Weil die Azobenzolsulfosäuren nach NIETZKI[4] nur schwach färbende Eigenschaften besitzen und die p-Azobenzolsulfosäure nach BINZ und SCHROETER mit verdünnter Natronlauge leicht wieder abgezogen, der Färbeprozeß also durch Alkali rückgängig gemacht werden kann, hatten BINZ und SCHROETER[5] die Färbung der Proteinfasern mit einer Salzbildung verglichen. Weil jedoch bei den echt färbenden Farbstoffen dieses Abziehen der Färbung mit verdünnter Natronlauge zu keinem vollen Erfolg führt, hatten beide bei der echten Färbung neben einer Salzbildung als zusätzliche Farbstoffbindung eine Kernkondensation zwischen der desmotropen chinoiden Form des Farbstoffes und der Faser in Betracht gezogen. Dieser Ansicht hat sich später auch SUIDA[6] angeschlossen, nachdem es ihm gelungen war, sowohl mit Benzochinon als auch mit Toluchinon Färbungen auf Wolle zu erzeugen. Um die

[1] K. H. MEYER u. H. FIKENTSCHER, Melliand Textilber. 7, 605 (1926).
[2] E. ELÖD und E. SILVA, Z. phys. Chem. 137, 160 (1928).
[3] W. ENDER und A. MÜLLER, Meilland Textilber. 18, 907 (1937).
[4] R. NIETZKI, Chemie der organischen Farbstoffe, IV. Aufl. 14 (1901).
[5] A. BINZ und G. SCHROETER, Ber. dtsch. chem. Ges. 35, 4227—4229 (1902); Ber. dtsch. chem. Ges. 36, 3014 (1903).
[6] W. SUIDA, Z. physiol. Chem. 85, 30—323 (1923).

gleiche Zeit zeigte SCHARWIN[1], daß Wolle beim Eintauchen in eine heiße wäßrige Lösung nicht nur von p-Benzochinon wasch- und säureecht rotbraun angefärbt wird, sondern auch von Chloranil, Toluchinon, Thymochinon, Dichlor- und Dibromthymochinon, m-Dimethoxy-p-benzochinon und α-Naphthochinon in ähnlichen Tönen. Entsprechend SUIDA erklärte SCHARWIN diese Färbungen mit der Bildung von Amidochinonen. Wie R. HAUSCHKA[2] gezeigt hat, bilden sich derartige Amidochinone leicht aus α-Naphthochinon und p-Aminobenzoesäure; während nach SUCHANEK[3] Benzochinon mit o, m oder p-Aminobenzoesäure sowohl Additionsprodukte als auch Kondensationsprodukte bildet.

Um in der Aufklärung der Färbevorgänge weiterzukommen, hat daraufhin PFEIFFER[4] mit einigen Mitarbeitern zunächst das Verhalten einfacher chemischer Verbindungen, welche die wichtigsten Atomgruppierungen der Wolle und Seide enthalten, sowohl gegen einfach gebaute organische Substanzen mit in Farbstoffen häufig eintretenden Atomgruppierungen als auch gegen Farbstoffe und Farbstoffsäuren untersucht. Als Modellsubstanzen verwendete er die Aminosäuren: Phenylalanin und Sarkosin, sowie das Sarkosinanhydrid, deren Verhalten er zusammen mit ANGERN[5] gegen Azobenzol, p-Oxyazobenzol, p-Methoxyazobenzol, Benzolazoresorein und Benzolazosalicylsäure prüfte. Nachdem sich bei diesen Versuchen herausgestellt hatte, daß die Oxazobenzole, welche eine Hydroxylgruppe in p-Stellung aufweisen, sowohl mit Sarkosin als auch mit Sarkosinanhydrid Molekülverbindungen geben, formulierte er diese Molekülverbindungen in der Weise, daß im Falle des Sarkosins dessen Aminogruppe durch die phenolische Hydroxylgruppe der Oxyazobenzole abgesättigt wird, während bei den aus Sarkosinanhydrid erhaltenen Molekularverbindungen die Carbonylgruppe des Sarkosinanhydrids sich mit der phenolischen Hydroxylgruppe in p-Stellung absättigen soll. Als sich weiterhin gezeigt hatte, daß auch aus α-Naphtholsulfosäure und 2,6-Naphtholsulfosäure Additionsverbindungen mit Glykokoll, Sarkosin bzw. Glycylglycin erhältlich sind[6] und auch durch den Verlauf der Auftauschmelzkurven Molekülverbindungen aus o-Oxyketonen und Sarkosinanhydrid nachgewiesen werden konnten[7], die untersuchten o-Oxyazoverbindungen, Benzoazo-β-Naphthol und Benzolazo-p-kresol mit Sarkosinanhydrid dagegen weder Molekülverbindungen geben, noch Molekülverbindungen dieser Substanzen

[1] W. SCHARWIN, Z. angew. Chem. 26, 254 (1913).
[2] R. HAUSCHKA, J. prakt. Chem. 90, 447—466 (1914).
[3] O. SUCHANEK, J. prakt. Chem. 90, 467—490 (1914).
[4] P. PFEIFFER, Journ. f. prakt. Chemie [2] 126, 97—145 (1930).
[5] P. PFEIFFER u. O. ANGERN, Z. angew. Chem. 39, 253—259 (1926).
[6] P. PFEIFFER, J. prakt. Chem. [2] 126, 104 (1930).
[7] P. PFEIFFER u. LIU WANG, Z. angew. Chem. 40, 986—991 (1927); J. prakt. Chemie [2] 126, 108—110 (1930).

durch Auftauschmelzdiagramme nachgewiesen werden konnten, formulierte PFEIFFER[1] das o-Oxyazobenzol als intramolekulare Verbindung im Sinne der Formel:

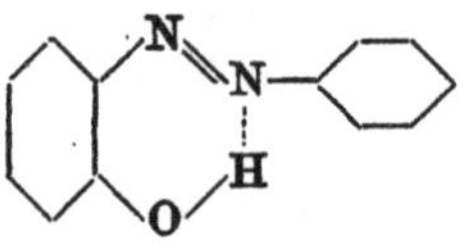

Vor PFEIFFER hatte der Verfasser auf einem anderen Wege nachgewiesen, daß weder den o-substituierten Oxyazobenzolen noch den p-Oxyazokörpern eine chinoide Struktur zukommt[2] und daß das o-Oxyazobenzol als innere Molekülverbindung bzw. als inneres Salz zu formulieren ist. Auch BLUMBERGER[3] lehnt auf Grund seiner Arbeiten über die Lichtabsorption der o-Oxyazofarbstoffe die chinoide Konfiguration dieser Substanzen ab. Nach ihm lassen sich mit Hilfe des Prinzips der Deformierbarkeit der Elektronenbahnen der doppelten Bindung im Azochromophor zahlreiche optische und physikalische Tatsachen des Verhaltens so in Einklang bringen, daß alle Abweichungen im Verhalten der o-Oxyazofarbstoffe gegenüber den p-Oxyazofarbstoffen aus der Koordination zwischen Azogruppe und Oxygruppe erklärbar sind. Demgemäß können diejenigen Azofarbstoffe, die eine Hydroxylgruppe in o-Stellung zur Azogruppe im Molekül enthalten, keine Chinonstruktur besitzen und die hohe Säurebeständigkeit, welche die o-substituierten Oxyazofarbstoffe gegenüber den nicht substituierten Azofarbstoffen oder den p-substituierten Oxyazofarbstoffen aufweisen, erklärt sich aus der Bindung der orthoständigen Hydroxylgruppe an den Azochromophor bzw. ein Stickstoffatom desselben. Weil die Hydroxylgruppe in o-Stellung den Farbstoffen nicht nur eine gute Säurebeständigkeit, sondern nach I. S. BLUMBERGER gegenüber den p-substituierten Farbstoffen auch eine erhöhte Alkalibeständigkeit erteilt[4], hat diese technische Überlegenheit der o-Oxyverbindungen zu ihrer bevorzugten Anwendung in der Färberei geführt. Andererseits geht aus den Versuchsergebnissen sowohl des Verfassers als auch von BLUMBERGER[5] hervor, daß die Azogruppe mit starken Säuren zu reagieren imstande ist. Daß beim o-Oxyazobenzol ebenso wie beim p-Oxyazobenzol eine Reaktion der Azogruppe nicht nur mit Schwefelsäure, sondern auch mit Trichloressigsäure eintritt, beweisen die vom Verfasser erhaltenen Licht-

---

[1] P. PFEIFFER, J. prakt. Chem. **126**, 108 (1930).

[2] H. GERSTNER, Dissertation Leipzig 1924.

[3] I. S. PETRUS BLUMBERGER, Chem. Weekbl. **25**, 282—286 (1928); **25**, 315—318 (1928); **28**, 190—191 (1931); **29**, 454—464 (1932); **30**, 538—547 (1933); **32**, 6—8 (1935); **35**, 227—235 (1938); **36**, 574—78 (1939). Recueil Trav. chim. Pays-Bas **59**, 665—674 (1940).

[4] I. S. P. BLUMBERGER, Chem. Weekbl. **32**, 6—8 (1935).

[5] I. S. P. BLUMBERGER, Recueil Trav. chim. Pays-Bas, **62**, 753—762 (1943).

absorptionskurven. Die von PFEIFFER vertretene Ansicht, daß die Azogruppe zu einer Salzbildung nicht befähigt sei, muß somit dahingehend eingeschränkt werden, daß diese Salzbildung der Azogruppe nur mit stark sauer reagierenden Gruppen anderer Substanzen möglich ist. Während die Einwirkung starker Säuren wie Schwefelsäure oder Trichloressigsäure zu einer Umlagerung der Bindung der o-ständigen Oxygruppe führt, vermögen schwächer saure Substanzen wie Monochloressigsäure diese Umlagerung nicht zu erzwingen und der Einfluß der Carboxylgruppe auf den Azochromophor macht sich in diesem Falle nur durch eine Rotverschiebung der Lichtabsorption geltend. Eine derartige Rotverschiebung ihrer Lichtabsorption zeigen nun viele Azofarbstoffe auf tierischen Fasern, worauf vom Verfasser[1] schon früher hingewiesen worden ist. Daß das Azobenzol nach PFEIFFER weder mit Aminosäuren noch mit deren Anhydriden Molekülverbindungen gibt, läßt sich damit erklären, daß die Aminosäuren wegen ihrer neutralen Reaktion nicht als starke oder mittelstarke Säuren aufgefaßt werden dürfen, obwohl ihre Carboxylgruppen nach BJERRUM[2] und EBERT[3] ionisiert sind und die Aminosäuren wegen ihrer Ionisierung als Zwitterionen aufgefaßt werden müssen. Wegen der sehr schwach sauren Eigenschaft der Carbonylgruppe einer Peptidbindung ist es ebenfalls unwahrscheinlich, daß die Carbonylgruppe mit der Azogruppe zu reagieren imstande sei, zumal diese Ansicht durch die von PFEIFFER erhaltenen Versuchsergebnisse gestützt wird. Wenn man zur Erklärung der besseren Naßechtheitseigenschaften der mit Farbstoffsäuren gegenüber farblosen Säuren erhaltenen Wollsalze auf eine bei den Farbstoffsäuren vorhandene weitere Bindung schließt, kann aus den vorstehenden Gründen nur die am stärksten saure Gruppe der Proteinfaser, nämlich die freie Carbonsäuregruppe diese weitere Bindung ausüben. Betrachtet man nun die Konstitutionsformeln der von ENDER und MÜLLER verwendeten Farbstoffsäuren, dann sieht man, daß sie neben der Sulfogruppe als gemeinsames Merkmal die Azogruppe enthalten, während die Hydroxylgruppe, wie am Wollgelb ersichtlich, nicht dafür erforderlich ist, daß die Farbstoffsäuren von der Wollsubstanz aufgenommen und gebunden werden. Aus dem Beispiel der Farbsäure Nr. 10, bei welcher keine chinoide Umlagerung erfolgen kann, ist außerdem ersichtlich, daß eine solche chinoide Umlagerung, wie bereits gezeigt wurde, bei der Farbstoffbindung nicht in Frage kommt. Aus dem Beispiel der Farbstoffsäure Nr. 10 geht außerdem hervor, daß eine größere Anzahl von konjugierten Doppelbindungen für die Bindung der Farbstoffsäuren bei der Proteinfaser nicht erforderlich ist. Als bindende Gruppe im Farbstoffmolekül bleibt demnach nur noch die

[1] H. GERSTNER, Melliand Textilber. 30, 255 (1949).
[2] N. BJERRUM, Z. phys. Chem. A 104, 147—173 (1923).
[3] L. EBERT, Z. phys. Chem. A 120, 385—400 (1926).

Azogruppe allein übrig, wenn die Farbstoffsäuren nicht noch eine weitere basische Gruppe im Molekül besitzen, wie dies bei den von ENDER und MÜLLER gewählten Farbstoffsäuren der Fall ist. Enthält eine Farbstoffsäure außer der Azogruppe noch eine Amino- oder Acylaminogruppe bzw. mehrere dieser basischen Gruppen oder eine Alkylaminogruppe, dann kann nach den bisher vorliegenden Versuchsergebnissen noch nicht mit Sicherheit entschieden werden, in welcher Weise die freien Carboxylgruppen des Faserproteins an die basischen Gruppen des Farbstoffanions gebunden werden. Allerdings spricht die Wahrscheinlichkeit dafür, daß in einem solchen Falle die weitere Bindung des Farbstoffanions durch die am stärksten basische Gruppe des Farbstoffmoleküls erfolgt. Enthält das Farbstoffanion noch eine Aminogruppe, dann wird entsprechend der von VALKÓ[1] vertretenen Meinung diese die weitere Bindung des Anions an die Proteinfaser übernehmen. Enthält das Farbstoffanion noch eine Dimethylaminogruppe, wie das bei der Dimethylaminobenzolazobenzolsulfosäure, dem Helianthin, der Fall ist, dann wird sicherlich diese basische Gruppe die weitere Bindung des Farbstoffmoleküls bewirken. Bekanntlich ist das Helianthin nach KÜSTER[2] ein Zwitterionen bildender Farbstoff, dessen Sulfosäure in saurer Lösung in der folgenden Form von roter Farbe vorliegt:

$$^{+}H(CH_3)_2N—C_6H_4—N=N—C_6H_4—SO_3^{-}.$$

In neutraler oder alkalischer Lösung ist Helianthin jedoch von gelber Farbe, weil die Aminogruppe nicht dissoziiert und nur die Sulfogruppe dissoziiert ist und der Farbumschlag nach rot erfolgt bei Erhöhung der Wasserstoffionenkonzentration zwischen $p_H = 4,7 — 3,1$. Erklärt man den Farbumschlag mit dem Dissoziationsrückgang der Sulfosäure, dann müßte die Sulfosäure des Helianthin eine Dissoziationskonstante besitzen, die einem p_H-Wert von etwa 3,5 entspricht. Dieser Wert steht jedoch in Widerspruch zu der Erfahrungstatsache, daß die Benzolsulfosäuren[3] und die Azobenzolsulfosäuren nach ENDER und MÜLLER starke Säuren sind. Ferner zeigt die Muttersubstanz des Helianthin, das Dimethylaminoazobenzol, den analogen Farbumschlag, und zwar fast genau in demselben Gebiet der Wasserstoffionenkonzentration. Da dieser Farbstoff keine Sulfogruppe enthält, kann die Veränderung des Dissoziationszustandes nur an der Aminogruppe erfolgen und der Farbumschlag nur dadurch bedingt sein, daß die Dimethylaminogruppe des Helianthin ein Wasserstoffion bindet. Weil nun, wie früher mitgeteilt wurde, der p_H-Wert der isoelektrischen Wolle bei 4,9 liegt, ist ein Farbumschlag bei Helianthin selbst dann noch nicht zu erwarten, wenn die Sulfo-

[1] E. VALKÓ, J. Soc. Dyers Colourists 55, 173—82 (1939).
[2] F. W. KÜSTER, Z. anorg. Chem. 13, 136 (1897).
[3] E. VALKÓ, Kolloidchemische Grundlagen der Textilveredlung, Berlin 1937, 322—325.

gruppe dieses Farbstoffes durch die basischen Gruppen der Wollsubstanz abgesättigt wird und die freiwerdende Carbonsäuregruppe der Wollsubstanz sich an die Dimethylaminogruppe des Helianthin anlagert. Bei denjenigen Farbstoffen, welche weder eine Azogruppe noch eine Aminogruppe im Molekül enthalten, wie das bei den Oxazinen der Fall ist, können ebenso wie bei den Azinfarbstoffen lediglich Vermutungen über die Farbstoffbindung ausgesprochen werden, weil zur Zeit noch keine Untersuchungsergebnisse über das Verhalten dieser Farbstoffe vorliegen.

Es war schon erwähnt worden, daß nach ELÖD und SILVA die Farbstoffsäuren ebenfalls durch Wasser aus der Proteinfaser zu entfernen sein müßten wie die farblosen Säuren, wenn die Farbstoffsäuren das Membrangleichgewicht nach DONNAN befolgten. Daß die Farbstoffsäuren das Membrangleichgewicht in dieser Hinsicht nicht erfüllen, ist also beweisend dafür, daß bei den Farbstoffsäuren noch eine weitere Kraft am Werke ist, welche die den farblosen Säuren entsprechende Diffusion verhindert. Vorstehend ist auch gezeigt worden, daß dieses abweichende Verhalten der Farbstoffsäuren durch eine weitere Bindung des Farbstoffanions erklärbar ist. Es ist nun keineswegs erforderlich, daß diese weitere Bindung sehr fest sein muß wie etwa bei einer Kondensation, weil die Farbstoffsäuren infolge ihres größeren Molekularvolumens langsamer diffundieren als die Mineralsäuren und weil die von ENDER und MÜLLER aufgezeigten Unterschiede im Molekülbau sich in bezug auf die Wasserechtheit der Färbungen auswirken. Da bei der Bestimmung der Wasserechtheit einer Färbung die Umkehrung des bei der Anfärbung stattfindenden Diffusionsvorganges erfolgt, ist es naheliegend, daß alle diejenigen Einflüsse, welche sich beim Zustandekommen der Färbungen direktziehender Farbstoffe auswirken, auch bei der Naßbehandlung solcher Färbungen sich geltend machen müssen. Von diesem Gedanken ausgehend hat GOODALL[1] Untersuchungen über das Verhalten von Wollfärbungen bei Naßbehandlung durchgeführt. Zu seinen Vergleichsversuchen verwendete er vier Farbstoffe von ähnlichem Farbton, aber verschiedener Wasserechtheit und stellte mit ihnen Wollfärbungen in folgender Stärke her:

Säureorange GG	2,5%	vom	Wollgewicht
Erioechtorange GS . . .	2%	„	„
Polargelb R konz.	3%	„	„
Terrakotta AOR	2%	„	„

[1] F. L. GOODALL, J. Soc. Dyers Colourists **49**, 97—102 (1933); **52**, 211—218 (1936); **53**, 279—282, 317—324 (1937).

Der letzte der vier Farbstoffe, das Terrakotta AOR, wurde nach dem Färben nachchromiert. Durch die Nachbehandlung wird infolge der Bildung einer Chromverbindung eine erhöhte Naßechtheit erzielt, so daß diese Färbung dadurch aus dem Rahmen der bisherigen Betrachtung herausfällt. Die übrigen drei direktziehenden Farbstoffe sind jedoch Sulfosäuregruppen enthaltende Azofarbstoffe, welche nicht nachbehandelt werden. Von diesen besitzt das infolge seiner zwei Sulfosäuregruppen nahezu molekulardispers lösliche Säureorange GG die gleiche Konstitution wie das von ENDER und MÜLLER verwendete Orange GG. Der assoziiert lösliche Farbstoff Polargelb R konz. enthält eine Sulfosäuregruppe im Molekül und ist, wie sein Name sagt, eine ausgesprochen dipolar gebaute Verbindung.

Weil die von GOODALL hergestellten Wollfärbungen keine maximalen Ausfärbungen sind und unter Zusatz von farbloser Säure erhalten wurden, mußte zunächst der Einfluß der in der gefärbten Wolle vorhandenen farblosen Säure ausgeschaltet werden, wenn man Einblick in das Verhalten der Farbstoffsäuren bekommen wollte. Dies geschah durch längeres Aufhängen der gefärbten Wolle in einer stark ammoniakalischen Atmosphäre, nachfolgendes Erwärmen der Wolle zur Befreiung von überschüssigem Ammoniak und anschließendes Spülen in destilliertem Wasser. Um die erwartete p_H-Abhängigkeit, den Temperatureinfluß, die Wirkung von Zeit und Flüssigkeitsmenge beim Abziehen festzustellen, ging GOODALL in der Weise vor, daß er jeweils zwei Gramm der gefärbten Muster 30 Minuten lang in 50 ccm Phosphatlösung mit verschiedenen p_H-Werten bei 20, 40, 60 und 80° C behandelte. Es kamen acht solcher, vom p_H-Wert 7,0 in Zwischenräumen von immer 0,5 bis zum p_H-Wert 10,5 ansteigende Lösungen zur Anwendung. Es zeigte sich, daß die nach 30 Minuten aus dem Wollmuster in die Flüssigkeit diffundierte Farbsäuremenge, ausgedrückt in Prozenten der ursprünglich auf der Wolle vorhandenen Farbsäuremenge, mit steigenden p_H-Werten zunimmt und daß der Abzieheffekt über $p_H = 9,5$ besonders stark ansteigt. Diese große Zunahme des Abzieheffektes von Lösungen, deren p_H-Werte größer sind als 9,5, wird nach GOODALL durch die in diesem Gebiet eintretende starke Quellung der Wollfasern und die daraus sich ergebende erleichterte Farbstoffdiffusion ermöglicht. Außerdem ergab sich bei allen untersuchten Farbstoffen, daß bei höherer Temperatur mehr Farbstoffsäure in die Flüssigkeit zurückdiffundiert. Die Färbungen von Säureorange GG in ein frisches wäßriges Bad gebracht, kommen bei 40° achtmal, bei 80° elfmal so schnell zum Gleichgewicht wie bei 0° C. Bei der mit Natrium phosphat gepufferten Behandlungsflüssigkeit vom p_H-Wert $= 9,5$ ergaben sich bei der Färbung von Säureorange GG in Abhängigkeit von der Zeit folgende Farbstoffverluste der gefärbten Muster von jeweils zwei Gramm:

Wollfärbungen von 2,5% Säureorange GG
2 g Material in 50 ccm Phosphatlösung vom p_H-Wert 9,5 bei 40° C

Zeit der Behandlung	Farbstoffverlust in %
0 Min.	0,0
10 „	36,5
20 „	42,9
30 „	49,2
40 „	57,4
50 „	60,4
60 „	64,0

Bei der Wollfärbung von Polargelb R conc. liegen die Verhältnisse ähnlich, doch erfolgt die Ablösung dieser assoziiert löslichen Farbstoffsäure zu einem viel kleineren Betrage und langsamer als bei Säureorange GG.

Weil die auf die Wollfärbung einwirkende Alkalimenge nicht nur durch den p_H-Wert der jeweiligen Lösung, sondern auch durch die angewendete Flüssigkeitsmenge bedingt ist, wirkt sich beim Abziehen von Wollfärbungen auch das Flottenverhältnis aus. Bei der Behandlung einer 2,5 %igen Färbung von Säureorange GG mit einer Phosphatlösung vom p_H-Wert = 9,5 werden in 30 Minuten bei 40° C folgende Mengen abgezogen:

Verhältnis Ware : Badflüssigkeit	%-Verlust
1 : 5	24,6
1 : 10	37,8
1 : 25	45,8
1 : 50	55,9
1 : 75	61,0

Obgleich bei derartigen Versuchen sehr genaue Ergebnisse schwierig zu erzielen sind, ist es bedeutungsvoll, daß die abgezogenen Farbsäuremengen nahezu auf einer Geraden liegen, wenn man die festgestellten Farbsäureverluste logarithmisch aufträgt. Daß jeder Farbstoff durch die für ihn charakteristische Größe des Ausblutens bzw. der Naßechtheit unabhängig von der Tiefe der jeweiligen Ausfärbung gekennzeichnet

Tabelle 3

Veränderung des Farbstoffgehaltes
bei p_H = 9,5 und 40° C m Flottenverhältnis 1 : 25, Dauer 30 Minuten

Prozentuale Tiefe der Färbung	Prozentualer Verlust	
	Säureorange GG	Erioechtorange GS
0,5	52,0	11,9
1,0	50,4	11,8
1,5	51,2	12,0
2,0	52,3	11,9
2,5	51,7	12,6
3,0	51,6	12,3

werden kann, geht aus den vorstehenden von GOODALL ermittelten Zahlen der Tabelle 3 hervor. Die Prüfung erfolgte bei einem p_H-Wert von 9,5, der Temperatur von 40° C, im Flottenverhältnis 1 : 25, bei einer Dauer von 30 Minuten, so daß sie etwa einer Waschbeanspruchung mit Seife entspricht.

Wendet man an Stelle von alkalisch eingestellten gepufferten Salzlösungen Seifenlösungen oder alkalisch eingestellte Lösungen von Dispergiermitteln bei solchen Naßbehandlungen von Wollfärbungen an, dann erhält man andere Ergebnisse[1], weil der Abzieheffekt nicht nur vom p_H-Wert der Lösung, sondern auch von der Stärke der Pufferung abhängig ist und weil nach GOODALL[2] der Einfluß von Dispergiermitteln sich bei den Färbungen von assoziiert löslichen Farbstoffsäuren stärker auswirkt als solchen von molekulardispers löslichen Farbstoffsäuren.

Weil die Veränderung der Flottenlänge, also des Verhältnisses zwischen Färbebad und Wolle, sich bei der Anfärbung mit direktziehenden Farbstoffen deswegen sehr wenig auswirkt, weil die Färbebäder beim Anfärben von Wolle meistens restlos ausgezogen werden, könnten die Ergebnisse der vorstehenden Abziehversuche als ein Widerspruch zu der Ansicht aufgefaßt werden, daß das Abziehen die Umkehrung der Anfärbung ist. Entsprechend den früheren Ausführungen muß jedoch auch die in ein alkalisches Bad eingelegte gefärbte Wolle infolge der amphoteren Natur des Faserproteins beeinflußt werden. Nimmt man als feststehend an, daß bei der Anfärbung die Sulfosäuregruppen der Farbstoffsäuren durch die basischen Gruppen der Wolle unter Salzbildung abgesättigt werden, dann müssen die Carboxylgruppen der Fasersubstanz stärker ionisiert und die Ionisierung der basischen Gruppen muß zurückgedrängt werden, wenn die gefärbte Wolle in ein Bad von alkalischer Reaktion gebracht wird. Durch die Zurückdrängung der Ionisierung der basischen Gruppen der Fasersubstanz werden die Sulfosäuregruppen der Farbstoffsäure weniger fest gebunden und die Farbstoffsäuren müssen zum Hinausdiffundieren aus der Faser veranlaßt werden, weil ihre negativen Ionen durch die positiven Ionen in der Badflüssigkeit angezogen werden. Dieses Herausdiffundieren der Farbstoffsäureionen aus der Faser kann auch deswegen erfolgen, weil die zwischen den in alkalischer Lösung stärker ionisierten Carboxylgruppen der Faser und den Azogruppen des Farbstoffanions bestehende Bindung nur wenig fest ist. Enthält die Farbstoffsäure außer der Azogruppe jedoch noch eine oder mehrere Aminogruppen im Molekül, dann muß entsprechend dem stärker basischen Charakter der Aminogruppe eine festere Bindung der Farbstoffsäure durch die Carboxylgruppe der Fasersubstanz erfolgen, wenn eine derartige Färbung in ein alkalisch reagierendes Bad eingelegt wird. Dementsprechend

---

[1] H. GERSTNER, Melliand Textilber. 14, 297—301 (1933).
[2] F. L. GOODALL, J. Soc. Dyers Colourists 52, 211—218 (1936).

müssen bei Farbstoffsäuren gleicher Molekülgröße und mit gleicher Anzahl von Sulfosäuregruppen diejenigen bessere Naßechtheiten geben, welche außer der Azogruppe noch eine Aminogruppe oder zwei solcher basischen Gruppen im Molekül enthalten. Das ist in der Tat der Fall, denn die basisch substituierten Azofarbstoffe haben auf Proteinfasern vorzügliche Naßechtheiten in bezug auf Ausbluten, wie sich an den Benzidinfarbstoffen erweist. Deren allgemeinen Verwendung steht hauptsächlich die Schwerlöslichkeit ihrer Farbstoffsäuren und ihre im allgemeinen geringe Säurebeständigkeit in bezug auf Farbtongleichheit im Wege. Daher findet man unter den Wollfarbstoffen nur wenige Azoverbindungen, die wie die Baumwollfarbstoffe noch Aminogruppen im Farbstoffanion enthalten. Diese die Säurebständigkeit der Azofarbstoffe herabsetzende Wirkung der Aminogruppe[1] ist bei der stärker basischen Alkylaminogruppe in noch höherem Maße vorhanden[2], wie sich am Helianthin zeigt. Infolgedessen findet man die Dimethylamino- und die Diäthylaminogruppe nicht bei den technisch zum Färben verwendeten Azo- oder Disazofarbstoffen mit ihrem verhältnismäßig leicht veränderlichen Chromophor, sondern bei den sauren Triphenylmethanfarbstoffen, deren Chromophor weder durch Säuren noch Alkalien in der beim Färben üblichen Konzentration beeinflußt wird. Bei den Farbstoffen der Triphenylmethanreihe sind, wie einleitend erwähnt wurde, diejenigen, welche keine Sulfosäuregruppe im Molekül enthalten, basische Farbstoffe mit farbigem Kation. Diese färben tierische Fasern aus neutralen oder alkalischen Lösungen an. Führt man in solche Farbstoffe jedoch noch eine Säuregruppe oder Sulfogruppe ein, dann wird der Farbstoffcharakter den eingeführten Säuregruppen entsprechend zunächst zum zwitterionischen und durch weitere Einführung eines stark sauren Substituenten zum anionischen Farbstoff verändert.

Während der kationische Farbstoff durch die freien Carboxylgruppen der Proteinfasern gebunden wird, erfolgt die Bindung beim zwitterionischen Farbstoff, wie zuerst von Weber[3] angegeben worden ist, sowohl durch die Carboxylgruppen als auch durch die basischen Gruppen der Wollsubstanz und bei den Farbstoffen mit ausgeprägt anionischen Eigenschaften vorzugsweise durch die basischen Gruppen der Proteinfaser. Während jedoch Weber infolge der damaligen Kenntnisse die Farbstoffbindung noch in der Weise dargestellt hat, daß die Aminogruppen der Wollsubstanz durch die Sulfosäuregruppen des Farbstoffes und dessen Aminogruppen durch die Carboxylgruppen der Wolle abgesättigt werden, muß man heute die Forschungsergebnisse von Astbury[4],

---

[1] Vgl. I. S. P. Blumberger, Chem. Weekbl. 30, 538—547 (1933).

[2] Vgl. W. P. Dreaper u. A. Wilson, J. Soc. chem. Ind. 28, 57—60 (1909). W. R. Brode u. D. R. Eberhart, J. org. Chemistry 5, 157—164 (1940).

[3] C. O. Weber, Färber-Ztg. 5, 161—164 (1894).

[4] W. T. Astbury, Fundamentals of the fibre structure, London (1933).

SPEAKMAN[1], ELÖD[2] u. a. über den Aufbau der Wolle berücksichtigen und die Farbstoffbindung in der vom Verfasser[3] angegebenen Weise formulieren. Danach sind die Aminogruppen der Haupt- und Seitenketten der Keratinpolypeptide den Carboxylgruppen äquivalent und in den Seitenketten sättigen die Aminogruppen die ihnen entsprechenden Carboxylgruppen der benachbarten Hauptkette ab. Wird demnach eine solche Aminogruppe der Wollsubstanz durch die Sulfosäuregruppe eines Farbstoffanions abgesättigt, dann wird eine Carboxylgruppe der benachbarten Polypeptidkette frei, die nun ihrerseits auf eine basische Gruppe im Farbstoffmolekül einwirken kann, wenn der Farbstoff Zwitterionen bildet. Der gleiche Vorgang ist naturgemäß auch an den Enden der Hauptketten vorstellbar. Nach unserer bestehenden Kenntnis von der Natur der Zwitterionen ist das elektrische Verhalten solcher Substanzen nicht dadurch bedingt, daß bei den zwitterionischen Sulfosäuren etwa die Sulfosäuregruppe nicht ionisiert wäre, sondern durch die Ionisierung sowohl der sauren wie auch der basischen Gruppe. Nimmt die Ionisierung der basischen Gruppe ab, oder befinden sich mehr Sulfosäuregruppen im Farbstoffmolekül als basische Gruppen, dann überwiegt die Säurenatur und die Farbstoffbindung muß dann bevorzugt durch die Sulfosäuregruppen des Farbstoffanions an die basischen Gruppen des Proteins erfolgen. So gelangt man, wie bei den Triphenylmethanfarbstoffen, bei den Rosindulinen, Rosindonen und Safraninen durch die Einführung von Sulfosäuregruppen in das Farbstoffmolekül von kationischen Farbstoffen zu solchen mit anionischen Eigenschaften, weshalb die Auffassung, daß mit zunehmender Zwitterioneneigenschaft eines Farbstoffes dessen Wasserechtheit auf Proteinfasern zunimmt, wohl nicht mehr allzu gewagt erscheint. Da die Azogruppe nur sehr schwach basische Eigenschaften besitzt und nicht zu einer selbständigen Ionisierung imstande ist, haben die Farbstoffsäuren der Azofarbstoffe zwar nicht so hohe Dissoziationskonstanten wie die Benzol- und Naphthalinsulfosäuren, sind jedoch, wie ENDER und MÜLLER festgestellt haben, starke Säuren. Dementsprechend muß bei ihnen die Farbstoffbindung durch die Sulfosäuregruppe überwiegen, was sich auch bei den Färbeverfahren bemerkbar macht, wie noch dargelegt werden wird. Daß sich aber auch bei den Farbstoffsäuren der Azofarbstoffe neben der Farbstoffbindung durch die Sulfosäuregruppe eine weitere Bindung durch die Azogruppe auswirkt, geht, wie schon erwähnt, daraus hervor, daß ihre Proteinsalze bei höheren p_H-Werten hydrolysieren, als das bei den farblosen Säuren der

---

[1] I. B. SPEAKMAN und M. C. HIRST, Nature, London **128**, 1073—74 (1932). I. B. SPEAKMAN, J. int. Soc. Leather Trades Chemists **17**, 229—45 (1933); J. Textile Inst. **27**, 231 (1936); Textil-Rdsch. **2**, 243—251 (1947).
[2] E. ELÖD, Kolloid-Z. **95**, 81—82 (1941); **96**, 284—301 (1941).
[3] H. GERSTNER, Melliand Textilber. **30**, 306 (1949).

Fall ist und sie durch Wassereinwirkung nicht zum völligen Zerfall gebracht werden können.

Zusammenfassend kann also gesagt werden, daß nicht nur das jeweilige Molekularvolumen der Farbstoffsäuren für die Schnelligkeit, mit der sie Wolle anfärben und für die Festigkeit der Farbstoffbindung verantwortlich ist, sondern auch die chemische Konstitution des Farbstoffanions. Deshalb ist es verständlich, daß das Gleichgewicht:

$$\text{Wollprotein} + \text{Farbstoffsäure} \rightleftarrows \text{Wollproteinfarbstoffsäureverbindung}$$

je nach der Art der betreffenden Farbstoffsäure so weit zugunsten der Wollproteinfarbstoffsäureverbindung verschoben sein kann, daß die chemische Bindung der schwer hydrolysierbaren Farbstoffsäuren auch bei p_H-Werten noch stattfindet, die erheblich über dem isoelektrischen Punkt der Wolle liegen. Daß dieser Vorgang bei den assoziiert löslichen Farbstoffsäuren tatsächlich eintritt, haben die von PORAI-KOSCHITZ[1] durchgeführten Versuche gezeigt. Da jedoch PORAI-KOSCHITZ seine Versuche mit dem Ziel durchgeführt hat, optimale Anfärbungen ohne Rücksicht auf die Zeitdauer zu erzielen, sind die Unterschiede im Verhalten der Farbstoffanionen aus den von ihm mitgeteilten Versuchsergebnissen nicht ersichtlich. Dagegen ist aus den von ENDER und MÜLLER[2] in Puffergemischen mit verschiedenen p_H-Werten durchgeführten Färbeversuchen deutlich erkennbar, daß bei jedem anionischen Farbstoff ein Zusammenhang zwischen seinen Naßechtheitseigenschaften und seinem Vermögen zur Proteinsalzbildung beim Anfärben besteht, der für ihn charakteristisch ist.

ENDER und MÜLLER stellten eine Phosphorsäure, Essigsäure, Borsäure-Pufferlösung nach BRITTON-ROBINSON[3] her, zu welcher jeweils immer die gleiche Menge n/10 Farbsäurelösung gegeben wurde. Die so erhaltenen Säurelösungen wurden nun mit n/10 Natronlauge auf in Intervallen von 2,7 bis 8,8 steigende p_H-Werte eingestellt. In 100 cm³ der so erhaltenen Reaktionslösungen wurden darauf bei 90° C 2 g gereinigter, lufttrockener Kammzug 3 Stunden bzw. 8 Stunden lang gefärbt.

Durch Nachbehandlung der gefärbten, gewaschenen und gewogenen Wollproben mit n/10 Schwefelsäure wurden dann die durch die aufgenommene Farbstoffsäuremengen nicht abgesättigten basischen Gruppen der Wolle bestimmt. Weil bei den Versuchen mit schlecht wasserechten Farbstoffsäuren durch das Waschen zur Entfernung des Puffergemisches auch etwas Farbstoffsäure verloren geht, fallen bei diesen die gravimetrisch gefundenen Werte etwas zu niedrig aus. Da bei den relativ hohen p_H-Werten nur noch wenig Farbstoff aufgenommen wird, ist außerdem

---

[1] A. PORAI-KOSCHITZ, l. c.

[2] W. ENDER u. A. MÜLLER, Melliand Textilber. 18, 809—810 (1937).

[3] H. T. S. BRITTON, Hydrogen-Ions: their determination and importance in pure and industrial chemistry, 225 (1932).

der durch Wollabbau und Waschverluste bedingte Fehler für eine genaue quantitative Auswertung der gravimetrisch gefundenen Farbstoffaufnahme in manchen Fällen zu groß. Bei der Bestimmung des Säurebindungsvermögens dagegen machen sich derartige Gewichtsverluste kaum bemerkbar. Deshalb ließ sich durch die bei der Nachbehandlung mit n/10 Schwefelsäure festgestellten Veränderungen des Säurebindungsvermögens der gefärbten Proben einwandfrei nachweisen, ob basische Gruppen der Wolle beim Färbevorgang mit Farbstoffsäure abgesättigt worden sind und bis zu welchem Betrage. In der folgenden Tabelle sind die durch Nachbehandlung mit n/10 Schwefelsäure von ENDER und MÜLLER bestimmten Werte für das Säurebindungsvermögen der gefärbten Proben zusammengestellt.

Tabelle 4

Nr.	p_H-Wert der Färbebäder		Bei der Nachbehandlung aufgenommene Schwefelsäure in Grammäquivalenten (auf 100 g Wolle bezogen)			
	vor Versuch	nach Versuch	Orange II nach 3 Stunden	Orange GG nach 3 Stunden	Wollgelb nach 3 Stunden	Walkrot G nach 8 Stunden
1	2,7	3,7	0,019	0,028	0,007	0,034
2	3,7	4,4	0,031	0,045	0,014	0,044
3	4,6	5,1	0,046	0,058	0,030	0,053
4	5,1	5,4	0,056	0,062	0,040	0,062
5	6,5	6,5	0,073	0,074	0,061	0,072
6	7,5	7,4	0,079	0,078	0,066	0,081
7	8,8	8,7	0,082	0,080	0,072	0,084

Es zeigt sich, daß das Säurebindungsvermögen der gefärbten Wollproben in allen Fällen kleiner ist als das Säurebindungsvermögen der unbehandelten Wolle, welches bei 0,080 bis 0,085 Äquivalenten für 100 g Wolle liegt. Erst bei denjenigen Färbungen, die bei $p_H = 8{,}8$ durchgeführt wurden, wird das normale Säureäquivalent erreicht. Aus der Tatsache, daß die untersuchten Wollsäuren auch oberhalb des isoelektrischen Punktes von der Wollfaser gebunden werden, geht nun zweierlei hervor. Erstens muß man daraus schließen, daß die Wollsubstanz nicht sehr scharf reagiert, was auch daraus hervorgeht, daß man mit verschiedenen Untersuchungsmethoden etwas abweichende Zahlenwerte für die isoelektrische Wolle erhält. Zweitens muß man jedoch aus der Tatsache, daß eine deutlich nachweisbare Farbstoffsäureaufnahme auch bei p_H-Werten stattfindet, die erheblich über dem isoelektrischen Punkt der Wolle liegen, den zwingenden Schluß ziehen, daß die Bindung der Farbstoffsäuren nicht nur durch die basischen Gruppen der Wolle erfolgen kann. Weil entsprechend der elektrischen Theorie der Färbung die Wollsalzbildung durch die basischen Gruppen der Wollsubstanz im Gebiete oberhalb des isoelektrischen Zustandes der Wolle nicht möglich sein dürfte, müssen demnach auch die basischen Gruppen der Farbstoffsäuren an der Wollsalzbildung beteiligt sein.

Daß die in den meisten Farbstoffanionen vorhandenen Hydroxylgruppen für die weitere Bindung direktziehender Farbstoffe an die Fasersubstanz nicht in Frage kommen, geht daraus hervor, daß die Farbstoffsäure von Wollgelb, also diejenige, welche zum Unterschiede von den mituntersuchten Azofarbstoffsäuren keine Hydroxylgruppe im Molekül enthält, die größte Tendenz zur Wollsalzbildung zeigt, weil bei ihr die basische Eigenschaft der Azogruppe nicht durch die benachbarte Hydroxylgruppe abgeschwächt ist. Daher darf man sich der Ansicht von Blumberger[1] anschließen, nach der die Hydroxylgruppen in Farbstoffanionen als Substituenten nur den Zweck haben, deren Säurebeständigkeit zu erhöhen, wenn es sich um die in o-Stellung zum Azochromophor befindliche Hydroxylgruppe handelt. In anderen Fällen haben die Hydroxylgruppen im Farbstoffmolekül nur den Sinn, die Eigenfarbe des Farbstoffes zu verändern bzw. die Reaktionsfähigkeit mit Metallbeizen zu ermöglichen, wenn es sich um einen Nachbehandlungsfarbstoff oder einen beizenziehenden handelt. Die Tatsachen sprechen demnach dafür, daß die Hydroxylgruppen im Molekül Sulfosäuregruppen enthaltender Farbstoffe sich nur gegenüber Metallhydroxyden im Sinne Pfeiffers[2] bindend auswirken, nicht aber an bevorzugte Gruppen der Proteinsubstanz binden. Dementsprechend hat Pfeiffer[3] diejenige Molekülverbindung, die er aus einer Azofarbstoffsäure und Sarkosinanhydrid erhalten konnte, auch nicht in der Weise formuliert, daß die im Farbstoffmolekül enthaltene o-ständige Hydroxylgruppe die Bindung an das Sarkosin übernimmt.

Da die vorstehend beschriebenen Ergebnisse aus wissenschaftlichen Untersuchungen herrühren und die Bearbeiter Wert darauf gelegt haben, durch Verwendung unveränderter Wolle und sorgfältig gereinigter Ausgangsstoffe einwandfreie Ergebnisse zu erhalten, ist die Frage berechtigt, wie es sich auswirkt, wenn man in der Färberei mit weniger sorgfältig vorbereiteter Wolle arbeitet. Es war nun schon erwähnt worden, daß die Wollsubstanz keine scharf ausgeprägten Reaktionen zeigt, und dementsprechend weist sie im isoelektrischen Zustand auch kein schroffes Minimum der Reaktionsfähigkeit auf, weshalb manche nicht von einem isoelektrischen Punkt, sondern von einer isoelektrischen Zone sprechen.[4] Dementsprechend wirkt es sich erfahrungsgemäß in der Färbereipraxis überhaupt nicht aus, ob die vorgenetzte Wolle vor dem Färben den p_H-Wert 4,9 besitzt. In der Ware enthaltene Reste von starken Säuren oder

[1] I. S. P. Blumberger, Chem. Weekbl. **25**, 285—286, 315—318 (1928); **28**, 190 bis 198 (1931).

[2] P. Pfeiffer, Liebigs Ann. **398**, 137 (1913).

[3] P. Pfeiffer, J. prakt. Chem. [2] **126**, 113 (1930).

[4] I. B. Speakman, J. Soc. Dyers Colourists **49**, 180—194 (1933).

Alkalien können dagegen entsprechend ihrer Menge aus den später dargelegten Gründen das Färbeergebnis sehr ungünstig beeinflussen. Darum kann sich die Art des Waschens, Spülens und Trocknens der Wolle und das Karbonisieren beim späteren Färben sehr merklich auswirken und darum pflegen sich Gerberwollen beim Färben anders zu verhalten als Schurwollen. Weil Wolle vor dem Färben häufig gebleicht und mitunter auch gechlort wird, haben HARRIS und Mitarbeiter[1] untersucht, wie sich mit Wasserstoffsuperoxyd gebleichte bzw. mit Chlor behandelte Wolle gegenüber direktziehenden Farbstoffen verhält. Dabei zeigte sich, daß starke Einwirkung von Wasserstoffsuperoxyd auf Wolle eine Verringerung des Säureäquivalents zur Folge hat. Bei gechlorter Wolle ergab sich eine wohl durch Strukturveränderung der Faser bedingte anfängliche Zunahme der Farbstoffaufnahme, im Gleichgewicht aber eine Abnahme der Bindungsfähigkeit. Nach ROESTI[2] besitzt die langdauernder Lichteinwirkung ausgesetzte Wolle ein geringeres Säurebindungsvermögen als unbelichtete. Ihre vermehrte Anfärbung mit anionischen Farbstoffen im schwefelsauren Bade ist jedoch wie bei der mit Chlor behandelten Wolle nur scheinbar, da ein Teil des von der Faser aufgenommenen Farbstoffes beim Spülen wieder aus der Faser herausdiffundiert. Diese lose Adsorption von Farbstoffsäuren scheint nach ROESTI durch die höhere Quellung der belichteten Wolle im schwefelsauren Bade bedingt zu sein, weil die stärker assoziierten anionischen Farbstoffe, welche im essigsauren Bade gefärbt werden, diese Erscheinung nicht zeigen, mitunter sogar stärker anfärben und festgehalten werden.

Genaue Untersuchungen über die Quellung der Wolle verdanken wir SPEAKMAN[3]. Nach ihm nimmt die Wasserabsorption der Wolle mit steigender Temperatur von 25 bis 40° C ab und von 40° C an nimmt sie wieder zu. SPEAKMAN nimmt an, daß das heiße Wasser ähnlich wie Säure in die intramizellaren Räume der Wollfaser wandert und die Mizellen angreift. Nach ELÖD[4] und Mitarbeitern nimmt die Quellung der Wollfaser bei gewöhnlicher Temperatur vom p_H-Wert 4,9 an mit fallenden p_H-Werten zu. Nach ihnen[5] spielt vor allem die zwischen den Wollschuppen und den Spindelzellen der Cortex liegenden Zwischenmembran bei der Diffusion der Farbstoffe eine wichtige Rolle, während nach LINDBERG und GRALÉN[6] eine außerhalb der Schuppen liegende Schicht die

---

[1] M. HARRIS u. A. L. SMITH, Textile Manufacturer 63, 375—378 (1937). M. HARRIS u. H. A. RUTHERFORD, Amer. Dyestuff Rep. 27, 173—174 (1938).

[2] H. ROESTI, Melliand Textilber. 24, 316—321 (1943).

[3] I. B. SPEAKMAN, J. Soc. Dyers Colourists 49, 180—194 (1933).

[4] E. ELÖD u. E. SILVA, Z. phys. Chem. Abt. A 137, 162—170 (1928). E. ELÖD u. F. BÖHME, l. c.

[5] E. ELÖD u. H. REUTTER, Melliand Textilber. 21, 346—348 (1940). H. ZAHN, Melliand Textilber. 30, 280 (1949).

[6] L. LINDBERG u. N. GRALÉN, Textile Res. J. 19, 183 (1949).

Diffusion steuert. Sichergestellt ist bisher, daß sowohl die Erhöhung der Wasserstoffionenkonzentration als auch eine Temperaturerhöhung über 40° C eine Zunahme der Quellung zur Folge hat, so daß nach SPEAKMAN[1] beide Faktoren beim Färben im sauren Bade sich dahin auswirken, das Eindringen der Farbstoffteilchen durch Lockerung des Mizellargefüges der Wolle zu erleichtern. Darum färbt man Wolle bei Anwendung direktziehender Farbstoffe bei hoher Temperatur, also kochend oder nahe bei Kochtemperatur, weil nach GOODALL[2] außer dem Quellungszustand der Wolle auch die Teilchengröße der Farbstoffe von der Temperatur abhängig ist. Nach den allgemeinen Gesetzen der Kolloidchemie nimmt die Teilchengröße mit steigender Temperatur ab, so daß sich die Erhöhung der Temperatur vor allem bei den assoziiert löslichen Farbstoffen auswirkt. Mit GOODALL kann man bei den direktziehenden anionischen Farbstoffen drei Hauptgruppen unterscheiden:

1. solche, die schon bei niederer Temperatur molekulardispers sind (Egalisierungsfarbstoffe von geringer Waschechtheit; Typus: Säureorange GG);
2. solche, die bei tieferer Temperatur kolloiddispers, also assoziiert löslich, bei höherer Temperatur molekulardispers sind (Egalisierungsvermögen nur bei höheren Temperaturen; Typus: Erioechtcyanin S conc.);
3. solche, die sowohl bei höheren als auch bei niederen Temperaturen kolloiddispers sind (schwer egalisierende, aber waschechte Farbstoffe; Typus: Polargelb R).

Dieses verschiedene Verhalten der anionischen Farbstoffe wird in der Färberei in der Weise berücksichtigt, daß man die Farbstoffe ihrem Verhalten entsprechend nach verschiedenen empirisch gefundenen Färbeverfahren färbt. Man unterscheidet dabei vier Hauptfärbeverfahren, welche je nach Bedarf noch abgewandelt werden können:

1. Verfahren für leicht egalisierende Säurefarbstoffe. Man färbt unter Zusatz von

   10—20% Glaubersalz krist.
   2— 4% Schwefelsäure 66° Bé.

   Man geht mit der Ware bei 50—60° C ein, treibt langsam zum Kochen und kocht $^3/_4$—1 Stunde.
2. Verfahren für weniger gut egalisierende Säurefarbstoffe. Man bestellt das Färbebad mit

   10—20% Glaubersalz krist. und
   3— 5% Essigsäure 40%ig, vom Warengewicht,

---

[1] I. B. SPEAKMAN, J. Soc. Dyers Colourists 52, 121—135 (1936).
[2] F. L. GOODALL, J. Soc. Dyers Colourists 54, 45—65 (1938).

geht bei 50—60° C ein und treibt in einer halben Stunde zum Kochen, dann setzt man

1—2% Schwefelsäure 66° Bé

zu und kocht eine weitere halbe Stunde.

3. Verfahren für wenig gut egalisierende Säurefarbstoffe guter Naßechtheit.
Man bestellt das Bad mit

10% Glaubersalz krist. und
3— 5% Essigsäure 40%ig,

geht mit der Ware bei 50—60° C ein und treibt langsam zum Kochen. Ist das Ausziehen nicht ganz vollständig, dann kann man noch

0,5—1% Essigsäure oder Ameisensäure

nachsetzen und eine weitere Viertelstunde bis zum völligen Ausziehen des Bades kochen.

4. Verfahren für neutralziehende anionische Farbstoffe. Man bestellt das Färbebad mit

10—20 g Glaubersalz krist. pro Liter Färbebad,

geht mit der Ware bei 50—60° C ein und färbt nahe bei Kochtemperatur.

Ein Nachsatz von Essigsäure ist oft üblich zum besseren Ausziehen des neutralziehenden Farbstoffes, doch nur dann, wenn nur Proteinfasern gefärbt werden und das Färben nicht unter gleichzeitiger Mitverwendung von Baumwollfarbstoffen geschieht. Deshalb wird das Färben im neutralen Glaubersalzbade hauptsächlich in der Halbwollfärberei ausgeübt.

Da diese Färbeverfahren empirisch gefunden wurden und sich in jahrzehntelanger Übung bestens bewährt haben, ist die Frage berechtigt, welche Vorgänge sich dabei abspielen und welche Gründe für die Anwendung verschiedener Verfahren maßgebend sind.

Beim Färbeverfahren für Halbwollfarbstoffe färbt man, wie eben erwähnt, im neutralen Bade. Weil sowohl Proteinfasern als auch aus Cellulose bestehende in Wasser eine negative Ladung annehmen, könnte man folgern, daß der Färbevorgang mit anionischen Farbstoffen bei beiden Fasergattungen übereinstimmend abläuft. Gegen diese Ansicht von BANCROFT[1] hatte bereits früher PELET-JOLIVET[2] geltend gemacht, daß dies nicht der Fall sein kann. Nach PELET-JOLIVET kann man die Färbung der Proteinfasern mit anionischen Farbstoffen, selbst dann, wenn diese assoziiert löslich sind, auch nicht nach der Kolloidtheorie erklären, weil es unmöglich ist, daß zwei Kolloide von gleichem Zeichen sich durch gegenseitige Fällung aneinander binden sollen. Weil man beim

---

[1] W. BANCROFT, l. c.
[2] L. PELET-JOLIVET, Die Theorie des Färbeprozesses, Dresden, 104ff. (1910).

Färbeverfahren 4 im neutralen Bade färbt, liegen die anionischen Farbstoffe als Färbesalze vor, d. h. ihre geladenen Anionen sind durch positive Ionen (meistens Natriumionen) neutralisiert. Bei den assoziiert löslichen Farbstoffsalzen, die nach ihm weitgehend dissoziieren, bestehen die Farbstoffmizellen demnach aus den kleineren, leichter beweglichen, positiv geladenen Natriumionen und den schwerer beweglichen, assoziierten, negativ geladenen Farbstoffanionen. Infolge elektrostatischer Anziehung muß es nun zunächst zu einer Annäherung der positiv geladenen Natriumionen an die negativ geladene Faser kommen. Bei einer darauf folgenden Absorption der positiv geladenen Natriumionen durch die negativ geladene Faser muß deren negatives Ladungspotential herabgesetzt werden, wodurch die Annäherung und Anreicherung der negativ geladenen Farbstoffanionen möglich wird. Diese Herabsetzung des Ladungspotentials der Faser wird außerdem durch den Neutralsalzzusatz von Glaubersalz unterstützt. Gleichzeitig wird auch die Dissoziation des Farbstoffsalzes durch den Glaubersalzzusatz herabgesetzt, also die negative Ladung der Farbstoffmizellen verringert. Im weiteren Verlauf dieses Vorganges wird durch das Eindringen von positiven Natriumionen in die Faser deren Umladung ermöglicht, was zu einer vermehrten Anziehung der Farbstoffanionen und deren Eindringen in das Faserinnere führen muß. Demnach spielt sich diese Phase des Färbevorganges sowohl bei den Proteinfasern als auch den Cellulosefasern übereinstimmend ab. Während jedoch von den Cellulosefasern die ganze Substanz des Farbstoffes, also das Farbstoffsalz aufgenommen und festgehalten wird, tritt bei Wolle nach der ursprünglichen Absorption des Farbstoffsalzes, wie von PORAI-KOSCHITZ bewiesen wurde, eine Selektivabsorption des Farbstoffanions ein. Diese beim Färben von Wolle mit Farbstoffsalzen anionischer Farbstoffe eintretende Selektivsorption der Farbstoffanionen wird einesteils dadurch ermöglicht, daß die Farbstoffsalze dissoziieren, wodurch das Eindringen des Farbstoffsalzes und darauf die Anlagerung des Farbstoffanions an die Proteinfasersubstanz stattfinden kann, anderenteils durch die Tatsache begünstigt, daß nach den Untersuchungsergebnissen von HARRIS und RUTHERFORD[1], HARRIS und STEINHARDT[2], sowie ELÖD und FRÖHLICH[3] die Bindungsfähigkeit der Proteinfasern Wolle und Seide für Alkaliionen bis zum p_H-Wert 8 nur sehr gering ist. Wie schon PORAI-KOSCHITZ gezeigt hat, muß das dadurch freiwerdende Alkali sehr schnell ein weiteres Aufziehen des Farbstoffes auf die Proteinfasern verhindern. Deshalb gibt man einen Nachsatz von Essigsäure bzw. Ameisensäure, wenn man das Färbebad zum Ausziehen bringen will.

[1] M. HARRIS und H. RUTHERFORD, J. Nat. Res. Bur. Standards 22, 535—542 (1939).

[2] M. HARRIS und J. STEINHARDT, Amer. Dyestuff Rep. 29, 103—107, 121—127 (1940).

[3] E. ELÖD und G. H. FRÖHLICH, Melliand Textilber. 30, 405—410 (1949).

Das Verfahren Nr. 3 wird mit geringfügigen Änderungen sowohl beim Färben mit Nachchromierungsfarbstoffen als auch solchen gut wasserechten und darum schlecht egalisierenden Farbstoffen angewendet, welche nach dem Färben nicht nachbehandelt werden.

Die Nachchromierungsfarbstoffe sind entweder Alizarin, Nitroderivate des Alizarins wie z. B. Alizarinorange R (SCHULTZ, Farbstofftabellen 1931, Nr. 1143), Alizarinfarbstoffe oder Thiazinfarbstoffe mit einer Sulfosäuregruppe im Molekül, oder Azofarbstoffe, die durch Kuppelung einer Diazoverbindung mit Salicylsäure erhalten wurden, wie das beim Anthracengelb C der Fall ist, Azofarbstoffe, die wie die Chromgelbmarken außer der Salicylsäuregruppe noch eine Sulfosäuregruppe im Molekül enthalten oder Azofarbstoffe, welche Hydroxylgruppen in solcher Stellung, daß dadurch die Bildung eines Chromlackes ermöglicht wird und eine Sulfosäuregruppe wie die Tuchrotmarken oder zwei Sulfosäuregruppen wie Säureanthracenrot im Molekül enthalten.

Auch unter den gut wasserechten anionischen Farbstoffen, welche nicht mit Chromverbindungen nachbehandelt werden, befinden sich außer den hochmolekularen assoziiert löslichen Azofarbstoffen, wie z. B. Tuchechtrot, Säureanthracenrot und Polargelb, Sulfosäuren von Azinderivaten wie die Wollechtblau, also Farbstoffe, die keine Azogruppe im Molekül besitzen. Außer diesen färbt man auch solche Farbstoffe, welche wie die Eosine nur schwach saure Gruppen im Molekül enthalten, unter Zusatz von Essigsäure.

Weil einige der vorerwähnten Farbstoffe, so besonders die durch Kuppelung erzeugten Azofarbstoffe als Alkalisalze an den Verbraucher geliefert werden, die durch Sulfonieren erzeugten Farbstoffe dagegen gewöhnlich saure Reaktion besitzen, lassen sich keine allgemeingültigen Aussagen über das Verhalten aller in diese Färbegruppe gehörigen Farbstoffe machen, zumal noch wenig genaue Unterlagen über ihr Verhalten vorliegen. Darum ist man bei der Erklärung dieses Verfahrens auf Analogieschlüsse angewiesen. Man kann deshalb nur die ungefähre Aussage machen, daß in dieser Gruppe Wolle etwa im isoelektrischen Bereich bzw. einer nur wenig höheren Wasserstoffionenkonzentration, als dem isoelektrischen Zustand der Wolle entspricht, angefärbt wird. Da die Salicylsäure im Vergleich zu aromatischen Sulfosäuren eine nur schwachsaure Reaktion besitzt, kann man sie mit der ihr nahestehenden Benzoesäure bzw. das Anthracengelb C mit der von BINZ und SCHROETER[1] untersuchten Azobenzolcarbonsäure vergleichen. Diese färben, weil sie schwache Säuren sind, Wolle in schwefelsaurer Lösung deswegen nicht an, weil Schwefelsäure der Wolle zwar eine positive Ladung erteilt, andererseits aber die Ionisierung der schwachen Carbonsäuregruppe so weit zurückdrängt, daß das Aufziehen von Carbonsäurederivaten ohne

[1] A. BINZ u. G. SCHROETER, Ber. dtsch. chem. Ges. 36, 3009 (1903).

stärker saure Gruppen unterbleibt. Das gleiche muß man wohl auch bei den Farbstoffen der Eosingruppe annehmen. Bei denjenigen anionischen Farbstoffen, welche als hochmolekulare assoziiert lösliche Salze von Farbstoffsulfonsäuren an die Verbraucher geliefert werden und die infolge ihres großen Molekularvolumens beim Färben nur langsam auf die Wolle aufziehen, kann man den Essigsäurezusatz zwanglos damit erklären, daß er das bei der Anlagerung der Farbstoffanionen an die Fasersubstanz freiwerdende Alkali bindet und dadurch ein weiteres Anfärben ermöglicht.

Nach der elektrischen Theorie der Färbung dürfte das Natriumsalz eines anionischen Farbstoffes im isoelektrischen Gebiet und oberhalb des isoelektrischen Punktes nur adsorptiv von der Wollfaser aufgenommen werden. Darum sollte es nach Ender und Müller[1] sich verhältnismäßig leicht wieder auswaschen lassen. Es müßte demnach in diesem Gebiet nach der elektrischen Theorie der Wollfärbung eine dem Diffusionsvermögen entsprechende reversible Färbung zustande kommen. Die von Ender und Müller erhaltenen Versuchsergebnisse zeigen jedoch, daß mit über den isoelektrischen Punkt der Wolle steigenden p_H-Werten bei abnehmender Menge gebundener Farbstoffsäure eine zunehmende Menge Kation von der Wolle aufgenommen und umgekehrt mit fallenden p_H-Werten eine zunehmende Menge Farbstoffanionen (bei abnehmender Menge von aufgenommenem Kation) gebunden wird, was nach ihnen für die chemische Deutung des Färbens im isoelektrischen und alkalischen Gebiete unter Bildung schwer hydrolisierbarer Wollfarbsäureverbindungen spricht, welche Ansicht nicht im Widerspruch zu den vorstehenden Ausführungen des Verfassers über die Bindung der Farbsäureanionen steht.

Entsprechend der eingangs ausgesprochenen Tatsache, daß Proteinfasern vom isoelektrischen Zustand an durch Einwirkung starker Säuren zunehmend positiv aufgeladen werden, ist das Färbeverfahren Nr. 2 sowohl nach der chemischen als auch der elektrischen Deutung der Färbung erklärbar. Die Überlegenheit der chemischen Deutung liegt darin, daß sie die Wirkung derjenigen Konstitutionsverschiedenheiten der Farbstoffanionen, welche sich bei der Diffusion nicht auswirken, erklärt, während der Vorteil der elektrischen Theorie darin besteht, daß nach ihr die bei niedrigen p_H-Werten verstärkte Proteinfarbsalzbildung zu erklären ist, während nach der rein chemischen Auffassung die am stärksten ionisierte Säure bei der Proteinsalzbildung bevorzugt sein müßte. Daß Wolle bei fallenden p_H-Werten größere Farbstoffsäuremengen aufnimmt, haben nach Pelet-Jolivet[2] auch die von Briggs und Bull[3]

---

[1] W. Ender und A. Müller, Melliand Textilber. 18, 809—810 (1937).
[2] L. Pelet-Jolivet und N. Andersen, Kolloid-Z. 8, 206—10 (1908).
[3] T. R. Briggs und A. W. Bull, J. phys. Chem. 26, 845—875 (1922).

mit Croceinorange, die von ELÖD und BÖHME[1] und KÖHNLEIN[2] sowie die von ENDER und MÜLLER[3] durchgeführten Versuche gezeigt. Während jedoch PELET-JOLIVET sowie BRIGGS und BULL die mit zunehmender Menge an farbloser Säure ansteigende Bindung der Farbstoffanionen nach der einfachen elektrischen Theorie ohne Berücksichtigung der Diffusion erklärt haben, muß diese allgemeine Deutung infolge der von ELÖD sowie ENDER und MÜLLER erhaltenen Forschungsergebnisse heute als unzureichend angesehen werden. Weil man somit die Aufnahme der Farbstoffsäuren durch Erhöhung der Wasserstoffionenkonzentration regulieren kann, färbt man diejenigen Farbstoffsäuren, die bei niederer Temperatur assoziiert löslich sind, nach dem Färbeverfahren 2 und erreicht durch den Schwefelsäurezusatz ein völliges Ausziehen des Färbebades. Unterläßt man es bei diesen nicht sehr gut egalisierenden Farbstoffen, zunächst mit einer organischen Säure anzufärben, dann besteht die Gefahr, daß die Färbung wegen einer zu raschen Farbsäureaufnahme durch die Wolle unegal ausfällt.

Beim Färbeverfahren 1, welches bei den nahezu molekulardispers löslichen, gut egalisierenden Farbstoffen angewendet wird, gibt man jedoch den Schwefelsäurezusatz zum Bade, bevor man mit der Ware eingeht, weil bei diesem Färbeverfahren die zugesetzte Schwefelsäure als Egalisierungsmittel wirkt. Diese Wirkung der Schwefelsäure auf die gut bis sehr gut egalisierende Farbstoffsäuren erklärt man mit ELÖD am besten mit einer Herabsetzung der Ionisierung der Farbstoffsäure durch die im Überschuß vorhandene Schwefelsäure und durch das größere Diffusionsvermögen der farblosen Säure gegenüber der Farbstoffsäure. Da ELÖD und KÖHNLEIN[4] außerdem bewiesen haben, daß beim Färben von Wolle mit Farbstoffsulfosäuren in Gegenwart von Mineralsäuren zunächst die leicht diffundierende farblose Säure von der Faser aufgenommen wird und das so gebildete Proteinsalz durch Aufnahme der äquivalenten Menge an Farbstoffion allmählich verdrängt wird, ist unter Berücksichtigung der relativ leichten Hydrolysierbarkeit dieses Salzes die egalisierende Wirkung der Schwefelsäure verständlich. Ebenso muß der Neutralsalzzusatz infolge seiner die Potentialdifferenz zwischen der positiv geladenen Faser und dem negativ geladenen Farbstoffanion verringernden Wirkung egalisierend wirken.

Bisher war das Säureäquivalent für 100 g Wolle mit 0,085 g angegeben worden, weil das Säurebindungsvermögen von Wolle bei Zimmertemperatur zwischen $p_H = 1{,}3$—$0{,}8$ nach gut übereinstimmenden Versuchsergebnissen nahezu konstant ist und dem maximalen Bindungs-

---

[1] E. ELÖD und F. BÖHME, Melliand Textilber. 13, 365—368 (1932).
[2] E. ELÖD und A. KÖHNLEIN, Melliand Textilber. 17, 409—412 (1936).
[3] W. ENDER und A. MÜLLER, Melliand Textilber. 18, 810 (1937).
[4] E. ELÖD und A. KÖHNLEIN, l. c.

vermögen der Wolle für farblose und Farbstoffsäuren entspricht. Nach GOODELL[1] ist das Säureäquivalent jedoch nicht völlig unabhängig von der Temperatur und steigt auf höhere Werte an, wenn man Lösungen hoher Wasserstoffionenkonzentration nahe bei Kochtemperatur einwirken läßt. Dementsprechend haben auch ELÖD und FRÖHLICH[2] ein Ansteigen des Säureäquivalentes der Wolle in Lösungen, deren p_H-Werte unter 0,8 liegen, bei Zimmertemperatur festgestellt (Abb. 3). Da diese Erhöhung der Säureaufnahme nach ELÖD und FRÖHLICH nicht auf einer hydrolytischen Spaltung von Peptidketten beruht, kann sie nur mit einer Umlagerung von Carbonsäureamidgruppen des Wollproteins nach EISTERT[3] erklärt werden. Diese Erklärung zeigt auch an, daß die Verwendung derartig hoher Säurekonzentration in der Färberei tunlichst zu vermeiden ist.

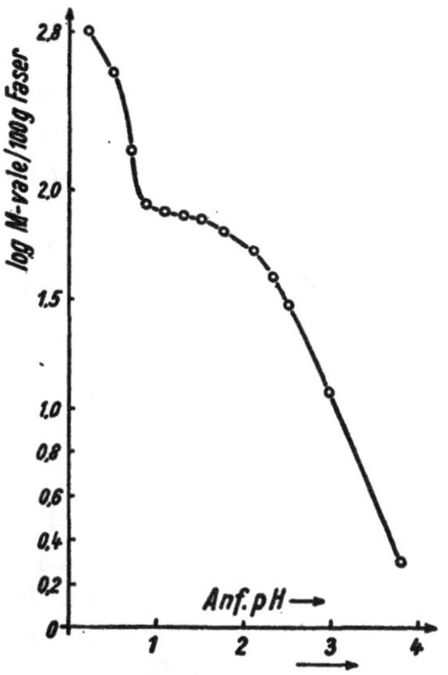

Abb. 3. Die Aufnahme von HCl durch Wolle in Abhängigkeit vom p_H-Wert

Das Verhalten farbloser Basen gegen Wolle

Nach STEINHARDT und ZAISER[4] beträgt das theroretische maximale Bindungsvermögen der Wolle für Basen 1,18 Millimol für 1 g Wolle, wenn man deren Tyrosingehalt zur Summe ihres Arginin und Lysingehaltes hinzuzählt. Nimmt man an, daß die kationische Form des Arginin eine zu schwache Base ist, um bei der Titration in Erscheinung zu treten, dann erniedrigt sich das theoretische maximale Bindungsvermögen der Wolle auf 0,59 Millimol Base für 1 g Wolle. Diesem entsprechen ungefähr die Werte, die mit den meisten von STEINHARDT und ZAISER verwendeten freien organischen Basen in 0,05 bis 0,07 molaren Lösungen bei 0° C erhalten wurden. Bei der Titration mittels LiOH, KOH und CsOH wurden bei $p_H = 13,5$ ebenso wie bei der Titration mit starken organischen Basen Werte für die maximale Basenbindung der Wolle erhalten, die zwischen 0,5 und 0,6 Millimol Base für 1 g Wolle liegen. Bei der Titration mit sechs homologen Alkyltrimethylammoniumbasen zeigte sich, daß bei niedrigeren p_H-Werten das Basenbindungsvermögen der Wolle abnimmt, daß bei gleichen p_H-Werten jedoch ein höherer

[1] F. L. GOODALL und C. HOBDEY, Journ. Soc. Dyers a. Colourists, 55, 529—549 (1939).
[2] E. ELÖD und H. G. FRÖHLICH, Melliand Textilberichte 30, 239—243 (1949).
[3] Vgl. HEES, Melliand Textilberichte 31, 497 (1950).
[4] J. STEINHARDT und E. M. ZAISER, J. biol. Chem. 188, 789—802 (1950).

Anteil der höhermolekularen Basen von der gleichen Gewichtseinheit Wolle gebunden wird. Die Wolle verhält sich gegenüber Basen also ähnlich einer sehr schwachen Säure, ihr maximales Bindungsvermögen ist jedoch noch unschärfer ausgeprägt als ihr maximales Säurebindungsvermögen bei etwa $p_H = 1$. Darum ist die Bindung der untersuchten anorganischen und organischen Basen von STEINHARDT und ZAISER als eine Adsorptionserscheinung aufgefaßt worden, weil sie keine strengen stöchiometrischen Gesetzmäßigkeiten feststellen konnten und die Bindung der von der Faser aufgenommenen Basen reversibel ist.

Vergleicht man die von STEINHARDT und ZAISER erhaltenen Ergebnisse mit den von LLOYD und BIDDER[1] für die Aufnahme von Natronlauge bei Wolle und Seide erhaltenen Titrationskurven und den von ELÖD und FRÖHLICH[2] für die Aufnahme von Natriumhydroxyd durch Wolle sowie die Polyurethanfaser erhaltenen Werten (vgl. S. 137), dann ergibt sich zwischen den p_H-Werten 12—13 eine weitgehende Ähnlichkeit des Kurvenverlaufs bei Wolle, Seide und Perlon U. Weil die Polyurethanfaser Perlon U keine freien Carbonsäuregruppen im Molekül enthält, könnte man daher aus dem Verlauf der Alkalititrationskurven dieser 3 Fasern im p_H-Bereich 12—13 den Schluß ziehen, daß die Aufnahme von Basen in diesem Bereich auch durch die Carbonsäureamidgruppen dieser Fasern mitverursacht wird, während es wahrscheinlicher ist, daß die bei Wolle und Seide 1—1,1 Milliäquivalent betragende Alkaliaufnahme durch die Wirkung der in diesen Proteinfasern enthaltenen freien Carbonsäuregruppen und der Phenolgruppe des Tyrosins zustande kommt. Nach HARRIS und RUTHERFORD[3] treten bei höherer Temperatur Nebenreaktionen ein.

Weil jedoch nach STEINHARDT und ZAISER das aus dem Aminosäurengehalt der Wolle ermittelte theoretische Basenbindungsvermögen mit dem experimentell ermittelten Basenbindungsvermögen der Wolle ebenfalls sehr gut übereinstimmt, ist der Schluß zu ziehen, daß die in der Wolle enthaltenen Alkali bindenden Gruppen nicht gleich stark sind. Dementsprechend kann also nur derjenige Teil der in der Wolle enthaltenen freien Carbonsäuregruppen, welcher im sodaalkalischen Bereich Basen zu binden vermag, unter den beim Färben üblichen Bedingungen für die Bindung kationischer Farbstoffe in Betracht kommen.

Das Verhalten kationischer Farbstoffe gegen Wolle

Das Färben von Wolle mit basischen Farbstoffen ist wegen seiner geringeren technischen Bedeutung weniger stark bearbeitet worden als das Färben mit anionischen Farbstoffen. Bei der Klasse der kationischen Farbstoffe haben sich zu den zunächst entdeckten basischen Triphenyl-

[1] D. J. LLOYD und P. B. BIDDER, Trans. Faraday Soc. **31**, 865 (1935).
[2] E. ELÖD und H. FRÖHLICH, Melliand Textilber. **31**, 760 (1950).
[3] M. HARRIS und H. A. RUTHERFORD, J. Res. nat. Bur. Standards **22**, 535—42 (1939).

methanfarbstoffen später noch die Auramine als Diphenylmethanfarbstoffe, die Aminobenzolderivate: Chrysoidin und Bismarckbraun, die Acridinfarbstoffe, die Thiazolfarbstoffe mit dem Thioflavin, die Thiazine, Oxazine, die Azine mit den Safraninen und Indulinen und auch die Xanthonfarbstoffe mit den Rhodaminen, welche schon zu den schwach sauren Eosinen überleiten, gesellt.

Die kationischen Farbstoffe werden von den Herstellerfirmen ebenso als Salze an die Verbraucher in der Textilindustrie geliefert, wie das bei den meisten anionischen Farbstoffen der Fall ist.

Bei der Konstitutionsaufklärung des Fuchsins hat MIOLATI[1] die elektrische Leitfähigkeit von salzsaures p-Fuchsin enthaltenden Lösungen gemessen und dabei gefunden, daß die Summe der Wanderungsgeschwindigkeit des Chlorions und der Base annähernd gleich 93,2 ist, wenn man nach BREDIG[2] die Wanderungsgeschwindigkeit des Hydroxyls mit 167 und die des Kations mit etwa 23 setzt. MIOLATI konnte auch zeigen, daß sich das p-Fuchsin in bezug auf sein Leitungsvermögen wie die Chlorhydrate anderer Farbstoffbasen verhält. Aus den Siedepunktserhöhungen von wäßrigen Lösungen des salzsauren p-Fuchsins erhielt er Werte für das scheinbare Molekulargewicht, die etwa halb so hoch sind wie das berechnete. Demnach müssen die primären Salze der von ihm untersuchten kationischen Farbstoffe Salze starker Basen sein und völlig dissoziieren. Danach konnte HANTZSCH[3] mit seinen Mitarbeitern feststellen, daß die von ihm bestimmten Werte der molekularen Leitfähigkeit bei den mit Mineralsäuren hergestellten Salzen kationischer Farbstoffe den Leitfähigkeitswerten der aus starken Basen und Mineralsäuren erhaltenen Salze entspricht. Nach HANTZSCH bestimmten PELET-JOLIVET und WILD[4] die Äquivalentleitfähigkeiten kationischer Farbstoffe und fanden dabei etwas höhere Werte als sie HANTZSCH und Mitarbeiter gefunden hatten. Aus den von HANTZSCH mitgeteilten mit sorgfältiger gereinigten Farbstoffen erhaltenen Werten hat später VALKÓ[5] durch rechnerische Extrapolation ermittelt, daß die Ionenbeweglichkeit der untersuchten Farbstoffkationen zwischen 15 und 25 rez. Ohm schwankt. Während die salzsauren Salze der untersuchten kationischen Farbstoffe sich demnach als starke Elektrolyte verhalten, ist das bei ihren freien Basen jedoch nicht immer der Fall. So konnte HANTZSCH nur bei Methylenblau und Phenosafranin die freien Basen dieser Farbstoffe herstellen und durch Bestimmung ihrer Leitfähigkeit beweisen, daß sie

---

[1] A. MIOLATI, Ber. dtsch. chem. Ges. 28, 1696—1701 (1895).

[2] G. BREDIG, Z. phys. Chem. 13, 191—286 (1894).

[3] A. HANTZSCH, Ber. dtsch. chem. Ges. 32, 595—600 (1899). A. HANTZSCH und M. KALB, Ber. dtsch. chem. Ges. 32, 3109—3131 (1899). A. HANTZSCH und G. OSSWALD, Ber. dtsch. chem. Ges. 33, 278—317 (1900).

[4] L. PELET-JOLIVET und A. WILD, Kolloid-Z. 3, 174—197 (1908).

[5] E. VALKÓ, Kolloidchemische Grundlagen der Textilveredlung, Berlin 340 (1937).

tatsächlich stark ionisiert sind; während durch die Untersuchungen von Bernthsen[1], Nietzki und Otto[2] sowie Jaubert[3] nur qualitativ erkannt worden war, daß die Base des Phenosafranins den starken Basen zuzurechnen ist. Dagegen ist die Stärke der freien Basen der Farbstoffe: Parafuchsin (Pararosanilin), Kristallviolett, Brillantgrün, Auramin und Flavindulin mit Sicherheit nicht direkt bestimmbar, weil sich nach Hantzsch[4] diese Basen sehr rasch in die ihnen entsprechenden Pseudobasen umlagern.

Nach Nietzki[5] ist bei den Aminoazinfarbstoffen, wie z. B. dem Toluylenrot das Gegenion an die Azingruppe gebunden und die Aminogruppen gehen nur bei Gegenwart eines Säureüberschusses eine Salzbildung ein, welche durch einen auffallenden Farbenübergang durch blau in grün begleitet wird. Daß es in der Tat eine Aminogruppe ist, welche bei Säureüberschuß ein Säuremolekül addiert, geht aus dem Verhalten der Diazoverbindungen hervor. Die roten Diaminoazine bilden blaue oder violette primäre Diazoverbindungen, deren beständige Salze zweisäurig sind. Der Hinzutritt eines zweiten Säuremoleküls beweist aber, daß das erste, im roten Salz enthaltene, keiner Aminogruppe angehören kann, denn sonst müßte diese diazotiert werden und entweder noch eine zweite Diazogruppe eintreten oder eine nur einsäurige primäre Diazoverbindung entstehen. Nach Nietzki geht aus diesen Tatsachen hervor, daß die auxochromen Aminogruppen in dem angeführten Falle nur den an sich schwachen Basencharakter des Chromophors verstärken, selbst aber nicht als Salzbildner wirken. Mit dieser Verstärkung wird aber gleichzeitig die Intensivität der Farbe bedeutend erhöht, wie denn nach einem von Witt ausgesprochenen Satz, unter sonst analogen Farbstoffen derjenige der bessere ist, welcher die stärksten salzbildenden Eigenschaften besitzt.

Diese von Nietzki in bezug auf den Sitz des im Toluylenrot befindlichen Säure addierenden Stickstoffatoms angegebene Beweisführung hat allerdings dadurch etwas an Überzeugungskraft verloren, daß das Toluylenrot nach Schultz[6] das Chlorhydrat von Dimethylaminophenoamino-tolazin ist und nicht von Diaminoazin, wie Nietzki angenommen hatte. Allerdings ist in der von Schultz[6] angegebenen Formel als Säure aufnehmendes Stickstoffatom ebenfalls das Stickstoffatom des Azinringes in Übereinstimmung mit der von Nietzki geäußerten Auffassung angegeben.

---

[1] A. Bernthsen, Liebigs Ann. Chem. **280**, 144—146 (1885).

[2] R. Nietzki und R. Otto, Ber. dtsch. chem. Ges. **21**, 1592—1598 (1888).

[3] G. F. Jaubert, Ber. dtsch. chem. Ges. **28**, 1580—1582 (1895).

[4] A. Hantzsch und M. Kalb, Ber. dtsch. chem. Ges. **32**, 3109—3131 (1899). A. Hantzsch und G. Osswald, Ber. dtsch. chem. Ges. **33**, 278—317 (1900). A. Hantzsch, Ber. dtsch. chem. Ges. **33**, 752—760 (1900).

[5] R. Nietzki, Chemie der organ. Farbstoffe, II. Aufl. 14—15 (1894).

[6] G. Schultz, Farbstofftabellen, VII. Aufl. Leipzig Nr. 946 (1931).

Bei den Triphenylmethanfarbstoffen ist die Frage nach dem Sitz der Farbe sehr eingehend bearbeitet worden. Nachdem E. und O. FISCHER[1] im Jahre 1878 erkannt hatten, daß Fuchsin und verwandte Farbstoffe Derivate des Triphenylmethans sind, setzte ein genaues Studium dieser Verbindungen ein. Dabei zeigte sich, daß durch den Eintritt von Aminogruppen in das Molekül des Triphenylmethans noch keine Körper entstehen, deren Salze Farbstoffe sind. Diese Verbindungen zum Beispiel $CH(C_6H_4NH_2)_3$ sind selbst in Form ihrer Salze ungefärbt. Oxydiert man sie aber, so entstehen Carbinole, z. B. $(H_2N \cdot C_6H_4)_3 \cdot COH$ (Pararosanilin), die nun die eigentlichen Farbstoffbasen sind und deren Salze mit einem Äquivalent Säure die Farbstoffe, z. B. Parafuchsin, darstellen. Nun zeigt es sich bei den Triphenylmethanfarbstoffen ganz allgemein, daß bei der Salzbildung mit einem Molekül Säure diese nicht einfach an eine Aminogruppe des Moleküls der Farbstoffbasen angelagert wird, sondern daß stets Wasser bei dieser Salzbildung austritt. Das so erhaltene Salz, der Farbstoff Parafuchsin, löst sich in Wasser ohne Hydrolyse auf. Nach FISCHER soll diese Salzbildung in folgender Weise verlaufen: Zuerst wird ein Molekül Säure an eine Aminogruppe des Carbinols addiert.

$$(H_2N \cdot C_6H_4)_2 \cdot C\begin{cases} C_6H_4 \cdot NH_2 \\ OH \end{cases} + HCl = (H_2N \cdot C_6H_4)_2 \cdot C\begin{cases} C_6H_4 \cdot NH_2 \cdot HCl \\ OH \end{cases}$$

Dieses Additionsprodukt spaltet jedoch sogleich nach seiner Bildung in der folgenden Weise Wasser ab:

$$(H_2N \cdot C_6H_4)_2 \cdot C\begin{cases} C_6H_4 \cdot NH_2 \cdot \boxed{H}\ Cl \\ \boxed{OH} \end{cases} = H_2O + (H_2N \cdot C_6H_4)_2 \cdot \underline{C \cdot C_6H_4 \cdot \overset{Cl}{NH_2}}$$

Versetzt man 1 Mol dieses Farbstoffsalzes mit genau 1 Äquivalent Natriumhydroxyd, dann bleibt die Flüssigkeit im Anfang gefärbt, reagiert stark alkalisch und zeigt eine wesentlich größere Leitfähigkeit als die einer ihr entsprechenden Kochsalzlösung. Allmählich aber entfärbt sich die Lösung und die Leitfähigkeit sinkt schließlich bis auf das Leitungsvermögen einer ihr entsprechenden Kochsalzlösung ab. Nachdem HOMOLKA beim Zersetzen einer Rosanilinlösung mit Kali gefunden hatte, daß sich vor dem endgültig entstehenden Carbinol eine farbige Base bildet, die sich durch Löslichkeit und starke Basizität vom Carbinol unterscheidet, formulierte HANTZSCH[2] die sich abspielenden Vorgänge folgendermaßen:

[1] E. u. O. FISCHER, Liebigs Ann. Chem. **194**, 242—303 (1878); Ber. dtsch. chem. Ges. **12**, 2348 (1879). O. FISCHER und K. WEISS, Z. Farben-Textilchem. **1**, 1—3 (1902).

[2] A. HANTZSCH, Ber. dtsch. chem. Ges. **37**, 3434—3440 (1904).

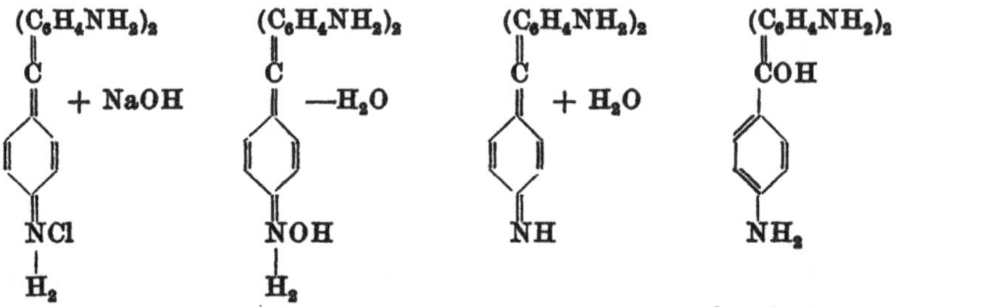

Farbstoffsalz — echte Ammoniumfarbbase — Imidbase (Homolkas) Base — Carbinol (Pararosanilin) Pseudoammoniumbase

Im Einklang mit der von HANTZSCH gegebenen Formulierung der farblosen Pseudoammoniumbase des Pararosanilins hat WIELAND[1] die durch Reduktion des Triphenylmethanfarbstoffes in alkalischer Hydrosulfitlösung entstehenden farblosen Salze in der Weise formuliert, daß sie Benzolkerne besitzen. Diese Salze, die teilweise auch in fester kristallisierter Form isoliert wurden, bilden nach WIELAND[2] eine neue Klasse von Triarylmethanderivaten, in denen die Säure wahrscheinlich mit C-S-Bindung, vielleicht auch als OSONa-Gruppe an das zentrale Methankohlenstoffatom gebunden ist, so daß im Falle des Farbstoffes Kristallviolett nach ihm folgende Verbindung mit Küpencharakter entsteht:

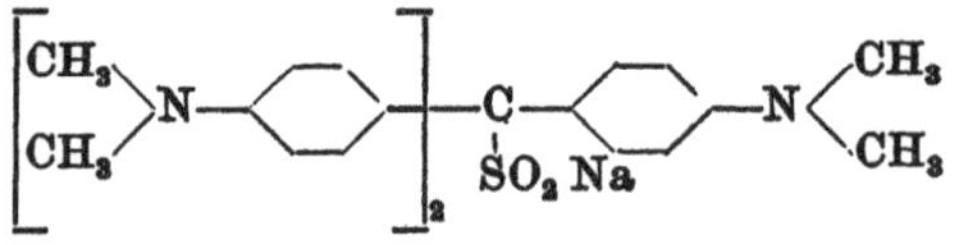

Dementsprechend hat HEERTJES[3] nach einem Vergleich der quantitativ gemessenen Absorptionsspektren von basisch substituierten Triphenylmethanverbindungen den Übergang von der Leukoverbindung zum Farbsalz folgendermaßen formuliert:

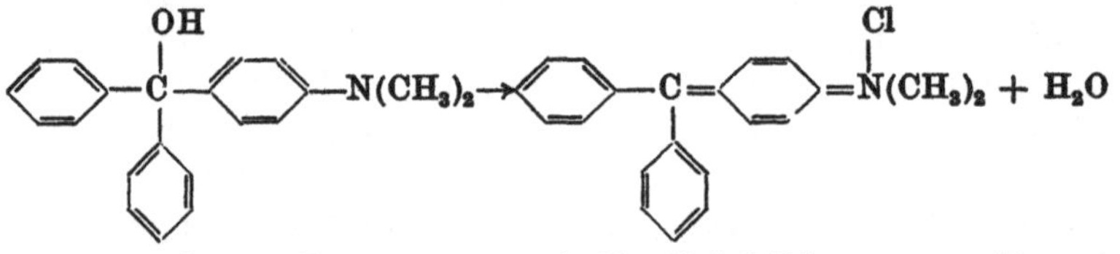

Vor HANTZSCH hatte ROSENSTIEHL[4] die Salzbildung von Pararosanilin mit Salzsäure entsprechend der Annahme formuliert, daß die Salzsäure nicht mit einer Aminogruppe, sondern mit der Hydroxylgruppe des Rosanilins unter Farbstoffbildung reagiert. Diese Auffassung fand

[1] Vgl. Referat v. F. WEISS, Melliand Textilber. 8, 166 (1927).
[2] DRP 308298 Kl. 8 m Gr. 3.
[3] P. M. HEERTJES, Chem. Weekbl. 39, 210—215 (1942).
[4] A. ROSENSTIEHL, C. R. hebd. Séances Acad. Sci. Paris 116, 194—197 (1893); 120, 192—194, 264—269, 331—333, 740—743 (1895).

jedoch nicht viel Anklang, besonders nachdem NIETZKI in seinem Buche über die Chemie der organischen Farbstoffe die Triphenylmethanfarbstoffe nach der chinoiden Formel umgestaltet und das Parafuchsin die folgende Formel erhalten hatte:

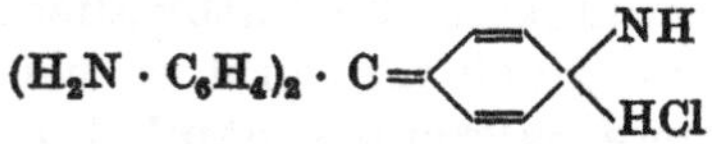

Durch die Arbeiten von SCHLENCK über die freien Radikale kam dann KEHRMANN zu der Auffassung, daß bei den Triphenylchlormethanen Desmotropie vorliegen könnte und die Formulierung von ROSENSTIEHL gewann wieder an Interesse, zumal sie die Bildung des Parafuchsins aus Tetrachlorkohlenstoff ohne weiteres verstehen läßt und auch die besondere Salzbildung mit einem Molekül Säure in anschaulicher Weise erklärt. Um den Unterschied zwischen dem Farbstoffsalz Parafuchsin und dem farblosen Salz des Pararosanilins deutlich zu machen und zum Ausdruck zu bringen, daß die Eigenfarbe des Parafuchsins durch eine chinoidartige Konstitution verursacht wird, hat KAUFFMANN[1] zur Erklärung der tiefroten Farbe des einsäurigen Pararosanilinsalzes folgende Formulierung gewählt:

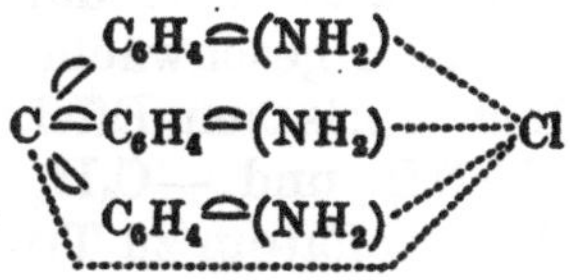

Diese Formulierung soll auch der Tatsache Rechnung tragen, daß die einsäurigen Salze des Pararosanilins tiefrot gefärbt sind, während durch die Addition von drei weiteren Molekülen Salzsäure eine sehr starke Farbaufhellung erfolgt.

Zur Beantwortung der Frage nach der Konstitution der farbigen Triphenylcarbinolsalze hatten TSCHITSCHIBABIN und GAWRILOW[2] sowie SCHLENK und OCHS[3] das Tri-α-thienylcarbinol hergestellt und dabei Verbindungen erhalten, die farbige Salze geben. Nach den bisherigen Ansichten schien beim Tri-α-thienylcarbinol eine chinoide Umlagerung nicht möglich. Nachdem aber PFEIFFER und BÖTTLER[4] die chinoide Natur des Maleinsäureanhydrids und seiner Verwandten erwiesen hatten, ließ sich auch für das Tri-α-thienylcarbinol die chinoide Formel konstruieren. Trotzdem hat sich später HANTZSCH[5] auf Grund seiner optischen Untersuchungen von Triphenylmethanfarbstoffen zunächst veranlaßt gesehen, die ursprünglich von ihm gewählten chinoiden Formulierungen

---

[1] H. KAUFFMANN, Ber. dtsch. chem. Ges. 45, 781 (1912).
[2] A. TSCHITSCHIBABIN und N. GAWRILOW, Chem. Zentralbl. 2, 78—79 (1915).
[3] W. SCHLENK und R. OCHS, Ber. dtsch. chem. Ges. 48, 676—680 (1915).
[4] P. PFEIFFER und TH. BÖTTLER, Ber. dtsch. chem. Ges. 51, 1819—1829 (1918).
[5] N. HANTZSCH, Ber. dtsch. chem. Ges. 54, 2573—2612 (1921).

in merichinoide umzugestalten. Später hat der gleiche Forscher mit Recht geltend gemacht, daß die Strukturchemie, weil sie aus dem Studium der normalen, nicht ionisierbaren Kohlenstoffverbindungen hervorgegangen ist, gewissermaßen mit einem Geburtsfehler behaftet ist: es fehlt ihr überhaupt die Fähigkeit, die Natur aller Elektrolyte zu erklären bzw. formell darzustellen. Nach ihm gibt es bei den Triphenylmethanverbindungen zwei isomere Salzreihen, nämlich die Oxoniumhaloide und die Carboniumhaloide, von denen die ersten das Halogen nicht ionisiert in direkter Bindung enthalten, während bei den Carboniumhaloiden die Halogen- bzw. Säurereste sich in zweiter Sphäre, also in indirekter oder ionogener Bindung befinden:

	Oxoniumhaloide	Carboniumhaloide
Pseudohaloidsalze	$X \cdot O \vdots R_3$	$X \cdot C \vdots Ar_3$
echte Haloidsalze	$[O \vdots R_3] X$	$[C \vdots Ar_3] X$

Nach ihm ist die Farbe der Aminoderivate des Triphenylmethans in analoger Weise wie beim Übergang vom Benzol in das Anilin erklärbar; denn wie die Absorption des Benzols durch die Einführung der ungesättigten auxochromen Aminogruppe, also beim Übergang in Anilin, wesentlich verändert und verstärkt wird, dann aber beim Übergang in die gesättigten Anilinsalze wieder geschwächt und benzolähnlicher wird, so zeigen sich ganz dieselben optischen Effekte, wenn die Reste dieser drei Stoffe: $-C_6H_5$, $-C_6H_4 \cdot NH_2$ und $-C_6H_4 \cdot NH_3 \cdot SO_4H$ durch direkte Bindung an ein Zentralkohlenstoffatom zu Triphenylcarbonium-Anionen vereinigt sind.

Demgegenüber hat jedoch ARNDT[1] gezeigt, daß die Farbe in aromatischen ungesättigten Systemen sich aus deren Mesomerie zwischen zwei Grenzuständen erklären läßt. Bei den Triphenylmethanfarbstoffen nimmt dementsprechend EISTERT[2] ebenfalls eine Mesomerie zwischen zwei Grenzzuständen an, mit einem dritten Zustand als Durchgangszustand der Elektronenpaarbewegung:

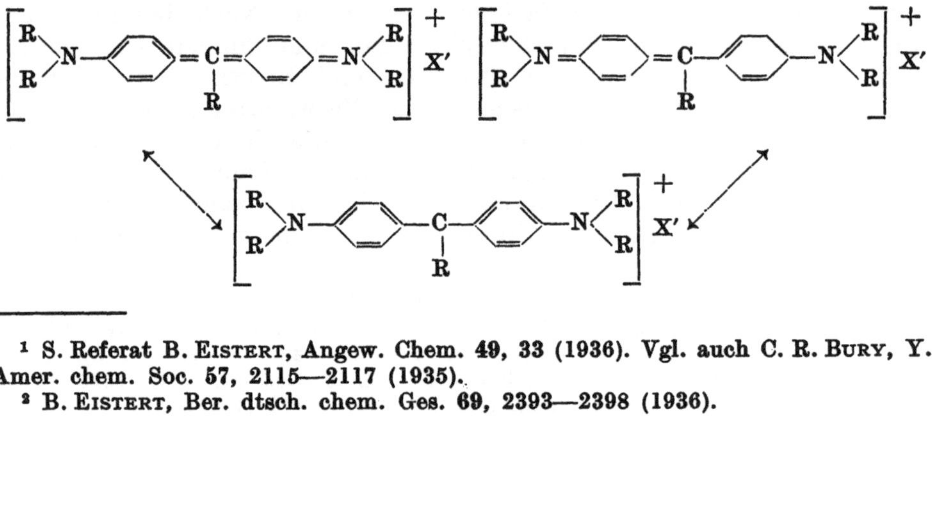

[1] S. Referat B. EISTERT, Angew. Chem. 49, 33 (1936). Vgl. auch C. R. BURY, Y. Amer. chem. Soc. 57, 2115—2117 (1935).

[2] B. EISTERT, Ber. dtsch. chem. Ges. 69, 2393—2398 (1936).

Nach THEILACKER[1] zeigen die Triphenylmethanfarbstoffe eine Mesomerie zwischen den chinoiden Ammoniumstrukturen und der Carbeniumstruktur als Durchgangszustand, weil das von ihm mit Hilfe der GRIGNARDschen Reaktion hergestellte Diphenylhomologe des Malachitgrüncarbinols:

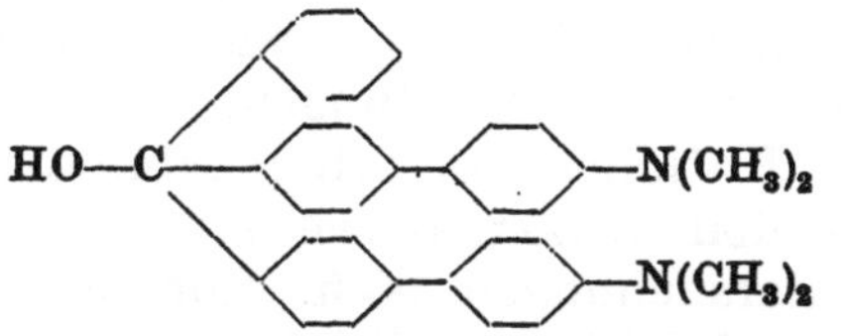

I

sich in verdünnten Säuren farblos löst, während seine Lösungen in konzentrierter Schwefelsäure, konzentrierter Ameisensäure und Überchlorsäure tiefrot gefärbt sind. Weil die farblosen essigsauren Lösungen sich beim Erwärmen grün färben, nimmt er an, daß sich in der Hitze ein Farbsalz bildet, das bei gewöhnlicher Temperatur nicht beständig ist:

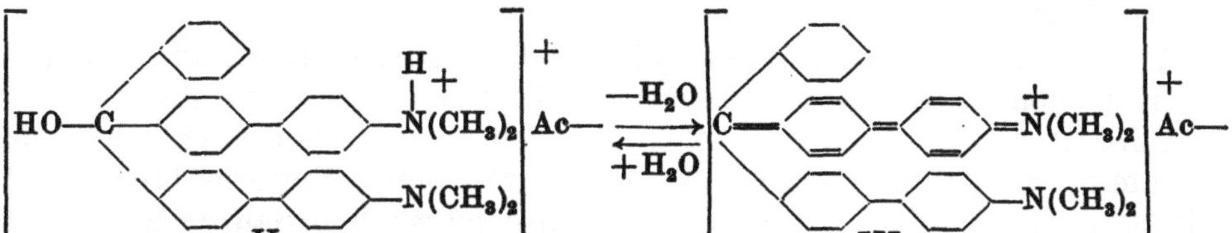

II III

Da einerseits bei dem Übergang vom Triphenylcarbinol zum Tribiphenylcarbinol die Basizität zunimmt und die Carbeniumsalze stabiler werden, andererseits die Diphenochinongruppierung instabiler ist als die Benzochinongruppierung, schließt er aus dem Verhalten des Carbinols I, daß der Carbeniumstruktur der Triphenylmethanfarbstoffe nur eine geringe, wenn nicht gar keine Bedeutung zukommt, vielmehr im wesentlichen eine Mesomerie zwischen den chinoiden Ammoniumstrukturen vorhanden ist. Danach wären beim Malachitgrün folgende drei Strukturen möglich:

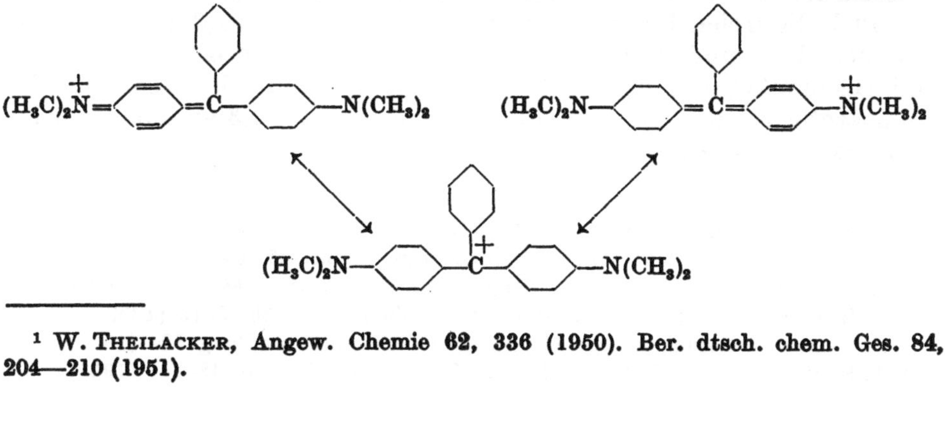

---

[1] W. THEILACKER, Angew. Chemie 62, 336 (1950). Ber. dtsch. chem. Ges. 84, 204—210 (1951).

Nach EISTERT[1] haben die quantentheoretischen Ansätze von FÖRSTER[2] u. a. bestätigt, daß die Carbeniumformeln für den Grund- und den ersten Anregungszustand der Farbstoffkationen fast ohne Gewicht sind, so daß sie durch die Versuche von THEILACKER von der chemischen Seite her gestützt werden. Demnach geben die Carbeniumformeln mesomerer Anionen nur deren reaktives Verhalten wieder, nicht aber das optische Verhalten der mesomeren Verbindungen. Während also schon festgestellt war, daß die Kationen der Triphenylmethanfarbstoffe in bezug auf ihre Dissoziation den starken Basen entsprechen, konnte durch die oben erwähnten Untersuchungen nicht nur der eigentliche Sitz des ionisierten Atoms im Molekül der Triphenylmethanfarbstoffe, sondern auch die Ursache ihrer Farbigkeit mit großer Sicherheit erforscht werden. Da bei den Triphenylmethanfarbstoffen wie auch bei den Aminoazobenzolen der Sitz der Farbe im Benzolkern gefunden wurde, ist nunmehr auch die zuerst von HANTZSCH festgestellte Ähnlichkeit der Lichtabsorption der Azobenzolderivate und der Triphenylmethanfarbstoffe verständlich.

Weil die Kationen der Diphenyl- und Triphenylmethanreihe sich wie die Kationen starker Basen verhalten, ist auch verständlich, daß GNEHM und RÖTHELI[3] die Salze aus solchen Basen kationischer Farbstoffe, wie Auramin, Rosanilin, Pararosanilin, Kristallviolett, Victoriablau B und 4 R, sowie Nachtblau und Fettsäuren, also schwachen Säuren herstellen konnten. Sehr bemerkenswert ist, daß beiden auch die Herstellung von Salzen aus der Base Neurosanilin und den Aminosäuren: Glykokoll, Leucin, Tyrosin, Aminopalmitinsäure und Aminostearinsäure gelang und daß die erhaltenen Salze sich als löslich erwiesen.

Dagegen können die freien Basen der Aminoazobenzolfarbstoffe in Übereinstimmung mit der von BINZ und SCHROETER[4] geäußerten Ansicht nur schwache Basen sein, weil nach VALKÓ[5] das Aminoazobenzol einen p_K-Wert von etwa 10,5 hat. Da die Einführung einer zweiten Aminogruppe in das Molekül einer aromatischen Aminoverbindung die Dissoziation der ersten Aminogruppe nicht sehr erheblich steigert, können auch die freien Basen von Chrysoidin (Benzolazo-1,3-aminobenzol), das nach BURR und BURR[6] die Dissoziationskonstante $K = 10^{-5}$ besitzt, und Bismarckbraun, das nach NIETZKI aus einem Gemisch von Triaminoazobenzol und 1,3-Aminobenzolazobenzolazo-1,3-aminobenzol besteht, keine starken Basen sein.

---

[1] B. EISTERT, Angew. Chem. 62, 336 (1950).
[2] TH. FÖRSTER, Z. Elektrochem. angew. phys. Chem. 45, 548—573 (1939).
[3] R. GNEHM und E. RÖTHELI, Z. angew. Chem. 11, 487—488, 501—502 (1898).
[4] A. BINZ und G. SCHROETER, Ber. dtsch. chem. Ges. 36, 3012 (1903).
[5] E. VALKÓ, Kolloidchemische Grundlagen der Textilveredlung 324 (1937).
[6] A. H. BURR und M. S. BURR, J. Soc. Dyers Colourists 50, 42—47 (1934).

Während, wie schon erwähnt, MIOLATI bei der Molekulargewichtsbestimmung durch Siedepunkterhöhung beim salzsauren Parafuchsin Werte erhalten hatte, die für das scheinbare Molekulargewicht halb so hoch sind wie das berechnete, fand KRAFFT[1] bei der Molekulargewichtsbestimmung der Farbstoffsalze von Metylviolett, Rosanilinchlorhydrat und Methylenblau scheinbare Molekulargewichte, welche höher oder nicht viel niedriger liegen als die berechneten, während die durch Siedepunktserhöhung ermittelten Molekulargewichte infolge der weitgehenden Dissoziation nur etwa die Hälfte des rechnerisch ermittelten Molekulargewichtes hätten betragen dürfen. KRAFFT hat seine Untersuchungsergebnisse schon dahin gedeutet, daß die von ihm untersuchten Salze kationischer Farbstoffe zwar keinen eigentlichen Kolloidcharakter besitzen, immerhin aber durch die anormale Größe ihrer Teilchen ihre Assoziation verraten.

In Übereinstimmung damit konnte VALKÓ[2] durch Diffusionsmessungen an Lösungen von Kristallviolett und Methylenblau feststellen, daß diese Farbstoffe bei 25° C den Assoziationsfaktor von etwa 2 aufweisen, also jeweils zwei Kationen sich aneinanderlagern.

Zu dem gleichen Ergebnis führte eine von VICKERSTAFF und LEMIN[3] durchgeführte Untersuchung der Absorptionsspektren von Methylenblau 2B. Wenn auch normalerweise die Genauigkeit dieser Messungen nicht groß genug ist, um aus ihnen den Assoziationsgrad mit Sicherheit zu ermitteln, konnten beide aus den Absorptionsbanden der wäßrigen Lösungen von Methylenblau 2B doch den Schluß ziehen, daß die darin vorliegenden Farbstoffaggregate wenigstens zwei Moleküle enthalten.

Nach AUERBACH[4] bilden die positiven basischen Farbstoffe durchschnittlich höher disperse Lösungen als die negativen sauren und substantiven Farbstoffe. Nach ihm sind nur wenige basische Farbstoffe so stark aggregiert, daß ihnen die Teilchengröße etwa der substantiven Farbstoffe zukommt. Im Einklang damit zeigen nach BRINTZINGER und SCHALL[5] die Farbstoffsalze: Diazingrün, Meldolablau und Kristallviolett bei 18° C eine solche Dialysiergeschwindigkeit durch Cuprophanfolien in Anwesenheit von Natriumnitrat, daß sich (bezogen auf die Dialysiergeschwindigkeit von Thiosulfat) daraus der Assoziationsfaktor 1 berechnet, so daß die vorstehenden Farbstoffe demnach molekulardispers löslich wären.

Demgegenüber hat BILTZ[6] darauf hingewiesen, daß nicht allein der Assoziationsfaktor, sondern die Molekulargröße, also das Molekular-

---

[1] F. KRAFFT, Ber. dtsch. chem. Ges. 32, 1610—1612 (1899).
[2] E. VALKÓ, Kolloidchemische Grundlagen der Textilveredlung 364 (1937).
[3] D. R. LEMIN und T. VICKERSTAFF, Trans. Faraday Soc. 43, 491—502 (1947).
[4] R. AUERBACH, Melliand Textilber. 8, 160 (1927).
[5] H. BRINTZINGER und A. SCHALL, Z. anorg. allgem. Chem. 225, 213—216 (1935).
[6] W. BILTZ und F. PFENNING, Z. phys. Chem. A 77, 93ff. (1911).

volumen, dafür verantwortlich zu machen ist, ob ein Farbstoff schnell, langsam oder gar nicht diffundiert. Beträgt nach BILTZ und PFENNING die Anzahl der Atome in einem Farbstoffmolekül bis ca. 45, so dialysiert der Farbstoff rasch; bei einem Gehalte von über 45 Atomen tritt eine geringe Verlangsamung ein; die Farbstoffe zwischen den Atomzahlen von etwa 55 bis 71 dialysieren nur wenig oder gar nicht; bei über 70 Atomen hört die Dialysierbarkeit auf. Als Beispiele bei der Dialyse verdünnter Lösungen durch Pergament oder Kollodiummembranen geben die vorgenannten Autoren folgende Farbstoffe an:

Rasch dialysierende Farbstoffe:

Basische Azofarbstoffe mit 30—48 Atomen.

Phthaleine mit 37—40 Atomen.

Mittelschnell dialysierende Farbstoffe:

Einige Rosanilinfarbstoffe mit 50—64 Atomen.

Nicht dialysierende Farbstoffe:

Thiazolfarbstoffe mit 64 Atomen.

Rosanilinfarbstoffe mit mehr als 69 Atomen.

Danach wäre die Molekülgröße, also das Molekularvolumen des Farbstoffes maßgebend dafür, ob er leicht oder schwer diffundieren kann, was dem bei den sauren Farbstoffen erhaltenen Befund entsprechen würde. Natürlich schließt der Einfluß der Molekülgröße eines Farbstoffes nicht aus, daß sich außerdem noch ein Einfluß, der von der Assoziation herrührt, geltend macht.

Einleitend ist bereits mitgeteilt worden (S. 17), daß sich Wolle aus einer farblosen heißen Lösung von Rosanilinbase lebhaft rot anfärbt, welcher Vorgang bereits von JACQUEMIN in der Weise gedeutet worden ist, daß die Wollsubstanz dabei die Funktion einer Säure annimmt, während beim Färben von Wolle mit Fuchsin, also dem aus der Rosanilinbase erhältlichen salzsauren Salz, nach KNECHT, nur das Farbstoffkation von der Wollfaser aufgenommen wird, während das Anion quantitativ im Färbebade zurückbleibt. Später konnte KNECHT[1] zeigen, daß bei der Extraktion der mit den basischen Farbstoffen Fuchsin bzw. Nachtblau gefärbten Wolle vermittels Alkohol nicht etwa die Farbstoffbase oder das Chlorhydrat der Base abgezogen wird, sondern eine in Wasser unlösliche bzw. sehr schwer lösliche Verbindung, welche außer dem Farbstoffkation ein von ihm als Lanuginsäure bezeichnetes Hydrolyseprodukt der Wollsubstanz enthält. Diese aus einer Proteinhydrolysensubstanz und dem Farbstoffkation gebildete, durch ihre geringe Löslichkeit in Wasser gekennzeichnete Substanz ist jedoch in Alkohol löslich, wodurch es nicht nur möglich ist, sie durch Extraktion von der mit basischen Farbstoffen gefärbten Wolle von der Faser abzuziehen, sondern auch durch Ausfällen mit Wasser aus der alkoholischen Extraktionslösung nach dem

[1] E. KNECHT, Ber. dtsch. chem. Ges. 35, 1022—1024 (1902).

Einengen derselben zu gewinnen. Aber nicht nur die durch Einwirkung starker Säuren auf Wolle oder Seide erhältlichen Proteinhydrolysate, sondern auch die durch Einwirkung von Pepsin auf Albumin gewonnenen Albumosen fällen nach KNECHT die Kationen basischer Farbstoffe als wasserunlösliche Verbindungen aus. Weil GNEHM und RÖTHELI aus Neurosanilin und Aminosäuren jedoch lösliche Farbstoffsalze erhalten haben, nach KNECHT dagegen Albuminalbumose unlösliche Verbindungen mit kationischen Farbstoffen gibt, kann man heute unter Verwendung der von FISCHER übermittelten Kenntnisse schließen, daß es höhermolekulare Polypeptide sind, welche die farbigen Kationen fällen. Die zuerst von KNECHT gemachte Feststellung, daß diese Polypeptide „eigentümlicherweise die sauren Farbstoffe, also die anionischen Farbstoffe, nicht ausfällen, mit den farbigen Kationen der basischen Farbstoffe jedoch wasserunlösliche Verbindungen geben“, kann auch heute noch in ihrer fundamentalen Bedeutung für die Aufklärung der Färbevorgänge deswegen nicht hoch genug eingeschätzt werden, weil aus ihr hervorgeht, daß die Kationen basischer Farbstoffe durch die Carboxylgruppen von Polypeptiden so schwer hydrolysierbar festgehalten werden, daß sich ohne das Hinzutreten einer weiteren Bindung unlösliche Verbindungen bilden. Weil die Wollsubstanz ihrerseits aus wesentlich höhermolekularen Polypeptidketten aufgebaut ist, als die wasserlöslichen Wollproteinhydrolysate oder Albumosen enthalten, liegt der Anologieschluß nahe, daß die Kationen der basischen Farbstoffe ebenso durch die Carboxylgruppen der Wollsubstanz unlöslich und nicht hydrolysierbar festgehalten werden, wie das bei den mit Alkohol extrahierbaren wasserunlöslichen Verbindungen aus Proteinhydrolysat und Farbstoffkation der Fall ist. Nimmt man das Zustandekommen einer unlöslichen, schwer hydrolysierbaren Verbindung aus Wollsubstanz und Farbstoffkation an, dann wird außerdem verständlich, daß die Kationen der Farbstoffsalze beim Färben mit basischen Farbstoffen auf die Wolle aufziehen und sich mit der Wollsubstanz verbinden, während das Anion quantitativ im Färbebad zurückbleibt. Daß das Färbebad nach dem Färben nicht stark sauer reagiert, erklärt sich daraus, daß die im Färbebade zurückbleibende Salzsäure durch die beim heißen Färben der Wolle entstehenden Wollhydrolysesubstanzen abgestumpft bzw. abgesättigt wird. Nachdem SCHÖBERL und RAMBACHER[1] festgestellt haben, daß Wolle schon durch längeres Verweilen in kochend heißem Wasser durch teilweise Hydrolyse nachweisbare Mengen an Substanz verliert, was von ZAHN[2] bestätigt worden ist, und andererseits die entstandenen Aminosäuren und Polypeptide als Zwitterionen mit Salzsäure reagieren können, ist der Ablauf des Färbevorganges beim Färben mit kationischen Farbstoffen mit der

[1] A. SCHÖBERL und P. RAMBACHER, Biochem. Z. **306**, 279—284 (1940).
[2] H. ZAHN, Melliand Textilber. **31**, 482—485 (1950).

Bildung nicht hydrolysierbarer aus der Wollsubstanz und den farbigen Kationen bestehender Verbindungen widerspruchslos erklärbar.

Sieht man das von BINZ und SCHROETER[1] auf sein färberisches Verhalten untersuchte p-Azobenzoltrimethylammoniumchlorid als das Salz einer sehr starken Base an, wozu man zweifellos berechtigt ist, dann muß dieses Salz in wäßriger Lösung praktisch völlig dissoziiert sein und infolge seiner völligen Ionisierung und seines relativ kleinen Molekularvolumens eine relativ hohe Ionenbeweglichkeit besitzen. Aus diesen Gründen ist es durchaus verständlich, daß es von der Wollsubstanz nicht festgehalten wird. Dagegen besitzen die von HANTZSCH untersuchten Farbstoffe der Diphenyl- und Triphenylmethanreihe wesentlich größere Kationen, so daß einerseits ihr Diffusionsvermögen dadurch herabgesetzt ist, sie jedoch andererseits als starke Basen auch mit den schwach sauren Carbonsäuren nicht hydrolysierende Salze bilden können.

Weil die Aminoazobenzole schwache Basen sind, ist es erklärlich, daß sie im Gegensatz zum p-Azobenzoltrimethylammoniumhydroxyd Wolle in alkoholisch-wäßriger Lösung nach BINZ und SCHROETER[2] ohne Säurezusatz fast gar nicht anfärben. Setzt man den Lösungen von p-Aminoazobenzol und von p-Dimethylaminoazobenzol jedoch Salzsäure zu, dann färben sie Wolle intensiv an. Daß die Verbindungen m, m'-Diaminoazobenzol und m, m'-Tetramethyldiaminoazobenzol Wolle in Gegenwart von Salzsäure anfärben, ist von BINZ und SCHROETER mit einer Hydrolyse ihrer Chlorhydrate erklärt worden, weil diese Verbindungen nach ihnen schwache Basen sind. Dementsprechend müßte eine Erhöhung des Säurezusatzes die Hydrolyse der Aminoazobenzole zurückdrängen und dadurch eine die Anfärbung der Wolle vermindernde Wirkung haben. Diese die Anfärbung vermindernde Wirkung eines erhöhten Säurezusatzes ist von BINZ und SCHROETER auch festgestellt worden. Umgekehrt und abweichend von der von BINZ und SCHROETER vertretenen Auffassung kann man die Notwendigkeit der Gegenwart von anorganischen Anionen beim Färben mit Aminoazobenzolverbindungen jedoch auch damit erklären, daß das Anion einer genügend starken Säure vorhanden sein muß, damit eine Ionisierung des Kations eintritt. Weil das Bismarckbraun ein Gemisch aus Triaminoazobenzol und einer höher molekularen Tetraaminoazobenzolverbindung ist, wäre es auch verständlich, daß sich bei diesem Farbstoff eine Erhöhung des Säurezusatzes weniger stark auswirkt, als das bei den Diaminoazobenzolverbindungen der Fall ist.

Bei der Betrachtung der nachstehend angeführten Fälle a und b hat SUIDA[3] folgende Erklärungen gegeben:

---

[1] A. BINZ und G. SCHROETER, Ber. dtsch. chem. Ges. **36**, 3012 (1903).

[2] A. BINZ und G. SCHROETER, Ber. dtsch. chem. Ges. **35**, 4227—4228 (1902); **36**, 3100—3014 (1903).

[3] W. SUIDA, Z. angew. Chem. **22**, 2133 (1909).

a) Wolle wird in neutralem Bade mit den Lösungen basischer Farbstoffe behandelt: Es erfolgt stets eine intensive Färbung.

b) Wolle wird in saurer Lösung mit den Lösungen basischer Farbstoffe behandelt: Es erfolgt gar keine oder eine sehr schlechte Färbung der Faser.

Das Resultat des Falles a kann nach SUIDA in der Weise ausgelegt werden, daß die an den basischen Farbstoff gebundene Salzsäure von den basischen Gruppen der Wolle aufgenommen wird, während die Farbstoffbase von den Carboxylgruppen der Wolle gebunden wird. Indes darf nach SUIDA hier nicht übersehen werden, daß ja gleichzeitig eine Hydrolyse der Wolle vor sich geht, derzufolge nicht unerhebliche Mengen Wollsubstanz in Lösung gehen, welche die Salzsäure ebenfalls fesseln, wodurch die Tatsache Erklärung findet, daß sich das gesamte Chlor in dem neutralen gebrauchten Färbebade vorfindet, welches auch sehr schön die Biuretreaktion zeigt.

Das negative Ergebnis des Falles b läßt sich nach SUIDA in der Weise deuten, daß die zugesetzte Säure die Hydrolyse und Absättigung der basischen Gruppen der Wollsubstanz übernimmt. Die Anfärbung von Wolle mit basischen Farbstoffen läßt sich dementsprechend auch verhindern, wenn man die Wolle vor dem Färben mit verdünnter Schwefelsäure oder Salzsäure behandelt. Jedoch verhalten sich in dieser Hinsicht nicht alle Säuren gleich, wie sich aus einer vergleichenden Behandlung von Wolle mit äquivalenten Mengen von Phosphorsäure und Metaphosphorsäure zeigt. Beide Säuren wirken zwar als solche, d. h. die mit ihnen behandelte Wolle wird selbst nach erfolgtem Zwischenspülen mit Wasser im neutralen Bade von Kristallponceausalz kräftig angefärbt. Beim Färben mit Kristallviolett zeigen die mit den Phosphorsäuren vorbehandelten und dann gespülten Wollen jedoch den Unterschied, daß sich die mit Orthophosphorsäure behandelte Wolle relativ schwach, ähnlich wie eine mit Salzsäure oder Schwefelsäure vorbehandelte, anfärbt; die mit Metaphosphorsäure wird dagegen sehr intensiv angefärbt. Da nun kalte Phosphorsäurelösung die Lösung von Kristallviolett nicht fällt, letztere Farbstofflösung mit Metaphosphorsäurelösung aber sofort einen Niederschlag erzeugt, so ist nach SUIDA zu schließen, daß auf der mit Metaphosphorsäure behandelten Wolle diese Säure unauswaschbar festgehalten wird, weil sie durch das folgende Spülen nicht entfernt worden ist. Die mit den beiden Phosphorsäuren behandelten Wollen nehmen jedoch ihre ursprünglichen Färbeeigenschaften wieder an, wenn man sie mit Lösungen von Ammoncarbonat behandelt. Dieses Ergebnis entspricht demnach völlig dem von SCHOEN[1] erhaltenen Befund, nach welchem eine mit metawolframsaurem Natrium behandelte Wolle sich

[1] C. SCHOEN, Färber-Ztg. 4, 152 (1893).

mit sauren Farbstoffen nur schwach anfärbt, während sie sich mit basischen Farbstoffen viel dunkler anfärbt als die unbehandelte Wolle.

Da beide Säuren auf Eiweißsubstanzen fällend wirken, ist es naheliegend, daß sie auch mit den basischen Gruppen der Wollsubstanz unter Bildung unlöslicher Verbindungen reagieren müssen. Weil diese Säuren, also sowohl die Metaphosphorsäure als auch die Metawolframsäure, andererseits aber auch basische Farbstoffe fällen, ist ihre Wirkung jedoch nicht eindeutig im einen oder anderen Sinne auszulegen. Daß die freien Carboxylgruppen der Wollsubstanz jedoch tatsächlich mit den Kationen der basischen Farbstoffe unter Bildung unlöslicher Verbindungen reagieren, geht aus denjenigen von SUIDA durchgeführten Versuchen hervor, bei welchen er durch Einwirkung solcher Substanzen, die erfahrungsgemäß mit Carboxylgruppen reagieren[1], die Wollsubstanz chemisch verändert und anschließend auch ihr Verhalten gegen Farbstoffe geprüft hat.

SUIDA[2] nahm zwei Proben Schafwolle und versetzte die eine mit etwa 200 cm³ absolutem Alkohol und 1 cm³ Schwefelsäure von 66° Bé, die andere mit 200 cm³ destilliertem Wasser und 1 cm³ derselben Schwefelsäure. Anschließend wurden beide Proben mit der Flüssigkeit eine Stunde lang auf dem kochenden Wasserbade erwärmt. Die Proben wurden hierauf mit destilliertem Wasser bis zum Aufhören der Schwefelsäurereaktion und der sauren Reaktion überhaupt gewaschen und in den neutralen Bädern von Fuchsin, Kristallviolett und Azofuchsin, und zwar parallel mit gar nicht vorbehandelter Wolle gefärbt, endlich heiß gewaschen, bis das Waschwasser wieder farblos erschien. Die Ergebnisse waren folgende:

Tabelle 5

	ursprüngliche nicht behandelte Wolle	mit wäßriger Schwefelsäure behandelte Wolle	mit alkoholischer Schwefelsäure behandelte Wolle
Fuchsin	stark gefärbt	stark gefärbt	farblos
Kristallviolett	stark gefärbt	stark gefärbt	farblos
Azofuchsin	blaßrot gefärbt	intensiv rot gefärbt	intensiv fuchsinrot gefärbt

Weil man nach FISCHER[3] durch Einwirkung von alkoholischer Salzsäure auf Aminosäuren deren Ester erhält und niedere Alkohole in Gegenwart von Schwefelsäure ganz allgemein mit Carbonsäuren unter Esterbildung reagieren, unterliegt es keinem Zweifel, daß durch die Einwirkung von

---

[1] HOUBEN-WEYL, Methoden der organischen Chemie **8**, 2, Leipzig (1923).
[2] W. SUIDA, Mh. Chem. **26**, 421 (1906).
[3] E. FISCHER, S.-B. preuß. Akad. Wiss. physik.-math. Kl. 1900, 1062—1083 (1900).

alkoholischer Schwefelsäure auf Wolle die freien Carboxylgruppen dieses Faserproteins verestert worden sind. Die so behandelte Wolle reagiert nun mit basischen Farbstoffen nicht mehr unter Bildung unlöslicher, aus dem Faserprotein und dem Farbstoffkation gebildeter Verbindungen, weil ihre freien Carboxylgruppen durch die Veresterung blockiert worden sind, so daß sie mit dem basischen Anteil der kationischen Farbstoffe nicht mehr unter Salzbildung reagieren können. Umgekehrt erhält man, wie schon früher dargelegt wurde, bei den anionischen Farbstoffsalzen und unbehandelter Wolle keine bzw. geringfügige Anfärbungen, weil die basischen Gruppen der Wolle im allgemeinen nicht befähigt sind, mit den an ein festes Alkali gebundenen Farbstoffsäuren in neutraler Lösung unter Salzbildung zu reagieren. Darum gibt das Farbstoffsalz Azofuchsin mit der unbehandelten Wolle nur eine sehr geringfügige Anfärbung, während es sowohl mit der mit wäßriger Schwefelsäure behandelten Wolle als auch mit der durch Einwirkung alkoholischer Schwefelsäure veresterten Wolle intensive Anfärbungen gibt. Diese intensiven Anfärbungen sind im Falle der mit wäßriger Schwefelsäure behandelten Wolle naturgemäß auf die in der Wolle zurückgebliebenen Säurereste zurückzuführen, welche die Farbstoffsäure aus dem angewendeten Farbstoffsalz in Freiheit setzen bzw. das Entstehen eines alkalisch reagierenden Färbebades verhindern. Im Falle der veresterten Wolle ist dagegen nur die Erklärung möglich, daß durch die Veresterung der freien Carboxylgruppen der Wollsubstanz deren basische Eigenschaften so stark anwachsen, daß die so veränderte Wolle nunmehr auch mit den an Alkali gebundenen Farbstoffsäuren unter Bildung nicht hydrolysierender Farbstoffsäure-Wollsalze reagieren kann. Die mit Äthylalkohol veresterte Wolle zeigt demnach als starke Base keine p_H-Abhängigkeit beim Färben mit sauren Farbstoffen und verhält sich deshalb in dieser Hinsicht wie eine amidierte Baumwolle[1], welche nach Elöd und Balla[2] ebenfalls keine p_H-Abhängigkeit beim Färben mit sauren Farbstoffen zeigt.

Man hat es demnach in der Hand, durch Veresterung der freien Carboxylgruppen der Wolle nach Suida diese Faser in eine ausschließlich basische Substanz zu verwandeln. Daß durch die Veresterung mit alkoholischer Schwefelsäure die Wolle in ihrem Gefüge sehr wenig verändert wird, ergab sich aus der Verseifung der verersterten Wolle mit einer schwachen Lösung von kohlensaurem Ammoniak. Die in der Wärme durch Einwirken von kohlensaurem Ammoniak während einer Stunde verseifte Wolle verhielt sich beim Färben vollkommen wie eine nicht behandelte Wolle, und auch bei der mikroskopischen Untersuchung der mit alkoholischer Schwefelsäure behandelten Wolle ließ sich kein Unterschied im Vergleich zu einer nicht behandelten Wolle feststellen.

---

[1] P. Karrer und W. Wehrli, Z. angew. Chem. 39, 1509—1514 (1926).
[2] E. Elöd, Melliand Textilber. 17, 68 (1936).

Zunächst hatte SUIDA[1] Acetylchlorid auf Schafwolle einwirken lassen. Bei dieser Einwirkung von Acetylchlorid auf Wolle tritt nach ihm anfangs immer eine recht deutliche Chlorwasserstoffentwicklung ein. Sorgt man dafür, daß der Chlorwasserstoff rasch entweichen kann (durch ein kurzes auf den Kochkolben aufgesetztes Rohr), so erhält man sofort gute Resultate. So wurde Wolle mit überschüssigem Acetylchlorid einmal nur eine Viertelstunde, dann andere Male während drei und fünf Stunden am Wasserbade erhitzt und stets nahezu das gleiche Ergebnis erhalten. Endlich wurde Wolle in Acetylchlorid gelegt und bei gewöhnlicher Temperatur über Nacht darin belassen.

Die so mit Acetylchlorid behandelte Wolle wurde dann abgepreßt, in Alkohol gelegt, um das noch aufgesaugte Chlorid zu zerstören und endlich in destilliertem Wasser so lange gewaschen, bis das Waschwasser weder saure Reaktion ergab, noch in demselben Chlor nachweisbar war.

Die dann an der Luft bei gewöhnlicher Temperatur getrocknete behandelte Wolle wurde nun parallel mit nicht behandelter Wolle in ganz gleicher Weise in neutraler Fuchsinlösung, Kristallviolettlösung und Azofuchsinlösung eine Viertelstunde lang bei etwa 80° C ausgefärbt, endlich so lange mit warmem Wasser gewaschen, bis das Waschwasser auch beim Pressen oder Reiben der Wolle farblos blieb.

Das Ergebnis war folgendes:

	Nicht behandelte Wolle	Behandelte Wolle
Fuchsin	stark gefärbt	nahezu gar nicht gefärbt
Kristallviolett	stark gefärbt	nahezu gar nicht gefärbt
Azofuchsin	blaßrot gefärbt	intensiv fuchsinrot gefärbt

Da man nach SUIDA durch Behandlung von Schafwolle mit Essigsäureanhydrid unter Erwärmen während einer Stunde und gründliches Waschen der behandelten Faser eine Wolle erhält, die sich färberisch völlig gleich der mit Acetylchlorid behandelten Wolle verhält, muß sich bei der Behandlung der Wolle sowohl mit Acetylchlorid als auch mit Essigsäureanhydrid der gleiche Vorgang abgespielt haben. Überraschend ist jedoch, daß die mit Essigsäureanhydrid bzw. Acetylchlorid behandelte Wolle sich gegenüber kationischen und anionischen Farbstoffen nach SUIDA ähnlich der mit alkoholischer Schwefelsäure behandelten Wolle verhält, obwohl bei dieser zweifellos eine Veresterung der freien Carboxylgruppen der Wolle eingetreten ist. Bei der Einwirkung von Acetylchlorid bzw. Essigsäureanhydrid und das nachfolgende Einlegen der so behandelten Wolle in Alkohol dürften also auch die freien Carbonsäuregruppen der Wolle durch den Alkohol verestert worden sein, weil man durch die Einwirkung von Acetylchlorid bzw. Essigsäureanhydrid auf Wolle eine Acetylierung der freien Aminogruppen des Wollkeratins und dementsprechend ein verändertes Säurebindungsvermögen und ein

[1] W. SUIDA, Mh. Chem. 26, 419420 (1906).

erhöhtes Aufnahmevermögen für Farbstoffkationen hätte erwarten können, wie das von ELÖD und FRÖHLICH[1] durch quantitative Untersuchungen bei der acetylierten Caseinkunstseide festgestellt worden ist. Die von SUIDA bei acetylierter Wolle erhaltenen qualitativen Ergebnisse lassen zunächst darum nur den Schluß zu, daß das Bindungsvermögen der Wolle durch die von SUIDA vorgenommene Behandlung verändert worden ist.

Daß man das färberische Verhalten der Wolle durch die Einführung neuer saurer Gruppen in die Wollsubstanz, wie es im Falle der Einwirkung von Metaphosphorsäure geschieht, nach der stärker sauren Seite hin verändern kann und daß man durch die Veresterung der freien Carboxylgruppen der Wolle dieses Protein in eine Substanz mit ähnlichen Eigenschaften verwandelt wie die amidierte Baumwolle, haben die eben wiedergegebenen Versuche von SUIDA gezeigt. In einer dem völlig entsprechenden Weise wird nach ELÖD und PIEPER[2] das isoelektrische Verhalten der Wolle durch Desaminierung nach der sauren Seite hin verändert. Während das Aufnahmevermögen der Wolle für anionische Farbstoffe durch die Verringerung der freien Aminogruppen der Wollsubstanz infolge Desaminierung herabgesetzt wird, nimmt die Bereitschaft der desaminierten Wolle, die Kationen basischer Farbstoffe zu binden, entsprechend dem Desaminierungsgrad zu. Weil Wolle nach HARRIS und SMITH[3] bei der Einwirkung sowohl von Natriumhypochlorit und HOCl, als auch bei der Bleiche mit Wasserstoffsuperoxyd unter Verminderung ihres Cystingehaltes oxydiert wird und da die Hauptwirkung von Wasserstoffsuperoxyd nach HARRIS und RUTHERFORD[4] in der Anlagerung von Sauerstoffatomen an die Disulfidgruppen der Wollsubstanz besteht, wodurch das Gewicht der so oxydierten Wolle zunimmt, während ihr Stickstoffgehalt und ihr Säurebindungsvermögen abnehmen, ist es erklärlich, daß mitunter Wollpartien in die Färberei gelangen, die merkliche Unterschiede im Ziehvermögen aufweisen. Ebenso tritt bei langdauernder Lichteinwirkung auf Wolle nach HARRIS und SMITH[5] eine Oxydation der Wollsubstanz ein, die nach ROESTI[6] zur Folge hat, daß sich die belichtete Wolle im essigsauren Bade mit basischen Farbstoffen stärker anfärbt als unbelichtete.

Von FREUNDLICH und LOSEV[7] ist die Aufnahme des basischen Farbstoffes Kristallviolett durch Wolle in Abhängigkeit von der Konzentration untersucht worden. Beide haben bei Zimmertemperatur, also durchschnittlich bei 16—20° C und mit einem Flüssigkeitsvolumen gearbeitet,

---

[1] E. ELÖD und H. G. FRÖHLICH, Melliand Textilber. 32, 40—43 (1951).
[2] E. ELÖD und E. PIEPER, Z. angew. Chem. 41, S. 19 (1928).
[3] M. HARRIS und A. SMITH, Amer. Dyestuff Rep. 25, 542—455 (1936).
[4] M. HARRIS und H. A. RUTHERFORD, Amer. Dyestuff Rep. 27, 173—174 (1938).
[5] M. HARRIS und A. L. SMITH, Amer. Dyestuff Rep. 27, 175—178 (1938).
[6] H. ROESTI, Melliand Textilber. 24, 316—321 (1943).
[7] H. FREUNDLICH und G. LOSEV, Z. phys. Chem. A 59, 284—312 (1907).

welches beträchtlich höher als das in der Technik übliche ist. Sie konnten die von KNECHT gemachte Angabe, daß die Farbstoffbase von der Faser aufgenommen wird und daß die Säure in der Lösung zurückbleibt, bestätigen. Außerdem stellten sie eine annähernde Gültigkeit der Adsorptionsformel von FREUNDLICH als Ergebnis ihrer Untersuchung fest. Demnach erfolgt die Farbstoffaufnahme nach der Adsorptionsisotherme:

$$\lambda = \frac{v}{m} \ln \frac{a}{a-x} = \alpha \left(\frac{a}{v}\right)^{-\frac{1}{n}} \tag{8}$$

in der v das Volumen der Lösung, m die Menge des Adsorbens, a die Menge des gelösten adsorbierten Stoffes, x die Menge, die davon adsorbiert wird, bedeutet, während α und $\frac{1}{n}$ Konstanten sind. Weil nach FREUNDLICH und LOSEV die Aufnahme der kationischen und der anionischen Farbstoffe durch die Textilfasern in analoger Weise wie bei Kohle und mit nahezu gleichen Koeffizienten erfolgt, haben beide die Färbung der tierischen Fasern mit kationischen Farbstoffen wie bei anionischen Farbstoffen als einen Adsorptionsvorgang angesehen.

Da FREUNDLICH und LOSEV ihre Versuche bei nahezu gleicher Temperatur und bei verschiedener Konzentration der Farbstofflösungen durchgeführt, außerdem aber auch das Volumen der angewendeten Farbstofflösungen variiert haben, schlossen sie aus dem gleichbleibenden Adsorptionsfaktor bei verschiedenen stark konzentrierten Lösungen, daß die von Wolle adsorbierte Farbstoffmenge von der Konzentration unabhängig sei. Durch die Untersuchung der Adsorption der Farbstoffe: Kristallviolett, Safranin und Methylenblau an Wolle in Abhängigkeit von der Konzentration bei gleichem Volumen sowie gleicher Temperatur fand PELET-JOLIVET[1], daß die Adsorptionsisotherme von FREUNDLICH annähernd erfüllt wird und daß die Menge des von der Faser aufgenommenen Farbstoffes wohl mit der Konzentration der angewandten Farbstofflösung zunimmt, daß diese Zunahme aber der Farbstoffkonzentration nicht proportional ist. Die von PELET-JOLIVET durchgeführte Untersuchung des Einflusses von Säuren und Basen auf die Aufnahme basischer Farbstoffe durch Wolle ergab, daß die Anwesenheit von Säure durchweg die Aufnahme basischer Farbstoffe bei Wolle herabsetzt, während die Anwesenheit von Lauge die Aufnahme dieser Farbstoffe erhöht.[2]

Entsprechend der Hypothese von PERRIN[3] hat PELET-JOLIVET angenommen, daß die in Wasser getauchte Wolle ihre negative Ladung durch die Annäherung der leicht beweglichen Farbstoffanionen erhöht

---

[1] L. PELET-JOLIVET, Die Theorie des Färbeprozesses, Dresden 64—73 (1910).

[2] L. PELET-JOLIVET und N. ANDERSEN, Kolloid-Z. 2, 225—226 (1908). L. PELET-JOLIVET und N. ANDERSEN, Kolloid-Z. 3, 206—210 (1908).

[3] J. PERRIN, l. c.

und dadurch befähigt wird, die schwerer beweglichen Farbstoffkationen anzuziehen und durch Neutralisation zu binden. Diese Deutung erklärt jedoch nur die Diffusion der Farbstoffbase in das Faserinnere, nicht aber die selektive Bindung des Farbstoffkations durch die Wollsubstanz nach dem Eindiffundieren des Farbstoffsalzes. Bei der Untersuchung der Aufnahme von Methylenblau durch Wolle bei 17° C in Gegenwart von Kalilauge fanden PELET-JOLIVET und SIEGRIST[1], daß die Farbstoffaufnahme mit steigendem Kalilaugenzusatz bis zu einem Maximum zunimmt und dann wieder abfällt. Diese Feststellung von PELET-JOLIVET, daß die Aufnahme eines basischen Farbstoffes durch Wolle mit wachsender Alkalität der Farbstofflösung ansteigt, durch ein Maximum geht und wieder abfällt, wurde von BRIGGS und BULL[2] unter gleichzeitiger Messung der Wasserstoffionenkonzentration bei der Untersuchung der Aufnahme von Methylenblau durch Wolle bei 100° C, dem Flottenverhältnis 1 : 250 und einer Färbedauer von 45 Minuten bestätigt.

Während BRIGGS und BULL ihre Versuche jedoch im Sinne der physikalischen Färbetheorie nach BANCROFT[3] gedeutet haben, hat ELÖD[4] demgegenüber mit Recht geltend gemacht, daß die Aufnahme des Farbstoffkations durch Wolle nicht proportional der Abnahme der Wasserstoffionenkonzentration zunimmt und daß die Farbstoffaufnahme bei Wolle nicht im Sinne der physikalischen Färbetheorie von BANCROFT erklärt werden kann. Bei der Untersuchung der Aufnahme von Kristallviolett durch Wolle in Abhängigkeit vom p_H-Wert der Lösung stellte ELÖD[5] fest, daß beim Färben von Wolle im gleichen Flottenverhältnis bei Anwendung nicht gepufferter Farbstofflösungen von verschiedenem Anfangs-p_H-Wert sich ein Gleichgewichts- oder Endwert einstellt, der unabhängig vom Farbstoffzusatz ist. Geht man demnach von Lösungen verschiedener p_H-Werte, aber von gleichem Flottenverhältnis aus, dann ist der sich beim Färben einstellende End-p_H-Wert mit oder ohne Zusatz eines kationischen Farbstoffes der gleiche; zwischen den Anfangs-p_H-Werten von 4,0 bis 6,0 stellt sich ein Gleichgewichtswert von etwa 4,6 ein, wenn man bei 90° C färbt. Dementsprechend erfährt eine Kristallviolettlösung von einem Anfangs-p_H-Wert 4,07 beim Färben eine Abnahme der H-Ionenkonzentration, während eine solche mit einem Anfangs-p_H-Wert von 5,4 eine Abnahme der OH-Ionenkonzentration erfährt. Weil beide Lösungen nach Einstellung des Gleichgewichtes nach etwa 60 Minuten den gleichen Dispersitätsgrad sowie denselben End-p_H-Wert zeigen und auch etwa gleichviel Farbstoff an die Wolle abgegeben

---

[1] L. PELET-JOLIVET und H. SIEGRIST, Kolloid-Z. 5, 235—237 (1909).
[2] T. R. BRIGGS und A. W. BULL, J. phys. Chem. 26, 845—875 (1922).
[3] W. BANCROFT, J. phys. Chem. 18, 1—25, 118—151, 385—437 (1914); 19, 50—64, 145—158 (1915).
[4] E. ELÖD, Z. angew. Chemie 38, 837 (1925).
[5] E. ELÖD, Z. angew. Chemie 38, 1112 (1925).

haben, kann in diesem Gebiete also von einem Zusammenhang zwischen Adsorption von H·- oder OH'-Ionen und der Menge des aufgenommenen Farbstoffes keine Rede sein. Somit ist im Gebiete der Anfangs-p_H-Werte von etwa $p_H = 4{,}0$ bis etwa 6,0 die Anzahl der pro Gramm Wolle aufgenommenen Farbstoffäquivalente von dem Anfangs-p_H-Wert der Lösung unabhängig, während unterhalb $p_H = 4{,}0$ die Farbstoffaufnahme absinkt und oberhalb $p_H = 6$ bis zum p_H-Wert 8,0 ansteigt. In Übereinstimmung mit dem von BRIGGS erhaltenen Befund stellte ELÖD mit PIEPER[1] bei $p_H = 8$ ebenfalls ein gut ausgebildetes Maximum der Aufnahme von Kristallviolett durch Wolle fest.

Nach VALKÓ[2] läßt sich der Verlauf der Sorptionskurven in stark saurem Bereiche nach der elektrischen Färbetheorie ohne Schwierigkeit erklären. Da in diesem Gebiete die Wolle Wasserstoffionen aufnimmt, liegt sie in positiv geladenem Zustand vor. Faser und Farbstoffkation haben also in stark sauren Lösungen den gleichen Ladungssinn. Die elektrischen Kräfte verhindern demnach in stark sauren Lösungen die Bildung von solchen Verbindungen, die durch die Einwirkung der Carboxylgruppen der Wolle auf die Kationen basischer Farbstoffe entstehen. Erniedrigt man die Wasserstoffionenkonzentration, dann nimmt mit zunehmenden p_H-Werten die positive Ladung der Wolle ab, wodurch die die Farbstoffaufnahme hemmende elektrostatische Abstoßungskraft verringert wird. In Übereinstimmung damit hatte GEORGIEVICS[3] auf Grund seiner bereits im Jahre 1903 durchgeführten quantitativen Versuche festgestellt, daß die Aufnahme der Aminoazobenzole durch Wolle bei gleichzeitiger Anwesenheit von viel freier Salzsäure verringert ist. Nach ihm besteht keine prinzipielle Verschiedenheit von p-Aminoazobenzol und m-m'-Diaminoazobenzol beim Färben von Wolle in saurem Bade.

Im Bereich des isoelektrischen Gebietes der Wolle kann jedoch nach dem Eindiffundieren des Farbstoffsalzes eine Anfärbung der Wolle unter Bildung von Farbstoffkationproteinverbindungen im Sinne von WEBER[4] erfolgen, weil die Wollsubstanz in diesem Bereiche dem Eindiffundieren des Farbstoffsalzes keinen elektrostatischen Widerstand entgegensetzt, so daß nach der chemischen Auffassung des Färbevorganges die Carboxylgruppen der Wollsubstanz mit den Kationen der basischen Farbstoffe unter Bildung schwerer löslicher Verbindungen reagieren können.

Nach VALKÓ ist es im Sinne der elektrischen Färbetheorie auch verständlich, daß bei Anwendung von Farbstofflösungen gleicher Konzentration und verschiedenem p_H-Wert zwischen $p_H = 6$ und 8 eine Zunahme der Bindung kationischer Farbstoffe durch Wolle erfolgt, weil

---

[1] E. ELÖD und E. PIEPER, Z. angew. Chemie 40, 17 (1928).
[2] E. VALKÓ, Kolloidchemische Grundlagen der Textilveredlung, Berlin, 441 (1937).
[3] G. v. GEORGIEVICS, Z. Farben-Textil-Chemie 2, 218—219 (1903).
[4] C. O. WEBER, Z. Färber-Ztg. 5, 161—164 (1893).

die nunmehr negativ geladene Wolle in Lösungen mit ansteigenden p_H-Werten infolge zunehmender Quellung dem Eindiffundieren des Farbstoffes einen immer geringeren Widerstand entgegensetzt und mit zunehmender Ladung eine zunehmende Anziehungskraft auf die positiv geladenen Kationen der basischen Farbstoffe ausüben muß. Die darauffolgende Abnahme der Sorption von Farbstoffkationen kann nach VALKÓ[1] jedoch kaum wie die analoge, zuerst von GEORGIEWICS[2] festgestellte, übrigens viel schwächer ausgeprägte Abnahme der Sorption von Farbstoffsulfosäuren durch Wolle im stark sauren Gebiet erklärt werden, welche nach ELÖD[3] mit Hilfe der Membrangleichgewichte gedeutet worden ist. Vergleicht man nämlich die Abhängigkeit der Farbstoffaufnahme von der Wasserstoffionenkonzentration mit der p_H-Abhängigkeit der Ionisation der Keratinsubstanz, dann sieht man, daß die Aufnahme der farbigen Kationen bereits in einem Gebiete abnimmt, in welchem die negative Ladung der Faser eine Zunahme zeigt. Weil die Aufnahme der OH-Ionen durch Wolle erst bei etwa $p_H = 8$ beginnt, bei $p_H = 10$ stark anwächst, müßte man also mit über $p_H = 10$ zunehmenden p_H-Werten eine starke Erhöhung des elektrischen Gegensatzes zwischen Faser und Farbstoffkation erwarten. Berücksichtigt man dagegen auch die Ionisation des Farbstoffes, dann wird ersichtlich, daß diejenigen Farbstoffsalze, welche schwache Basen enthalten, schon bei relativ geringer Alkalität der Lösung in ihrer Ionisation zurückgedrängt werden müssen. Dagegen müssen solche Farbstoffe, welche aus den Salzen sehr starker Basen bestehen, dieses Optimum der Farbstoffaufnahme erst bei viel höheren p_H-Werten zeigen. Gleichzeitig mit der Herabsetzung der Ionisation eines Farbstoffes wird mit der Abnahme des dissoziierten Farbstoffanteils der Anteil an nichtdissoziiertem Farbstoffanteil zunehmen. Je nach der Art des betreffenden Farbstoffes kann dann der nichtdissoziierte Anteil in feindisperser Lösung im Bade verbleiben oder in grob disperser Verteilung sich im Färbebade abscheiden. Infolgedessen ist neben der Basenstärke eines kationischen Farbstoffes auch dessen Löslichkeit für seine Sorption durch Wolle maßgebend, so daß die von BINZ und SCHROETER[4] bei den Aminoazobenzolderivaten und die von BRIGGS und BULL[5] sowie ELÖD[6] u. a. gefundenen Unterschiede der Sorption basischer Farbstoffe in Abhängigkeit vom p_H-Wert des Färbebades erklärlich sind.

---

[1] E. VALKÓ, Kolloidchemische Grundlagen der Textilveredlung, 441 (1937).
[2] G. v. GEORGIEVICS, Farben Textil-Chem. 2, 217 (1903).
[3] E. ELÖD und E. SILVA, Z. phys. Chem. A. 187, 142—175 (1928).
[4] E. BINZ und G. SCHROETER, Ber. dtsch. chem. Ges. 35, 4225—4229 (1902); 36, 3008—3014 (1903).
[5] T. R. BRIGGS und A. W. BULL, l. c.
[6] E. ELÖD, Z. angew. Chemie 41, 17 (1928).

Diese von den Dissoziationskonstanten der Färbebasen abhängigen, für die theoretische Deutung der Färbevorgänge sehr bedeutsamen Unterschiede im Verhalten der kationischen Farbstoffe können sich jedoch beim Färben in der Praxis deswegen nur wenig auswirken, weil man in der Färberei Wolle mit basischen Farbstoffen meistens in schwach saurem Bade nach folgender Vorschrift färbt:

Färbevorschrift für basische Farbstoffe:

Man versetzt das Färbebad mit 1—2 % Essigsäure 30 %ig, gibt den sorgfältig gelösten Farbstoff zu, geht mit der Ware bei mäßiger Wärme ein und erhitzt auf etwa 90° C.

Man verwendet die basischen Farbstoffe zur Erzielung besonders klarer und lebhafter Färbungen, die mit anderen Farbstoffen nicht zu erzielen sind, hauptsächlich auf Strickgarnen, feinen Zephirgarnen und Phantasiewollen. Man färbt auch im neutralen Färbebade.

Weil demnach Wolle in der Färbereitechnik mit basischen Farbstoffen im isoelektrischen Bereich oder nahe dem isoelektrischen Bereiche dieser Proteinsubstanz gefärbt wird, muß man aus den oben mitgeteilten Gründen annehmen, daß die Diffusion des Farbsalzes in das Faserinnere und die Bildung der schwer hydrolysierbaren Verbindung aus Farbstoffkation und Wollsubstanz die das Zustandekommen der Färbung verursachenden Vorgänge sind. Im Falle der mit Fuchsin gefärbten Wolle ist dieses schwer hydrolysierende farbige Wollsalz von WEBER[1] in der folgenden Weise formuliert worden:

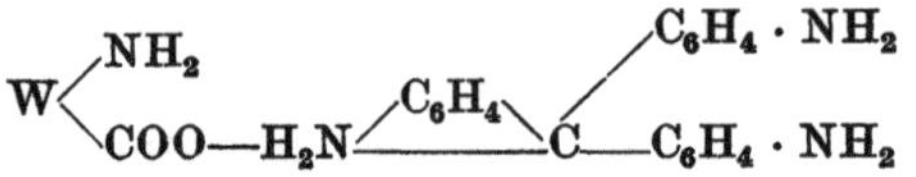

Demnach sollen entsprechend der von FISCHER[2] vertretenen Auffassung, daß die Salzbildung der Triphenylmethanfarbstoffe an einer Aminogruppe des Benzolrestes stattfindet, die freien Carboxylgruppen der Wolle jeweils eine Aminogruppe des Triphenylmethanfarbstoffes absättigen. Daß diese Auffassung richtig sein muß, haben die auf S. 73—78 berichteten Untersuchungen an Triphenylmethanfarbstoffen, nach deren Ergebnissen eine Salzbildung zwischen dem Farbstoffkation und dem Gegenanion unbestreitbar ist, so wahrscheinlich gemacht, daß die von WEBER vertretene Ansicht heute noch gerechtfertigt erscheint. Mit Recht hat WEBER auch schon darauf hingewiesen, daß die Farbstoffbindung durch Wolle bei den direktziehenden basischen und sauren Farbstoffen mit einem Lösungsvorgang nach WITT nichts zu tun hat, was durch die von GEORGIEVICS[3] durchgeführten Untersuchungen bestätigt, von diesem Forscher jedoch im Sinne der physikalischen Färbetheorie gedeutet worden ist.

[1] C. O. WEBER, Lehnes Färber-Ztg. 5, 162 (1891).
[2] E. und O. FISCHER, Ber. dtsch. chem. Ges. 12, 2348 (1879).
[3] G. v. GEORGIEVICS, l. c.

Schlußbetrachtungen über das Färben von Wolle

Im Falle der mit Naphtholorange gefärbten Wolle hat WEBER das gebildete Wollsalz folgendermaßen formuliert:

$$W\begin{cases} NH_2 \cdot OSO_2 \cdot C_6H_4 \cdot N = N \cdot C_{10}H_6 \cdot OH \\ COOH \end{cases}$$

Weil diejenigen Farbstoffsulfosäuren, welche außer der Sulfosäuregruppe noch eine Aminogruppe im Molekül enthalten, wie z. B. Säuregrün, jedoch befähigt sind, sowohl über die Sulfosäuregruppe mittels Chlorbarium, als auch über die Aminogruppe mittels Tannin Lacke zu bilden, unterscheiden sich nach WEBER[1] diese Farbstoffsulfosäuren von den Azofarbstoffen von der Art des Naphtholorange. Dementsprechend hat WEBER[2] die Wollsalzbildung der basisch substiuierten sauren Triphenylmethanfarbstoffe in der Weise formuliert, daß ihre Sulfosäuregruppen mit den freien Aminogruppen der Wollsubstanz reagieren, während ihre basischen Gruppen teilweise von einer Carboxylgruppe der Wollsubstanz abgesättigt werden, beim Säureviolett also nach der Formel:

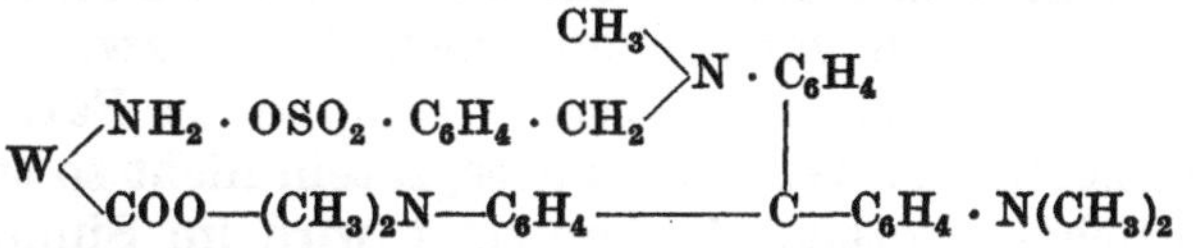

Als Beweis für die Richtigkeit dieser Formel hat WEBER[3] geltend gemacht, daß er aus Albumin und basischen Triphenylmethanfarbstoffen und solchen Triphenylmethanfarbstoffen, die außer basischen Gruppen noch eine oder mehrere Sulfosäuregruppen enthalten, wasserunlösliche Lacke herstellen konnte. Auch hat er auf die großen Nuancenunterschiede hingewiesen, die zwischen dem Albuminlack und dem Tanninlack desselben Farbstoffes bestehen, sowie auf die Tatsache, daß die Farbe der Albuminlacke mit der Farbe der Wollfärbung übereinstimmt, während die Nuancen der nur über die Aminogruppe gebildeten Tanninlacke mit der Ausfärbung auf tannierter Baumwolle übereinstimmt.

Nach den von PORAI-KOSCHITZ[4] durchgeführten Messungen der Absorptionsunterschiede von Ausfärbungen gleicher Farbstoffe auf Wolle und Baumwolle hat sich ergeben, daß bei den Triphenylmethanfarbstoffen keine Verschiebung der Absorptionsbanden festzustellen ist. Das kann auf den relativ schwer beeinflußbaren Chromophor der Triphenylmethanfarbstoffe zurückgeführt werden. Bei den Azofarbstoffen,

---

[1] C. O. WEBER, Dinglers polytechn. J. H. 7 u. 8 (1893); Lehnes Färber-Ztg. 5, 65—67 (1893).

[2] C. O. WEBER, Lehnes Färber-Ztg. 5, 164 (1894).

[3] C. O. WEBER, Lehnes Färber-Ztg. 6, 131—134 (1895).

[4] A. PORAI-KOSCHITZ und J. AUSCHKAP, Z. Farbenind. 10, 293—297, 321—326, 342—344 (1911).

besonders bei den basisch substituierten, sind die Nuancenunterschiede zwischen den Ausfärbungen des gleichen Farbstoffes auf Protein- bzw. Cellulosefasern jedoch durch Verschiebungen der Absorptionsbanden verursacht und beweisend dafür, daß bei den Ausfärbungen auf Proteinfasern die Farbstoffsäure nicht nur mit den freien Aminogruppen der Proteinsubstanz unter Salzbildung reagiert, sondern daß auch eine Koordination der freien Carboxylgruppen des Proteins zu der Aminogruppe bzw. der Azogruppe des Farbstoffmoleküls eintritt. Die Bindung der Farbstoffsulfosäure durch die Wollsubstanz erfolgt also nicht nur als eine einfache Salzbildung zwischen der Sulfosäuregruppe und der Aminogruppe des Proteins, sondern auch über die freien Carboxylgruppen der Wolle. Auf diese Weise ist es erklärlich, daß Wolle auch im isoelektrischen Bereiche mit anionischen Farbstoffen gefärbt werden kann und daß die stärker basisch substituierten Farbstoffsulfosäuren im allgemeinen wasserechtere Färbungen geben als die nicht basisch substituierten Farbstoffsulfosäuren von gleicher Molekülgröße. Weil die Farbstoffsulfosäuren zum Unterschiede von den Kationen basischer Farbstoffe mit wasserlöslichen Polypeptiden keine Fällungen geben, kommen diese leicht hydrolysierbaren Koordinationen in valenzchemischem Sinne zwischen freier Carboxylgruppe des Proteins und basischer Gruppe des Farbstoffanions jedoch nur dann zustande, wenn das Faserprotein nicht so stark gequollen ist wie ein lösliches Protein. Andererseits wird im Sinne der früheren Darlegungen (S. 26—27) bei höheren p_H-Werten infolge zunehmender negativer Aufladung der Wolle diese Koordination bzw. Salzbildung durch die freien Carboxylgruppen der Wolle verstärkt werden, so daß sie sich entsprechend der Ladung der Wolle und der Basizität der betreffenden Gruppe des Farbstoffmoleküls verschieden stark auswirkt.

Bekanntlich haben die Anhänger der Kolloidtheorie des Färbevorgangs die Unterschiede im Bau und im Quellungsgrad der Textilfasern als Ursache für deren verschiedenes Verhalten gegenüber den direktziehenden Farbstoffen angesehen. Abweichend von dieser Auffassung ist die Wollfaser in den bisherigen Ausführungen (abgesehen von einigen kurzen Andeutungen auf S. 62) als eine homogene chemische Substanz mit den Eigenschaften eines geformten amphoteren Gels betrachtet worden. Das ist in erster Annäherung auch heute noch zulässig, weil es außerordentlich schwierig ist, durch Anfärbung mit direktziehenden Farbstoffen Unterschiede im Feinbau dieser Faser kenntlich zu machen. Die von Gnehm[1] sowie von Meyer[2] festgestellte Tatsache, daß Wolle sich mit den üblichen technischen direktziehenden Farbstoffen homogen anfärbt, bleibt also bestehen, obwohl durch neuere Untersuchungen sichergestellt ist, daß die Wolle weder eine homogene noch eine amorphe Faser ist.

[1] R. Gnehm und E. Rötheli, Z. angew. Chem. 11, 485 (1898).
[2] K. H. Meyer, Naturwissenschaften 15, 131 (1927).

Auch läßt sich nach MILLSON und TURF[1] bei der Anfärbung mit einigen direktziehenden Farbstoffen beobachten, daß zunächst die äußeren Schuppenränder stark angefärbt werden, bevor eine gleichmäßige Anfärbung zustande kommt, und daß bei verknoteten Fasern, besonders bei Verwendung gut naßechter und darum schwerer egalisierender Farbstoffe, sich mikroskopisch zunächst an den verknoteten Faserstellen eine Anfärbung feststellen läßt. Dies deutet ebenso wie die Tatsache, daß mit Einschnitten versehene Wollfasern zunächst an den Einschnittstellen eine Farbstoffaufnahme erkennen lassen, auf eine die Farbstoffaufnahme steuernde Rolle der Kutikula hin. An sich ist die Rolle der einzelnen histologischen Schichten des Wollhaares bei der Farbstoffaufnahme noch sehr wenig erforscht. Außerdem konnten bei Verwendung leicht diffundierender Egalisierungsfarbstoffe ähnliche bevorzugte Stellen der Farbstoffaufnahme der Wolle wie die von MILLSON und TURF mitgeteilten bisher kaum beobachtet werden.

Dagegen war schon lange bekannt, daß die Wollfaser aus mehreren von REUMUTH[2] in neuerer Zeit mikrophotographisch nachgewiesenen histologischen Bestandteilen aufgebaut ist. Nach den Untersuchungen von TROTMAN, TROTMAN und SUTTON[3], CLAYTON[4], HALLER[5], ZAHN[6], ALEXANDER und EARLAND[7] sowie MERCER, LINDBERG zusammen mit PHILIP[8] und GRALÉN[9]/[10] zeigen die Einzelbestandteile der Wolle gegen lösend wirkende Substanzen kein völlig übereinstimmendes Verhalten. Weil es bisher jedoch nicht gelungen ist, durch Anfärbung mit direktziehenden Farbstoffen die einzelnen histologischen Bestandteile der Wolle in ihrer ganzen Ausdehnung und in scharfer Abgrenzung gegen die Nachbarschicht kenntlich zu machen, ist daraus der Schluß zu ziehen, daß nicht die chemischen Unterschiede in den Molekülen der einzelnen histologischen Bestandteile ihr Verhalten gegenüber den direktziehenden Farbstoffen bestimmen, sondern daß das färberische Verhalten der Wollbestandteile allein durch das Vorhandensein freier Carboxylgruppen und freier Aminogruppen und die dadurch hervorgerufenen amphoteren Eigenschaften der Wolle bedingt ist.

---

[1] H. E. MILLSON und L. H. TURF, Amer. Dyestuff Rep. **39**, 647—656 (1950).

[2] H. REUMUTH und H. SCHWERDTNER, Z. ges. Textilind. **39**, 12—18 (1936). H. REUMUTH, Melliand Textilber. **23**, 1—6, 53—58 (1942).

[3] S. R. TROTMAN, E. R. TROTMAN und R. W. SUTTON, J. Soc. Chem. Ind., Trans-Commun. **45** 20—24 (1926).

[4] E. CLAYTON, J. Soc. Dyers Colourists **52**, 86—95 (1936).

[5] R. HALLER, Melliand Textilber. **17**, 645—647 (1936).

[6] H. ZAHN, Melliand Textilber. **24**, 157 (1943); **31**, 36—38 (1950).

[7] P. ALEXANDER und C. EARLAND, Textile Res. J. **20**, 298—300 (1950); Melliand Textilber. **31**, 385—386 (1950).

[8] E. H. MERCER, J. LINDBERG und B. PHILIP, Melliand Textilber. **31**, 32 (1950). E. H. MERCER, Melliand Textilber. **31**, 694—695 (1950).

[9] J. LINDBERG, E. H. MERCER und N. GRALÉN, Textile Res. J. **19**, 673 (1950).

[10] N. GRALÉN, J. Soc. Dyers Colourists **66**, 465—469 (1950).

Während HERZOG und JANKE[1] bei der Untersuchung von Wolle keinerlei Röntgeninterferenzen hatten feststellen können, haben die später von ASTBURY[2] und Mitarbeitern sowie die von ZAHN[3] durchgeführten Untersuchungen auch bei Wolle Röntgenstrukturen ergeben, die allerdings nicht so scharf ausgeprägt und schwieriger zu deuten sind als die Röntgenstrukturen der Naturseide und der Naturcellulosefasern. Aus diesen Röntgenuntersuchungen geht nun hervor, daß infolge der festgestellten Röntgeninterferenzen die Polypeptidketten der Wollfaser nicht ungeordnet wie in einem ungeformten Gel vorliegen können, sondern in Mizellen kristallisiert angeordnet sein müssen. Außerdem konnte SPEAKMAN[4] zeigen, daß die Wollfaser außer den kristallisierten Bereichen der Mizellen noch Poren und intermizellare Räume enthalten muß. Ihre Größenordnung läßt sich dadurch bestimmen, ob eine organische Flüssigkeit von bekannter Molekülgröße in das Wollhaar eindringen kann oder nicht. Weil nach ASTBURY[5] die freien Aminogruppen den freien Carboxylgruppen im Keratinmolekül äquivalent sind und weil nach SPEAKMAN[6] die freien Carboxylgruppen der Seitenketten mit den freien Aminogruppen der Seitenketten im Keratinmolekül gegenseitig salzartig abgesättigt sind, ist beim Einbringen von Wolle in Wasser eine Quellung und eine dabei erfolgende Hydrolyse dieser salzartigen Bindungen vorstellbar. Beim Färben mit direktziehenden anionischen Farbstoffen können sich nach dieser Hydrolyse der salzartigen Bindungen des Wollkeratins die Farbstoffanionen in der vorstehend beschriebenen Weise zwischen die so entstandenen freien Aminogruppen und freien Carbonsäuregruppen derartig einschieben, daß beide wiederum abgesättigt werden. Nur mit dieser Annahme wird es verständlich, daß die Anionen der direktziehenden Farbstoffe irreversibel von der Wolle gebunden werden, während die Bindung der farblosen Säuren reversibel erfolgt. Zur Erklärung der Färbung mit kationischen Farbstoffen genügt jedoch die Annahme einer einfachen Salzbildung zwischen den freien Carbonsäuregruppen des Wollkeratins und dem Kation des jeweils verwendeten basischen Farbstoffes mit nur basischen Gruppen im Molekül.

Zu ähnlichen Ergebnissen haben die von HEERTJES[7] durchgeführten Dichtebestimmungen von gefärbter und ungefärbter Wolle geführt. In Übereinstimmung mit der Tatsache, daß die Querschnitte gefärbter

---

[1] R. O. HERZOG und W. JANKE, Ber. dtsch. chem. Ges. **53**, 2164 (1920).
[2] W. T. ASTBURY und A. STREET, Philos. Trans. Roy. Soc. London Ser. A **230**, 75—101 (1931). W. T. ASTBURY und H. J. WOODS, J. Textile Inst. **23**, Nr. 2, Trans. 17—34 (1932). W. T. ASTBURY, Fundamentals of the fibre structure, London (1933).
[3] H. ZAHN, Z. Naturf. **1**, 690—691 (1946), **2b**, 104—108 (1947).
[4] J. B. SPEAKMAN, Trans. Faraday Soc. **26**, 61—69 (1930); Nature (London) **116**, 565 (1930).
[5] W. T. ASTBURY, l. c.
[6] J. B. SPEAKMAN und M. C. HIRST, Nature (London) **128**, 1073—1074 (1932).
[7] P. M. HEERTJES, Recueil Trav. chim. Pays-Bas **60**, 91—103 (1941).

Wolle bei mikroskopischer Betrachtung homogen erscheinen, hat HEERTJES seine Feststellung, daß die Dichte der Wolle nach der Färbung geringer ist, in der Weise erklärt, daß der Färbevorgang intermizellar stattfindet und daß der Farbstoff während des Färbens in die Mizellen eindringt. Infolge der besonderen Art des Keratingitters wird dieses durch das Eindringen von Farbstoffmolekülen, die eine gewisse Größe überschreiten, ausgedehnt, so daß das Volumen der Keratinsubstanz zunimmt. Diese Ausdehnung der Wolle ist oberhalb eines Molekulargewichtes von etwa 150 direkt proportional der Molekülgröße des angewendeten Farbstoffes oder beim Vergleich analoger Farbstoffe proportional dem Molekulargewicht. Die Dichtebestimmung läßt nach HEERTJES weiter erkennen, daß der Färbevorgang mit basischen oder sauren Farbstoffen bei Wolle teilweise chemischer Art ist. Für eine chemische Erklärung des Färbevorganges der Wolle spricht nach ihm auch die Farbstoffaufnahme dieser Faser in Abhängigkeit von der Zeit.

Aufbau und Zusammensetzung des Seidenfibroins

Als erste haben HERZOG und JANKE[1] Röntgeninterferenzen beim Seidenfibroin festgestellt. Bei der entbasteten Naturseide des Maulbeerspinners Bombyx mori haben die von BRILL[2] durchgeführten Röntgenuntersuchungen ergeben, daß diese Faser aus wenigstens zwei Bestandteilen besteht, von denen der eine kristallin ist. Aus den von BULL[3] angegebenen Reaktionswärmen und den von GOODINGS und TURL[4] bestimmten Wasseraufnahmen der Seide läßt sich nach HAILWOOD und HORROBIN[5] berechnen, daß das Verhältnis des kristallinen Anteils der Seide zum amorphen Anteil 3,76 bis 3,91 beträgt, während dieser Anteil bei Wolle viel niedriger, bei Nylon jedoch höher liegt. Obwohl demnach das Verhältnis des kristallisierten Anteils zum amorphen bekannt ist, hat diese Kenntnis bisher zu keinen zahlenmäßig festgelegten Beziehungen zur Farbstoffaufnahme geführt, so daß die Erklärung der Färbung aus der kolloiden Beschaffenheit der Faser nicht durch Zahlenwerte gestützt werden kann. Außerdem unterscheiden sich die Textilfasern von kristallisierten anorganischen Substanzen dadurch, daß die kristallinen Textilfasern von den direktziehenden Farbstoffen homogen oder nahezu homogen angefärbt werden, während feste anorganische Verbindungen wie z. B. Asbest oder Glasperlen nur von wenigen direktziehenden Farbstoffen und nur oberflächlich anfärbbar sind. Darum sind die durch

[1] R. O. HERZOG und W. JANKE, Ber. dtsch. chem. Ges. 53, 2162 (1920).
[2] R. BRILL, Liebigs Ann. Chem. 434, 204—207 (1923); Z. phys. Chem. B 53, 61—74 (1942).
[3] H. B. BULL, J. Amer. chem. Soc. 66, 1499—1507 (1944).
[4] E. J. GOODINGS und L. H. TURL, J. Textile Inst. 31, T 69—79 (1940).
[5] A. J. HAILWOOD und S. HORROBIN, Trans. Faraday Soc. 42 B, 84—102 (1946).

v. GEORGIEVICS[1] angestellten Untersuchungen über das Verhalten von Asbest oder Glasperlen gegenüber Farbstoffen nicht ohne große Einschränkungen für die Aufklärung des Färbevorgangs verwertbar.

Nach ASTBURY[2] ist die Naturseide als typischer Repräsentant eines β-Faserproteins anzusehen, bei dem das Röntgendiagramm besonders genau jene Atomabstände gegeben hat, die auf voll gestreckte Zickzackketten passen, welche in parallelen Ebenen liegen. Dabei erfolgt das Zusammenhalten der langgestreckten Polypeptidketten nach WIRTZ[3] durch Wasserstoffbrücken zwischen den Peptidgruppen.

Während RICHARDSON[4] das Fibroin der Seide als ein Aminosäureanhydrid angesehen hatte, haben bekanntlich die grundlegenden Untersuchungen von FISCHER und Mitarbeitern[5] ergeben, daß das Fibroin der Seide aus peptidartig verbundenen Aminosäuren aufgebaut ist. Weil das Fibroin nach den neueren Untersuchungsergebnissen von BERGMANN und NIEMANN[6], MEYER, FULD und KLEMM[7] bzw. DRUCKER und SMITH[8] aus langgestreckten Molekülen besteht, die nach J. LLOYD und GARROD[9] durch Carbonamid- und Hydroxylbrücken miteinander verbunden sind, ist also ein dem Keratin der Wolle ähnlicher chemischer Bau des Seidenfibroins erwiesen. Für die langgestreckten Kettenmoleküle der Seide von Bombyx mori haben COLEMAN und HOWITT[10] ein durchschnittliches Molekulargewicht von 33000 ermittelt. Diese über die Größe, die Gestalt und die Anordnung der Seidenmoleküle erhaltenen Ergebnisse befinden sich in guter Übereinstimmung mit den Dehnungs- und Festigkeitseigenschaften der Seide.

Die Einzelmoleküle des Keratins der Wolle und des Fibroins der Seide sind demnach in gleicher Weise aus peptidartig verknüpften Aminosäuren aufgebaut, die sich allerdings in bezug auf ihre Anordnung unterscheiden. Andererseits sind das Keratin und das Seidenfibroin aus einem ungleichen Anteil gleicher Aminosäuren zusammengesetzt und beide Proteinfasern unterscheiden sich auch dadurch, daß einige das Wollkeratin aufbauende Aminosäuren im Fibroin fehlen, wie aus der nach-

---

[1] G. v. GEORGIEVICS, Mitt. Technol. Gewerbemus. Wien, N. F. **4**, 205—220 (1894).
[2] W. T. ASTBURY, Fundamentals of fibre structure, London (1933).
[3] K. WIRTZ, Z. Naturforsch. **2b**, 94—98 (1947).
[4] F. W. RICHARDSON, J. Soc. chem. Ind. **12**, 426 (1893).
[5] E. FISCHER, Ber. dtsch. chem. Ges. **34**, 433 (1901). E. FISCHER und A. SKITA, Z. phys. Chem. **33**, 177—192 (1901); **35**, 221—226 (1902). Vgl. auch E. FISCHER und E. ABDERHALDEN, Ber. dtsch. Chem. Ges. **39**, 752—760, 2315—2318 (1906), E. SCHAUENSTEIN, Melliand Textilber. **33**, 591—597 (1952).
[6] M. BERGMANN und C. NIEMANN, J. biol. Chem. **122**, 577—596 (1938).
[7] K. H. MEYER, M. FULD und O. KLEMM, Helv. chim. Acta **23**, 1441—1444 (1940).
[8] B. DRUCKER und S. G. SMITH, Nature (London) **165**, 196—197 (1950).
[9] D. JORDAN LLOYD und M. GARROD, Trans. Faraday Soc. **44**, 441—451 (1948).
[10] D. COLEMAN und F. O. HOWITT, Proc. Roy. Soc. Ser. A London **190**, 145—169 (1947).

folgenden, dem Lehrbuch der anorganischen Chemie von HOLLEMANN (26. Auflage, Berlin 1949) entnommenen Tabelle hervorgeht, die in Spalte 3 entsprechend der neueren Ergebnisse abgeändert wurde.

Tabelle 6

	Wollkeratin	Seidenfibroin	Casein	Zein
Glykokoll	6,5	43,8	7,2	0
Alanin	4,1	26,4	2,8	9,8
Valin	4,8	3,5	6,7	3,0
Leucin	11,3*	2,5*	16,4	30,0
Phenylalanin	3,8	1,5	5,2	6,6
Serin	10,3	13,57	7,5	1,0
Threonin	6,4	1,4	4,1	2,5
Tyrosin	4,7	13,2	6,9	5,9
Lysin	2,7	0,25	7,9	0,0
Arginin	10,3	0,76	4,2	1,6
Histidin	0,6	0,07	2,5	0,8
Asparaginsäure	6,6	—	6,3	3,4
Glutaminsäure	14,1	—	24,2	35,6
Cystin	11,9	—	0,3	1,0
Methionin	0,7	2,59	3,5	2,5
Tryptophan	1,8	0,4	1,4	0,2
Prolin	6,8	1,0	8,0	9,0
Oxyprolin	—	—	0,0	0,0
Ammoniak	1,1	0,0	1,6	3,6

* Einschließlich der Leucinisomeren.

Weil es im Rahmen der vorliegenden Betrachtungen nicht möglich ist, auf alle Einzelheiten einzugehen, soll im folgenden nur das Verhalten der entbasteten, unbeschwerten, aus Fibroin bestehenden Seide behandelt werden, obwohl nicht entbastete oder nur teilweise entbastete Seide ebenfalls anfärbbar ist. Von dieser vom Maulbeerspinner Bombyx mori herrührenden Seide ist bekannt, daß sie im nichtentbasteten Zustand neben dem Fibroin noch 20—30% Sericin enthält. Auch das Sericin ist, wie andere Proteine, peptidartig aus Aminosäuren aufgebaut, doch ist seine Zusammensetzung nach LANG[1] bis heute nur ungenügend erforscht. Andererseits ist das Fibroin der edlen Seide nach KANEKO und KOMATSU[2] keine einheitliche chemische Substanz. Seine einzelnen Komponenten: Fibroin A_1, B_1, B_2 und B_3, die durch fraktionierte Fällung des gelösten Seidenfibroins mit Ammonsulfat erhalten werden, sind merklich verschieden anfärbbar. Die Kristallite des Fibroins sind nach ihnen anscheinend aus A und B_3 zusammengesetzt, während B_1 und B_2 als Kittsubstanzen dienen.

Die entbastete Seide des Maulbeerspinners kann darum nach unserem heutigen Wissen, ebenso wie das Wollkeratin, nicht als eine chemisch

[1] O. LANG, Biochem. Z. 319, 283—289 (1949).

[2] H. KANEKO und C. KOMATSU, Bull. agric. chem. Soc. Japan 12, 152 (1936).

einheitliche Substanz angesehen werden. Trotzdem soll sie in den nachstehenden Betrachtungen als eine einheitliche Substanz behandelt werden, weil die entbastete Seide eine technisch gegebene Faser von gleichbleibender Zusammensetzung ist. Auf die Behandlung des Verhaltens der beschwerten Naturseide gegenüber direktziehenden Farbstoffen wird jedoch aus dem Grunde verzichtet, weil das Verhältnis von Fibroin zum Beschwerungsmittel nicht gleichbleibend ist, die beschwerten Seiden sich ja nach der Art der Beschwerung verschieden verhalten und das Verhalten der Farbstoffe dem Beschwerungsmittel gegenüber häufig anders ist als gegenüber Fibroin.

Ältere Färbeversuche mit Seidenfibroin

Das der Wolle ähnliche Verhalten der edlen Seide kann also auf den ähnlichen Bau beider Proteinfasern, auf ihren Gehalt an gleichen Aminosäuren und die aus ihrem peptidartigen Aufbau resultierenden gleichen Endgruppen zurückgeführt werden. Wenn nur die endständigen freien Carboxyl-, bzw. Aminogruppen das Verhalten beider Proteinfasern gegenüber direktziehenden Farbstoffen bedingen würden, dann wäre ein sehr ähnliches oder gleiches Verhalten von Wolle und Seide zu erwarten. Diesen Schluß hatte bereits KNECHT[1] unter Berücksichtigung der Tatsachen gezogen, das Wolle und Seide aus Aminosäuren aufgebaut sind. Nachdem er festgestellt hatte, daß die von ihm verwendeten Farbstoffe Fuchsin und Kristallviolett beim Färben von Proteinfasern nicht als Farbstoffsalze aufgenommen werden, sondern nur das Farbstoffkation, während das anorganische Gegenion quantitativ im Färbebade zurückbleibt, hatte er den Färbevorgang als eine chemische Umsetzung angesehen. Nach ihm reagieren die im Keratin der Wolle und im Fibroin der Seide vorgebildeten freien Carboxylgruppen mit der Farbstoffbase unter Bildung unlöslicher oder schwerlöslicher Verbindungen.

Weil GEORGIEVICS[2] poröse Tonplatten und Glasperlen mit Fuchsinlösungen hatte anfärben können, und weil Glas und Ton gegenüber einer Fuchsinlösung nicht als „Säure“ wirken können, hatte dieser Forscher die Ansicht vertreten, daß die Rosanilinbase in zwei verschiedenen Formen: als farbloses Carbinol und als fertige Ammoniumbase existiere und daß nur die farbige Ammoniumbase adsorbiert werde. Nachdem jedoch aus der Druckereipraxis bekannt ist, daß die Leukobase von Auramin von den Proteinfasern aufgenommen und festgehalten wird und diese Leukobase nach dem vorstehenden als Carbinol formuliert werden muß, ist schwer einzusehen, warum das Carbinol der Rosanilinbase nicht adsorbiert werden soll.

---

[1] F. KNECHT, Ber. dtsch. chem. Ges. **21**, 1556—1558 (1888).
[2] F. v. GEORGIEVICS, Färber-Ztg. **6**, 9—11 (1894).

Da die Proteinfasern Wolle und Seide sich in einem Bade, welches Rosanilinbase enthält, ebenso wie in einer mit Ammoniak entfärbten Fuchsinlösung rot anfärben, hat GNEHM[1] mit Recht geltend gemacht, daß die

a) mit Fuchsin,
b) mit Rosanilinbase,
c) mit ammoniakalischer Fuchsinlösung

gefärbten Seidenstränge sich identisch verhalten müßten, wenn die Färbung der Proteinfasern in der Weise zustande käme, daß diese nur die Rosanilinbase in ihrer farbigen Form adsorbieren.

Zur Beantwortung dieser Frage hat GNEHM auf Seidensträngen zweiprozentige Färbungen erzeugt mit:

I. Lösung von Fuchsin,
II. „ „ Rosanilibase,
III. ammoniakalischer Fuchsinlösung.

Dem Färbebad folgte das Spülen in Wasser und das Trocknen.

Schon beim Spülen zeigten sich nach GNEHM kleine Unterschiede, da der Strang aus Versuch Nr. III am wenigsten Farbstoff, der Strang aus Versuch Nr. II etwas mehr und der Strang aus Versuch Nr. I am meisten Farbstoff verliert.

Diese Unterschiede im Verhalten der drei Vergleichsfärbungen im Spülbad sind heute unter der Berücksichtigung, daß sich Seide ebenso wie das Wollkeratin als amphoteres Protein verhält, leicht erklärlich. Demnach hat das Seidenfibroin im ammoniakalischen Farbbad Nr. III die stärkste negative Ladung angenommen und hält demzufolge die positiv geladene Rosanilinbase am hartnäckigsten fest. Weniger fest ist die Bindung der Rosanilinbase bei dem aus Versuch Nr. II stammenden Strang, der im schwach alkalischen Bad gefärbt worden ist und am schwächsten bei dem im neutralen Bad gefärbten Strang Nr. I.

Behandelt man die aus den Vergleichsversuchen I—III stammenden, gespülten und getrockneten Seidenstränge im Soxhlet mit absolutem Alkohol, dann verhalten sie sich nach GNEHM jedoch gerade umgekehrt, d. h. der aus Versuch III stammende Strang gibt ebenso wie der aus Versuch II stammende nach dreistündiger Extraktion beinahe allen Farbstoff an den Alkohol ab, so daß die Seide fast weiß wird, während der aus Versuch I stammende Strang nur teilweise abgezogen wird und nach zwölfstündiger Extraktion noch stark rot gefärbt bleibt.

Nach KNECHT[2] ist das eigenartige Verhalten der basisch gefärbten Seide darauf zurückzuführen, daß beim Extrahieren mit Alkohol nicht etwa die Rosanilinbase abgezogen wird, wie man zunächst vermuten

---

[1] R. GNEHM, Lehnes Färber-Ztg. **6**, 361—363 (1895); Z. angew. Chem. **11**, 483—485 (1898).
[2] E. KNECHT, Ber. dtsch. chem. Ges. **35**, 1022—1024 (1902).

könnte. Daß in der mit basischen Farbstoffen gefärbten Seide tatsächlich in Alkohol lösliche salzartige, von ihm als Lacke bezeichnete wasserunlösliche Verbindungen vorhanden sind, konnte er durch den folgenden Versuch beweisen:

„Ein Seidenstrang wird mit Nachtblau ausgefärbt und nach dem Waschen und Trocknen in Soxhlet mittels Alkohol bis zur Entfärbung ausgezogen. Die alkoholische Lösung wird auf ein kleines Volumen eingeengt und langsam in eine warme Lösung von Barythydrat gegossen. Die von der unlöslichen Nachtblaubase abfiltrierte Lösung wird mit Kohlensäure behandelt, gekocht, abfiltriert und auf dem Wasserbade eingeengt.“ Die so erhaltene, von der Farbstoffbase befreite Lösung gibt nun wieder mit Nachtblau sowie mit Fuchsin intensiv gefärbte Niederschläge, die in Wasser unlöslich, in Alkohol jedoch löslich sind. Demnach verhält sich die aus den Seidenfärbungen dargestellte Substanz den basischen Farbstoffen gegenüber ebenso wie das unveränderte Seidenfibroin.

Weil beim Extrahieren der nach GNEHM hergestellten Vergleichsfärbungen nach KNECHT nicht die Rosanilinbase abgezogen wird, sind die Unterschiede im Verhalten der drei Ausfärbungen von Rosanilin auf Seide daher in der Weise zu erklären, daß beim Färben im alkalischen Färbebad eine stärkere Hydrolyse des Seidenfibroins eintritt als beim Färben im neutralen Bad. Nur die aus der teilweise hydrolytisch gespaltenen Seidensubstanz und der Rosanilinbase entstandenen wasserunlöslichen Verbindungen lassen sich also mit Alkohol extrahieren, während die aus dem unveränderten Seidenfibroin und Fuchsin gebildeten salzartigen Verbindungen nicht extrahierbar sind. Wenn das Zustandekommen einer Färbung nur auf einer Adsorption beruhen würde, dann wären die von GNEHM festgestellten Unterschiede nicht erklärbar, es wäre außerdem nicht einzusehen, warum nach v. GEORGIEVICS nur die farbige Rosanilinbase durch Adsorption festgehalten werden soll, die farblose Rosanilinleukobase dagegen nicht.

GNEHM und RÖTHELI[1] haben außerdem geprüft, ob sich die Ausfärbung von Rosanilinsalz auf Seide bei einer Alkylierung mittels Jodmethyl wie das Farbsalz verhalten werde oder aber wie die Base. Ein mit Fuchsin gefärbter Seidenstrang wurde längere Zeit neben Proben von Rosanilinbase, salzsaurem, stearinsaurem und aminostearinsaurem Rosanilin mit Jodmethyl und Methylalkohol in der Kälte stehen gelassen. Keine dieser Verbindungen wurde merklich verändert mit Ausnahme der freien Base, welche eine tiefblaue Färbung angenommen hatte. Bei ungefähr 20stündigem Erwärmen auf 35—40° C wurden aber sowohl der Strang als auch die Salze methyliert. Die Färbung verhält sich demnach wie die Salze, nicht wie die freie Base. Nach ihnen spricht

[1] R. GNEHM und E. RÖTHELI, Z. angew. Chem. 11, 484—485 (1898).

dieser Versuch sehr für die zwischen dem Farbstoffkation und dem Seidenfibrion eingetretene Salzbildung, wobei sie aber die Frage offengelassen haben, daß aller Farbstoff von der Faser in dieser Weise aufgenommen worden sei.

Daß das Seidenfibroin andererseits sowohl gegenüber den schwach sauren Farbstoffen der Phthaleinreihe als auch gegenüber den Farbstoffsulfosäuren der Azokörper die Rolle einer Base zu spielen vermag und daß bei diesen Salzbildungen analoge Farbveränderungen wie bei der Rosanilinbase eintreten können, hat NIETZKI[1] schon frühzeitig erkannt. Nach ihm ist der Äthyläther des Tetrabromphenolphthaleins im freien Zustand schwach gelb und seine verdünnten Lösungen erscheinen fast farblos. Seine Alkalisalze dagegen sind intensiv blau. Säuert man die blaue Lösung des Salzes bis zur Farblosigkeit mit Essigsäure an, so läßt sich in derselben ein Seidenstrang intensiv blau färben. Auch die Sulfosäuren der Aminoazobenzole besitzen eine andere Farbe als ihre Alkalisalze. Bei ihnen tritt wie bei der Wolle die Erscheinung ein, daß die freie Sulfosäure die Proteinfasern nicht mit der ihr eigentümlichen Farbe, sondern mit der ihrer Alkalisalze anfärbt, so daß die Faser auch hier die Rolle einer Base spielt, ohne jedoch imstande zu sein, die Alkalisalze dieser Farbstoffsäuren zu zerlegen.

Nachdem SCHMIDT[2] nachgewiesen hatte, daß Seide weder den schwach sauren Farbstoff Eosin noch den basischen Farbstoff Malachitgrün aus Lösungen ungleicher Konzentration in einem konstanten Teilungsverhältnis aufnimmt, war damit erwiesen, daß die Färbung der Seide mit diesen Farbstoffen nicht auf einem Lösungsgang beruht. Weil man Seide aus ionisierenden Lösungsmitteln wie Wasser oder Alkohol färben kann, während in Bädern, die aus nichtionisierenden Flüssigkeiten wie Benzol oder Kohlenstofftetrachlorid bestehen, Seide sich nicht färbt, haben WALKER und APPLEYARD[3] die Frage gestellt, ob nicht die H-Ionen beim Färbevorgang eine wichtige Rolle spielen. Infolgedessen haben sie die Dissoziation in Lösung als einen wichtigen Faktor des Färbebades angesehen und folgerichtig die Aufnahme farbloser Säuren durch Seide in Abhängigkeit von ihrer Säurestärke als Modellsubstanzen untersucht.

Vor WALKER und APPLEYARD hatte VIGNON[4] die bei der Reaktion von Wolle und Seide mit Säuren und Basen auftretende Wärmetönung gemessen und bei den Proteinfasern Wolle und entbastete Seide etwa übereinstimmende Werte gefunden. Dagegen zeigt Baumwolle nach ihm gegenüber Laugen eine geringere und gegenüber Säuren eine ungleich niedrigere Wärmetönung als Wolle und Seide. Seine Versuchsergebnisse

[1] R. NIETZKI, Chemie der organischen Farbstoffe, III. Aufl. 4, Berlin (1897).
[2] G. N. SCHMIDT, Z. phys. Chem. 15, 60 (1894).
[3] J. WALKER und J. APPLEYARD, J. chem. Soc. 69, 1334 (1896).
[4] L. VIGNON, C. R. hebd. Séances Acad. Sci. Paris 110, 287, 909 (1890).

hatte VIGNON in der Weise gedeutet, daß das Färben der Proteinfasern ein der Wirkung von Säuren und Basen analoger chemischer Vorgang ist.

Bei gleichstarker Ionisierung der Endgruppen beider Faserproteine wäre demnach auch ein gleiches Verhalten der direktziehenden Farbstoffe gegenüber Wolle und Seide zu erwarten. Zur Prüfung dieser Schlußfolgerung hat REISSE[1] das Verhalten einer Anzahl anionischer und kationischer Farbstoffe in ihrem Verhalten gegenüber Wolle und Seide verglichen und dabei festgestellt, daß sich drei Farbstoffgruppen unterscheiden lassen:

I. die Farbstoffe der Gruppe I färben nur Wolle an, die Seide nicht oder nur spurenweise;

II. die hierher gehörigen Farbstoffe färben Wolle und Seide gleichmäßig an;

III. die Farbstoffe dieser Gruppe färben die Wolle nur schwach, die Seide dagegen ziemlich intensiv an.

Unter Anfärben versteht REISSE die technische, auch ein nachfolgendes Spülen überstehende Färbung, wie aus seiner Aufzählung der in die erste Gruppe gehörenden Farbstoffe hervorgeht, von denen er als charakteristische Verbindungen die folgenden angibt.

1. Gruppe: Azofuchsin G (Natronsalz der Sulfanilsäure-azo-1,8-dioxynaphthalin-monosulfosäure), Naphtholgelb S (Natronsalz oder Kalisalz der Dinitronaphtholsulfosäure), Indigocarmin (Indigodisulfosaures Natrium).

2. Gruppe: Azocarmin G (Natronsalz der Disulfosäure des Phenylrosindulins), Echtsäureviolett A2R (nach G. SCHULTZ, Farbstofftabellen, 7. Auflage Nr. 871, Die Monsulfosäure des Rhodamin), Azosäuregelb (Gemenge von nitriertem Diphenylaminorange mit Nitrosodiphenylamin), Patentblau (Kalksalze der Disulfosäure tetraalkylierter Diaminotriphenylmethanverbindungen), Echtgrün (Natronsalz der Tetramethyldibenzylrosanilindisulfosäure).

3. Gruppe: Rhodamin B.

Ein Vergleich der Farbstoffe der einzelnen Gruppen in bezug auf ihre chemische Konstitution läßt nach ihm erkennen, daß in die erste Gruppe nur Farbstoffe stark saurer Natur ohne basische Gruppen gehören. Die Sulfosäuren dieser Farbstoffe besitzen also eine hohe Dissoziationskonstante.

Bei den Farbstoffen der zweiten Gruppe tritt nach REISSE der saure Charakter gegen den basischen zurück. Diese etwas unglücklich gewählte Ausdrucksweise soll zweifellos zum Ausdruck bringen, daß die Farbstoffe dieser Gruppe sowohl wenigstens eine saure als auch wenigstens eine

---

[1] E. REISSE, Färber-Ztg. 6, 329—330, 351—353 (1895).

basische Gruppe im Molekül aufweisen und darum Zwitterionen bilden können.

Bei den Farbstoffen der dritten Gruppe überragt nach ihm die Basizität der Diäthylgruppen den Einfluß der schwach sauren Carbonsäuregruppe.

Farbstoffe, die vorwiegend basisch oder nur schwach sauer sind, färben nach REISSE[1] die Seide bedeutend stärker an als die Wolle, indem mehr Neigung zur Salzbildung mit der stark sauren Gruppe der Seide als mit den Gruppen der Wolle besteht. Aus den Unterschieden im Verhalten der Farbstoffe gegen Wolle und Seide lassen sich nach ihm die Schlußfolgerungen ziehen:

1. die basischen Eigenschaften der Wolle übertreffen die der Seide ganz bedeutend;
2. die sauren Eigenschaften der Seide sind stärker als die der Wolle.

Wenn diese von REISSE aus dem verschiedenem Verhalten der direktziehenden Farbstoffe gegen Wolle und Seide gezogenen Schlußfolgerungen richtig wären, dann könnte man erwarten, daß dieses unterschiedliche Verhalten von Wolle und Seide sich auch gegenüber farblosen Säuren auswirken würde und das Säureverbindungs- bzw. Basenbindungsvermögen beider Proteinfasern müßte merklich verschieden sein.

Das amphotere Verhalten des Seidenfibroins

Daß Seide ebenso wie Wolle tatsächlich sowohl mit Säuren als auch mit Basen zu reagieren vermag, haben die später von verschiedenen Forschern durchgeführten Untersuchungen eindeutig erwiesen. So haben die von MEUNIER und REY[2] stammenden Quellungsmessungen ergeben, daß in Lösungen von p_H 1—10 bis zur Herstellung des Gleichgewichtes (ca. 40 Stunden) eingelegte Fäden aus Seidenfibroin bei $p_H = 4{,}2$ ein Minimum der durch die Wasseraufnahme bedingten Quellung zeigen und daß die Kurve der prozentualen Quellung beim Seidenfibroin flacher verläuft als beim Wollkeratin. Die von DENHAM und DICKINSON[3] in Pufferlösungen von p_H-Werten 1—9 durchgeführten Messungen der axialen Quellung von entbasteter italienischer Seide haben dagegen ergeben, daß zwischen $p_H = 1$—5 vier Quellungsminima auftreten, von denen das erste bei $p_H = 1{,}4$, das zweite bei $p_H = 2{,}8$, das dritte bei $p_H = 3{,}8$ und das vierte bei $p_H = 4{,}7$ liegt. Vom p_H-Wert 4,7 an steigt die Quellung mit steigenden p_H-Werten fast linear an. Diese unterschiedlichen Versuchungsergebnisse dürften daher rühren, daß DENHAM und DICKINSON die Quellung der Seidenfäden nach zweistündiger

---

[1] E. REISSE, Färber-Ztg. 6, 352 (1895).

[2] L. MEUNIER und G. REY, C. R. bebd. Séances Acad. Sci. Paris 184, 285—287 (1927).

[3] W. S. DENHAM und E. DICKINSON, Trans. Faraday Soc. 29, 300—305 (1933).

Einwirkungsdauer gemessen haben, während MEUNIER und REY nach einer Einwirkungsdauer von 40 Stunden die Quellung bestimmt haben.

Nach den von ELÖD und PIEPER[1] bei Zimmertemperatur durchgeführten elektrometrischen Messungen liegt die isoelektrische Reaktion der entbasteten Seide bei $p_H = 5,1$. NEALE und PETERS[2] haben durch elektrokinetische Messungen das Oberflächenpotential von entbasteten Seidenfäden in Lösungen, die Gemische aus NaOH —NaCl —HCl in einer Ionenstärke von 0,001 enthalten, festgestellt, daß das Oberflächenpotential der entbasteten Seide bei $p_H = 4,2$ gleich 0 ist und daß mit über $p_H = 4$ ansteigenden Werten die Seide ein zunehmendes negatives Oberflächenpotential annimmt, während bei niedrigeren Werten als $p_H = 4,0$ ein positives Oberflächenpotential festgestellt wurde.

Dagegen liegen die für *gelöstes* Seidenfibroin bestimmten Werte der isoelektrischen Reaktion bei wesentlich niedrigeren p_H-Werten. Aus der geringsten Löslichkeit und Viscosität des in LiBr oder CaCNS-Lösung aufgelösten Seidenfibroins hat HARRIS[3] die isoelektrische Reaktion von Seidenfibrion bei $p_H = 2,2$ gefunden. Bei der Elektrophorese von gelöstem Seidenfibroin in Azetatpuffern haben HARRIS und SOOKNE[4] den isoelektrischen Punkt des Seidenfibroins bei $p_H = 3,6$ und eine durch den Pufferzusatz und die Ionenstärke bewirkte Verschiebung des isoelektrischen Verhaltens festgestellt. Nach WANG und WOO[5] liegt der isoelektrische Punkt der chinesischen Maulbeerspinnerseide bei $p_H = 2,4$ —2,6.

In Übereinstimmung mit den Ergebnissen von den vorerwähnten Forschern durchgeführten Quellungsmessungen geht aus den von LLOYD und BIDDER[6] erhaltenen Werten des Säure- und Basenbindungsvermögens hervor, daß der Seidenfibroinfaden zwischen $p_H = 3,0$—$8,0$ weder nennenswerte Mengen von Säuren noch von Basen bindet. Zu ähnlichen Ergebnissen sind HARRIS und GLEYSTEEN[7] bei der Untersuchung des Säure- und Basenbindungsvermögens von Seidenfibroin gelangt. Nach ihnen hört die Säurebindung des Fibroins etwa bei $p_H = 3,9$ auf.

Beim Vergleich der vorstehend wiedergegebenen Werte der isoelektrischen Reaktion läßt sich erkennen, daß für das gelöste Seidenfibroin im allgemeiden deutlich niedrigere p_H-Werte festgestellt worden sind als für den unveränderten Fibroinfaden. Weil von einigen Forschern für die isoelektrische Reaktion des Fibroinfadens höhere p_H-Werte ermittelt

---

[1] E. ELÖD und E. PIEPER, Z. angew. Chem. 41, 16 (1928).
[2] S. M. NEALE und R. H. PETERS, Trans. Faraday Soc. 42, 484 (1946).
[3] M. HARRIS und TREAT B. JOHNSON, Ind. Enging. Chem. 22, 539—542 (1930). M. HARRIS, Amer. Dyestuff Reporter 21, 78—82 (1932).
[4] M. HARRIS und A. M. SOOKNE, J. Res. nat. Burr. Standards 23, 299—308 (1939).
[5] C. WANG und T. WOO, J. Chin. chem. Soc. 5, 170—173 (1937).
[6] D. JORDAN LLOYD und P. B. BIDDER, Trans. Faraday Soc. 31, 864—868 (1935).
[7] M. HARRIS und L. F. GLEYSTEEN, Amer. Dyestuff Rep. 30, 25, 28, 49 (1941).

worden sind als beim Wollkeratin unter gleichen Versuchsbedingungen, ergibt sich aus diesen Befunden keine Bestätigung der vorerwähnten, von REISSE gezogenen Schlußfolgerung, daß das Seidenfibroin im ganzen eine stärker saure Substanz sei als das Wollkeratin. Wenn die basischen Eigenschaften der Wolle tatsächlich die des Seidenfibroins bedeutend überträfen und die sauren Eigenschaften der Seide stärker als die der Wolle wären, dann müßte die isoelektrische Reaktion des Seidenfibroinfadens bei niedrigeren p_H-Werten gefunden worden sein als beim Wollkeratin. Weil dies nicht der Fall ist und beide Proteine im isoelektrischen Zustand sehr träge und unscharf reagieren, erscheint es fraglich, ob es mit den heute zur Verfügung stehenden elektrischen Meßmethoden überhaupt möglich sein wird, feinere Unterschiede zwischen beiden Proteinfasern sich zu erfassen, und ob geringfügige Unterschiede in der Lage der isoelektrischen Reaktion sich beim Färben auswirken, wenn man Farbstoffe im isoelektrischen Bereich des Faserproteins anwendet.

Das Verhalten von Fibroin gegen farblose Säuren

Nach MEYER und FIKENTSCHER[1] sind die für die Bindung der farblosen bzw. der Farbstoffsäuren in Frage kommenden basischen Gruppen der Seide entsprechend ihrer verschiedenen Konstitution auch verschieden stark und zum Teil sehr schwach, was sich aus der teilweisen Hydrolyse ihrer Salze mit Mineralsäuren ergibt. Noch viel stärkere Hydrolyse findet natürlich bei Anwendung schwächerer organischer Säuren statt. MEYER und FIKENTSCHER sind zur Bestimmung des basischen Äquivalentes der Seide wie bei Wolle in der Weise vorgegangen, daß sie die Aufnahme verschiedener Säuren (Perchlorsäure, Salzsäure, Schwefelsäure, Ameisensäure, Essigsäure, Benzoesäure, β-Naphthalinsulfosäure und 2,6-Naphtholsulfosäure) in analoger Weise bestimmten, wie das GEORGIEVICS[2] zur Feststellung seiner Adsorptionswerte getan hatte. Sie legten entbastete Seide 5 Stunden lang in Säurelösungen von 54—60° C im Flottenverhältnis 1 : 40 ein und bestimmten am folgenden Tag die von jeweils 100 g Seide aufgenommene Säuremenge. Beim Eintragen der angewandten Säuremenge auf der Abszisse und der von der Seide gebundenen Säuremenge in Grammäquivalenten auf der Ordinate erhält man Kurven, die anfangs steil aufsteigen, sich aber bald der Parallele zur Abszisse nähern, also einem Grenzwert zustreben. Dieser Grenzwert für die von jeweils 100 g Seidenfibroin maximal gebundenen Säure schwankt nach MEYER bei Seide stärker als bei Wolle und liegt beim Seidenfibroin zwischen 0,018 und 0,030 Grammäquivalenten. Daraus ergibt sich nach ihnen als Mittelwert eine maximale Säureaufnahme

---

[1] K. H. MEYER und H. FIKENTSCHER, Melliand Textilber. 7, 781—84 (1926).
[2] G. v. GEORIEVICS, Mh. Chem. 15, 705—717 (1894).

von etwa 0,024 Grammäquivalenten für 100 g Seide. Später haben HARRIS und GLEYSTEEN[1] ermittelt, daß von 1 g Seidenfibroin bei $p_H = 1$ nur 0,13 Millimol Säure gebunden werden, während LLOYD und BIDDER[2] eine maximale Bindung von 30 Millimol Säure von 100 g Seide bei $p_H = 1{,}0$ gefunden hatten. Diesen vorbekannten Wert der maximalen Säurebindung haben PORAI-KOSCHWITZ[3] und seine Mitarbeiter ebenso wie bei Wolle in der Weise nachgeprüft, daß sie Fibroinfasern in Lösungen von Ammonsalzen erhitzt und das dabei freiwerdende Ammoniak bestimmt haben. Nach ihnen bindet das Seidenfibroin nur die Anionen dieser Salze. Bei Anwendung von Chlorammonium wurde ein Sättigungswert von 0,0003 Äquivalent für 1 g lufttrockene Seide gefunden. Der von PORAI-KOSCHITZ gefundene Wert der maximalen Säurebindung stimmt demnach mit dem von MEYER mit FIKENTSCHER ermittelten höheren Wert und dem später von LLOYD mit BIDDER festgestellten ausgezeichnet überein. Außerdem hat die von ELÖD und FRÖHLICH[4] durchgeführte Untersuchung der Einwirkung von Salzsäure auf Seidenfibroin ergeben, daß mit fallenden p_H-Werten eine zunehmende Menge Salzsäure aufgenommen wird bis zu einem schwach ausgebildeten Maximum der Säureaufnahme, das zwischen $p_H = 0{,}9$—$1{,}24$ liegt. In diesem Bereich nehmen jeweils 100 g Seidenfibroin 34—29 Milliäquivalent Salzsäure auf, während bei einer Erhöhung der Wasserstoffionenkonzentration unter $p_H = 0{,}8$ auch beim Seidenfibroin ein weiterer steiler Anstieg der Salzsäureaufnahme festzustellen ist. Dieser erstmalig von ELÖD und FRÖHLICH festgestellte starke Anstieg des Salzsäurebindungsvermögens der Seide, über ein zwischen $p_H = 0{,}9$—$1{,}24$ liegendes schwach ausgeprägtes Maximum hinaus, ist durch den diskontinuierlichen Verlauf der Kurve beweisend einesteils dafür, daß bei $p_H = 1$ tatsächlich ein Maximum der Säurebindung erreicht wird, und anderenteils dafür, daß der Seidenfibroinfaden sich gegenüber starken Säuren analog dem Wollkeratin verhält. Bei der Einwirkung von schwachen bzw. mittelstarken Säuren zeigt das Seidenfibroin wie das Wollkeratin dagegen eine stetig zunehmende Säurebindung. Vergleicht man die Säureaufnahme des Fibroins nicht bei gleichen p_H-Werten, sondern bei gleichen Äquivalentkonzentrationen, dann zeigt sich, daß die Säureaufnahme proportional der Stärke der verwendeten Säure zunimmt.

Da 100 g Seidenfibroin maximal 30 Milliäquivalent Säure binden, entspricht dieser Sättigungswert einem Äquivalentgewicht von etwa 4200 g gegenüber 1200 g bei Wolle. Das Seidenfibroin vermag demnach maximal weniger Säure aufzunehmen als das Wollkeratin.

---

[1] M. HARRIS und L. F. GLEYSTEEN, Amer. Dyestuff Rep. 30, 25—28, 49 (1941).

[2] D. J. LLOYD und P. B. BIDDER, Trans. Faraday Soc. 31, 864—868 (1935).

[3] A. PORAI-KOCHITZ, Rev. gén. Matières colorantes 36, 39—40 (1932); Chem. J. Ser. B. J. angew. Chem. 7, 99—102 (1934).

[4] E. ELÖD und H. G. FRÖHLICH, Melliand Textilber. 30, 239—243 (1949).

Diese Folgerung hatten bereits MEUNIER und REY[1] aus dem Unterschied der Quellungskurven von Wolle und Seide gezogen. Nach ihnen beweist der flacherere Verlauf der Quellungskurve des Seidenfibroins im Vergleich zum Wollkeratin, daß das Seidenfibroin weniger zur Salzbildung befähigte NH_2 und COOH-Gruppe besitzt als das Wollkeratin, was von ihnen durch die Bestimmung des Aminstickstoffs nach VAN SLYKE bestätigt wurde.

Nach LLOYD und BIDDER[2] unterscheidet sich das Seidenfibroin vom Wollkeratin dadurch, daß dieses einen zehnmal höheren Gehalt an basischen Aminosäuren besitzt als jenes, was aus der nachstehenden Übersicht hervorgeht.

Tabelle 7

Prozentgehalt an Aminosäuren

Basen	Schafwolle	Seidenfibroin
Lysin	2,3	0,25
Arginin	7,8	0,74
Histidin	0,66	0,07

Aus dem Gehalt an basischen Aminosäuren nach den für diese von VICKERY[3] und Mitarbeitern erhaltenen neueren Analysenergebnissen haben PAULI und VALKÓ[4] die entsprechenden elektrochemischen Daten ermittelt, die als hinreichende Bestätigung der experimentell gefundenen Daten der maximalen Säurebindung angesehen werden können, wenn man berücksichtigt, daß ein Teil dieser Basen der Bestimmung entgangen sein kann, was beim Vergleich der obigen Werte mit den Werten der Tabelle auf Seite 99 bestätigt wird.

Tabelle 8

Vergleich der H^+-Bindung von jeweils 1 g Wolle und Seide mit ihrem Gehalt an basischen Aminosäuren

Protein	Basische	Amino-säuren	in 1 g Protein		Maximale H^+-Bindung für 1 g Protein Mol × 10^{-5}
	Histidin Mol × 10^{-5}	Arginin Mol × 10^{-5}	Lysin Mol × 10^{-5}	Summe Mol × 10^{-5}	
Wolle . . .	4	45	16	65	80
Seide . .	0,4	4,5	1,6	6,5	24

[1] L. MEUNIER und G. REY, C. R. hebd. Séances Acad. Sci. Paris **184**, 285—287 (1927).

[2] D. J. LLOYD und P. B. BIDDER, Trans. Faraday Soc. **31**, 867 (1935).

[3] H. B. VICKERY und R. J. BLOCK, J. biol. Chem. **86**, 107 (1930); **93**, 105 (1931). H. B. VICKERY und SHORE, Biochem. J. **26**, 1101 (1932).

[4] W. PAULI und E. VALKÓ, Kolloidchemische Grundlagen der Textil-Veredlung, Berlin 133 (1937).

Weil die aufgenommenen Säuren leicht wieder auswaschbar sind, könnte man die Säureaufnahme beim Seidenfibroinfaden wie beim Wollkeratin nach GEORGIEVICS als einen Adsorptionsvorgang auffassen. Dem steht jedoch gegenüber, daß MEYER und FIKENTSCHER bei den farblosen Säuren mit größerem Molekül etwas höhere Werte für die maximale Säureaufnahme gefunden haben. Dies spricht gegen die Auffassung der Säureaufnahme als einer bloßen Oberflächenadsorption, weil man bei einer Oberflächenadsorption eine größere Aufnahme der niedermolekularen Säuren erwarten müßte.

Das Verhalten von Fibroin gegen Farbstoffsäuren

Bei der Untersuchung der Aufnahme von Pikrinsäure durch Seide haben WALKER und APPLEYARD[1] festgestellt, daß der Verteilungskoeffizient zwischen der durch die Faser aufgenommenen und der im Behandlungsbade verbliebenen Menge konstant ist, wenn man Seide in Pikrinsäurelösungen verschiedener Konzentration 40 Stunden lang auf 60° C erhitzt. Demgegenüber hat jedoch v. GEORGIEVICS[2] festgestellt, daß die Verteilung der Pikrinsäure zwischen Faser und Behandlungsbad zwar von der Temperatur unabhängig ist, weil nach seinen Versuchsergebnissen bei Zimmertemperatur der gleiche Teilungsfaktor wie bei den von WALTER und APPLEYARD bei 60° C durchgeführten Versuchen gefunden wurde, daß bei Anwendung von konzentrierteren Pikrinsäurelösungen jedoch ein Adsorptionsvorgang eintritt.[3] Nach MEYER und FIKENTSCHER[4] übertrifft jedoch der Grenzwert der Aufnahme von Pikrinsäure den bei den anorganischen schwachen und starken Säuren festgestellten beträchtlich. Weil 100 g Seidenfibroin bis zu 0,040 Grammäquivalent Pikrinsäure aufnimmt, während das normale Säureäquivalent wesentlich tiefer liegt, spricht dies nach ihnen dafür, daß sich außer der Salzbildung auch noch ein Adsorptions- bzw. Lösungsvorgang abspielt. Mit Recht haben beide darauf hingewiesen, daß bei Anwendung sehr niedriger Konzentrationen der quantitative Verlauf der Gleichgewichtskurven beim Vorliegen einer Lösung der gleiche ist wie bei einer Adsorption. Man kann demnach in diesen Fällen aus den erhaltenen Gleichgewichtskurven keine Entscheidung zwischen Lösung und Adsorption treffen. Wenn man die Pikrinsäure als eine im Vergleich zu den Mineralsäuren: Salzsäure bzw. Schwefelsäure und den organischen farblosen Sulfosäuren, schwache organische Säure von verhältnismäßig hohem Molekulargewicht auffaßt, dann wird es verständlich, daß die Pikrinsäure

---

[1] J. WALKER und J. R. APPLEYARD, J. Chem. Soc. London **69**, 1334 (1896).
[2] G. v. GEORGIEVICS, Mh. Chem. **32**, 319—327 (1911).
[3] G. v. GEORGIEVICS, Mh. Chem. **32**, 1075—1087 (1911).
[4] K. H. MEYER und H. FIKENTSCHER, Melliand Textilber. **8**, 782 (1927).

vom Seidenfibroin in analoger Weise aufgenommen wird, wie das bei den aliphatischen Carbonsäuren durch Wollkeratin der Fall ist. Demnach kann man die das normale Äquivalent des Seidenfibroins übersteigende Aufnahme von Pikrinsäure in konzentrierten Lösungen auch als eine Solvationserscheinung ansehen, die bei Anwendung hoher Konzentrationen durch einen Adsorptionsvorgang überlagert wird.

Nachdem SCHMIDT[1] festgestellt hatte, daß Seidenfibroin den schwach sauren Farbstoff Eosin aus Lösungen ungleicher Konzentration in keinem konstanten Teilungsverhältnis aufnimmt, hierbei also kein Lösungsvorgang eintritt und das HENRYsche Gesetz nicht gilt, hat GEORGIEVICS[2] die Farbstoffaufnahme von Indigodisulfosäure durch Seidenfibroin untersucht. Der Autor hat diesen Farbstoff für seine Untersuchungen deswegen gewählt, weil hier ein Fall von reversibler Färbung vorliegt. Die Wahl einer reversiblen, d. h. mit Wasser abkochbaren Färbung gestattete sowohl die von der Seide aufgenommenen, als auch die nach dem Versuch im Färbebade verbliebene Farbstoffmenge direkt mit Hilfe des WULFFschen Kolorimeters zu bestimmen. Das Färben geschah in einem Glaskolben am Rückflußkühler 1 Stunde bei 100° C unter Zusatz von Schwefelsäure.

Es zeigte sich zunächst, daß die Menge des angenommenen Farbstoffes von der Menge der dem Färbebade zugesetzten Schwefelsäure abhängig ist und daß eine Zunahme der Farbstoffaufnahme bei im Überschuß zugesetzter, zunehmender Menge Schwefelsäure erfolgt. Diese, die Farbstoffaufnahme befördernde Wirkung der im Überschuß dem Färbebade zugesetzten Schwefelsäure steigt jedoch nicht stetig an, es zeigt sich vielmehr, daß mit zunehmender Schwefelsäuremenge im Färbebade wie bei Wolle ein Maximum der Farbstoffaufnahme erreicht wird und daß bei weiter zunehmender Schwefelsäuremenge die Farbstoffaufnahme wieder absinkt.

Bei der anschließenden Nachbehandlung der mit Indigosulfosäure gefärbten Seide mit Wasser zeigte sich einerseits, daß die auf die Seide aufgezogene Indigodisulfosäure von reinem Wasser stärker abgezogen wird als von mit Schwefelsäure angesäuertem. Je mehr das Wasser Schwefelsäure enthält, desto weniger Farbstoff wird bei der Nachbehandlung von der gefärbten Seide abgezogen.

Andererseits zeigte sich, daß der Teilungskoeffizient aus der von der Seide aufgenommenen Farbstoffmenge und der im Färbebade verbliebenen mit zunehmender Konzentration der angewandten Indigodisulfosäure ständig fällt, daß also mit verdünnten Indigocarminlösungen verhältnismäßig mehr Farbstoff aufgenommen wird als aus konzentrierten, Demnach kann die Aufnahme der Indigodisulfosäure durch Seide nicht auf einem Lösungsvorgang beruhen.

[1] G. C. SCHMIDT, Z. phys. Chem. A 15, 60 (1894).
[2] G. v. GEORGIEVICS, Wiener Mh. Chem. 15, 705—717 (1894).

In bezug auf die von SCHMIDT[1] durchgeführten Färbeversuche macht GEORGIEVICS[2] mit Recht geltend, daß mit Farbstoffsalzen im neutralen Bade durchgeführte Untersuchungen darum keinen einwandfreien Aufschluß über die Eosinfärbung der Seide geben können, weil das Eosin nicht als Salz, sondern als Anion von der Seide aufgenommen wird. Trotzdem haben FREUNDLICH und LOSEV[3] die Aufnahme von Patentblau durch Seide als einen Adsorptionsvorgang angesehen, nachdem sie im unendlich langen neutralen Färbebade das Farbstoffsalz Patentblau in verschiedener Konzentration auf Seide hatten einwirken lassen und bei den meisten untersuchten Farbstoffsalzen etwa den gleichen von der Natur des adsorbierenden Stoffes unabhängigen Adsorptionsexponenten festgestellt hatten.

Bei der Untersuchung der Aufnahme von Orange II durch Seidenfibrion in Abhängigkeit vom p_H-Wert des Färbebades hat HOUCK[4] im p_H-Gebiet 7,3—1,5 eine mit zunehmender Wasserstoffionenkonzentration ansteigende Farbstoffaufnahme festgestellt. Durch Zusatz von Na_2SO_4 wurde die Sorption herabgesetzt.

Darum ist es verständlich, daß SALVATERRA[5] bei der Prüfung der Frage nach der äquivalenten Aufnahme der Farbstoffanionen von Martiusgelb, Naphtholgelb S, Orange G, Orange GRX, Echtscharlach PX, Kristallponceau 6B, Echtponceau B und Baumwollscharlach extra durch Seidenfibroin keine übereinstimmenden Äquivalentwerte gefunden hat, weil er mit ungereinigten Farbstoffsalzen im neutralen Bade gefärbt, zu geringe Konzentrationen angewandt und anscheinend nach der Färbung vor der Farbstoffbestimmung gespült hat. Aus seinen Versuchsergebnissen läßt sich darum nach ihm nur der Schluß ziehen, daß anscheinend mit einer im Farbstoffmolekül zunehmenden Zahl von Sulfogruppen die Affinität des Farbstoffanions zur Seide abnimmt. Dieses Ergebnis kann als die Bestätigung der von REISSE (vgl. 104) gefundenen Gruppen I und II angesehen werden, obwohl die von SALVATERRA erhaltenen Werte ziemlich schwankend sind und nach MEYER und FIKENTSCHER[6] durchweg tiefer liegen als die den wirklichen basischen Äquivalenten entsprechenden.

Zur Feststellung des maximalen Bindungsvermögens von Seidenfibroin für Farbstoffsäuren haben MEYER und FIKENTSCHER diese ebenso wie die vorher untersuchten farblosen Säuren 5 Stunden lang bei 50

---

[1] G. C. SCHMIDT, l. c.

[2] G. v. GEORGIEVICS, Wiener Mh. Chem. **15**, 715 (1894).

[3] H. FREUNDLICH und G. LOSEV, Z. phys. Chem. A **59**, 292—293 (1907).

[4] R. C. HOUCK, J. phys. Chem. **32**, 161—186 (1928).

[5] H. SALVATERRA, Wiener Mh. Chem. **34**, 279—281 (1913).

[6] K. H. MEYER und H. FIKENTSCHER, Melliand Textilber. **8**, 781—785 (1927); Naturwissenschaften **15**, 131—134 (1927).

bis 60° C auf Seide einwirken lassen und das Gleichgewicht einesteils direkt durch Titration der im Bade zurückgebliebenen Säure mit Lauge bestimmt, anderenteils durch Titration des Farbstoffes auf der Faser mittels Titanchlorid kontrolliert. Nach ihnen ist es nicht erforderlich, bei diesen Versuchen reine kristallisierte Farbstoffsäuren zu verwenden, da es bei den mit freier Farbstoffsäure von Orange I bzw. dem Farbstoffsalz von Orange I und Mineralsäurezusatz erhaltenen Werten gleichgültig ist, ob die freie Säure allein oder das Farbstoffsalz unter Zusatz einer äquivalenten Menge Mineralsäure angewendet wird.

Tabelle 9

Orange I und Salzsäure		Orange I freie Säure	
angewandt	gebunden	angewandt	gebunden
0,022	0,0124	0,022	0,0121
0,045	0,0140	0,044	0,0146
0,064	0,0165	0,066	0,0170

Bei der Konkurrenz zweier Säuren um die basischen Gruppen der Seide geht also wie bei Wolle diejenige die endgültige Salzbildung ein, die das schwerer hydrolysierende Salz liefert, demnach die infolge ihres größeren Anions langsamer diffundierende Farbstoffsäure.

Die von Meyer und Fikentscher mit Titanchlorid ermittelten Werte der Farbstoffaufnahme liegen tiefer als die mit Natronlauge indirekt aus dem Gehalte der Farbbäder erreihneten. Der Grund liegt darin, daß die Seide basische Bestandteile an die sauren Bäder abgibt, die einen Teil der Säure neutralisieren und bei der acidimatrischen Methode mittitriert werden, bei der Reduktionsmethode aber nicht. Diese löslichen basischen Bestandteile des Fibroins ließen sich bei den Versuchen mit der freien Säure von Orange I infolge der Schwerlöslichkeit ihrer Salze direkt fassen. Wird nach Beendigung des Färbeversuches mit Orange I die Seide aus dem Bade entfernt, dann tritt, oft erst nach Tagen, im gebrauchten Bade eine Abscheidung von faserigen Kristallen ein, die deutlich Doppelbrechung zeigen und ein Röntgendiagramm geben, das von den Diagrammen der Orange I-Säurekristalle und der mit Orange I gefärbten Seide verschieden ist. Durch Titration der im Niederschlag enthaltenen Orange-I-Säure wurde das Molekulargewicht der Base zu etwa 90 bestimmt. Bezogen auf 100 g Seidenfibroin gehen etwa 0,46—0,66 g basische Seidenbestandteile in das Färbebad. Je nach Berücksichtigung oder Vernachlässigung dieser löslichen Seidenbestandteile beträgt der Wert für die maximale Säurebindung des Fibroins mit Mittel 0,020 bis 0,024 Grammäquivalent für 100 g Seide.

Tabelle 10

Bezeichnung der Farbsäure	Mol. bzw. Äquivalentgewicht	Konzentration	Von 100 g Seide werden maximal gebunden: Gramm	Grammäquivalent
	mit Natronlauge titriert			
Naphtholgelb S	313,1	n/10	9,10	0,029
Anilin-3,4-Disulfosäure→ Acetessigganilid	$\frac{441}{2}$	n/20	6,6	0,030
	mit Titanchlorid titriert			
Orange I = Sulfanilsäure → α-Naphthol-	328	n/20	5,9	0,018
Anilin → G Salz (Orange G)	407	n/20	8,57	0,021
o-Anisidin → Dichlorbenzol K-Säure	$\frac{626}{2}$	n/100	6,57	0,021

Wie mit der Erhöhung des Äquivalentgewichtes der auf Seidenfibroin einwirkenden farblosen Säuren von Salzsäure und Perchlorsäure zu den Naphthalinsulfosäuren festzustellen ist, zeigen auch die von MEYER und FIKENTSCHER für die hochmolekularen einbasischen Farbstoffsäuren ermittelten Werte der maximalen Aufnahme gegenüber den einbasischen Farbstoffsäuren niedrigeren Molekulargewichtes und den zweibasischen Farbstoffsäuren eine merkliche Zunahme, wie die folgende Tabelle im Vergleich zu der vorstehenden zeigt.

Tabelle 11

Farbstoff	Grenzwert der Aufnahme für 100 g Seide
Sulfanilsäure→Acetessiganilid	0,046
Anilin → Benzoyl-S-Säure	0,037

Um festzustellen, ob beim Färben von Seidenfibroin mit den assoziiert löslichen Salzen der Direktfarbstoffe: Benzopurpurin 4B und Benzoviolett 0 nur die Anionen wie bei Wolle aufgenommen werden und ob der von MEYER und FIKENTSCHER gefundene Wert des maximalen Bindungsvermögens der Seide auch für die Anionen der vorstehenden Direktfarbstoffe bestätigt werden kann, hat PORAI-KOSCHITZ[1] Seidenfibroin mit diesen Farbstoffsalzen in Gegenwart von Chlorammonium kochend gefärbt und die dabei freiwerdende Menge von Ammoniak bestimmt.

[1] A. PORAI-KOSCHITZ, W. S. REMENNIKOWA und P. S. SELDOWITSCH, Chem. J. Ser. B, J. angew. Chem. 7, 91—97 (1934).

Er stellte fest, daß auch Seide nur die Anionen bindet und fand eine Sättigungsgrenze von 0,0002—0,00023 Äquivalent auf 1 g lufttrockene Seide bezogen. Sehr gut damit übereinstimmende Werte haben KORTSCHAGIN, PIGUSOWA und SSEMETSCHKINA[1] nach der gleichen Methode für Direktreinblau und Direktviolett ermittelt. Die Sättigungsgrenzen des Seidenfibroins beträgt nach ihnen für Direktreinblau 0,022 g Äquivalent und für Direktviolett 0,023 g Äquivalent auf 100 g Seide bezogen.

Mit Recht haben ELÖD und PIEPER[2] darauf hingewiesen, daß die Proteinfasern Wolle und Seide wie andere Proteine mit Säuren definierte Verbindungen eingehen und daß demzufolge die Farbstoffsäuren gegenüber diesen Proteinfasern die gleiche Rolle spielen wie die farblosen Säuren. Dagegen ist nach ihnen die von BRIGGS und BULL[3] vertretene Auffassung, daß die Aufnahme der Farbstoffanionen äquivalent der H-Ionenaufnahme erfolgen soll, nicht gerechtfertigt, weil nach ihren Versuchsergebnissen das Seidenfibroin ebenso wie das Wollkeratin auch in der Nähe des isoelektrischen Zustandes Farbstoffionen aufzunehmen imstande ist. Sie färbten Seide eine Stunde lang mit Sulforhodamin bei 90° C im Flottenverhältnis 1 : 40 in Bädern, deren Anfangs-p_H-Werte auf 1—12 eingestellt waren. Nach ihnen steigt die Farbstoffaufnahme des Seidenfibroins von etwa $p_H = 5$—3 zwar stetig an, erreicht jedoch bei $p_H = 2$ ein Maximum und erniedrigt sich in stärker sauren Färbebädern, deren Anfangs-p_H-Werte zwischen 1,5 und 2 liegen. In diesen stark sauren Färbebädern vermindert die ultramikroskopisch festgestellte Teilchenvergröberung die Farbstoffaufnahme. Nach dem Überschreiten des isoelektrischen Punktes der Seide ist die Farbstoffaufnahme des Seidenfibroins nur noch gering.

Nach ELÖD und PIEPER erfahren die Sulforhodamin enthaltenden Bäder beim Färben die gleichen Veränderungen ihrer p_H-Werte wie Lösungen mit farblosen Säuren, d. h. bei über $p_H = 5$ liegenden Anfangswerten zeigen die Bäder nach der Einwirkung niedrigere p_H-Werte, bei unter $p_H = 5$ liegenden Anfangswerten zeigen sie nach der Einwirkung höhere p_H-Werte.

Zu analogen Ergebnissen haben die von MACK und HOFFMANN[4] durchgeführten Untersuchungen über die Farbstoffaufnahme von Seidenfibroin geführt. Weil sie infolge ihrer sehr sorgfältigen Durchführung besonders aufschlußreich sind, werden sie nachstehend ausführlich wiedergegeben und besprochen. Sie verwendeten drei durch Umkristallisieren aus Wasser und Alkohol gereinigte Farbstoffe:

---

[1] M. W. KORTSCHAGIN, J. A. PIGUSOWA und A. W. SSEMETSCHKINA, Seide 10, Nr. 2, 20—22 (1940).

[2] E. ELÖD und E. PIEPER, Z. angew. Chem. 41, 16—19 (1928).

[3] T. R. BRIGGS und A. W. BULL, J. phys. Chem. 26, 845—875 (1922).

[4] P. B. MACK und E. C. HOFFMANN, J. phys. Chem. 43, 647—662 (1939).

1. Metanilgelb (Phenylaminoazobenzolmetasulfosaures Natrium)

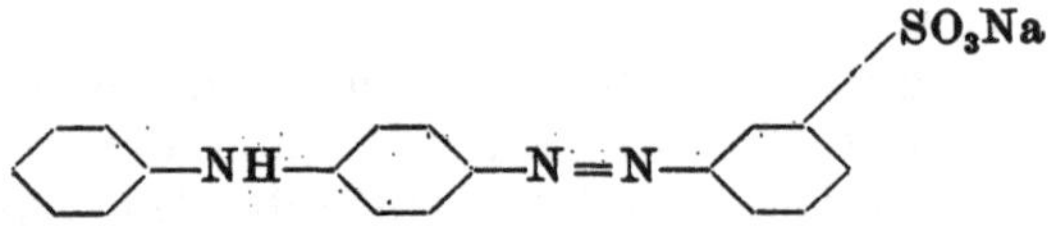

2. Pontacylgrün BL conc. (einen Triphenylmethanfarbstoff mit zwei Sulfosäuregruppen folgender Konstitution)

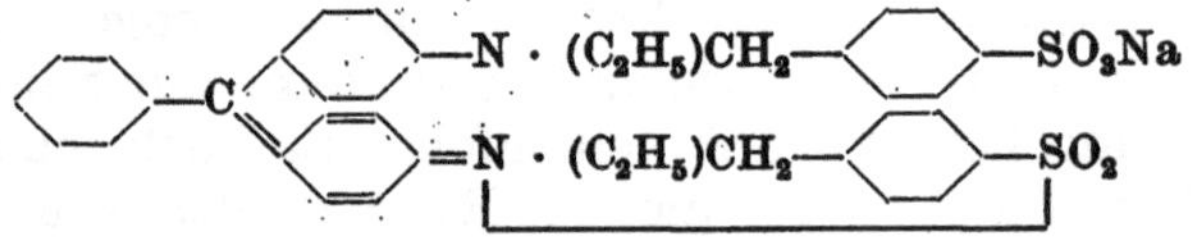

3. Pontacylbrillantblau E (einen Triphenylmethanfarbstoff mit drei Sulfosäuregruppen)

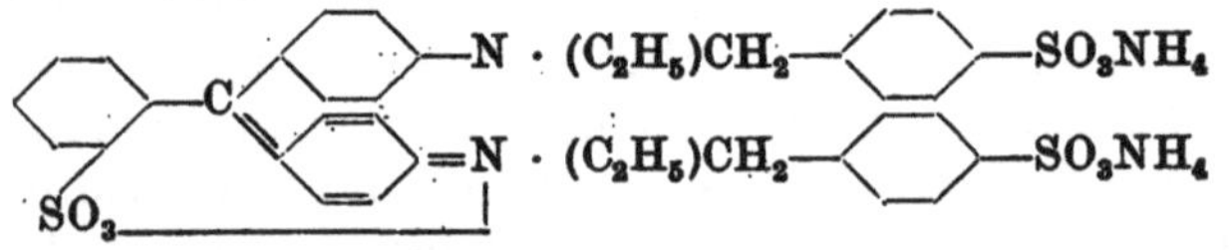

Außer destilliertem Wasser wurden keine anderen Zusätze bei der Herstellung der Färbebäder verwendet, mit Ausnahme derjenigen Versuche, die bei verschiedenen p_H-Werten durchgeführt wurden. Bei diesen erfolgte die Einstellung durch Zusatz von Salzsäure bzw. Natronlauge bis zum gewünschten p_H-Wert. Die Färbebäder bestanden aus 250 ccm. Die Konzentration der Färbebäder wurde durch Titration mittels Titantrichlorid nach KNECHT und HIBBERT[1] in der von CALCOTT und ENGLISH[2] beschriebenen Ausführungsform bestimmt. Das verwendete Seidenfibroin war bis zum konstanten Gewicht getrocknetes entbastetes Crêpe-Garn von jeweils 1 g Gewicht mit einer Toleranz von $\pm$ 0,005 g. Untersucht wurde der Einfluß von Temperatur und Färbedauer sowie der Konzentration und des p_H-Wertes der Färbebäder auf die Farbstoffaufnahme.

Zur Feststellung des Temperatureinflusses wurden die Ausfärbungen bei fünf verschiedenen konstanten Temperaturen: 2—4° C, 25° C, 50° C, 75° C und 97° C durchgeführt. Die Färbedauer betrug jeweils eine Stunde. Es zeigte sich bei jedem Farbstoff, daß bei Veränderung der Färbetemperatur das Gleichgewicht der Farbstoffaufnahme verschoben wird. Während beim Metanilgelb die Farbstoffaufnahme zwischen 20 und 50° C größer ist als bei niedrigerer oder höherer Temperatur, wurde bei den beiden sauren Triphenylmethanfarbstoffen eine größere Farbstoffaufnahme bei den höheren Temperaturen gefunden (Abb. 4).

Bei der Untersuchung des Zeiteinflusses auf die Farbstoffaufnahme des Seidenfibroins wurden Proben von 1 g Seide bei 25° C ohne weitere

[1] E. KNECHT und E. HIBBERT, Ber. dtsch. chem. Ges. 40, 3819—3827 (1907).
[2] W. S. CALCOTT und F. L. ENGLISH, Ind. Engng. Chem. 16, 1042—1044 (1923).

Zusätze im Flottenverhältnis 1 : 250 jeweils 2, 4, 8 bzw. 16 Stunden lang mit den drei Farbstoffsalzen vergleichsweise gefärbt. Beim Pontacylbrillantblau und beim Metanilgelb wurde das Gleichgewicht in dieser Versuchsreihe nach 8 Stunden, beim Pontacylgrün nach 16stündiger Färbedauer erreicht.

Zur Untersuchung des Einflusses der Farbstoffkonzentration auf die Farbstoffaufnahme wurden die Seidengarnmuster ohne weitere Zusätze bei 25° C 8 Stunden lang mit jeweils einem der drei Farbstoffsalze im Flottenverhältnis 1 : 250 bei verschiedener Farbstoffkonzentration

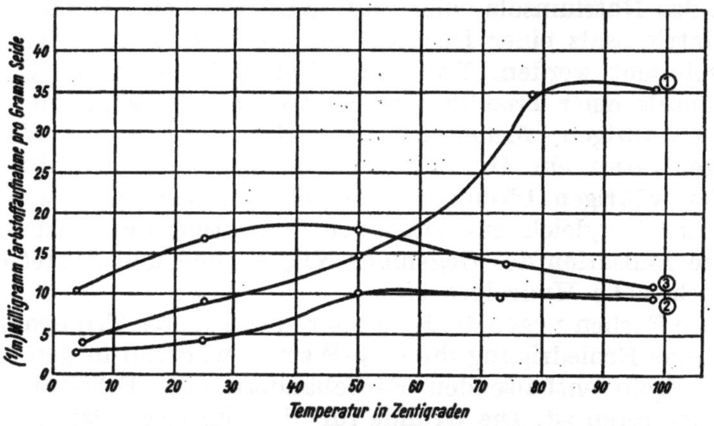

Abb. 4. Der Einfluß der Temperatur auf die Farbaufnahme
1 = Pontacylgrün, 2 = Pontacylblau, 3 = Metanilgelb

Tabelle 12

Farbstoffaufnahme der Seide und Veränderung der Wasserstoffionenkonzentration in Färbebädern verschiedenen Farbstoffgehaltes

Färbedauer 8 Stunden, Färbetemperatur 25° C, Flottenverhältnis 1 : 250

Farbstoff	Muster Nummer	Anfangs-Farbstoff-konzentration	Farbstoff-aufnahme in mg	Anfangs-p_H-Wert	End-p_H-Wert
Metanilgelb	1	61,55	7,33	×	×
	2	126,17	12,45	5,58	5,92
	3	187,55	17,54	5,47	6,03
	4	219,93	22,99	5,54	6,07
	5	341,75	21,81	5,47	6,03
Pontaeylgrün BL .	1	21,47	3,65	5,66	5,30
	2	38,84	7,64	5,74	5,36
	3	89,20	12,58	5,74	5,35
	4	132,60	16,96	5,64	5,27
	5	165,83	17,61	5,65	5,25
Pontacylbrillant-blau E	1	26,02	2,21	5,57	5,13
	2	45,88	3,98	5,27	5,14
	3	134,38	6,64	5,66	5,54
	4	161,80	7,30	5,07	5,11
	5	260,3	9,50	4,99	5,07

gefärbt. Außerdem wurden die p_H-Werte der Bäder verschiedener Farbstoffkonzentration vor und nach dem Färben mit einem Potentiometer mittels Zelle bestimmt. Die Ergebnisse dieser Versuchsreihe sind in der vorstehenden Tabelle 12 zu finden.

Aus den vor dem Färben gemessenen p_H-Werten der Konzentrationsreihen geht hervor, daß weder beim Metanilgelb noch beim Pontacylgrün BL eine nennenswerte Veränderung des p_H-Wertes mit zunehmender Anfangskonzentration einhergeht. Dies zeigt, daß die verwendeten Farbstoffsalze in keinem erwähnenswerten Maße hydrolysieren, gleichgültig, ob sie als das Natriumsalz einer Sulfosäure wie beim Metanilgelb oder als das Natriumsalz einer Disulfosäure wie beim Pontacylgrün BL in Lösung gebracht werden. Nur beim Pontacylbrillantblau E, das das Ammoniumsalz einer Trisulfosäure ist, tritt mit zunehmender Konzentration der wäßrigen Lösung eine merkliche Erhöhung der Wasserstoffionenkonzentration ein. Die hier mit zunehmender Farbstoffkonzentration in der wäßrigen Lösung eintretende Erniedrigung des p_H-Wertes zeigt die im Vergleich zur stärkeren Ionisation des Farbstoffanions schwächere Ionisation des Gegenions NH_4 an und deutet demnach auf eine schwache Hydrolyse hin.

Nach dem Färben zeigen die Bäder der untersuchten Triphenylmethanfarbstoffe eine Erniedrigung ihres p_H-Wertes, während in den gebrauchten, Metanilgelb enthaltenden Färbebändern eine Erhöhung des p_H-Wertes eingetreten ist. Die Gründe für diese im isoelektrischen Bereich der Seide eintretenden Veränderungen des p_H-Wertes sind bei den Triphenylmethanfarbstoffen schwieriger festzustellen als beim Metanilgelb, weil die untersuchten Triphenylmethanfarbstoffe Salze von Di- bzw. Trisulfosäuren sind. Dagegen ist die im isoelektrischen Gebiet der Seide beim Färben mit Metanilgelb eintretende Erhöhung des p_H-Wertes wie bei Wolle in der Weise erklärbar, daß das Seidenfibroin wohl zunächst das Farbstoffsalz als solches aufnimmt, anschließend jedoch das größere Farbstoffanion bevorzugt bindet, während das kleinere Gegenanion Na^+ in das Färbebad zurückdiffundiert. Dieses Zurückdiffundieren des Gegenanions würde bei Verwendung kürzerer Färbebäder notwendigerweise noch erheblich stärkere Veränderungen des p_H-Wertes verursachen als sie von Mack und Hoffmann beim Flottenverhältnis 1 : 250 gefunden wurden.

Im übrigen geht aus der vorstehenden Tabelle hervor, daß mit zunehmendem Farbstoffgehalt des Färbebades eine zunehmende Farbstoffmenge von Seidenfibroin aufgenommen wird.

Ihre Vergleichsversuche zur Bestimmung des p_H-Einflusses auf die Farbstoffaufnahme des Seidenfibroins haben Mack und Hoffmann in der Weise durchgeführt, daß sie einesteils Seidenfibroingarn bei 25° C 8 Stunden lang im Flottenverhältnis 1 : 250 in Lösungen eingelegt haben, die mit Salzsäure bzw. Ätznatron auf die p_H-Werte 1—12 eingestellt

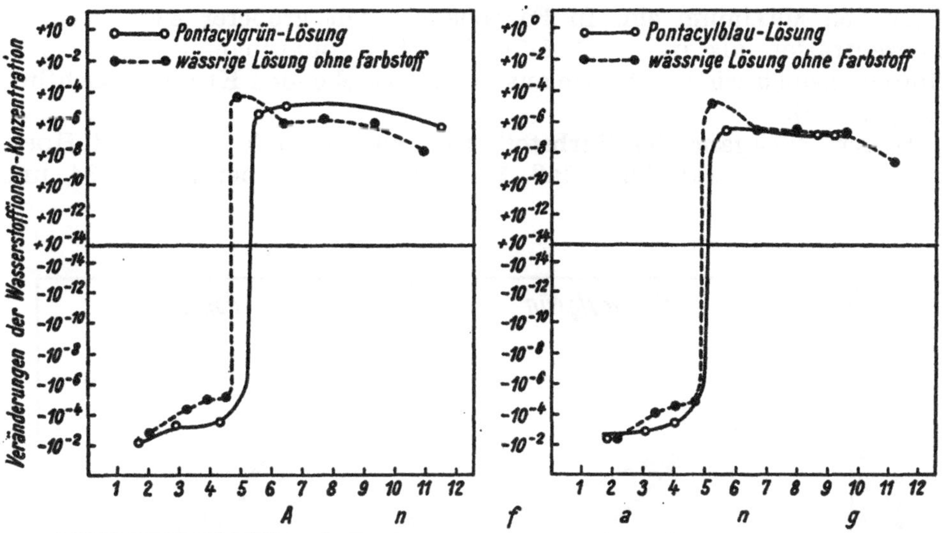

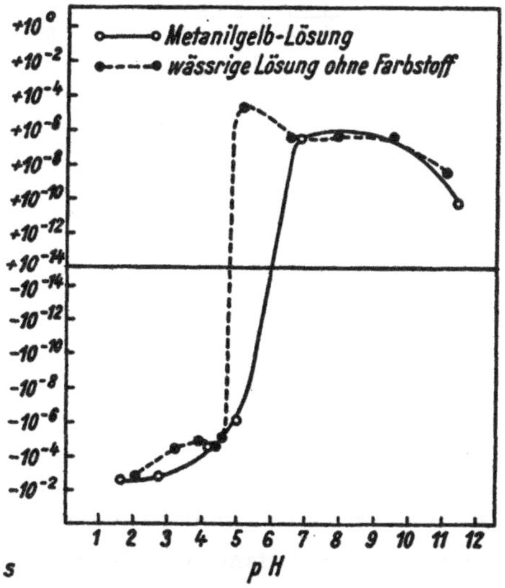

Abb. 5. Die Wirkung des Anfangs-p_H-Wertes auf die Farbstoffaufnahme

waren, jedoch keinen Farbstoff enthielten. Auch hierbei wurden die jeweiligen Anfangs- und End-p_H-Werte dieser Lösungen mittels Potentiometer bestimmt. Dabei fanden sie in Übereinstimmung zu den von ELÖD und PIEPER[1] erhaltenen Ergebnissen, daß das Seidenfibroin aus Lösungen mit niedrigen p_H-Werten H-Ionen, aus den alkalischen Lösungen jedoch OH-Ionen aufnimmt. Der Wechsel zwischen der Aufnahme von H-Ionen und OH-Ionen durch das Seidenfibroin tritt nach ihnen in farblosen Lösungen bei $p_H = 5$ ein. Dies bestätigt, daß die isoelektrische Reaktion des Seidenfadens bei $p_H = 5$ und nicht bei den von HARRIS mitgeteilten niedrigeren p_H-Werten liegt (Abb. 5).

Aus den anderenteils zum Vergleich verwendeten, Farbstoff enthaltenden Lösungen verschiedenen p_H-Wertes wird mit zunehmender Wasserstoffionenkonzentration eine zunehmende Farbstoffmenge vom Seidenfibroin aufgenommen. Diese Zunahme tritt bei jedem der drei untersuchten Säurefarbstoffe bis zu einem zwischen den p_H-Werten 2,5—3,5

[1] E. ELÖD und E. PIEPER, l. c.

liegenden Maximum ein. In Färbebädern mit größerer Anfangsionenkonzentration als $p_H = 2{,}5$ fällt die Farbstoffaufnahme des Seidenfibroins jedoch wieder ab, wie aus den nachstehenden Kurven ersichtlich ist (Abb. 6).

Dieser Rückgang der Farbstoffaufnahme ist nach Mack und Hoffmann dadurch erklärbar, daß Metanilgelb eine bei $p_H = 2{,}84$ und

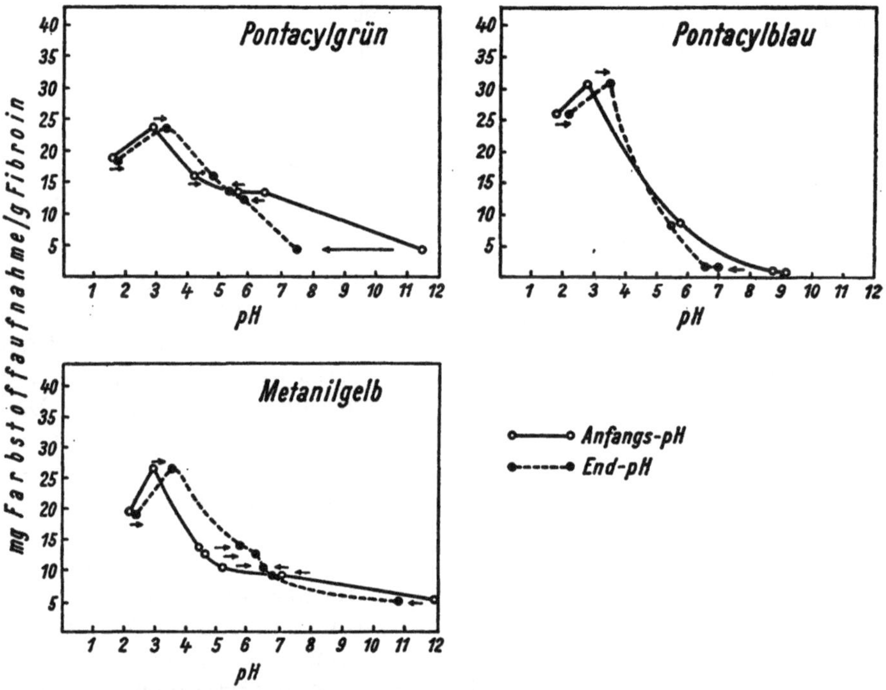

Abb. 6. Die Wirkung des Anfangs-p_H-Wertes auf die Veränderung in der Wasserstoffionenkonzentration der Farbbänder bei verschiedenen Anfangs-p_H-Werten

niedrigeren p_H-Werten erfolgende Flockung erfährt. Pontacylbrillantblau und Pontacylgrün zeigen in dem untersuchten p_H-Bereich zwar keinerlei sichtbare Flockung, doch zeigt die bei $p_H = 2{,}2$ eintretende Farbänderung des Pontacylbrillantblau und die bei $p_H = 3$ einsetzende Farbänderung des Pontacylgrün nach Mack und Hoffmann an, daß eine Veränderung der Molekülgröße eingetreten ist. Außerdem dürfte der bei diesen p_H-Werten einsetzende Abfall der Farbstoffaufnahme auf den Rückgang der Ionisation der Farbstoffsäuren zurückzuführen sein.

Vergleicht man die p_H-Werte der Metanilgelb enthaltenden Färbebäder mit den nach dem Färben von Seidenfibroin sich einstellenden p_H-Werten, dann zeigt sich, daß beim Färben stets eine p_H-Wertveränderung erfolgt. Bei dem ursprünglich auf den Wert $p_H = 2$ eingestellten Färbebade ist die beim Färben von Seidenfibroin mit Metanilgelb eingetretene p_H-Wertverschiebung allerdings gering, das gebrauchte Färbebad zeigt gegenüber seinem Anfangs-p_H-Wert nur eine kleine Erhöhung. Die ursprünglich auf die p_H-Werte 3—5 eingestellten Färbebäder von Metanilgelb zeigen jedoch nach dem Färben, daß in jedem Falle eine deutliche Erhöhung des p_H-Wertes eingetreten ist. Diese während des Färbens eintretende p_H-Werterhöhung ist auf die mit der Aufnahme des Farbstoffanions verbundene Zunahme der OH-Ionenkonzentration im Färbebade zurückzuführen.

Das ursprünglich auf den p_H-Wert 7 eingestellte Färbebad von Metanilgelb zeigt nach dem Färben nur eine geringfügige Erhöhung der Wasserstoffionenkonzentration. Die alkalisch eingestellten Färbebäder von Metanilgelb zeigen nach dem Färben von Seidenfibroin jedoch eine deutliche Erniedrigung ihres p_H-Wertes. Dies deutet darauf hin, daß beim Färben von Seidenfibroin mit Metanilgelb im alkalisch eingestellten Färbebade nicht wie beim Färben im sauren Bade das Farbstoffanion vom Fibroin gebunden wird, sondern daß die Aufnahme von Metanilgelb als Farbstoffsalz bzw. als Kationisches Farbstoffsalz erfolgt.

Nach Elöd und Pieper nimmt das Seidenfibroin aus Lösungen, deren p_H-Werte kleiner sind als der ihres isoelektrischen Punktes H-Ionen, aus solchen, deren p_H-Werte größer sind, OH-Ionen auf und gleicht in diesem Verhalten dem Wollkeration. Vergleicht man nach Mack und Hoffmann die in den auf verschiedene p_H-Werte eingestellten farbstofffreien Behandlungslösungen für Fibroin eintretenden p_H-Wertverschiebungen mit den beim Färben mit Metanilgelb eintretenden p_H-Wertverschiebungen, dann ergibt sich, daß die Färbebäder im isoelektrischen Gebiet der Seide eine größere p_H-Werterhöhung erfahren als die entsprechend eingestellten farbstofffreien Lösungen. Daraus folgt, daß das Metanilgelb, das in wäßriger Lösung nicht hydrolytisch zerfällt, nach dem Eindringen in das Seidenfibroin hydrolysiert und daß bei zwischen 4—6 liegenden Anfangs-p_H-Werten der Färbebäder das Farbstoffanion bevorzugt vom isoelektrischen Seidenfibroin gebunden wird (Abb. 5).

Nach den von Mack und Hoffmann erhaltenen Untersuchungsergebnissen sind beim Färben von Seidenfibroin mit Pontacylgrün BL die analogen Veränderungen der Anfangs-p_H-Werte festzustellen wie bei dem vorbesprochenen Azofarbstoffe. Lediglich die Größe der beim Färben eintretenden p_H-Wertverschiebung unterscheidet sich jeweils (Abb. 5). In Farbstofflösungen von Pontacylgrün BL, deren Anfangs-p_H-Werte zwischen 1,5—4,5 liegen, tritt beim Färben von Seidenfibroin eine Erhöhung des p_H-Wertes ein, zwischen $p_H = 4{,}5$—6 erfolgt ein

Übergang von der Aufnahme von H-Ionen zu der Aufnahme von OH-Ionen durch die Seide und in Färbebädern, deren Anfangs-p_H-Werte über 6 liegen, erfolgt beim Färben eine Erniedrigung des ursprünglichen p_H-Wertes. Vergleicht man diese beim Färben mit Pontacylgrün BL eintretende Veränderung des jeweiligen Anfangs-p_H-Wertes mit der Veränderung, welche eine farblose Lösung gleichen Anfangs-p_H-Wertes bei derselben Behandlung erfährt, dann zeigt sich, daß in den Färbebädern mit zwischen 4,5—5 liegenden Anfangs-p_H-Werten ein Übergang von der Aufnahme von H-Ionen zur Aufnahme von OH-Ionen eintritt. Demnach sind die Farbstofflösungen gleichen Anfangs-p_H-Wertes beim Färben von Seide schwächer sauer geworden als die farblosen Vergleichslösungen gleichen Anfangs-p_H-Wertes. Diese Veränderung kann auch hier nur dadurch erfolgt sein, daß das Seidenfibroin aus den Farbstofflösungen zugleich mit dem Farbstoffsalz einen größeren Anteil an H-Ionen aufgenommen hat bzw. daß ein Zurückdiffundieren des Gegenions Natrium eingetreten ist.

Beim Färben von Seidenfibroin mit Pontacylbrillantblau E in Bädern verschiedenen Anfangs-p_H-Wertes tritt nach Mack und Hoffmann ebenfalls eine Veränderung des ursprünglichen p_H-Wertes ein (Abb. 5). Auch hier erfolgt beim Färben in stark sauren Bädern etwa zwischen $p_H = 1,5$ bis 3 eine Erhöhung des Anfangs-p_H-Wertes, während beim Färben in alkalischen Bädern eine Erniedrigung des Anfangs-p_HWertes eintritt. Der Übergang der Aufnahme von H-Ionen zu OH-Ionen erfolgt beim Färben mit Pontacylbrillantblau zwischen $p_H = 4,5—5$, so daß bei diesem Farbstoff keine erhebliche Veränderung des p_H-Wertes im Vergleich zu den farblosen Behandlungsbädern eintritt. Diese Feststellung stimmt mit der von Elöd und Pieper beim Färben von Seidenfibroin mit Sulforhodamin B gemachten sehr gut überein. Weil der verwendete anionische Färbstoff das Ammoniumsalz einer Trisulfosäure und weil Ammoniumhydroxyd nur eine schwache Base ist, können diese Ergebnisse in der Weise gedeutet werden, daß beim Färben von Seidenfibroin mit Pontacylbrillantblau E eine Aufnahme des Farbstoffanions erfolgt, wenn saure Färbebäder angewendet werden oder im isoelektrischen Gebiet des Seidenfibroins gefärbt wird. Färbt man beide Farbstoffe dagegen aus alkalischen Bädern, dann tritt in jedem Falle eine Erniedrigung des p_H-Wertes beim Färben des Seidenfibroins ein, die darauf hinweist, daß die Farbstoffe als Salze aufgenommen werden. Diese Aufnahme der Farbstoffsalze im alkalischen Färbebade ist jedoch sehr gering. Nach den von Mack und Hoffmann erhaltenen Versuchsergebnissen nehmen jeweils 1 g Seidenfibroin aus einem alkalischen Färbebade vom p_H-Wert 12 noch nicht einmal 2 Milligramm Pontacylbrillantblau gegenüber 25 Milligramm des gleichen Farbstoffs bei $p_H = 3$ auf.

Den Beweis dafür, daß auch beim Färben von Seidenfibroin mit Baumwollfarbstoffen in Färbebädern verschiedenen Anfangs-p_H-Wertes eine p_H-Wertveränderung eintritt, haben ELÖD und BALLA[1] gebracht. Sie fanden beim Färben von Seide mit Diaminhimmelblau FF im Flottenverhältnis 1 : 50 bei der Färbetemperatur 50° C eine Erniedrigung der über $p_H = 4$ liegenden Anfangswerte und eine Erhöhung der unter $p_H = 4$ liegenden Anfangswerte.

Nach ihnen[2] besteht auch beim Färben von Seide — ebenso wie bei Wolle — ein zeitlicher Unterschied zwischen der Proteinsalzbildung der im Färbebade vorhandenen farblosen Säure und der Farbstoffaufnahme. Durch die Anwendung von Salzsäure als farblose Säure konnten diese beiden Teilvorgänge beim Färben von Seidenfibroin in der gleichen Weise erfaßt werden wie beim Färben von Wolle. Sie konnten außerdem zeigen, daß die Chlorionen aus den sich primär bildenden Proteinchloriden durch die Farbstoffsäureionen im Verlaufe des Färbevorganges verdrängt werden. Dadurch wurde ein weiterer Beweis dafür erbracht, daß zwischen Farbstoffsäure und Faserprotein eine chemische Verbindung entsteht.

Weil die substantiven Farbstoffe, wie die Säurefarbstoffe, meistens Natriumsalze von Sulfosäuren sind, ihre Teilchengröße in wäßrigen Lösungen aber wesentlich größer als die der Säurefarbstoffe ist, ist nach ELÖD und BALLA[3] an und für sich zu erwarten, daß sich diese Farbstoffe, ihrem sauren Charakter entsprechend, den Säurefarbstoffen analog verhalten. Weil anderseits die substantiven Farbstoffe viel stärker ausgeprägte kolloide Eigenschaften als die Säurefarbstoffe besitzen, war nach ihnen auch die Frage zu prüfen, ob dieser kolloidale Charakter der substantiven Farbstoffe beim Färben von Seidenfibroin sich auswirkt und ob die Färbung des Seidenfibroins mit substantiven Farbstoffen durch eine Wechselwirkung zwischen den von den Hydroxylgruppen des Faserproteins ausgehenden Nebenvalenzen und den entsprechenden Nebenvalenzen der substantiven Farbstoffe wie bei den Cellulosefasern zustande kommt.

Darum sollte auch geklärt werden, ob der eine oder der andere Vorgang vorherrscht, oder ob sogar beide Vorgänge sich nebeneinander abspielen.

Dabei hat sich gezeigt, daß mit steigender Wasserstoffionenkonzentration der Färbebäder ($p_H = 5—1$) die Aufnahme von substantiven Farbstoffen durch die Seide stetig ansteigt. Diese Erscheinung steht an und für sich im Einklang mit den bei der Einwirkung von sauren Farbstoffen von ELÖD u. a.[4] gemachten Beobachtungen. Sie weicht aber von diesen darin ab, daß bei den ausgewählten substantiven Farbstoffen kein Maximum der Farbstoffaufnahme mit steigender Wasserstoffionen-

---

[1] E. ELÖD, Transact. Faraday Soc. 31, 305—317 (1935).
E. ELÖD und N. BALLA, Mch. Seide, Kunstseide 40, 12—15, 57—61 (1935).

[2] E. ELÖD, Trans. Faraday Soc. 31, 305—317 (1935).

[3] E. ELÖD, Melliand Textilber. 16, 201—204 (1935).

[4] E. ELÖD u. N. BALLA, Seide, Kunstseide 40, 12—15, 57—61 (1935); E. ELÖD u. H. G. FRÖHLICH, Melliand Textilber. 30, 579—585 (1949).

konzentration der Lösungen zu finden war. Dies ist von ELÖD damit erklärt worden, daß in den stark sauren Färbebädern die Farbstoffe ausgeflockt und dann durch vorwiegend adsorptive Bindungen in oder auf der Faser festgehalten worden sind. Nach ihm bewirkt dies eine erhöhte Farbstoffaufnahme, wodurch das sonst zu erwartende Maximum überdeckt wird. In diesen Gebieten der Wasserstoffionenkonzentration werden somit beide Wirkungen, d. h. die chemische und die adsorptive, zur Geltung kommen.

Bei Ausführung der Versuche wurde unerschwerte Naturseide mit verschiedenen Mengen Diaminreinblau FF bei 50° C bzw. 80° C gefärbt. Die Versuchsdauer betrug jeweils eine Stunde, die Flottenverhältnisse 1 : 30 und 1 : 50. Die Färbeversuche wurden einesteils mit gereinigtem Farbstoff, andernteils unter Zusatz von Natriumsulfat durchgeführt. Die höhere Färbetemperatur von 80° C wurde deshalb in die Versuchsreihen einbezogen, um die Färbeversuche der beim Färben von Wolle üblichen besser anzugleichen. Die Reproduzierbarkeit der Messungen war gut. In

Tabelle 13

5% Diaminreinblau FF (bezogen auf das Seidengewicht)
Flottenverhältnis 1 : 50, Temperatur 50° C

Versuchs-Nr.	p_H vor dem Färben	p_H nach dem Färben	Farbstoff-aufnahme mg/1 g Seide	Farbstoff-abgabe mg/1 g Seide
1	0,50	0,52	33,00	Spuren
2	1,10	1,10	30,50	Spuren
3	1,48	1,46	27,60	1,00
4	1,95	2,07	27,60	1,80
5	3,00	3,65	25,60	3,00
6	3,80	4,65	18,00	4,40
7	4,90	5,00	16,60	4,40
8	5,95	5,58	16,00	4,20

Tabelle 14

5% Diaminreinblau FF (bezogen auf das Seidengewicht)
Flottenverhältnis 1 : 50, Temperatur 80° C

Versuchs-Nr.	p_H vor dem Färben	p_H nach dem Färben	Farbstoff-aufnahme mg/1 g Seide	Farbstoff-abgabe mg/1 g Seide
1	0,47	0,68	ausgezogen	keine
2	0,90	1,10	ausgezogen	,,
3	1,20	1,40	ausgezogen	,,
4	1,90	2,12	48,0	Spuren
5	2,82	4,10	44,80	1,3
6	3,85	4,97	36,00	2,5
7	5,45	5,33	34,00	3,0
8	5,80	5,70	31,80	3,5

der letzten Spalte der Tabellen 13 und 14 sind die Farbstoffmengen angegeben, die nach erfolgtem Färben und Abzentrifugieren der gefärbten Seidensträhnchen wieder abgegeben werden, wenn die Seide in farblose Lösungen gebracht wurde, deren p_H-Werte so eingestellt waren, daß sie den p_H-Werten der Färbebäder nach erfolgter Färbung entsprachen. Bei den meisten Versuchen war zu sehen, daß mit steigenden p_H-Werten auch steigende Mengen an Färbstoff wieder abgegeben werden.

Demnach ist wohl eine Abhängigkeit der Farbstoffaufnahme von der Wasserstoffionenkonzentration der Färbebäder zu erkennen, aber kein Maximum der Farbstoffaufnahme. Die gleiche Erscheinung zeigt sich bei denjenigen Färbebädern, die einen Zusatz von Na_2SO_4 enthielten. Weil jedoch Seide in der Praxis häufig ohne einen besonderen Zusatz von Natriumsulfat gefärbt wird und dementsprechend nur ganz geringe Mengen dieses Salzes zusammen mit dem Farbstoff in die Färbebäder gelangen, wird hier auf die Wiedergabe der von Elöd erhaltenen Versuchsergebnisse aus Natriumsulfat enthaltenden Färbebädern in ihren Einzelwerten verzichtet und nur das Gesamtergebnis referiert. Danach ist die Farbstoffaufnahme in den natriumsulfathaltigen Färbebädern bei sonst gleicher Arbeitsweise etwas geringer als in den natriumsulfatfreien Färbebädern.

Nach Dumont[1] wird Seide in der Praxis bei Verwendung von Säurefarbstoffen entweder unter Verwendung von 5% Glaubersalz und der nötigen Menge Essigsäure gefärbt, indem man handwarm eingeht und anschließend bis nahe Kochtemperatur erwärmt. Nach ihm kann man auch im mit Essigsäure leicht angesäuertem Bade etwa 30—40° C warm färben. Nach den von Elöd erhaltenen Versuchsergebnissen tritt bei Mitverwendung von Glaubersalz im Färbebade zwar ein geringeres Ausziehen des Farbstoffes, aber ein besseres Egalisieren ein.

Für die chemische Auffassung des Färbevorganges ist es nach Elöd und Pieper[2] beachtenswert, daß die desaminierte Seide weniger sauren und mehr basischen Farbstoff aufnimmt. Von den Untersuchungen an anderen Proteinen ist es nach Valkó[3] bekannt, daß bei der Desaminierung nach van Slyke von den in Frage kommenden drei Diaminocarbonsäuren nur das Lysin glatt mit salpetriger Säure reagiert. Im Histidin ist die Extragruppe eine sekundäre Aminogruppe, die zwar basische Natur hat, jedoch mit salpetriger Säure in anderer Weise reagiert als die primäre Aminogruppe des Lysins. Im Arginin liegt die Extragruppe als Guanidingruppe vor, die nur sehr träge mit salpetriger Säure in Wechselwirkung tritt. Berücksichtigt man diese Gegebenheiten, dann

[1] M. Dumont, Die Seide und ihre Veredlung, Verlag v. A. Ziemsen, 51—54, Wittenberg (1905).

[2] E. Elöd u. E. Pieper, Angew. Chem. 41, 19 (1928).

[3] E. Valkó, Kolloidchemische Grundlagen der Textilveredlung, Berlin, 135—136 (1937).

wird es verständlich, daß eine völlige Ausschaltung der freien Aminogruppen mittels salpetriger Säure weder beim Wollkeratin noch beim Seidenfibroin möglich ist. Nach ELÖD und PIEPER[1]) verschiebt sich der isoelektrische Punkt der desaminierten Seide nach Entfernung von etwa $^1/_8$ des Gesamtstickstoffs, wie zu erwarten war, gegen die saure Seite zu, und zwar von $p_H = 5,1$ auf $p_H = 4$. Auf der Tabelle 15 sind die mit dieser desaminierten Seide ausgeführten Versuche im Vergleich zu nichtdesaminierter Seide zusammengestellt. Die Farbstofflösung enthielt 0,00115 Mol Sulforhodamin im Liter.

Tabelle 15

p_H-Werte der Farbstofflösungen			Farbstoffaufnahme Mole pro g Seide	
vor dem Färben	nach dem Färben			
	unbehandelte Seide	desaminierte Seide	unbehandelte Seide	desaminierte Seide
3,08	3,90	3,87	$0,322 \cdot 10^{-4}$	$0,064 \cdot 10^{-4}$
4,08	5,11	4,22	$0,198 \cdot 10^{-4}$	$0,055 \cdot 10^{-4}$
4,42	5,14	4,20	$0,175 \cdot 10^{-4}$	$0,028 \cdot 10^{-4}$
5,97	5,11	4,51	$0,124 \cdot 10^{-4}$	$0,018 \cdot 10^{-4}$

Die durch das Desaminieren auftretende Verminderung der Aminogruppen verursacht demnach sowohl Veränderungen der p_H-Werte der Farbstofflösungen nach dem Färben als auch Veränderungen in der Aufnahme von Farbstoffanionen. Dabei sind die Unterschiede der p_H-Werte in den Farbstofflösungen nach dem Färben zahlenmäßig geringer als die durch das Desaminieren bewirkten Verminderungen der Farbstoffaufnahmen, wodurch die Wichtigkeit der basischen Aminogruppen für die Salzbildung mit Farbstoffanionen bewiesen ist. Zu den gleichen Ergebnissen haben die Untersuchungen von KORTSCHAGIN, PIGUSSOWA und SSEMJATSCHKINA[2] mit substantiven Farbstoffen geführt. Sie haben Seide desaminiert und die desaminierte Seide in Gegenwart von NH_4Cl mit Direktreinblau und Direktviolett 0 gefärbt. Nach ihren Versuchsergebnissen beträgt die Grenzabsorption der desaminierten Seide für Direktreinblau = 0,014 g Äquivalent und für Direktviolett 0 = 0,015 Äquivalent auf 100 g Seide bezogen, während die Säurebindung bei der nicht desaminierten Seide doppelt so hoch liegt. Nach ihnen deutet diese Absorptionserniedrigung der Farbstoffanionen bei der desaminierten Seide auf die Rolle der Aminogruppen bei der Fixierung der Farbstoffe durch die Faser hin.

[1] E. ELÖD u. E. PIEPER, Angew. Chem. 41, 19 (1928).
[2] M. W. KORTSCHAGIN, JE. A. PIGUSSAWA u. A. F. SSEMJATSCHKINA, Seide 10, Nr. 3/4, 24—26 (1940).

Nachdem die vorstehend beschriebenen Untersuchungen von ELÖD und KORTSCHAGIN überzeugend gezeigt haben, daß desaminierte Seide weniger Farbstoffanionen zu binden vermag als nichtdesaminiertes Seidenfibroin, ist das im Vergleich zu Wolle geringere Aufnahmevermögen der Seide für Farbstoffanionen auf den geringeren Gehalt an freien Aminogruppen zurückzuführen. Es liegt also nahe, anzunehmen, daß zwar bei den molekulardispers löslichen Farbstoffen mit nur einer Sulfogruppe im Molekül die Möglichkeit einer Absättigung unter Salzbildung besteht, daß jedoch bei den Farbstoffen, die Disulfosäuren sind, diese Absättigung aus sterischen Gründen nicht immer möglich ist. Bei Farbstoffen, welche mehr als eine Sulfogruppe im Anion besitzen, wird demnach die Bildung neutraler Fibroinverbindungen nur in solchen Fällen möglich sein, in denen die Sulfosäuregruppen in gleichem Abstand im Farbstoffmolekül angeordnet sind wie die freien Aminogruppen im Seidenfibroin. Wenn die Salzbildung eines Farbstoffanions mit dem Seidenfibroin nur über ein Sulfonsäuregruppe erfolgt, während die zweite Sulfosäuregruppe des Farbstoffmoleküls frei bleibt, muß es leichter zu einer Hydrolyse der gefärbten Faser kommen als bei einer Absättigung aller vorhandenen Sulfosäuregruppen. Außerdem müssen sich selbstverständlich auch die bei Wolle behandelten, aus dem STOCKESschen Gesetz ableitbaren Einflüsse der Ionenbeweglichkeit und der Ionengröße auswirken. Weil infolge einer Molekülvergrößerung des Farbstoffanions die Diffusionsgeschwindigkeit herabgesetzt wird, müssen demnach auch bei Seide die langsamer diffundierenden Farbstoffe die naßechteren Färbungen ergeben, und die Färbebäder solcher Farbstoffe müssen demzufolge besser ausziehen.

Nach NEALE[1] spricht alle Wahrscheinlichkeit dafür, daß beim neutralen Färben von Wolle und Seide nur das Farbstoffion von den Fasern absorbiert wird. Wenn das einzelne einbasische Ion die Ladung eines Elektrons trägt, besitzt das Grammion eine Ladung von 96,540 Coulombs und die mehrwertigen Ionen selbstverständlich eine dementsprechend größere Ladung.

Wenn ein Farbstoffanion der Wertigkeit n, das die Ladung von n Elektronen (ne) trägt, von einer Oberfläche absorbiert wird, die gegenüber der Lösung ein negatives Potential Ψo zeigt, dann müßte die Arbeit von $ne\Psi o$ Elektronvols aufgewendet werden, um das Farbstoffion in die Oberfläche zu bringen.

Die notwendige Energie, welche dazu erforderlich ist, wird durch die mit zunehmender Temperatur ansteigende thermische Bewegung im System geliefert. Wenn der Farbstoff Affinität zur Faser hat, wird ein Teil der im Färbebade vorhandenen Menge von der Faser absorbiert. Während das Ausmaß der Farbstoffabsorption von der Farbstoff-

[1] S. M. NEALE, J. Soc. Dyers Colourists 63, 368—370 (1947).

konstitution abhängig ist, kann die elektrostatische Abstoßung der Farbstoffanionen durch Verringerung des negativen Potentials der Faser oder durch Verwendung eines Farbstoffes mit weniger hoch geladenem Anion geschehen, beispielsweise mit Farbstoffen, welche weniger Sulfosäuregruppen im Molekül enthalten. Die Verringerung des negativen Potentials der Faser kann durch Zusatz von Neutralsalz zum Färbebad erfolgen.

Nach der elektrokinetischen Methode von DARUVALA bestimmte Oberflächenpotentiale verschiedener Fasern enthält die Tabelle 16:

Tabelle 16

Elektrokinetisch bestimmte Oberflächenpotentiale ungefärbter Fasern in Kochsalzlösungen von 16° C

Faserart	$-\psi_0$ (volt)	0,001 n — NaCl $e^{\frac{2e\psi_0}{300\,KT}}$	$-\psi_0$ (volt)	0,005 n NaCl $e^{\frac{2e\psi_0}{300\,KT}}$
Gebleichte Baumwolle .	0,0218	0,177	0,0143	0,321
Viskose	0,0202	0,201	0,013	0,35
Durafil	0,023	0,161	—	—
Azetatkunstseide . . .	0,045	0,028	0,0309	0,0861
Nylon	0,0497	0,019	0,0347	0,0624
Vinyon	0,0690	0,0043	0,0665	0,0050
Seide	0,0293	0,097	—	—
Wolle	0,0674	0,0047	0,0551	0,0123

Die Werte $e^{\frac{2e\psi_0}{300\,KT}}$ zeigen die durch die Potentiale der Fasern hervorgerufenen Wirkungen auf zweiwertige Farbstoffanionen im Färbebade. Es ist augenscheinlich, daß das Faserpotential vom Neutralsalzgehalt des Färbebades abhängig ist, wenn der Neutralsalzgehalt des Bades ansteigt, verändert sich das Faserpotential in der Richtung auf Null zu, und die elektrostatische Abstoßung des Farbstoffanions kann dann vernachlässigt werden.

Wenn jedoch ein Farbstoff eine zur Faser entgegengesetzte Ladung trägt, dann begünstigt der elektrostatische Effekt die Anfärbung. Setzt man in solchen Fällen dem Färbebade Neutralsalz zu, dann vermindert man die elektrostatische Anziehung des Farbstoffkations, und man erhält einen negativen Salzeffekt, d. h. je mehr Neutralsalz im Färbebade vorhanden ist, um so geringer ist die elektrische Anziehung der positiv geladenen Farbstoffionen basischer Farbstoffe.

Im Falle der amphoteren Fasern Wolle und Seide kann die Ladung der Fasern auch durch Säurezusatz verändert werden. Dies geht in der Weise vor sich, daß das $-COO^-$-Ion der Salzbindung seine negative Ladung im Sinne der Gleichung:

$$-COO^- + H^+ + \rightarrow COOH$$

verliert. Mit zunehmender Wasserstoffionenkonzentration muß dementsprechend bei unter $p_H = 3$ liegenden Werten die Faser durch die $—NH_3^+$-Gruppen zunehmend positiv geladen werden.

Wenn in einem solchen Falle die Faser mit einem anionischen Farbstoff im sauren Bade gefärbt wird, zieht die durch die farblose Säure positiv geladene Faser die Farbstoffanionen an. Anderseits vermindert hierbei ein Neutralsalzzusatz zum Färbebade den elektrostatischen Effekt und verzögert die Farbstoffaufnahme, was den (auf Seite 30) wiedergegebenen Untersuchungsergebnissen bei Wolle entspricht.

Nach REISSE[1] färben solche Farbstoffe, die keine basischen Gruppen im Molekül enthalten, nur Wolle an. Seidenfibroin sollen solche Farbstoffe deswegen unberührt lassen, weil die stärkeren basischen Eigenschaften der Wolle gegenüber Seide nach ihm nur in der Wollsubstanz eine Salzbildung mit dem Farbstoff vor sich gehen lassen. Untersucht man das Verhalten der Wollfarbstoffe Seide gegenüber jedoch genauer, dann findet man, daß die von REISSE gewählte Formulierung deswegen irreführend ist, weil die Wolle rasch anfärbenden anionischen Farbstoffe auch Seide sehr rasch anfärben, also keineswegs unberührt lassen. Spült man die Fasern jedoch nach dem Färben in Wasser, dann werden diese Farbstoffe zwar von der Wollfaser festgehalten, aus der Seidenfaser jedoch sehr rasch wieder ausgewaschen, gleichgültig, ob die Färbung im neutralen oder im angesäuerten Bade erfolgte. Die meisten Egalisierungsfarbstoffe für Wolle verhalten sich Seide gegenüber demnach wie Indigodisulfosäure.

Nach REISSE färben diejenigen Farbstoffe, in denen basische und saure Gruppen in einem gewissen Gleichgewicht sind, Wolle und Seide gleichmäßig an. Weil die Sulfosäuregruppe eine stark dissoziierende Gruppe und die Azogruppe eine normalerweise nicht dissoziierende Gruppe ist, überwiegt bei den Azofarbstoffen also der stark saure Einfluß der Sulfosäuregruppe. Führt man in das Molekül eines Azofarbstoffes nun noch eine stärker basische Gruppe, z. B. die Aminogruppe oder die Dimethylaminogruppe ein, dann gelangt man zu Farbstoffanionen mit stärker ausgeprägten zwitterionischen Eigenschaften. Nachdem die Farbstoffe mit zwitterionischen Eigenschaften auf Wolle ganz allgemein naßechtere Färbungen ergeben, ist es verständlich, daß man mit ihnen auch bei Seide Färbungen von größerer Tiefe und besserer Naßechtheit erhält. Diese Eigenschaft kann, wie bei Wolle, nur dadurch erklärt werden, daß die zwitterionischen Farbstoffanionen ebenso wie andere Azofarbstoffe über ihre Sulfosäuregruppe mit einer freien Aminogruppe des Seidenfibroins unter Salzbildung reagieren, außerdem aber noch durch ihre Aminogruppe fester durch eine freie Carboxylgruppe des Seidenfibroins gebunden werden, als das bei den übrigen Azofarbstoffen unter Vermittlung

[1] E. REISSE, Lehnes Färberztg. 6, 329, 351 (1895).

der Azogruppe der Fall ist. Für diese Erklärung spricht außerdem die Tatsache, daß nach dem Augenschein der Farbton einer Ausfärbung auf Wolle mit dem auf Seide erzielten Farbton bei gleicher Farbtiefe besser übereinstimmt, wenn diese Ausfärbungen mit dem gleichen anionischen Farbstoffe hergestellt werden, als die Ausfärbung auf Cellulosefasern in gleicher Farbtiefe.

Aus den Untersuchungen von ELÖD, SILVA und SCHRÖRS[1] geht hervor, daß die einzelne Seidenfaser aus Fibrillen zusammengesetzt ist, welche durch Einwirkung von konzentrierten Säuren oder Alkalien sichtbar gemacht werden können.

Durch Behandlung von Seide mit bestimmten Bakterien konnte BARTSCH[2] ebenfalls Fibrillen erhalten. Der Abstand dieser auch durch elektromikroskopische Aufnahmen von HEGETSCHWEILER[3] an macerierter Naturseide und von STUDER[4] am Oberflächenabdruck nachgewiesenen Fibrillen im Fibroinfaden konnte durch Röntgenuntersuchungen bestimmt werden. Aus den Netzebenenabständen quer zu den Polypeptidketten ergibt sich, daß die intermicellaren Zwischenräume beim Seidenfibroin kleiner sind als beim gestreckten Wollkeratin, aber größer als bei den Polyamidfasern, wie die nachstehende Tabelle von ZAHN[5] zeigt.

Tabelle 17

Substanz	d 200 zwischen den Ketten im Rost	d 002 zwischen den Rostebenen	Literatur
β-Keratin . .	4,65	9,8	
Fibroin . . .	4,33	4,62	Brill 1943
Nylon	4,4	3,7	Brunn u. Garner 1947
Perlon L . . .	4,39	3,77	Brill 1943
Perlon U . . .	4,20	3,77	Brill 1943

Demnach ist der Abstand quer zu den Polyamidketten beim Fibroin nur halb so groß wie beim gestreckten Wollkeratin. Infolgedessen ist zu erwarten, daß das Diffusionsvermögen hochmolekularer assoziierter Farbstoffe in das nicht gequollene Seidenfibroin, gegenüber gestreckter Wolle, herabgesetzt ist.

Dem steht jedoch gegenüber, daß das Seidenfibroin bei niedriger Temperatur stärker quillt als bei Wollkeratin. Durch die Quellung

[1] E. ELÖD, E. SILVA u. H. SCHRÖRS, Melliand Textilber. 11, 782 (1930).
[2] J. BARTSCH, Melliand Textilber. 12, 760 (1931); 13, 21 (1932).
[3] R. HEGETSCHWEILER, Makromolekulare Chem. 4, 178—181 (1949).
[4] R. SIGNER, H. PFISTER u. H. STUDER, Makromolekulare Chem. 6, 22 (1950).
[5] H. ZAHN, Melliand Textilber. 33, 1076—1084 (1952).

werden, wenn zwischenmicellare Quellung vorliegt, die Abstände der Micellen und damit auch die zwischenmicellaren Räume vergrößert, außerdem liegt Wolle normalerweise nicht in gestreckter Form vor.

In dieser Erkenntnis hat Elöd[1] Seide und Wolle unter analogen Bedingungen bei verschiedenen p_H-Werten quellen lassen und nach Erreichen des Quellungsgleichgewichtes ihre Gewichtszunahme, also den Quellungsgrad, festgestellt. Wie aus der Tabelle 18 zu sehen ist, liegen die Quellungsgrade für die Seide im untersuchten p_H-Gebiet höher als für Wolle. Nun wurden Wolle und Seide vergleichsweise mit dem substantiven Farbstoff Diaminreinblau-FF bei 80° C eine Stunde lang gefärbt (vgl. Tabelle 19).

Tabelle 18

Versuchs-Nr.	p_H vor dem Quellen	Quellungsgrad	
		Wolle	Seide
1	0,80	—	1,511
2	1,00	1,468	1,512
3	1,36	—	1,523
4	2,00	1,252	1,528
5	3,20	1,226	1,498

Tabelle 19

Versuchs-Nr.	p_H vor dem Färben	Farbstoffaufnahme	
		mg/1 g Wolle	mg/1 g Seide
1	1,19	35,80	50,00
2	2,13	22,00	48,00
3	2,85	12,00	44,80
4	4,00	4,00	36,00
5	6,62	3,00	31,80

Man sieht, daß unter diesen Bedingungen, d. h. in der gleichen Zeit und bei gleicher Temperatur, die stärker gequollene Seide mehr von dem substantiven Farbstoff aufgenommen hat als die weniger gequollene Wolle. Bei den Säurefarbstoffen, deren Dispersionsgrad höher und deren Molekularvolumen dementsprechend kleiner ist, liegen die Verhältnisse nach Elöd umgekehrt.

Dementsprechend werden diejenigen Farbstoffe, welche an sich ein kleines Molekül besitzen, vom Seidenfibroin rascher aufgenommen als vom Wollkeratin. Dies haben die von Elöd und Fröhlich[2] durchgeführten quantitativen Untersuchungen der Farbstoffaufnahmen mit 0,2%igen Farbstofflösungen bei Zimmertemperatur ganz deutlich gezeigt. Die Färbedauer betrug dabei Tage bzw. Wochen (Abb. 7).

[1] E. Elöd u. H. G. Fröhlich, Melliand Textilber. 30, 579—585 (1949).
[2] E. Elöd, Melliand Textilber. 16, 291—292 (1935).

Vergleicht man die in Prozenten angegebenen Farbstoffaufnahmen bei Wolle und Seide, dann zeigt sich, daß bei Seide von denjenigen Farbstoffen, die ein kleineres Molekül besitzen, schon vor Ablauf eines Tages größere Farbstoffmengen aufgenommen werden als von den kolloiden Farbstoffen mit größerem Molekül, die erst nach einer Färbedauer von mehreren Tagen die prozentuale Farbstoffaufnahme der Säurefarbstoffe erreichen. Bei Wolle dagegen sind nur die Säurefarbstoffe imstande, bei Zimmertemperatur zu einem erheblichen Betrag in die Faser einzudringen, während die substantiven Farbstoffe unter diesen Bedingungen selbst nach Wochen nicht imstande sind, die Wollfaser auch nur annähernd so tief einzufärben wie die Seide (Abb. 8).

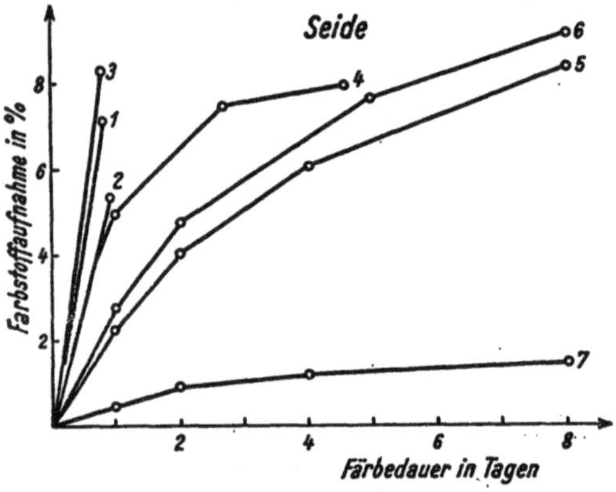

Abb. 7. Die Aufnahme saurer und substantiver Farbstoffe bei Zimmertemperatur durch Seide in Abhängigkeit von der Zeit. Flotte 1 : 100; Anfangs-p_H etwa 1,3

1 = Eriorubin 2 B 3 = Kristallponceau 6 R
2 = Erioflоxin 2 G 4 = Dianilorange G
5 = Chicagoblau 6 B
6 = Benzoneublau 5 B
7 = Benzoreinblau

Nach MEGGY[1] muß der Färbevorgang sowohl als ein chemischer wie auch als ein physikalischer Vorgang aufgefaßt werden. Dabei kann man die üblichen physikalischen Methoden der Thermodynamik benutzen, um die Bedingungen zu bestimmen, nach welchen das Gleichgewicht des Systems erreicht wird, und kann die Kinetik des Färbevorganges untersuchen, also die Geschwindigkeit, mit der das Gleichgewicht erreicht wird. Derjenige Farbstoff, welcher die größere Affinität in thermodynamischem Sinne hat, zeigt im Gleichgewicht die größere Absorption, kann aber in frühen Färbestadien eine geringere Adsorption zeigen, weil er langsamer auf die Faser aufzieht. Die Farbstoffaffinität wird demnach durch den Diffusionskoeffizienten beeinflußt, der einesteils von der Ionenbeweglichkeit und andernteils von der Größe des Chromogens im Farbstoffmolekül abhängig ist. Infolgedessen bezeichnet der Ausdruck Affinität im thermodynamischen Sinn die Veränderung der freien Energie, wenn ein g-Molekül Farbstoff bei einer bestimmten Temperatur aus seiner in Wasser üblichen Zustandsform in die Zustandsform übergeführt wird, die er in der Faser annimmt.

---

[1] A. B. MEGGY, J. Soc. Dyers Colourists 66, 510—521 (1950).

Kehrt man den Diffusionsvorgang nun in der Weise um, daß man die gefärbten Fasern in ungefärbte Lösungen gibt, dann muß naturgemäß sowohl der substantive Farbstoff als auch der molekulardispers lösliche Farbstoff aus der gefärbten Seide rascher wieder herausdiffundieren als aus der gefärbten Wolle[1]. Dementsprechend hat ELÖD[2] festgestellt, daß die Waschechtheit der substantiven Wollfärbung größer ist als die der entsprechenden bei Naturseide. Berücksichtigt man außerdem, daß die Dicke der Seidenfaser nach ELÖD[3] ungefähr zwanzigmal geringer ist als die von Wolle, dann ergibt sich daraus, daß die Oberfläche der gleichen Gewichtseinheit Seidenfibroin ungleich größer ist als von Wolle. Demzufolge muß nach dem FICKschen Gesetz die Diffusion bei Seide, sowohl infolge der größeren Oberflächen als auch wegen des kürzeren Diffusionsweges, gegenüber Wolle begünstigt sein, wenn man die Wasserechtheiten beider Textilfasern nach ihrer Anfärbung mit dem gleichen direktziehenden Farbstoff bestimmt. Weil die Diffusionskoeffizienten der Säurefarbstoffe an sich schon größer sind als die der substantiven Farbstoffe, müssen also die Säurefarbstoffe aus Seide rascher wieder herausdiffundieren als die substantiven Farbstoffe. Möglicherweise wirkt es sich auch aus, daß die ungestreckte Wollfaser, welche eine unveränderte Schuppenschicht besitzt, sich infolge der größeren Dichte ihrer Schuppen und wegen ihrer bei gewöhnlicher Temperatur geringeren Quellung wasserechter verhält als das Seidenfibroin, bei dem sich nach OHARA[4]

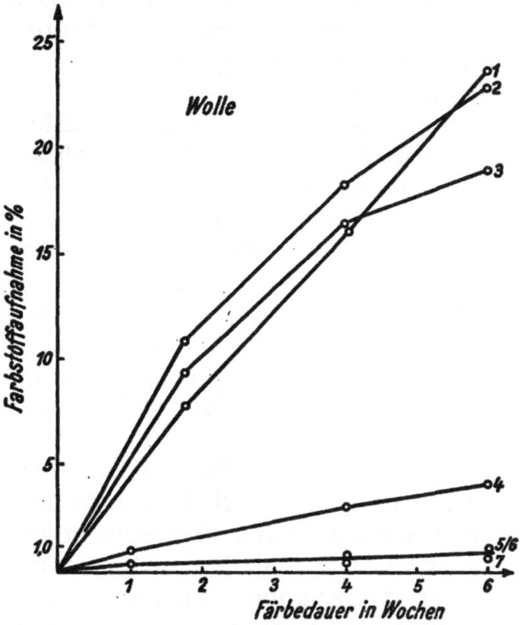

Abb. 8. Die Aufnahme saurer und substantiver Farbstoffe bei Zimmertemperatur durch Wolle in Abhängigkeit von der Zeit. Flotte 1:100; Anfangs-p_H etwa 1,3

1 = Eriorubin 2 B
2 = Eriofloxin 2 G
3 = Kristallponceau 6 R
4 = Dianilorange G
5 = Chicagoblau 6 B
6 = Benzoneublau 5 B
7 = Benzoreinblau

[1] H. GERSTNER, Melliand Textilber. 30, 254 (1949).
[2] E. ELÖD, Melliand Textilber. 16, 291—292 (1935).
[3] E. ELÖD, Kolloidchem. Beih. 19, 333 (1925).
[4] K. OHARA, Sci. Pap. Ind. physic. chem. Res. 21, 104—127 (1933).

zwar auch eine Oberflächenstruktur und eine Außenschicht feststellen läßt, aber keine isolierbare Rindenschicht.

Bei Berücksichtigung dieser Diffusionsbedingungen ist es durchaus verständlich, daß der Farbstoff Orange I trotz seines verhältnismäßig kleinen Moleküls auf Seide Färbungen von größerer Farbtiefe und besserer Wasserechtheit gibt als andere wenig assoziiert lösliche Farbstoffe mit mehreren Sulfosäuregruppen im Molekül. Gegenüber Farbstoffionen von etwa gleicher Größe, aber einer erhöhten Anzahl von Sulfosäuregruppen im Molekül muß es in bezug auf die Diffusion benachteiligt, in bezug auf die Farbstoffbindung aber begünstigt sein. Vergrößert man das Farbstoffanion, ohne die Sulfosäuregruppen zu vermehren, dann nimmt nicht nur das Molekulargewicht in Richtung der Reihe: Orange I Supranolorgane bzw. Polarorange zu, sondern auch die Assoziation des Farbstoffes im Färbebade. Die Farbstoffdiffusion muß demnach sowohl beim Färben als auch bei den folgenden Naßbehandlungen erschwert werden. Die bei Wolle festgestellte Tendenz, daß mit einer Vergrößerung des Farbstoffanions eine Verringerung der Aufziehgeschwindigkeit einhergeht, die von einer Verbesserung der Wasserechtheit begleitet ist, läßt sich somit auch bei Seidenfibroin feststellen. Weil der gleiche Farbstoff auf Seidenfibroin sich jedoch weniger wasserecht verhält als auf Wolle, pflegt man Seide nur mit solchen Wollfarbstoffen zu färben, die die besten Naßechtheitseigenschaften besitzen.

Weil nach KARRER und SCHUBERT[1] sowie nach NEALE[2] das elektrokinetische Potential der entbasteten Seide wesentlich niedriger ist als das der Wolle, könnte man zwar die bessere Wasserechtheit der Wollfärbungen im Vergleich zu den Ausfärbungen auf Seide auch darauf zurückführen, daß das höhere elektrokinetische Potential der Wolle stärker flockend auf die absorbierten Farbstoffanionen einwirkt. Eine derartige physikalische Deutung der besseren Naßechtheit der Wollfärbungen im Vergleich zu gleich starken Ausfärbungen desselben Farbstoffes auf Seide ist jedoch nur bei den elektrolytempfindlichen kolloidlöslichen Farbstoffen vorstellbar, während bei den nicht elektrolytempfindlichen Anionen der Säurefarbstoffe eine solche Erklärung nicht denkbar ist.

Nach HEERTJES[3] ist die Dichte der mit Brillantcrocein M gefärbten entbasteten Seide von Bombyx mori nur wenig verschieden von derjenigen vor der Färbung.

Nach seiner Feststellung ist die in Helium bestimmte Dichte des gefärbten Fibroins etwas höher als die des ungefärbten Fibroins. Korrigiert man jedoch den Wert der Dichte des gefärbten Fibroins, indem man die

---

[1] P. KARRER u. P. SCHUBERT, Helv. chim. Acta 11, 221—229 (1928).
[2] S. M. NEALE, J. Soc. Dyers Colourists 63, 369 (1947).
[3] P. M. HEERTJES, Recueil Trav. chim. Pays-Bas 60, 329—341 (1941).

Dichte der aufgenommenen 2,5% Brillantcrocein M abzieht, dann ist die korrigierte Dichte 1,338, die sich von der Dichte des ungefärbten Seidenfibroins nur noch durch die Differenz — 0,002 unterscheidet. Vergleicht man dieses Ergebnis mit dem bei Wolle erhaltenen, dann kommt man zu dem Schluß, daß der zum Färben der Seide verwendete Säurefarbstoff in der Hauptsache an den Oberflächen der Micellen festgehalten wird und daß nur ein geringer Farbstoffanteil intermicellar gebunden wird, weil nur eine geringe Volumenvergrößerung der Seide festzustellen ist.

Nimmt man mit DRUCKER und SMITH[1] an, daß das Seidenfibroin aus einem nicht kristallisierten und einem kristallisierten Anteil besteht, dann müßte der nicht kristallisierte Anteil des Fibroins den Farbstoff aufnehmen. Diese Ansicht ist auch deswegen vertretbar, weil nach MEYER, FULD und KLEMM[2] die kristallisierten Micellen des Seidenfibroins nur aus den Aminosäuren Glycin und Alanin gebildet sind, wobei das Alanin auch durch das etwa gleich große Serin ersetzt werden kann. Die höhermolekularen Aminosäuren können sich nach dem Röntgenogramm des entbasteten ungefärbten Fibroins nur in den Seitenketten befinden und so den amorphen Anteil des Fibroins bilden. Dies ergibt sich auch daraus, daß die Kupplung mit Diazobenzolsulfosäure, welche nur an den Tyrosinresten erfolgen kann, das Röntgenogramm der Seide unverändert läßt. Übereinstimmend damit hatten MEYER und BRILL[3] schon früher mitgeteilt, daß das ungefärbte Seidenfibroin das gleiche Röntgenogramm besitzt wie das mit Orange I gefärbte Seidenfibroin.

Das Verhalten von Fibroin gegen farblose Basen

Nach MEYER und FIKENTSCHER[4] beträgt das aus der Aufnahme von Natronlauge berechnete saure Äquivalent der Seide bei der ungeschädigten Faser im Höchstwert 0,019 Grammäquivalent für 100 g Seidenfibroin. Nach den von LLOYD und BIDDER[5] erhaltenen Werten der Alkalibindung liegt der Höchstwert jedoch bei 0,055 Grammäquivalent für 100 g Seidenfibroin (Abb. 9).

Die von ELÖD und FRÖHLICH[6] neuerlich durchgeführte Untersuchung der Quellung und Alkalibindung des Seidenfibroins bei 0° C konnten diesen Wert nicht bestätigen. Sie fanden, daß bei Wolle und Seide die Alkaliaufnahme zwischen $p_H = 12,8—14$ praktisch die gleiche ist und nicht weiter ansteigt. Nach diesen Untersuchungsergebnissen erreicht die Aufnahme von Natronlauge sowohl bei Wolle als auch beim Seidenfibroin bei einer Natronlaugenkonzentration von n/3 bis n/2 einen

[1] B. DRUCKER u. S. G. SMITH, Nature **165**, 196—197 (1950).
[2] K. H. MEYER, M. FULD u. O. KLEMM, Helv. chim. Acta **23**, 1441—1444 (1940).
[3] K. H. MEYER u. R. BRILL, Melliand Textilber. 8, 782—783 (1927).
[4] K. H. MEYER u. H. FIKENTSCHER, Melliand Textilber. 8, 782 (1927).
[5] D. J. LLOYD u. P. B. BIDDER, Trans. Faraday Soc. **31**, 865 (1935).
[6] E. ELÖD u. G. H. FRÖHLICH, Melliand Textilber. **30**, 405—410 (1949).

Sättigungswert von 40—41 mg/g Faser, entsprechend 1,0 bis 1,1 M-mol/g Faser (Abb. 10). Dieser von ELÖD und FRÖHLICH erhaltene Befund ist deswegen zunächst überraschend, weil das Wollkeratin einen ungleich höheren Gehalt an zweibasischen Aminosäuren aufweist als das Seidenfibroin. Addiert man jedoch nach ELÖD und FRÖHLICH bei Wolle und Seide den Betrag in M-mol/g, den die Carboxylgruppen der zweibasischen Aminosäuren und das phenolische Hydroxyl des Tyrosins beisteuern, bei beiden Fasern, dann ergibt sich aus den nach HOOVER, KOKES und PETERSEN[1] ermittelten Gehalten bei Wolle ein theoretisches

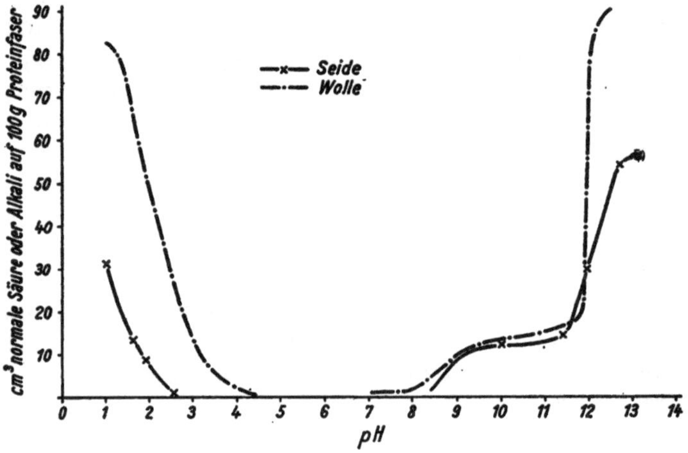

Abb. 9

Basenbindungsvermögen von 0,82 M-mol/g und für Seide 0,97 M-mol/g. Das bedeutet, daß Wolle und Seide sich in Basenbindungsvermögen praktisch nicht unterscheiden dürfen.

Tabelle 20

Gehalt an sauren Aminosäuren und Tyrosin in Wolle und Seide

	Wolle		Seide	
	in %	in M-mol/g	in %	in M-mol/g
Asparaginsäure . .	7,27	0,59	2,0	0,29
Glutaminsäure . .	15,27		2,0	
Tyrosin	5,8	0,32	10,6	0,59

Infolgedessen sind die von MEYER und FIKENTSCHER aus ihrem Wert der Natronlaugenbindung gezogenen Schlußfolgerungen auf die Farbstoffbasenbindung zwangsläufig unrichtig, wenn man den von ELÖD und FRÖHLICH erhaltenen Wert der Laugenbindung als richtig annimmt. Dies

[1] R. HOOVER, E. L. KOKES u. R. F. PETERSEN, Textile Res. J. 18, 427 (1949).

trifft jedoch nur auf diejenigen Schlußfolgerungen zu, welche sich auf den Wert der maximalen Basenbindung als solchen beziehen, während nicht bezweifelt werden kann, daß das Seidenfibroin, ebenso wie das Wollkeratin, sowohl mit Säuren als auch mit Basen zu reagieren vermag. Diese im amphoteren Charakter der Proteine begründete Tatsache legt die Frage nahe, in welchem Zustande sich das freie isoelektrische Seidenfibroin befindet. Für diese Form sind nach VALKÓ zwei Isomere denkbar. Erstens kann man annehmen, daß beide Gruppen elektrisch ungeladen sind, beim Glykoll entsprechend der Formel:

$$H_2NCH_2COOH.$$

Es ist jedoch auch möglich, daß beide Gruppen, sowohl beim Seidenfibroin wie beim Glykokoll, in dissoziierter Form vorliegen: $^+H_3NCH_2COO^-$.

Diese Molekülart, die als Zwitterion bezeichnet wird, stellt ein Protonisomer des undissoziierten neutralen Moleküls dar. Beide unterscheiden sich nur dadurch, daß in dem einen Falle der Wasserstoffkern (Proton) an die COO-Gruppe, in dem anderen Falle an die NH_2-Gruppe gekettet ist. Nachdem BJERRUM nachgewiesen hat, daß die aliphatischen Aminosäuren in neutraler Form überwiegend Zwitterionen bilden, d. h. das Isomerengleichgewicht:

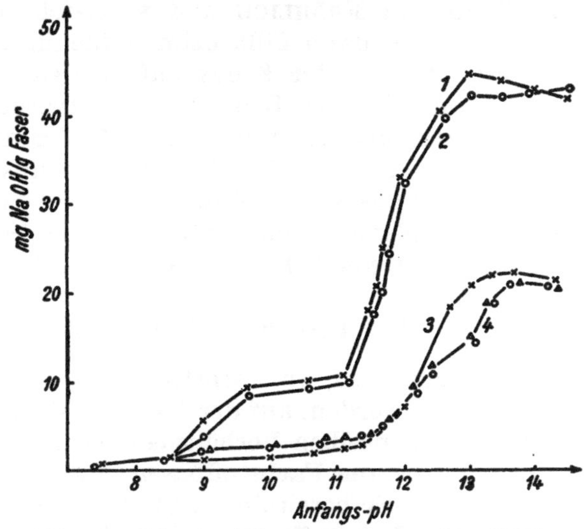

Abb. 10. Die p_H-Abhängigkeit der Alkalibildung durch Wolle, Seide und Polyamide
1 = Seide
2 = Wolle
3 = Polyurethanfaser
4 = Polyamidfaser

$$H_2NCH_2COOH \rightleftharpoons {}^+H_3NCH_2COO^-$$

aufweisen, liegt es an sich nahe, für die Proteine das gleiche anzunehmen.

Bei Wolle haben GILBERT und RIDEAL[1] gezeigt, daß im isoelektrischen Zustand alle Carboxylgruppen dissoziiert und alle basischen Gruppen geladen sind. Mit zunehmender Wasserstoffionenkonzentration muß in beiden Fällen die Dissoziation der Carboxylgruppe zurückgedrängt werden:

$$^+H_3NCH_2COO^- + H^+ \rightleftharpoons {}^+H_3NCH_2COOH.$$

[1] G. A. GILBERT u. E. A. RIDEAL, Proc. Roy. Soc. London 182, 336—346 (1944).

Mit steigender Alkalität hingegen muß die Dissoziation der Aminogruppe zurückgedrängt werden:

$$^{+}H_3NCH_2COO^- + OH^- \rightleftharpoons H_2NCH_2COO^- + H_2O.$$

Demnach beruht die OH-Bindung auf dem Dissoziationsrückgang der Aminogruppe und nicht, wie früher angenommen wurde, auf der Salzbildung der nichtdissoziierten Carbonsäuregruppe.

Betrachtet man die Titrationskurven von LLOYD und BIDDER bzw. von ELÖD und FRÖHLICH und vergleicht den Verlauf im p_H-Bereich zwischen 5—9, dann fällt beim Seidenfibroin wie bei Wolle ein beim p_H-Wert 9,5 liegender Knick auf, der eine Diskontinuität anzeigt. Es liegt darum nahe, den Kurvenverlauf zwischen den p_H-Werten 5—9 auf den Dissoziationsrückgang bzw. die OH-Bindung der Aminoendgruppen zurückzuführen. Auf alle Fälle ist aber aus dem Ansteigen der Alkalibindung vom p_H-Wert 11,4 ab der sichere Schluß zu ziehen, daß bei den höheren p_H-Werten andere Gruppen des Seidenfibroins für die Alkalibindung verantwortlich sind als bei zwischen 5—9 liegenden p_H-Werten.

Das Verhalten von Fibroin gegen Farbstoffbasen

Um festzustellen, ob Farbstoffe, die unter gleichen Bedingungen auf Seide gefärbt werden, auf der Faser in Mengen fixiert werden, die untereinander in demselben Verhältnis stehen wie die Molekulargewichte der Farbstoffe bzw. der Farbstoffbasen, hat SALVATERRA[1] folgende Versuche durchgeführt. Er bereitete ca. vierpromillige Lösungen der nachstehend angeführten Farbstoffe zu, stellte ihren Farbstoffgehalt nach KNECHT durch Titration mit Titanchlorid fest und verwendete jeweils 25% Farbstoff vom Fasergewicht.

Tabelle 21

Verwendete Farbstoffsalze	
Bezeichnung	Formel
Kristallviolett	$C_{25}H_{30}N_3Cl$
p-Fuchsin	$C_{19}H_{18}N_3Cl$
Fuchsin (aus 2 Mol o- und 1 Mol p-Toluidin)	$C_{21}H_{22}N_3Cl$
Neufuchsin	$C_{22}H_{24}N_3Cl$
Neusolidgrün 3B	$C_{23}H_{23}N_2Cl$

Gefärbt wurde stets unter den gleichen Bedingungen: $1^1/_2$ Stunde aus kochendem Wasserbade unter Zusatz von proportionalen Mengen Weinsäure. Nach dem Färben wurden die Stränge mit jeweils gleichen Mengen Wasser gespült, die Waschwasser mit den gebrauchten Färbebädern

[1] H. SALVATERRA, J. prakt. Chem. (NF) 88, 502—504 (1913).

vereinigt und der darin vorhandene Farbstoff durch Titration mit Titanchlorid bestimmt. Aus der Differenz ergab sich dann der auf der Faser fixierte Farbstoff. Weil vom Seidenfibroin nur die Farbstoffbase der Triphenylmethanfarbstoffe aufgenommen wird, wurden die erhaltenen Ergebnisse auf die Farbstoffbasen umgerechnet und in der nachstehenden Tabelle vereinigt.

Tabelle 22

Farbstoff	Zum Färben verwendet		Auf 1 g Seide gef. Farbstoff	Mol-Gewicht der Farbbase	Differenz %
	Seide in Gramm	Farbstoff in Gramm			
p-Fuchsin	4,7868	1,2066	0,0219	305	0,0
Fuchsin	7,4302	1,8745	0,0239	333	0,0
Neufuchsin . . .	8,7790	2,2306	0,0257	347	3,2
Kristallviolett . .	6,7618	1,6891	0,0296	389	5,7
Neusolidgrün 3B .	9,3878	2,3639	0,0316	415	5,6

Wie man sieht, stehen die von der Faser aufgenommenen und festgehaltenen Mengen Farbstoff in gleichem Verhältnis wie die Molekulargewichte der Farbstoffbasen. Die erhaltenen geringen Unterschiede zeigen auch hier mit steigendem Molekulargewicht der Farbstoffbase eine zunehmende Farbstoffaufnahme des Seidenfibroins an.

Weil SALVATERRA im sauren Bade gefärbt und nach dem Färben gespült hat, liegen die von ihm erhaltenen Werte der Farbstoffaufnahme weit unter dem von MEYER und FIKENTSCHER gefundenen Wert der maximalen Basenbindung des Seidenfibroins. Nach ihnen wird eine weit über diesen Wert hinausgehende Menge Farbstoffbase, so z. B. Methylenblau, von der Seide aufgenommen, wenn für Neutralisation der beim Färben frei werdenden Salzsäure durch Ammoniak Sorge getragen wird.

Während FREUNDLICH und LOSEV[1] die Färbung der Seide mit Neufuchsin ebenso wie bei Baumwolle als einen Adsorptionsvorgang angesehen haben und auch HOUCK[2] diese Ansicht vertreten hat, haben ELÖD und PIEPER[3] darauf hingewiesen, daß beim Färben von Seidenfibroin mit Rhodamin 3 B extra in Bädern verschiedener, vom p_H-Wert 1—12 variierter Wasserstoffionenkonzentration eine analoge Verschiebung des p_H-Wertes der gebrauchten Färbebäder festzustellen ist wie beim Färben mit dem anionischen Farbstoff Sulforhodamin B. Beide Xanthenfarbstoffe unterscheiden sich bekanntlich nur dadurch, daß ihr Aminofluorimkern beim Sulforhodamin B durch eine Phenyldisulfosäuregruppe, beim Rhodamin 3 B extra durch eine Phenylcarbonsäure-

[1] H. FREUNDLICH u. G. LOSEV, Z. phys. Chemie 59, 292 (1907).
[2] R. C. HOUCK, J. phys. Chem. 32, 161—186 (1928).
[3] E. ELÖD u. E. PIEPER, Z. angew. Chem. 41, 16—19 (1928).

estergruppe substituiert ist. Nach ihnen bilden sich auch beim Färben von Seidenfibroin mit kationischen Farbstoffen, wie bei Wolle, Verbindungen von salzartigem Charakter. Ihre Versuchsergebnisse zeigen, daß die Aufnahmefähigkeit der Seide für Rhodamin 3 B extra unter $p_H = 5$ mit steigender Wasserstoffionenkonzentration abnimmt, während in dem zwischen $p_H = 4$—9 liegenden Bereiche ein sehr flach ausgebildetes Maximum der Farbstoffaufnahme festzustellen ist.

Da die von MACK und HOFFMANN[1] durchgeführten Untersuchungen der Farbstoffaufnahme des Seidenfibroins die von ELÖD und PIEPER erhaltenen Ergebnisse bestätigen und ergänzen, werden sie nachstehend eingehend wiedergegeben. Zur Anwendung kamen:

1. Basic Brown BX (entspricht Vesuvin B),
2. Kristallviolett,
3. Methylviolett NE,
4. Victoriagrün

nach ihrer Reinigung durch Umkristallisieren aus Wasser und Alkohol. Um den Einfluß von Temperatur, Zeit und Konzentration sowie den Einfluß des p_H-Wertes auf die Farbstoffaufnahme festzustellen, wurden die gleichen Versuchsreihen wie bei den von ihnen verwendeten Farbstoffsäuren durchgeführt.

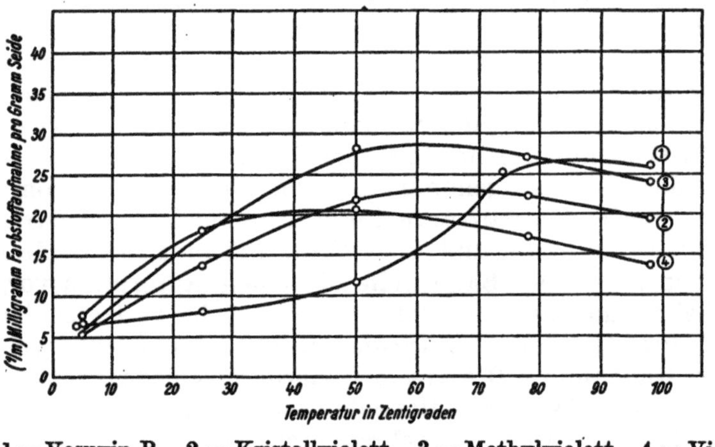

Abb. 11. 1 = Vesuvin B, 2 = Kristallviolett, 3 = Methylviolett, 4 = Victoriagrün

Zur Untersuchung des Temperatureinflusses wurde im Flottenverhältnis 1 : 250 eine Stunde lang bei 2—4° C, 25° C, 50° C, 75° C und 97° C gefärbt. Dabei zeigte sich, daß beim Basic Brown BX die Farbstoffaufnahme des Seidenfibroins von den niedrigen Temperaturen bis

[1] P. B. MACK u. E. C. HOFFMANN, J. phys. Chem. 43, 647—662 (1939).

zur Färbetemperatur von 75° C zunimmt, während bei den drei untersuchten basischen Triphenylmethanfarbstoffen die Farbstoffaufnahme von den niedrigen Temperaturen nur bis zur Färbetemperatur von 50° C zunimmt. Bei höheren Färbetemperaturen fällt die Farbstoffaufnahme der drei Triphenylmethanfarbstoffe wieder ab (Abb. 11).

Bei der Untersuchung des Zeiteinflusses wurden ebenfalls wässerige Farbstofflösungen ohne weitere Zusätze verwendet. Gefärbt wurde 2, 4, 8 bzw. 16 Stunden lang bei der Temperatur von 25° C im Flottenverhältnis 1 : 250. Dabei zeigte sich, daß das Gleichgewicht der Farbstoffaufnahme etwa nach acht Stunden erreicht wird.

Die der Feststellung des Konzentrationseinflusses dienenden Seidenfärbungen wurden im Flottenverhältnis 1 : 250 bei 25° C und einer Färbedauer von acht Stunden durchgeführt. In dieser Versuchsreihe wurden die p_H-Werte der Farbstofflösungen vor und nach dem Färben bestimmt und in die nachstehende Tabelle aufgenommen.

Tabelle 23

Farbstoffaufnahme des Seidenfibroins und Veränderung der Wasserstoffionenkonzentration in Färbebädern verschiedenen Farbstoffgehaltes
Färbedauer 8 Stunden, Färbetemperatur 25° C, Flottenverhältnis 1 : 250

Farbstoff	Muster-Nr.	Anfangsfarbstoffkonzentration	Farbstoffaufnahme in mg	Anfangs-p_H-Wert	End-p_H-Wert
Basic Brown BX . .	1	10,03	2,14	3,86	3,98
	2	23,44	4,07	3,87	3,67
	3	40,12	5,31	3,66	3,41
	4	69,11	6,22	3,54	3,39
	5	85,57	6,05	3,42	3,39
	6	123,13	8,01	3,45	3,39
Kristallviolett . . .	1	28,67	5,89	5,61	4,21
	2	61,80	13,39	5,46	3,60
	3	123,07	20,27	4,94	3,54
	4	192,38	26,53	4,96	3,47
	5	273,75	29,27	4,68	3,31
Methylviolett . . .	1	28,33	5,80	4,94	3,86
	2	63,00	12,75	4,73	3,47
	3	110,90	18,73	4,47	3,34
	4	179,85	24,41	4,33	3,24
	5	231,70	29,12	4,24	3,12
Victoriagrün . . .	1	41,40	6,36	3,58	3,51
	2	91,80	14,14	3,30	3,30
		134,54	17,23	×	×
	3	190,86	23,47	3,05	3,00
	4	200,90	17,23	3,18	3,13
	5	354,25	21,56	3,02	2,98

Vergleicht man die vor dem Färben gemessenen p_H-Werte der Farbstofflösungen, dann zeigt sich in jedem Falle, daß mit steigender

Farbstoffkonzentration eine Zunahme der Wasserstoffionenkonzentration eintritt. Diese mit eintretender Konzentrationsveränderung erfolgende p_H-Wertveränderung ist von MACK und HOFFMANN mit einer Hydrolyse im Sinne der Formel:

$$RCl + HOH \rightarrow ROH + HCl$$

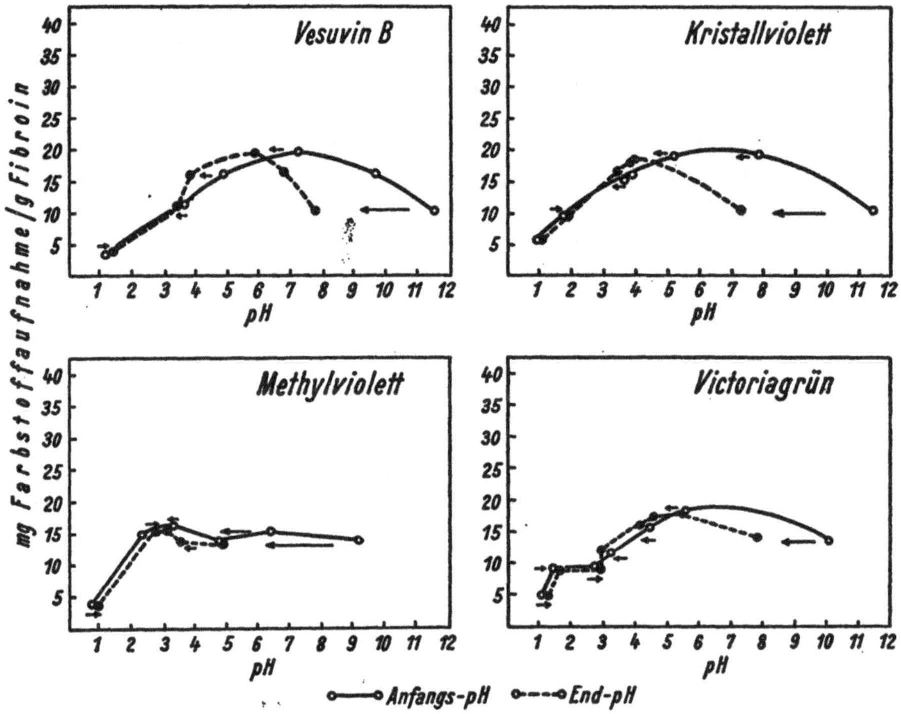

Abb. 12

erklärt worden, während die von PELET-JOLIVET[1] zum Nachweis von H-Ionen mit Diazoessigester nach BREDIG[2] durchgeführten Versuche zu dem Ergebnis geführt haben, daß die Farbstoffsalze von Fuchsin, Methylenblau und Safranin keine Hydrolyse erleiden, wenn sie in Wasser gelöst werden. Es ist jedoch einleuchtend, daß den Versuchsergebnissen von MACK und HOFFMANN und ihrer Deutung größeres Gewicht beizumessen ist. Wenn beim Färben mit kationischen Farbstoffen nur das Kation vom Seidenfibroin aufgenommen und im Sinne einer Proteinsalzbildung festgehalten wird, dann müßte sowohl nach der von MACK und HOFFMANN vertretenen Auffassung, daß die Lösungen der untersuchten kationischen Farbstoffe hydrolytisch gespalten sind, als

[1] L. PELET-JOLIVET, Die Theorie des Färbeprozesses, Dresden, 20 (1910).
[2] G. BREDIG, Chemische Kinetik des Diazoessigesters, Heidelberg (1907).

auch nach der von PELET-JOLIVET vertretenen Ansicht, daß hier normale Dissoziation vorliegt, im gebrauchten Färbebade eine größere Wasserstoffionenkonzentration festzustellen sein als vor dem Färben. Vergleicht man die in der vorstehenden Tabelle enthaltenen p_H-Werte der Farbstofflösungen mit den End-p_H-Werten der ihnen entsprechenden gebrauchten Färbebäder, dann ergibt sich in allen Fällen eine Zunahme der ursprünglichen gemessenen Wasserstoffionenkonzentration. Berücksichtigt man außerdem, daß nach KNECHT beim Färben mit basischen Farbstoffen nur das Farbstoffkation gebunden wird, während das Anion quantitativ im Färbebade zurückbleibt, dann ergibt sich, daß die von REISSE gegebene Formulierung der basischen Seidenfärbungen richtig ist. Demnach ist die mit steigender Farbstoffkonzentration der Färbebäder zunehmende Aufnahme von Farbstoffkationen beim Seidenfibroin ebenso wie beim Wollkeratin im Sinne einer Salzbildung erklärbar.

Verändert man die p_H-Werte der Färbebäder gleicher Farbstoffkonzentration, dann treten nach MACK und HOFFMANN die analogen Veränderungen der Farbstoffaufnahme ein, wie sie ELÖD und PIEPER beim Färben von Seide mit Rhodamin 3 B extra aus Färbebädern verschiedener Anfangs-p_H-Werte festgestellt haben. Färbt man im Flottenverhältnis 1 : 250 bei einer Temperatur von 25° C und achtstündiger Dauer, dann wird das Maximum der Farbstoffaufnahme nach MACK und HOFFMANN beim Basic Brown BX, Kristallviolett und Victoriagrün in denjenigen Färbebädern erreicht, deren Anfangs-p_H-Werte zwischen 5 und 9 liegen, während Methylviolett das Maximum der Farbstoffaufnahme zwischen den Anfangs-p_H-Werten 3—4 zeigt. Bei niedriger liegenden Anfangs-p_H-Werten fällt die Farbstoffaufnahme in allen Fällen ab, ebenso in denjenigen Färbebädern, deren Anfangs-p_H-Werte über 9 liegen (vgl. Abb. 12).

Die Abnahme der Farbstoffabsorption der Seide bei über den p_H-Wert 9 ansteigender Hydroxylionenkonzentration ist nach MACK und HOFFMANN verständlich, wenn man die Kationen der von ihnen verwendeten Farbstoffe als schwache Basen ansieht, während mit zunehmender Hydroxylionenkonzentration infolge zunehmender elektrischer Aufladung der Seide mehr Farbstoff aufgenommen werden müßte. Allerdings besteht nach ihnen auch die Möglichkeit, daß bei jedem der untersuchten basischen Farbstoffe der Abfall der Farbstoffaufnahme durch die bei höheren p_H-Werten einsetzende sichtbare Ausflockung des Farbstoffs verursacht ist.

Wenn man die Kationen der Triphenylmethanfarbstoffe als schwache Basen ansieht und den Abfall der Farbstoffaufnahme des Seidenfibroins in den alkalischen Färbebädern mit dem Rückgang der Ionisation der freien Basen erklärt, dann wäre zu erwarten, daß dieser Abfall der Farbstoffaufnahme sowohl beim Seidenfibroin als auch beim Wollkeratin nahezu in der gleichen Weise eintritt. Berücksichtigt man außerdem, daß nach NEALE die Oberflächenpotentiale des Seidenfibroinfadens im Vergleich zu Wolle bei einem etwas höheren p_H-Werte eine Umkehr ihrer Ladung erfahren, dann könnte man sogar erwarten, daß die Maxima der Farbstoffaufnahme beim Färben von Seide bei höheren p_H-Werten als beim Färben von Wolle liegen. Nach ELÖD wird jedoch beim Färben von Wolle mit Kristallviolett bei 90° C im Flottenverhältnis 1 : 50 das Maximum der Farbstoffaufnahme ungefähr bei $p_H = 8$ erreicht. Demnach muß die freie Base des Kristallviolett unter den von ELÖD gewählten Bedingungen noch bei $p_H = 8$ beständig sein. Möglicherweise ist der von MACK und HOFFMANN erhaltene Befund dadurch verursacht, daß ihre Färbeversuche mit achtstündiger Dauer bei 25° C im Flottenverhältnis 1:250 durchgeführt worden sind. Bei dieser langen Versuchsdauer dürfte in den alkalischen Färbebädern eine Umlagerung der Farbstoffbase in die Pseudobase eingetreten sein und eine Verschiebung des Maximums der Farbstoffaufnahme zu niedrigeren p_H-Werten verursacht haben. Daß auch bei Verwendung beständiger Farbbasen Zusätze von Neutralsalzen eine Verschiebung des Maximums der Farbstoffaufnahme ergeben, haben die von BRIGGS und BULL [1] mit Methylenblau und Wolle durchgeführten Untersuchungen, die mit der Veränderung der Ionisation von Faser und Farbbase erklärbar sind, gezeigt.

Außerdem haben MACK und HOFFMANN, ebenso wie ELÖD und PIEPER, festgestellt, daß in den auf verschiedene Anfangs-p_H-Werte eingestellten Färbebädern kationischer Farbstoffe beim Färben der ursprünglich eingestellte p_H-Wert in der Weise verändert wird, daß die auf niedrige p_H-Werte eingestellten Bäder nach dem Färben eine Erhöhung, die auf hohe p_H-Werte eingestellten Bäder dagegen eine Erniedrigung ihres Anfangs-p_H-Wertes erfahren. Dieser Wechsel von einer Erhöhung zu einer Erniedrigung des Anfangs-p_H-Wertes tritt nach MACK und HOFFMANN bei allen vier untersuchten kationischen Farbstoffen zwischen $p_H = 2$—4 ein (vgl. Abb. 13).

Demnach erfahren alle Farbstofflösungen, deren Anfangs-p_H-Werte über 3 liegen, beim Färben eine Zunahme der Wasserstoffionenkonzentration. Im Vergleich zu den farbstofffreien Lösungen verschiedenen p_H-Wertes tritt also in den auf verschiedene Anfangs-p_H-Werte eingestellten Lösungen basischer Farbstoffe der Wechsel von zunehmenden zu abfallenden p_H-Werten schon in stärker sauren Behandlungsbädern ein. Dies zeigt an, daß das Seidenfibroin, bereits beim p_H-Wert 3 beginnend, Farbstoffkationen selektiv zu binden vermag.

Weil das Oberflächenpotential des Seidenfibroinfadens nach den von NEALE und PETERS durchgeführten Messungen beim p_H-Wert 4,2 = 0 ist, dürften nach der elektrischen Theorie des Färbevorganges Farbstoffkationen nur bei über 4,5 liegenden p_H-Werten vom Seidenfibroin ge-

---

[1] T. R. BRIGGS und A. W. BULL, J. phys. Chem. **26**, 845—875 (1922).

bunden werden, wenn man das Oberflächenpotential für die Farbstoffbindung verantwortlich macht. Darum ist es überraschend, daß sowohl nach den von ELÖD und PIEPER als auch den von MACK und HOFFMANN

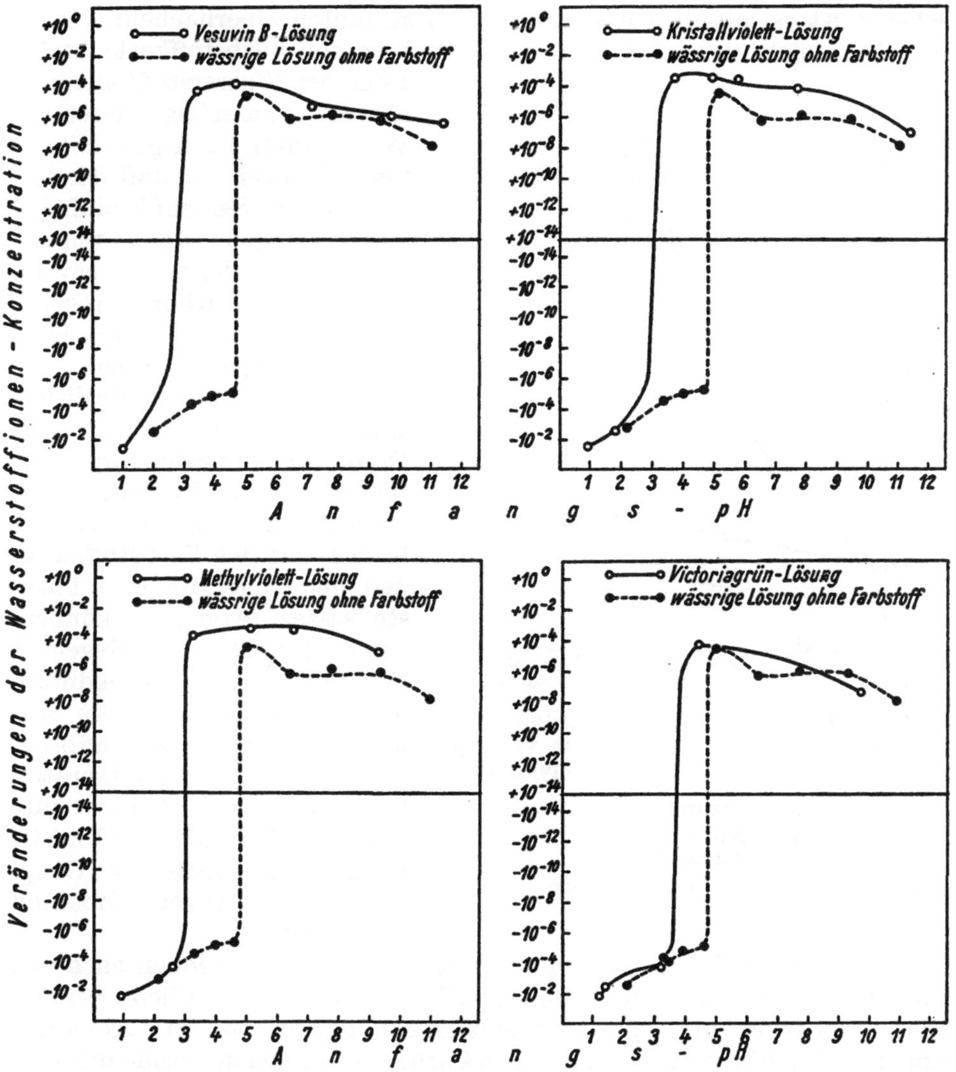

Abb. 13

erhaltenen Befunden die Bindung von Farbstoffkationen beim Seidenfibroin bereits bei unter $p_H = 4$ liegenden Werten einsetzt und daß das Maximum der Bindung von Farbstoffkationen zwischen den p_H-Werten 5—8 liegt. Nach diesen gut übereinstimmenden Versuchsergebnissen fällt die Bindung von Farbstoffkationen durch Seidenfibroin bei über $p_H = 8$ liegenden Hydroxylionenkonzentrationen der Färbebäder wieder ab, während man infolge der zunehmenden negativen Aufladung der Seide einen weiteren Anstieg der Kationenaufnahme erwarten müßte. Ebenso ist es mit dem experimentell bestimmten Oberflächenpotential der Seide nicht vereinbar, daß die Aufnahme von Farbstoffkationen bereits bei Wasserstoffionenkonzentrationen erfolgt, deren p_H-Werte unter 4,2 liegen. Nimmt man hingegen an, daß der isoelektrische Seidenfibroinfaden elektrisch nicht völlig ungeladen ist, sondern daß sowohl seine freien Carbonsäuregruppen als auch seine freien basischen Gruppen ionisiert und durch Salzbildung neutralisiert sind, dann ist es nach den Donnanschen Beziehungen vorstellbar, daß die ionisierten Carbonsäuregruppen des Fibroins mit den Farbstoffkationen der eingedrungenen Farbstoffsalze reagieren können, wenn das kleinere Gegenion in das Färbebad zurückdiffundiert. Demnach verhält sich das isoelektrische Seidenfibroin ganz analog dem Wollkeratin, für welches GILBERT und RIDEAL[1] ebenfalls eine Ionisierung der salzbildenden Gruppen im isoelektrischen Zustand annehmen.

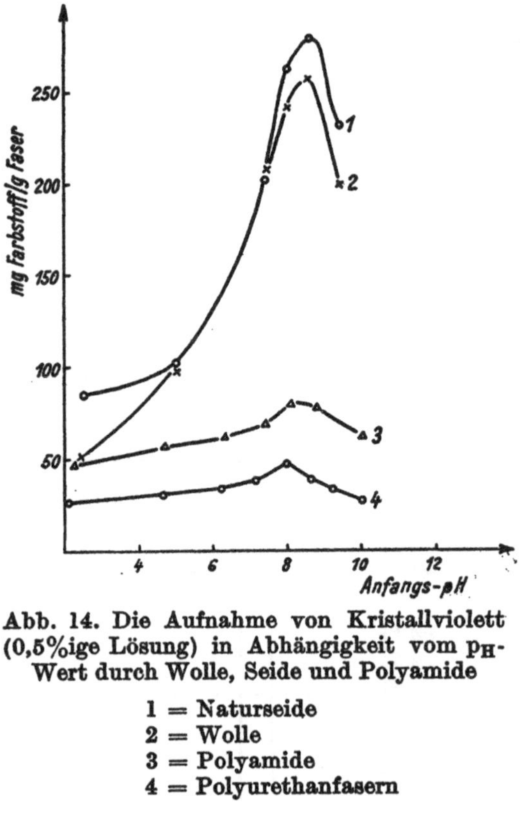

Abb. 14. Die Aufnahme von Kristallviolett (0,5%ige Lösung) in Abhängigkeit vom p_H-Wert durch Wolle, Seide und Polyamide

1 = Naturseide
2 = Wolle
3 = Polyamide
4 = Polyurethanfasern

Aus der Tatsache, daß die Aufnahme von Farbstoffkationen nach den von MACK und HOFFMANN erhaltenen Versuchsergebnissen beim Seidenfibroin zwischen $p_H = 2$—3 einsetzt, kann man die weitere Annahme ableiten, daß die weniger zahlreichen Carboxylgruppen des Seidenfibroins zusammen mit den phenolischen Hydroxylgruppen dieser Proteinfaser imstande sind, Farbstoffbasen fester an sich zu binden als die an sich in größerer Anzahl vorhandenen Carboxylgruppen des Wollkeratins.

---

[1] G. A. GILBERT u. E. A. RIDEAL, Proc. Roy. Soc. London 182, 337 (1944).

Damit wäre erklärbar, daß das Seidenfibroin nach NIETZKI[1], REISSE[2] und HARRIS[3] eine größere Affinität zu basischen Farbstoffen haben soll als das Wollkeratin. Diesen Schluß hat NIETZKI aus dem unterschiedlichen Verhalten von Methylgrün gegen Wolle und Seide gezogen. Dieser Farbstoff wird durch Behandlung von Methylenviolett mit Chlormethyl hergestellt und ist demnach das Salz einer quartären Ammoniumbase. Seine Salze sind wie die aller Ammoniumbasen sehr beständig. Ein in die Lösung dieses Farbstoffes eingebrachter Wollstrang wird nach ihm nur schwach gefärbt, während Seide stark angefärbt wird.

Diesem qualitativen Befund entsprechend haben ELÖD und FRÖHLICH[4] beim Vergleich der quantitativen Farbstoffbindung beim Kristallviolett festgestellt, daß dieser Farbstoff beim p_H-Wert 3 von Seide in stärkerem Maße aufgenommen wird als von Wolle (Abb. 14).

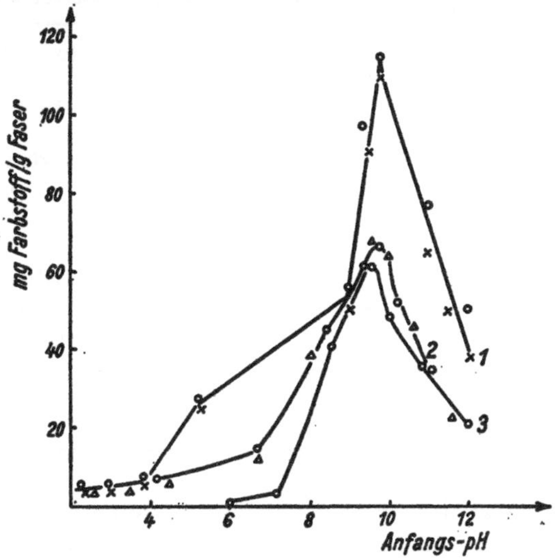

Abb. 15. Die Aufnahme von Methylenblau B (0,1%ige Lösung) in Abhängigkeit vom p_H-Wert durch Wolle, Seide und Polyamide

1 = Wolle und Seide
2 = Polyamide
3 = Polyurethanfaser

Weil beim Methylenblau B ein Vergleich der quantitativen Farbstoffaufnahme von Wolle und Seide im p_H-Bereich 3—4 jedoch übereinstimmende Werte ergeben hat und nur beim p_H-Wert 4,5 eine höhere Farbstoffaufnahme festzustellen ist, sind die vorstehenden Schlüsse so lange unsicher, als nicht weitere Untersuchungen eine Klärung dieser Frage gebracht haben (Abb. 15).

Für ihre Untersuchungen haben sie 0,1 %ige Lösungen von Methylenblau B, Kristallviolett und Rhodamin B verwendet. Die Färbebedingungen waren für Wolle und Seide zwei Stunden bei 90° C und ein Flottenverhältnis 1 : 50. Der p_H-Bereich der Färbungen lag zwischen p_H = 2,0 bis 12 und wurde durch Zugabe von HCl bzw. NaOH zur Farbstofflösung eingestellt.

---

[1] R. NIETZKI, Chemie der organischen Farbstoffe, Berlin, 4 u. 183 (1906).
[2] E. REISSE, Lehnes Färberztg. 6, 329—330, 351—353 (1895).
[3] M. HARRIS, Amer. Dyestuff Reporter 21, 78—82 (1932).
[4] E. ELÖD u. H. G. FRÖHLICH, Melliand Textilber. 30, 405—410 (1949).

Es zeigte sich, daß bei Wolle und Seide die Farbstoffaufnahme von etwa $p_H = 4$ ab stark ansteigt und bei einem p_H-Wert von etwa 9,5 ein scharfes Maximum erreicht, um dann rasch abzufallen. Vergleicht man die Farbstoffaufnahme in M-molen/g Faser, so findet man nur kleine Unterschiede.

Tabelle 24

Die Aufnahme basischer Farbstoffe durch Wolle und Seide in Abhängigkeit von der Farbstoffkonzentration

(Temperatur 90° C, Färbedauer 2 Stunden, Flotte 1 : 50)

Farbstoff-konzen-tration g/l	p_H-Max.	Wolle Farbstoffaufnahme		Seide Farbstoffaufnahme	
		in mg/g	in M-mol/g	in mg/g	in M-mol/g
		Methylenblau B (Mol-Gewicht 319)			
1	9,5—10,0	108	0,34	115	0,36
5	9,5—10,0	130	0,41	230	0,72
10	9,5—10,0	50	0,16	100	0,32
		Kristallviolett (Mol-Gewicht 407)			
5	8,0—8,5	252	0,62	286	0,70
		Rhodamin B (Mol-Gewicht 341)			
1	10,0	70	0,16	120	0,28
5	10,0	270	0,525	330	0,76
10	10,0	250	0,58	250	0,56

Aus der vorstehenden Tabelle ergibt sich, insbesondere den Ergebnissen der höherprozentigen Färbebäder, daß unter den gewählten Färbebedingungen beim p_H-Wert 10 die maximale Basenbindung des Seidenfibroins beim p_H-Wert 12 zwar noch nicht erreicht wird, daß aber die Farbstoffaufnahme des Seidenfibroins beim p_H-Wert 10 in allen Färbebädern höher liegt als die Farbstoffaufnahme der Wolle beim gleichen p_H-Wert.

Die Farbstoffaufnahme im p_H-Maximum, in Abhängigkeit von der Farbstoffkonzentration, läßt nach Elöd und Fröhlich erkennen, daß die Bindung Farbstoff—Faser in erster Linie auf einer Salzbindung beruht, da schon bei einer Farbstoffkonzentration von etwa 5 g/l die maximale Aufnahme erreicht wird. Bei einer Konzentration von 10 g/l fanden sie vor allem bei Methylenblau und Kristallviolett ein deutliches Absinken der Farbstoffaufnahme. Würde es sich um ein Adsorptionsgleichgewicht handeln, so wäre nach ihnen bei der Farbstoffkonzentration von 10 g/l noch mit einer Zunahme der Farbstoffaufnahme zu rechnen. Die vorstehende Tabelle zeigt außerdem, daß beim p_H-Wert 10 die Seide im allgemeinen eine höhere Aufnahmefähigkeit für Farbstoffbasen zeigt als Wolle. Das Auftreten der scharf ausgeprägten Maxima der Farbstoffaufnahmen bei Methylenblau B und Kristallviolett ist von ihnen in

Übereinstimmung mit VALKÓ[1] dadurch erklärt worden, daß mit steigender Alkalität die Farbstoffkationen unter Bildung undissoziierter Moleküle aus der Lösung verschwinden müssen. Eine Abnahme der Steighöhe bei der Diffusion in Filtrierpapier wurde erst bei Erhöhung des p_H-Wertes der Farbstofflösungen auf 11 festgestellt.

Beim Rhodamin B, das außer basischen Gruppen noch eine Carboxylgruppe im Molekül enthält, zeigte sich bei zunehmenden p_H-Werten eine viel geringere Zunahme der Farbstoffaufnahme, d. h. im Gebiete zwischen $p_H = 2-5$ wurde verhältnismäßig viel mehr Farbstoff aufgenommen als bei den beiden anderen zum Vergleich untersuchten Farbstoffen (Abb. 16).

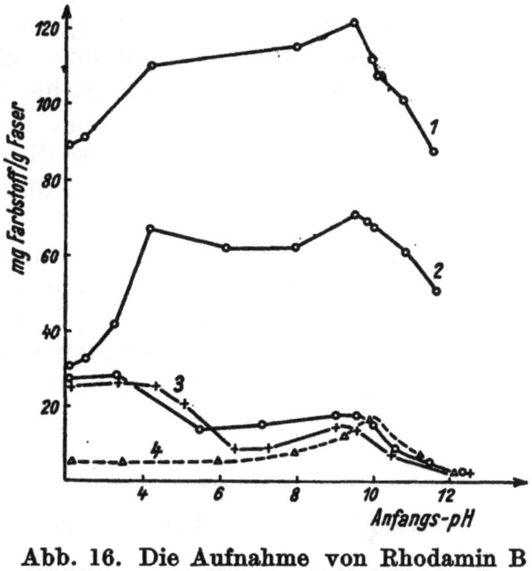

Abb. 16. Die Aufnahme von Rhodamin B (0,1%ige Lösung) in Abhängigkeit vom p_H-Wert durch Wolle, Seide und Polyamide

1 = Seide 3 = Polyamide
2 = Wolle 4 = Polyurethanfaser

Nach ELÖD und PIEPER[2] nimmt desaminierte Seide nach Entfernung von $^1/_8$ ihres Gesamtstickstoffs aus einer 0,0005 Mol Äthylviolett im Liter enthaltenden Lösung bei einem Flottenverhältnis 1 : 50 und einem End-p_H-Wert von 6,8 bei 90° C 30 mg Farbstoff auf, während eine unbehandelte (nicht desaminierte) Seide nur 20 mg desselben basischen Farbstoffs binden konnte. Diese Zunahme des Farbstoffbindevermögens in Färbebädern, deren p_H-Wert unter 7 liegt, ist nach der elektrischen Färbetheorie dadurch erklärbar, daß die isoelektrische Reaktion des Fibroins nach der Entfernung von etwa $^1/_8$ des Gesamtstickstoffs von $p_H = 5{,}1$ auf $p_H = 4$ verschoben wird, so daß in nahezu neutralen Färbebädern mehr basischer Farbstoff gebunden werden kann.

Auch der folgende von GEORGIEVICS durchgeführte Versuch ist nach der chemischen Färbetheorie zwanglos erklärbar. GEORGIEVICS[3] hat die Wasserechtheit von Seide, die zunächst mit Fuchsin und dann mit Chrysoidin gefärbt worden war, im Vergleich zu Seide, die zunächst mit Chrysoidin und darauf mit Fuchsin gefärbt worden war, untersucht. Bei der Doppelfärbung aus Fuchsin und Chrysoidin fließt nach ihm beim

---

[1] E. VALKÓ, Kolloidchemische Grundlagen der Textilveredlung, Berlin, 442 (1937).
[2] E. ELÖD u. E. PIEPER, Angew. Chem. 41, 19 (1928).
[3] G. GEORGIEVICS, Mitt. techn. Gewerbemus., Wien, 356 (1894).

heißen Spülen das Wasser gelb ab, bei der Doppelfärbung aus Chrysoidin und Fuchsin aber rot. Dieses Ergebnis hat GEORGIEVICS als Stütze für seine Adsorptionstheorie der Seidenfärbung angeführt. Demgegenüber hat aber schon SCHWALBE[1] geltend gemacht, daß man dem nicht bestimmen kann, weil bei einer mechanischen Fixierung Mischfarben abgezogen werden müßten. Berücksichtigt man jedoch, daß die Säuregruppen und die phenolischen Hydroxylgruppen des Seidenfibroins nicht gleich stark sind, dann ist zwanglos erklärbar, daß der zuerst gefärbte Farbstoff durch die stärkeren Gruppen festgehalten wird.

In der Voraussetzung, daß das Seidenfibroin sich als Faserprotein genau wie Wolle verhalten würde, hat SUIDA Seide in der gleichen Weise durch Einwirkung von Acetylierungsmitteln zu verändern versucht wie Wolle. Überraschenderweise zeigte die von ihm mit Acetylierungsmitteln behandelte Seide Farbstoffen gegenüber das gleiche Verhalten wie die nicht behandelte Seide.

Dagegen gelangte SUIDA[2] sofort zu dem gewünschten Ergebnisse, als er Seide in ganz gleicher Weise, wie bei der Schafwolle, mit Alkohol und Schwefelsäure eine Stunde lang erwärmte. Die gründlich gewaschene Faser färbte sich in den neutralen Bädern im Vergleiche mit der nicht behandelten Seide folgendermaßen:

Tabelle 25

Farbstoff	Nicht veränderte Seide	Mit Alkohol und Schwefelsäure behandelte Seide
Fuchsin	intensiv rot	ganz blaßrosa
Kristallviolett . .	intensiv violett	ganz blaß violett
Azofuchsin . . .	blaßrosa	intensiv fuchsinrot

Die mit Alkohol und Schwefelsäure behandelte Seide konnte durch Erwärmen mit einer verdünnten Lösung von Ammoniumkarbonat wieder so verändert werden, daß sie sich gegenüber den Farbstoffen wie die ursprüngliche Seide verhält.

Als Ergebnis dieser Untersuchungen hat schon SUIDA den Schluß gezogen, daß es durch Inaktivmachen der sauren Atomgruppen im Wollkeratin und im Seidenfibroin gelingt, diese Proteinfasern ohne Veränderung ihrer Struktur chemisch derartig zu verändern, daß von basischen Farbstoffen im neutralen Bade fast gar nicht angefärbt, von sauren Farbstoffen im neutralen Bade dagegen kräftig angefärbt werden.

In der Praxis richtet sich die Wahl der Färbeweise nach der Art der vorliegenden Seide, insbesondere danach, ob sie beschwert oder nicht

[1] C. G. SCHWALBE, Neue Färbetheorien, Stuttgart 123 (1908).
[2] W. SUIDA, Mh. Chem. 26, 413—427 (1905).

beschwert ist. Zarte Töne färbt man häufig auf einem 30—60° C heißem Marseillerseifenbad. Im allgemeinen färbt man aber in einem mit Essigsäure gebrochenem Bastseifenbad[1].

B. Proteinkunstspinnfasern

Soweit bekannt ist, weisen die Naturfasern eine über Jahrzehnte hin gleichbleibende Zusammensetzung auf, das ist jedoch bei den Kunstspinnfasern nicht der Fall, weil sich deren Beschaffenheit mit fortschreitender Weiterentwicklung ändert. Strenggenommen sind die an Kunstspinnfasern erhaltenen Untersuchungsergebnisse darum nur dann vergleichbar, wenn sie mit der gleichen Kunstspinnfaser erhalten wurden. Diese Gleichheit muß nicht nur in bezug auf dasselbe Ausgangsmaterial in chemischer Hinsicht, also in bezug auf die gleiche chemische Zusammensetzung und die gleiche Molekülgröße vorliegen, sondern auch hinsichtlich des gewählten Spinnverfahrens und der Nachbehandlung, weil auch dadurch das Fasergefüge beeinflußt wird. Die von verschiedenen Untersuchern bei Kunststpinnfasern erhaltenen Ergebnisse sind darum nicht so streng vergleichbar wie die an Naturfasern erhaltenen. Dies ist besonders dann zu bedenken, wenn es sich bei Kunstspinnfasern um Erzeugnisse verschiedener Herstellerfirmen handelt und wenn die Untersuchungen zeitlich weit auseinanderliegen. Außerdem sind in den letzten Jahren so viele Arten von Kunstspinnfasern auf den Markt gekommen, daß ihre wissenschaftliche Untersuchung nur begrenzt und auf die wichtigsten Kunstspinnfasern beschränkt erfolgen konnte.

Wie groß die Anzahl der den Proteinfasern vergleichbaren Kunstspinnfasern bereits im Jahre 1939 war, geht aus den von Thomas[2] und Bunbury[3] gegebenen Übersichten hervor. Danach sind zu unterscheiden:

1. reine Proteinfasern: Lanital, Lactofil, Tiolan, Polan, Courtaulds Casein fibre usw.;
2. proteinhaltige Cellulosefasern: Cisalpha;
3. animalisierte oder chemisch veränderte Viskoseseiden: Rayolana, Artilana, Vistralan u. a.;
4. rein synthetische Fasern: Nylon, Vinyon und Vinyarn.

Als reine Proteinfasern sind nach Fröhlich[4] später noch die Seranfaser, Silkoolfaser, Vicarafaser, Ardilfaser, Zeinfaser und andere hergestellt worden, als proteinhaltige Cellulosefaser die Wikilanafaser und als eine rein synthetische Faser die Orlonfaser, die verschiedenen Perlonfasern und die Terylenfaser.

---

[1] Ratgeber für das Färben von Seide, Kunstseide und Mischgeweben mit anderen Fasern. I G-Farbenindustrie, Frankfurt/Main, 18 (1933).
[2] H. A. Thomas, Textile Manufacturer **65**, 80—83 (1939).
[3] H. M. Bunbury, Textile Weekly **23**, 805—808 (1939).
[4] H. G. Fröhlich, Melliand Textilber. **31**, 663 (1950).

1. Kaseinfasern

Die Kaseinfasern Lanital und Tiolan sind technisch zunächst nach den von FERETTI ausgearbeiteten Verfahren durch Verspinnen einer Kaseinlösung hergestellt worden. Das aus der Spinndüse ausgetretene Faserband wurde gestreckt und durch die Einwirkung von Salzbädern gefällt. Am häufigsten wurden Kochsalz und Aluminiumsulfat zur Fällung verwendet. Zur Fixierung wurde die Faser einer nachträglichen Härtung unterworfen. Bei dieser Formaldehydhärtung spielen die im Kasein enthaltenen Stickstoffatome eine wichtige Rolle. Die erste Bindungstheorie zur Erklärung des Härtens der Kaseinfasern stammt von BLUM[1]. Nach ihm reagiert ein Formaldehydmolekül mit zwei Aminogruppen zweier Lysinreste. Dieses Reaktionsschema erlaubt jedoch nur die Bindung von der Hälfte des Formaldehyds je Aminogruppe zu erklären, die man tatsächlich findet. Darum nehmen WORMELL und KAYE[2] an, daß Formaldehyd in neutraler Lösung nur mit den freien Aminogruppen des Kaseins, in saurer Lösung aber auch mit den Amidgruppen reagiert. Nach FRAENKEL-CONRAT und Mitarbeitern[3] sind nicht nur die freien Aminogruppen des Lysins, sondern auch die Säureamidgruppen der Asparaginsäure und der Glutaminsäure sowie auch Guanidylgruppen befähigt, mit Formaldehyd zu reagieren. Da nach NITSCHMANN und HADORN[4] bei der Einwirkung von Formaldehyd auf Kasein hauptsächlich die freien Aminogruppen des Lysins in Reaktion treten, aber auch Peptidgruppen bei schwach saurer Reaktion Formaldehyd binden können, kommt nach ihnen die eigentliche Gerbwirkung des Formaldehyds dadurch zustande, daß einerseits zwischen den freien Lysingruppen des Kaseins und anderseits den Peptidgruppen Methylenbrücken gebildet werden, die eine hauptvalenzmäßige Verknüpfung der Proteinmoleküle nach folgender Formel bewirken:

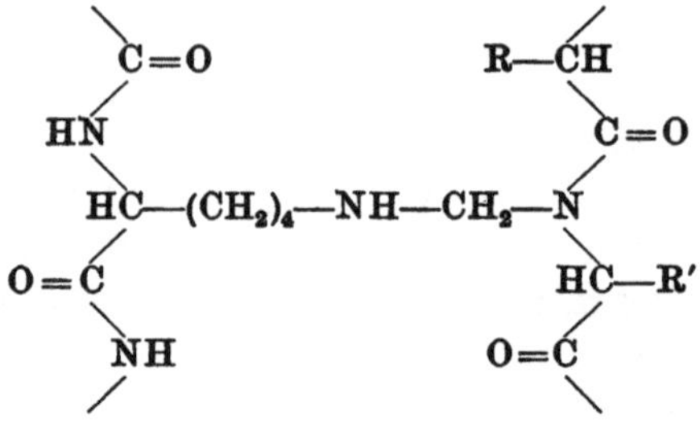

[1] F. BLUM, Z. physiol. Chem. 22, 127 (1896).
[2] R. L. WORMELL u. M. A. G. KAYE, Nature (London) 158, 525 (1944).
[3] H. FRAENKEL-CONRAT, COOPER u. H. S. ALCOTT, J. Amer. chem. Soc. 67, 950 (1945); 68, 34 (1946); H. FRAENKEL-CONRAT u. H. S. ALCOTT, J. Amer. chem. Soc. 70, 2675 (1948).
[4] H. NITSCHMANN u. H. HADORN, Helv. chim. Acta 27, 299—312 (1944).

Demgegenüber hat WORMELL[1] darauf hingewiesen, daß diese einfache Methylenbrücke wesentlich stabiler sein müßte als eine Oxy-Dimethylenbrücke, welche die bekannte Instabilität in neutralem Bade kalt gehärteter Fasern viel besser zu erklären vermag. Läßt man nämlich gehärtete Kaseinfasern länger in kaltem Wasser liegen, dann kann man nach einiger Zeit die Anwesenheit von Formaldehyd im Wasser nachweisen, woraus hervorgeht, daß Formaldehyd aus gehärteten Fasern durch Hydrolyse abgespalten wird. Nach ihm ist nur die Methylenbrücke aus zwei Säureamidgruppen und einem Molekül Formaldehyd eine stabile Querverbindung. Nimmt man mit ihm an, daß die erste Reaktion des Formaldehyds in der Kälte im Aufbau von Oxy-Dimethylenbindungen besteht und diese Bindung beim Erhitzen oder bei der Behandlung im sauren Medium in eine gemischte Brücke zwischen den Amidgruppen und den Lysinseitenketten übergeht, dann gelangt man zu einer Formulierung, welche einesteils die verminderte Quellung erklärt und andernteils den experimentellen Befunden Rechnung trägt.

Weil die Einwirkung von Formaldehyd auf die primären Aminogruppen von Polypeptiden nach SÖRENSEN[2] dazu führt, daß die Dissoziation der Aminogruppe in alkalischer Lösung verhindert wird, erhöht demnach die Reaktion des Formaldehyds mit den primären Aminogruppen eines Proteins das Alkalibindungsvermögen dieses Proteins[3]. Daraus folgt eine Verringerung des Säurebindungsvermögens und zugleich auch eine Verschiebung des isoelektrischen Zustandes nach einem stärker sauren Bereich. Eine derartige Zunahme des Alkalibindungsvermögens wäre nach der vorstehenden Formulierung der Formaldehydeinwirkung von NITSCHMANN und HADORN jedoch kaum zu erwarten, wohl aber eine Abnahme des Quellvermögens. Nach WALDSCHMIDT-LEITZ[4] reagiert das Formaldehyd bei der Kaltfixierung, im Gegensatz zu den bisherigen referierten Anschauungen, nicht unter Brückenbildung mit den primären Aminogruppen, sondern mit den Peptidgruppen der Proteine, wobei ebenfalls keine Veränderung des Alkalibindungsvermögens eintreten würde.

Die durch Verspinnen und nachfolgende Formaldehydgerbung erhaltenen Kaseinkunstseiden zeigen nach KOCH[5] nur eine geringe Doppelbrechung. In ihrem Gehalt an Kohlenstoff, Wasserstoff und Sauerstoff stimmen sie mit dem Keratin der Wolle ungefähr überein, enthalten im Gegensatz zum Wollkeratin jedoch auch Phosphor, weil das zu ihrer Herstellung benutzte Kasein einen erheblichen Phosphorgehalt besitzt. Ihr Schwefelgehalt ist wesentlich niedriger als der von Wolle, ihr

---

[1] R. L. WORMELL, J. Textile Inst. 41, 16—28 (1950).
[2] S. P. L. SÖRENSEN, Biochem. Z. 7, 45—101 (1907).
[3] O. GERNGROSS u. H. LÖWE, Collegium, 489—491 (1921).
[4] E. WALDSCHMIDT-LEITZ, Z. K. R. Forschungsheft 2, 27.
[5] P. A. KOCH, Klepzigs Textil.-Z. 43, 960 (1940).

Tyrosingehalt ist im ungefärbten Zustande ungefähr gleich dem Tyrosingehalt des Wollkeratins der Rindenschicht. Weil die gesponnenen Kaseinfasern eine homogenere Zusammensetzung haben als Wolle und weil ihnen die tyrosinfreie Schuppenschicht der Wolle fehlt, reagiert die gesponnene Kaseinfaser auch im gefärbten Zustande rasch und stark mit dem Diazoreagenz nach PAULI[1] und läßt sich dadurch leicht von unbeschädigter Wolle unterscheiden.

Nach BRAIDA[2] ist das Wasseraufnahmevermögen von Wolle und der nicht hydrophobierten Kaseinspinnfaser Lanital zwar ähnlich, liegt jedoch bei Naturwolle etwas höher als bei dem nicht hydrophobierten Lanital. Andererseits nimmt die Kaseinfaser nach KOWALEW und SCHOCHIN[3] bei höherer Temperatur ungleich größere Mengen Wasser auf als Wolle, so daß die maximale Färbetemperatur nicht über 65—70° C liegen soll, weil sich nach ihnen die Lanitalfaser bei langer Einwirkung von Wasser höherer Temperatur vollständig auflöst. Die später von BRINTZINGER und WOLFF[4] mitgeteilten Werte der Wasseraufnahme von Kaseinfasern bei Kochtemperatur liegen zwar erheblich niedriger als die von KOWALEW mitgeteilten, übertreffen jedoch die Quellung der Wolle erheblich.

Nach ELÖD und FRÖHLICH[5] stimmen die Quellung von Wolle, Seidenfibroin und der mit Formaldehyd gehärteten und nach PETERSEN und DOWELL[6] acetylierten Kaseinfaser beim p_H-Wert 1,4 und zwischen 20 und 90° C fast überein.

Tabelle 26

Quellung von Wolle, Seide und Ardilfaser in Abhängigkeit von der Temperatur (Dauer 30 Minuten, p_H-Wert 1,4, Flotte 1 : 50)

Temperatur in ° C	Wolle	Seide	Quellung Ardilfaser	Kaseinfaser (verestert?)
20	48,0	48,3	49,5	49,5
30	48,2	49,5	50,2	48,6
40	50,1	49,2	51,0	49,4
50	49,2	48,1	51,5	50,0
60	48,8	50,3	52,5	49,3
70	47,9	51,5	56,5	49,5
90	49,1	51,8	70,0	50,0

Andererseits geht aus den von ELÖD und FRÖHLICH[7] durchgeführten Untersuchungen der Quellung von Kaseinfasern in Säuren verschiedener

[1] H. PAULI u. A. BINZ, Z. Farben, Textilind. 3, 373 (1904).
[2] A. BRAIDA, Angew. Chem. 52, 341—344 (1939).
[3] F. KOWALEW u. W. SCHOCHIN, Wollindustrie 19, Nr. 5, 12—13 (1940).
[4] H. BRINTZINGER u. H. WOLFF, Kolloid-Z. 118, 28—32 (1950).
[5] E. ELÖD u. H. G. FRÖHLICH, Melliand Textilber. 31, 337 (1950).
[6] R. F. PETERSEN, R. L. MC. DOWELL, Textile Res. J. 20, 95 (1950).
[7] E. ELÖD u. H. G. FRÖHLICH, Melliand Textilber. 32, 40—43 (1951).

Konzentration hervor, daß auch diese Fasern, entsprechend dem Verhalten anderer Proteine, mit fallenden p_H-Werten zunehmende Mengen von Säuren aufnehmen und mit zunehmender Säureaufnahme eine Zunahme ihrer Quellung zeigen. Beide verwendeten zu ihren Untersuchungen: Salzsäure, Monochloressigsäure, Ameisensäure und Essigsäure. Dabei ergab sich sowohl bei der mit Formaldehyd gehärteten als auch bei der nach der Formaldehydhärtung acetylierten Kaseinfaser insofern eine Übereinstimmung, daß beide Faserarten sich gegenüber den vorerwähnten organischen Säuren analog verhalten. Übereinstimmend

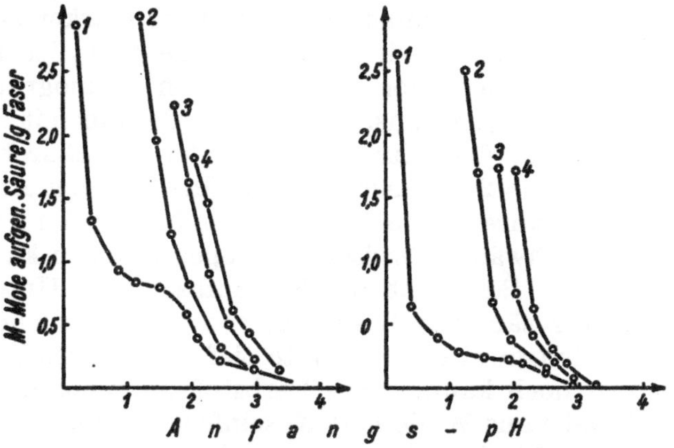

Abb. 17. Die Aufnahme von starken und schwachen Säuren durch Kaseinfaser in Abhängigkeit vom p_H-Wert

a) formalisierte Kaseinfaser — b) azetylierte Faser

1 = Salzsäure — 3 = Ameisensäure

2 = Monochloressigsäure — 4 = Trichloressigsäure

ist bei beiden Faserarten die Säureaufnahme über dem p_H-Wert $= 3$ sehr gering. Sie steigt mit fallenden p_H-Werten sehr rasch an, ohne ein Maximum der Säureaufnahme zu durchlaufen. Vergleicht man die Säureaufnahmen der verwendeten organischen Säuren nicht bei gleichen p_H-Werten, sondern bei gleichen Äquivalentkonzentrationen, dann ergibt sich, wie bei den früher besprochenen natürlichen Proteinfasern, eine um so höhere Säurebindung, je stärker die Säure dissoziiert.

Die Aufnahme von Salzsäure der mit Formaldehyd gehärteten und nachträglich acetylierten Kaseinfaser ist bei über $p_H = 3$ liegenden Wasserstoffkonzentrationen ebenfalls unmeßbar gering. Unter dem p_H-Wert 3 steigt die Aufnahme von Salzsäure bei der acetylierten Kaseinfaser mit fallenden p_H-Werten stetig an bis zu einem p_H-Wert von etwa 0,3. Erst unter diesem p_H-Wert erfolgt ein steiler Anstieg der Salzsäureaufnahme. Bis zum p_H-Wert von ungefähr 0,5 nimmt 1 g der mit Formaldehyd acetylierten Kaseinfaser weniger als 0,5 Millimol

Salzsäure auf, während die Salzsäureaufnahme der mit Formaldehyd gehärteten Kaseinfaser zwischen 2—1 liegenden p_H-Werten 0,35—0,85 Millimol Salzsäure beträgt.

Demnach wird das Bindungsvermögen der Kaseinfaser für Säuren so stark herabgesetzt, daß sie zwischen $p_H = 1$—2 liegenden Werten etwa die Hälfte der Säurebindung der nur mit Formaldehyd behandelten Kaseinfaser beträgt. Auch setzt das Säurebindungsvermögen der acetylierten Kaseinfaser bei einem etwas niedriger liegenden p_H-Wert ein als bei der nur mit Formaldehyd behandelten Kaseinfaser, was ebenfalls darauf hindeutet, daß die Kaseinfaser durch die Acetylierung stärker saure Eigenschaften angenommen hat. Da diese stärker sauren Eigenschaften aller Wahrscheinlichkeit nach durch die Acetylierung der in der gehärteten Kaseinfaser noch vorhandenen freien Aminogruppen hervorgerufen worden sind, folgt daraus, daß man bei der nur mit Formaldehyd gehärteten Kaseinfaser den Kurvenverlauf der Salzsäurebindung zwischen $p_H = 3$ bis $p_H = 2$ der Absättigung dieser freien Aminogruppen zuschreiben muß, während die Salzsäurebindung bei niedrigeren p_H-Werten nur durch schwächer basische Gruppen erfolgen kann.

Nach WHITTAKER[1] färbt sich die Kaseinfaser zum Unterschied von Wolle in kalten angesäuerten Lösungen von leicht löslichen Wollfarbstoffen schon im Zeitraum einer Minute tief an, während die Wolle in dieser kurzen Zeit noch kaum etwas Farbstoff aufgenommen hat. Wird ein gefärbtes Gewebe aus Wolle und Kaseinfaser in derselben Weise mit einem Farbstoff gefärbt, der mit der vorhandenen Ausfärbung des Mischgewebes kontrastiert, so kann die Verteilung beider Fasern schon mit dem bloßen Auge oder dem Mikroskop erkannt werden.

Auch LANZER[2] hat diese leichte Ausfärbearbeit der Kaseinfaser und ihre starke Quellung im Vergleich zur Wolle festgestellt und darum empfohlen, Egalisierungsfarbstoffe beim Färben von Mischfasern aus Lanital und Wolle zu verwenden, zunächst eine halbe Stunde bei 30° C im neutralen Glaubersalzbade anzufärben, hierauf die Temperatur auf 60° C zu erhöhen, dann die nötige Schwefelsäure zuzusetzen und eine Stunde bei dieser Temperatur fertig zu färben.

SKINNER und VICKERSTAFF[3] haben gefunden, daß die Farbstoffaufnahmekurven bei Wolle und Kaseinfaser fast identisch sind. Beim p_H-Wert = 1,6 binden nach ihnen jeweils 1 g Faser bei Wolle 0,72, bei Kaseinfaser 0,74, bei Seidenfibroin 0,18 und bei Nylon 0,06 Millivale Farbstoff.

Zum Studium des färberischen Verhaltens der Kaseinfaser haben ELÖD und FRÖHLICH[4] die Farbstoffaufnahmen von Kristallponceau 6 R

---

[1] C. M. WHITTAKER, J. Soc. Dyers Colourists 53, 468 (1937).
[2] I. LANZER, Melliand Textilber. 19, 73—75 (1938).
[3] G. SKINNER u. T. VICKERSTAFF, J. Soc. Dyers Colourists 61, 193—201 (1945).
[4] E. ELÖD u. H. G. FRÖHLICH, Melliand Textilber. 31, 336 (1950).

und Benzoreinblau, also verhältnismäßig verschieden auf Wolle aufziehender Farbstoffe bei verschiedenen Färbetemperaturen im Vergleich zu Ardilfaser, bestimmt. Ihre Ergebnisse zeigen, daß die acetylierte Kaseinfaser bei den untersuchten Färbetemperaturen mehr Farbstoff aufnimmt als die formalisierte Kaseinfaser und diese wiederum höhere Farbstoffaufnahmen zeigt als die Ardilfaser, wie aus den nachstehenden Diagrammen ersichtlich ist (Abb. 18).

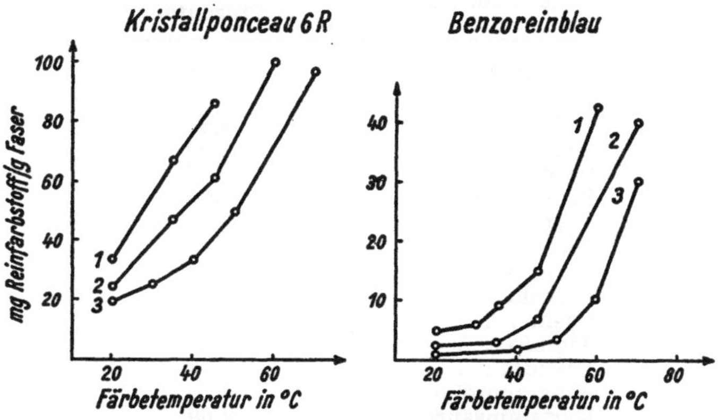

Abb. 18. Die Aufnahme von Kristallponceau 6 R und Benzoreinblau durch Ardil- und Kaseinfaser (azetyliert und formalisiert) in Abhängigkeit von der Färbetemperatur (Färbedauer 30 min., Flotte 1 : 60)[1]

1 = Kaseinfaser azetyliert
2 = Kaseinfaser formalisiert
3 = Ardilfaser

2. *Silkool*

Diese aus Sojabohnenprotein hergestellte Faser ähnelt nach Koch[2] in ihrem Verhalten gegenüber Chlorzink-Jodlösung und Kuoxam sehr den Kaseinfasern. Die ebenfalls mit Formaldehyd gehärtete Proteinfaser quillt ähnlich der Kaseinfaser in Wasser jedoch stärker als Wolle, besonders bei längerer Einwirkungsdauer. Über ihr Verhalten gegenüber Farbstoffen liegen keine eingehenderen Untersuchungen vor.

3. *Ardil*

Zur Herstellung der Ardilfaser wird das Protein Ardein aus Erdnüssen gewonnen und die Faser aus schwach alkalischer Lösung versponnen.[3]

---

[1] Die mit den anderen Farbstoffen erhaltenen Ergebnisse sind analog und daher nicht aufgeführt.

[2] P. A. Koch, Klepzigs Textil-Z. 43, 960—962 (1940).

[3] Chem. Age 51, 560 (1944).

Das Härten der Faser erfolgt einesteils unter Erniedrigung des p_H-Wertes, andernteils durch Formaldehyd. Nach HOOVER, KOKES und PETERSEN[1] enthält Ardein an sich die gleichen Aminosäuren wie Wolle und Seide, jedoch zu einem anderen Betrag.

Tabelle 27

Aminosäuren des Erdnußproteins

Aminosäure	Gehalt in Prozenten
Glykokoll	4,11
Alanin	4,11
Valin	4,85
Leucin	8,00
Prolin	1,73
Phenylalanin . .	2,60
Tryptophan . . .	0,68
Serin	5,20
Threonin	2,56
Tyrosin	5,68
Lysin	4,98
Arginin	13,51
Histidin	1,88
Asparaginsäure . .	5,25
Glutaminsäure . .	16,69
Ammoniak-N . .	1,67
Cystin.	1,51
Methionin . . .	0,67
	Summe 85,68

Die vorstehende Übersicht zeigt, daß die Summe der Aminosäuren den Wert 100 nicht erreicht, was unter Berücksichtigung der Tatsache, daß die Peptidbildung unter Wasseraustritt erfolgt, anzeigt, daß diese Werte nicht vollständig sind. Anderseits ergibt ein Vergleich des Gehaltes an Dicarbonsäuren, daß das Ardein, in Molen ausgedrückt, etwas mehr Dicarbonsäure im Vergleich zu Wolle enthält. Weil der Tyrosingehalt des Ardeins etwa der gleiche wie der von Wolle ist und nur beim Seidenfibroin einen höheren Betrag aufweist, müßte das theoretische Bindungsvermögen für Farbstoffbasen beim Ardein höher sein als bei Wolle, aber niedriger als bei Seide. Im Gegensatz dazu haben ELÖD und FRÖHLICH[2] bei der Ardilfaser jedoch eine höhere NaOH-Aufnahme als bei Wolle und Seide festgestellt. Berücksichtigt man jedoch, daß die Formaldehyd-Behandlung das Verhalten des Ardeins gegen Alkalien in dem Sinne verändern muß, daß die Alkalibindungsfähigkeit größer wird, dann ist dieser bei hoher Alkalikonzentration erhaltene Befund nicht überraschend.

[1] S. R. HOOVER, E. L. KOKES u. R. F. PETERSEN, Textile Res. J. 18, 423 (1948).
[2] E. ELÖD u. H. G. FRÖHLICH, Melliand Textilber. 30, 579—585 (1949).

Tabelle 28

Die NaOH-Aufnahme und Quellung von Ardilfasern in Abhängigkeit vom p_H-Wert (0° C, 2 Stunden, Flotte 1 : 30)

Anfangs-p_H	NaOH-Aufnahme/g		Quellung in %	NaOH-Aufnahme/g in M-vale	
	in mg	in M-vale		Wolle	Seide
8,5	1,4	0,036	43,1	0,037	0,045
9,2	3,2	0,08	44,5	0,09	0,110
10,8	6,5	0,16	45,1	0,24	0,25
11,2	11,3	0,28	46,5	0,25	0,27
11,4	32,0	0,8	72,5	0,47	0,48
12,1	—	—	94,0	—	—
—	—	—	115,0	—	—

Weil die Löslichkeit der Ardilfaser in NaOH-Lösungen, deren Konzentration über n/50 liegen, stark ansteigt, ist die Bestimmung der NaOH-Aufnahme im stark alkalischen Gebiet gestört.

Zur Untersuchung des Verhaltens der Ardilfaser gegen Säuren haben Elöd und Fröhlich zwei Versuchsreihen durchgeführt und die Säureaufnahme bei Zimmertemperatur sowie bei 90° C festgestellt. Bei Zimmertemperatur betrug die Einwirkungsdauer sechs Tage und das Flottenverhältnis 1 : 30. Es zeigte sich, daß sich die schwachen Säuren gegenüber Ardil analog verhalten, wie dies für Wolle und Seide gefunden wurde. Auch der Verlauf der Kurve für die Aufnahme von HCl entspricht insofern den bei den Proteinfasern erhaltenen Ergebnissen, daß die Säureaufnahme mit fallenden p_H-Werten bis zu einem Maximum zunimmt und daß bei unter $p_H = 1$ liegenden Werten ein erneutes Ansteigen der Säurebindung festzustellen ist. Der geringe Wert der Salzsäurebindung von 0,4 M-vale HCl beim p_H-Wert 1 ist nach Elöd und Fröhlich auf die Blockierung eines Teils der NH_2-Gruppen durch die Formaldehydeinwirkung zurückzuführen.

Die Bestimmung der Salzsäurebindung bei 90° C und einer Versuchsdauer von zwei Stunden gibt nach Elöd und Fröhlich eine auf etwa 0,8 M-vale HCl/g Ardil erhöhte Säurebindung bei $p_H = 1,3$, welche von einer Verringerung des Formaldehydgehaltes von ursprünglich 1,3 auf 0,85% begleitet ist. Den Verlauf beider Titrationskurven zeigt die folgende Abb. 19.

Zur Bestimmung der Aufnahmegeschwindigkeit von Säurefarbstoffen und substantiven Farbstoffen durch Ardil wurde von Elöd und Fröhlich eine Versuchsreihe bei Zimmertemperatur durchgeführt. Die dabei erhaltenen Ergebnisse entsprechen insofern der Erwartung, weil die Säurefarbstoffe mit ihren kleineren Molekülen und ihrer dadurch verursachten größeren Diffusionsgeschwindigkeit von Ardil rascher aufgenommen werden als die substantiven Farbstoffe. Dieser Befund entspricht demnach den bei Wolle und Seide erhaltenen Ergebnissen. Gegenüber Seide zeigen die Säurefarbstoffe unter den gewählten gleichen Versuchsbedingungen eine wesentlich größere Farbstoffaufnahme, wie das aus dem höheren Gehalt an basischen Gruppen im Fasermolekül zu erwarten war. Gegenüber Wolle zeigen die untersuchten Säurefarbstoffe beim Ardil jedoch kürzere Anfärbezeiten, während die gewichtsmäßigen Farbstoffaufnahmen beider Fasern sich nur wenig unterscheiden. Geringe Unterschiede in der Aufnahmegeschwindigkeit der substantiven Farbstoffe bei Wolle und Ardil deuten darauf hin, daß bei beiden Fasern die intermicellaren Zwischenräume von ungefähr der gleichen Größenordnung sein dürften, während die raschere Farbstoffaufnahme beim Seidenfibroin für größere Zwischenräume der Micellen beim Seidenfibroin spricht. Die Farbstoffaufnahme der Ardilfaser bei Zimmertemperatur erreicht nur beim Dianilorange G den Wert von 10%, während die drei anderen substantiven Farbstoffe beim Anfangs-p_H-Wert 1,3 die Ardilfaser auch bei tagelanger Einwirkungsdauer nur unerheblich anzufärben vermögen.

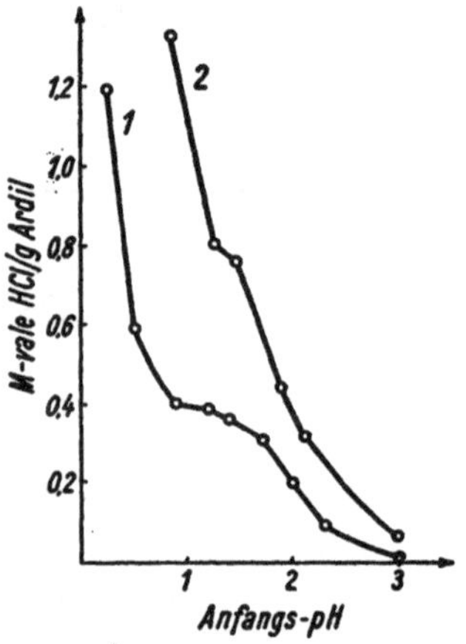

Abb. 19. Die Aufnahme von Salzsäure durch Ardilfaser bei 20°C bzw. 90°C in Abhängigkeit vom p_H-Wert
1 = HCL-Aufnahme bei 20°C
2 = HCL-Aufnahme bei 90°C (2 Std.)

In den folgenden Versuchsreihen haben Elöd und Fröhlich[1] die Aufnahme von sauren und substantiven Farbstoffen beim p_H-Wert 1,4 in Abhängigkeit von der Färbetemperatur sowohl bei Ardil als auch im Vergleich dazu bei Seide und Wolle untersucht. Bei der Betrachtung der mit den verwendeten Säurefarbstoffen erhaltenen Ergebnisse läßt sich nach ihnen bei allen drei verwendeten Faserstoffen derselbe Verlauf der Temperaturabhängigkeit der Farbstoffaufnahme erkennen. „Die Seide zeigt schon bei Zimmertemperatur eine hohe Farbstoffaufnahme, die mit steigender Temperatur langsam ansteigt. Erst oberhalb 70° C wird der Verlauf etwas steiler. Wolle dagegen wird bei Zimmertemperatur nur schwach angefärbt. Mit steigender Temperatur ändert sich die Farbstoffaufnahme bis etwa 40° C kaum. Erst oberhalb 50° C findet ein starkes Ansteigen statt. Diese Ergebnisse stimmen mit Untersuchungen von Speakman und Smith[2] überein, wonach das Ansteigen der Farbstoffaufnahme oberhalb 45° C stattfindet. Die mit Eriorubin 2 B erhaltenen Farbstoffaufnahmen liegen deutlich tiefer. Dieser Farbstoff enthält etwa

[1] E. Elöd u. H. G. Fröhlich, Melliand Textilber. 31, 335—337 (1950).
[2] J. B. Speakman u. S. G. Smith, J. Soc. Dyers Colourists 52, 121 (1936).

50% Salz, so daß die Färbung in Gegenwart von etwa 5% Neutralsalz auf das Fasergewicht ausgeführt wird. Da ein Salzzusatz im allgemeinen die elektrischen Kräfte herabsetzt, führt er bei der sauren Färbung zu einer Erniedrigung der Farbstoffaufnahme. Die Ardilfaser nimmt, wie die Ergebnisse zeigen, eine Art Zwischenstellung ein. Der Verlauf der Farbstoffaufnahme in Abhängigkeit von der Temperatur ähnelt hierbei mehr dem der Wolle. Auch hier ist die Aufnahme bei Zimmertemperatur gering, aber deutlich größer als bei Wolle. Der steile Anstieg der Farbstoffaufnahme findet bei der Ardilfaser schon bei 35—40° C statt."

Bei den substantiven Farbstoffen findet man nach ELÖD und FRÖHLICH einen ähnlichen Verlauf der erhaltenen Kurven. „Die Seide zeigt auch hier bei

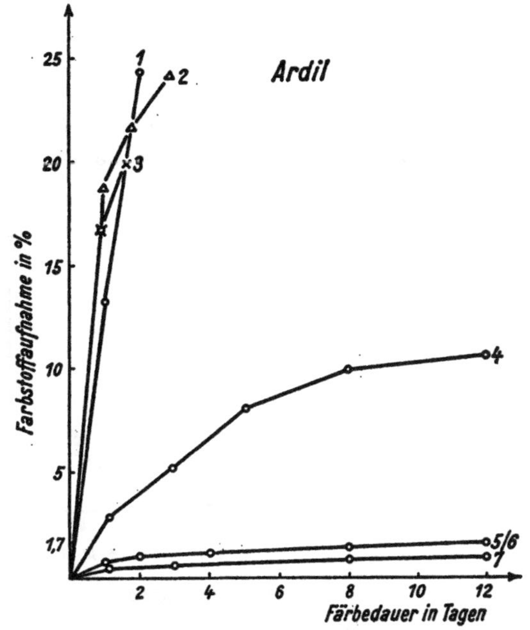

Abb. 20. Die Aufnahme saurer und substantiver Farbstoffe bei Zimmertemperatur durch Ardilfaser in Abhängigkeit von der Zeit
Flotte 1:100; Anfangs-p_H etwa 1,3
2 = Eriofloxin 2 G
3 = Kristallponceau 6 R
4 = Dianolorange G
6 = Benzoneublau 5 B
7 = Benzoreinblau

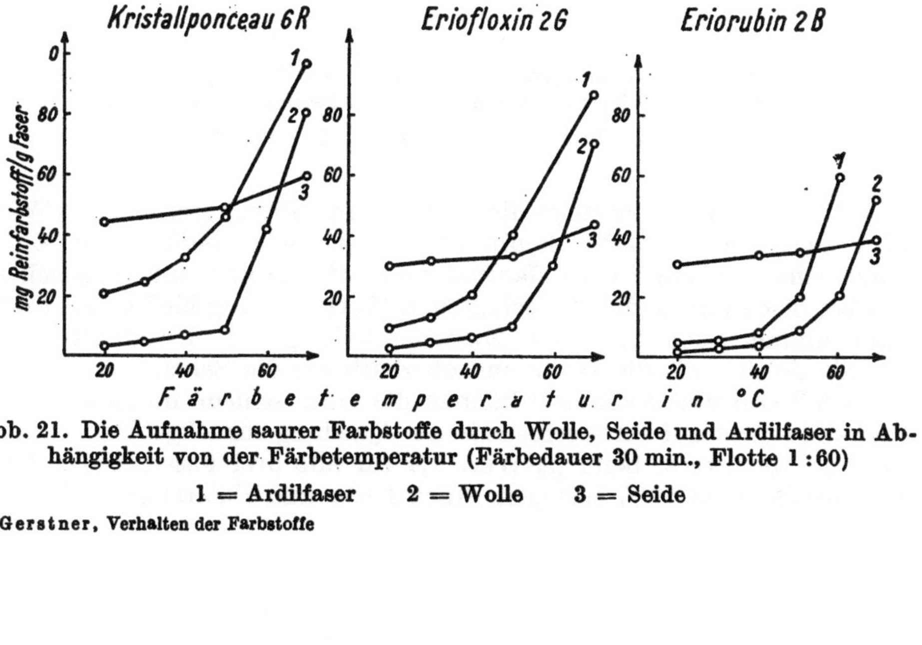

Abb. 21. Die Aufnahme saurer Farbstoffe durch Wolle, Seide und Ardilfaser in Abhängigkeit von der Färbetemperatur (Färbedauer 30 min., Flotte 1:60)

1 = Ardilfaser 2 = Wolle 3 = Seide

Zimmertemperatur eine wesentlich höhere Farbstoffaufnahme wie Wolle und die Ardilfaser, die unter diesen Bedingungen kaum angefärbt werden. Mit steigender Temperatur nimmt die Farbstoffaufnahme bei Seide schnell zu. Die Seide zeigt ebenfalls einen Knickpunkt, der je nach dem verwendeten Farbstoff zwischen 35—40° C liegt. Ober-

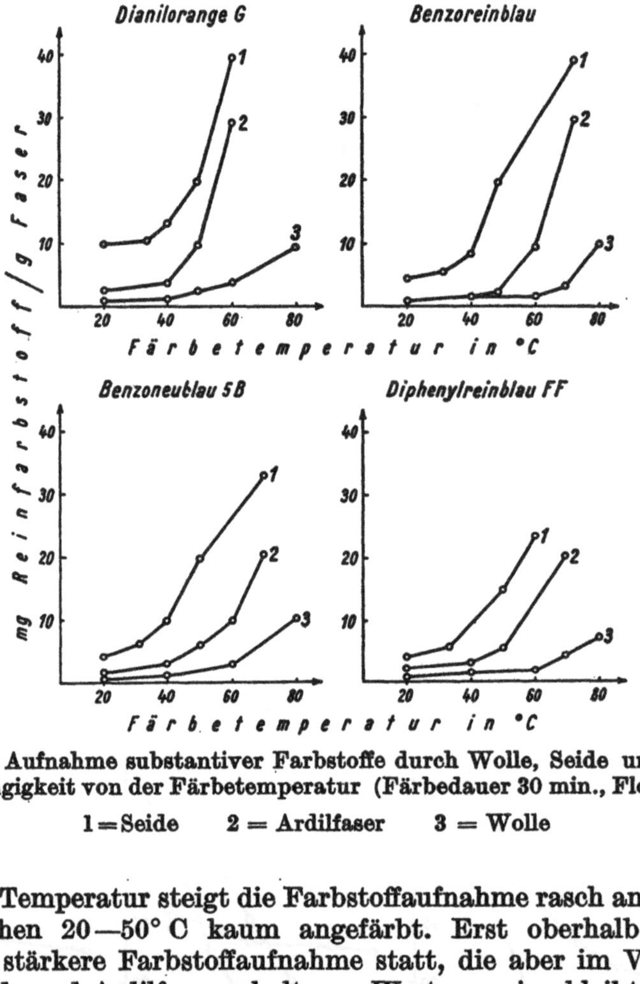

Abb. 22. Die Aufnahme substantiver Farbstoffe durch Wolle, Seide und Ardilfaser in Abhängigkeit von der Färbetemperatur (Färbedauer 30 min., Flotte 1 : 60)

1 = Seide 2 = Ardilfaser 3 = Wolle

halb dieser Temperatur steigt die Farbstoffaufnahme rasch an. Die Wolle wird zwischen 20—50° C kaum angefärbt. Erst oberhalb 50—60° C findet eine stärkere Farbstoffaufnahme statt, die aber im Vergleich zu den bei Seide und Ardilfaser erhaltenen Werten gering bleibt. Die Ardilfaser nimmt auch hier eine Zwischenstellung ein. Unterhalb 50° C verhält sie sich wie die Wolle und oberhalb wie die Seide."

Nach Elöd und Fröhlich können die Unterschiede im färberischen Verhalten nicht auf Unterschiede in der Quellung zurückgeführt werden, weil die Quellwerte beim p_H-Wert 1,4 für alle drei Faserarten nahezu übereinstimmend 50% betragen. Nach Elöd und Fröhlich erfolgt mit der Temperaturerhöhung eine gewisse Auflockerung der Faserstruktur, welcher Ansicht deswegen beizustimmen ist, weil nicht die Quellungswerte als solche, sondern die Größen der intermicellaren Räume das Eindiffundieren der Farbstoffanionen ermöglichen.

Bei der Untersuchung des p_H-Einflusses auf die Farbstoffaufnahme durch ELÖD und FRÖHLICH[1] zeigt sich bei der Ardilfaser die gleiche wie bei Wolle festgestellte Gesetzmäßigkeit, daß bis zum p_H-Wert von etwa 2 die Aufnahme von Säurefarbstoffen zunimmt, zwischen $p_H = 1-2$ ein

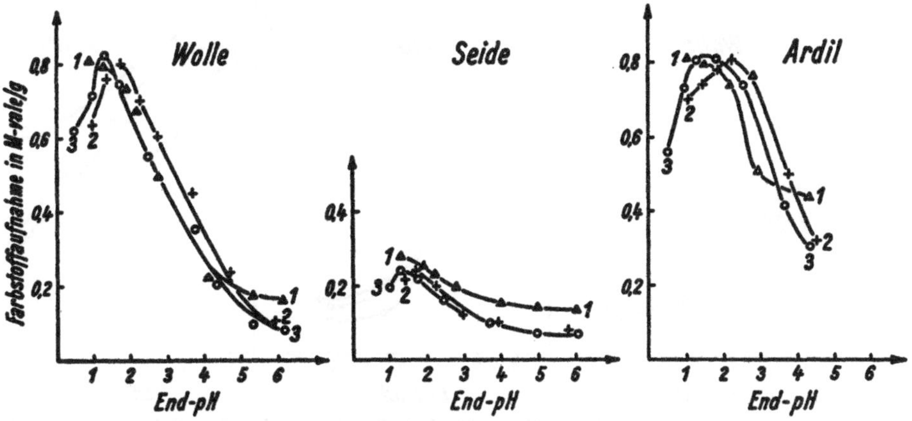

Abb. 23. Die Aufnahme saurer Farbstoffe durch Wolle, Seide und Ardil in Abhängigkeit vom p_H-Wert. Färbedauer 2 Std. bei 90°C; Flotte 1:120

1 = Eriorubin 2 B 2 = Eriofloxin 2 G 3 = Kristallponceau 6 R

Maximum durchläuft und bei weiterfallenden p_H-Werten wieder abnimmt.

Die von ELÖD und FRÖHLICH in ihrem Verhalten gegenüber Ardil, Wolle und Seide untersuchten substantiven Farbstoffe zeigen jedoch keine so gute Übereinstimmung wie die Säurefarbstoffe. Zwar nimmt auch bei ihnen die Farbstoffaufnahme aller drei untersuchten Faserarten vom p_H-Wert 6 ab mit fallenden p_H-Werten zu, die Maxima der Farbstoffaufnahmen sind hier jedoch nicht immer feststellbar. Bei Wolle zeigen Dianilorange G und Benzoreinblau ein zwischen den p_H-Werten 1,5—2,5 liegendes Maximum der Farbstoffaufnahme, während beim Seidenfibroin die beiden Farbstoffe bei deutlich verschiedenen p_H-Werten Maxima der Farbstoffaufnahme zeigen. Bei Chicagoblau 6 B und Benzoneublau 5 B nimmt dagegen die Farbstoffaufnahme der Wolle, Seide und Ardilfaser mit fallenden p_H-Werten stetig zu, ohne daß ein Maximum der Farbstoffaufnahme festzustellen ist. Dieses gleiche Verhalten zeigt auch der Farbstoff Dianilorange G bei Ardil. Lediglich

[1] E. ELÖD u. H. G. FRÖHLICH, Melliand Textilber. 30, 581—585 (1949).

Benzoreinblau zeigt beim Ardil ein im p_H-Gebiet 2,5 liegendes Maximum der Farbstoffaufnahme.

Nimmt man Dianilorange G als dreibasisch und Chicagoblau 6 B, Benzoneublau 5 B und Benzoreinblau als vierbasisch an, so findet man im p_H-Bereich von 1—2 bei den gewählten Färbebedingungen nach ELÖD und FRÖHLICH für Ardil eine Farbstoffaufnahme von etwa 0,5 bis 0,6 M-vale/g, für Wolle 0,25—0,32 M-vale/g und für Seide 0,25 bis 0,36 M-vale/g Faser. Bis auf Seide werden also in keinem Falle die aus der

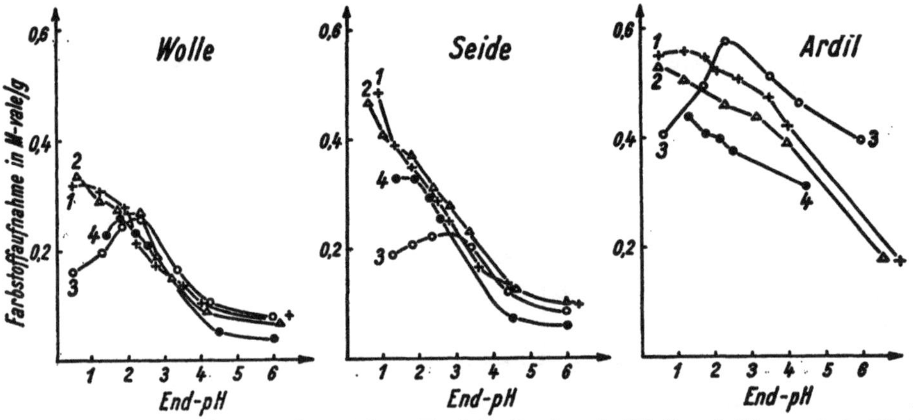

Abb. 24. Die Aufnahme substantiver Farbstoffe durch Wolle, Seide und Ardil in Abhängigkeit vom p_H-Wert. Färbedauer 2 Std. bei 90° C; Flotte 1:120

1 = Chicagoblau 6 B 3 = Benzoreinblau
2 = Benzoneublau 5 B 4 = Dianilorange G

HCl-Bindung zu erwartenden Werte unter den von ELÖD und FRÖHLICH benutzten Färbebedingungen erreicht.

Untersuchungen über die Wasserechtheit der erhaltenen Färbungen ergaben nach ELÖD und FRÖHLICH für Ardil die besten Ergebnisse, die Wolle zeigte erst bei 90° C ein mehr oder weniger starkes Ausbluten, während Seide schon kalt stark ausblutet.

Da die Färbungen auf Wolle und Ardil kalt nicht ausbluten, haben ELÖD und FRÖHLICH an den gefärbten Faserproben die zusätzliche Bindung von n/10 Schwefelsäure ermittelt. Aus den erhaltenen Werten ist ersichtlich, daß nur ein kleiner Teil der für die Farbstoffbindung zur Verfügung stehenden NH_2-Gruppen mit den substantiven Farbstoffen reagiert hat, während der Rest für die zusätzliche Säurebindung frei geblieben ist.

Betrachtet man die letzte Spalte der nachstehenden Tabelle, dann ergibt sich eine recht zufriedenstellende Übereinstimmung für die Summe der Farbstoffaufnahme und Säurebindung von Ardil. Im Vergleich zu Wolle ist die Säurebindung beim Ardil etwas höher. Vergleicht man die

Tabelle 29

Die Säurebindung von gefärbter Wolle und Ardilfaser
(20° C, 4 Tage in n/10 HCl, Flotte 1 : 30)

Farbstoff	p_H der Farblösung	Säurebindung in M-vale/g		Farbstoff-aufnahme in M-vale/g		Säurebindung und Farbstoffaufnahme in M-vale/g	
		Wolle	Ardil	Wolle	Ardil	Wolle	Ardil zusammen
Eriorubin 2B . .	0,9	0,45	0,57	0,55	0,55	1,00	1,12
Erioflоxin 2G . .	1,4	0,21	0,40	0,8	0,8	1,01	1,20
Kristallponceau 6R	1,2	0,19	0,43	0,83	0,79	1,02	1,22
Dianilorange G .	1,2	0,60	0,60	0,24	0,50	0,84	1,10
Chicagoblau 6B .	1,1	0,58	0,57	0,26	0,56	0,84	1,13
Benzoneublau 5B	1,2	0,57	0,56	0,30	0,54	0,87	1,10
Benzoreinblau . .	1,1	0,62	0,53	0,20	0,55	0,82	1,07

Gehalte der basischen Aminosäuren des Wollkeratins und des Ardeins, dann zeigt sich, daß nicht nur der Lysingehalt beim Ardin höher ist als beim Wollkeratin, sondern auch die Summe der basischen Aminosäuren.

Tabelle 30

Die wichtigsten funktionellen Gruppen in M-Molen/g in Wolle, Seide und Ardein
(Anzahl in M-Molen/g)

Funktionelle Gruppen	Wolle	Seide	Erdnußprotein
Dicarbonsäuren	0,59	0,29	0,34
Aminogruppen (Lysin)	0,23	0,03	0,34
Aminogruppen (Arginin, Histidin) .	0,64	0,09	0,90
Phenolisches Hydroxyl (Tyrosin) . .	0,32	0,59	0,31

Nach dem Gehalt an basischen Aminosäuren ist demnach beim Erdnußprotein eine Säurebindung von 1,24 zu erwarten. Daß dieser Betrag bei der Ardilfaser nicht ganz erreicht wird, war nach dem bei der Kaseinfaser Lanital über die Wirkung der Formaldehydbehandlung Gesagtem zu erwarten. Die Untersuchungen von ELÖD und FRÖHLICH haben demnach in befriedigender Deutlichkeit gezeigt, daß auch bei der Ardilfaser, wie bei Wolle, die Bindung von Farbstoffanionen und farblosen Säuren eine Funktion der im Faserprotein vorhandenen basischen Gruppen ist.

4. Vicara

Die Proteinkunstspinnfaser Vicara wird aus Zein hergestellt, einem Protein, das aus Mais gewonnen wird. Nach DRAVES und LÜTTRINGHAUS[1] wird das Protein nach einer Behandlung mit Ätznatron durch Spinndüsen

[1] C. Z. DRAVES u. H. LÜTTRINGHAUS, Melliand Textilber. 31, 89—90 (1950).

in ein saures Fällbad geleitet. Die hierbei gebildeten Fasern werden vorgehärtet, gestreckt und durch eine Reihe von Härtebädern und Behandlungen endgültig ausgehärtet. Die nichtgebundenen Chemikalien werden durch kräftiges Waschen entfernt.

Die Aufnahme starker und schwacher farbloser Säuren durch die Zeinfaser ist von ELÖD und FRÖHLICH[1] untersucht worden. Je 1 g Zeinfaser wurden in 15 cm Salzsäurelösung verschiedener Konzentration eingelegt und vier Tage lang bei 5—8° C stehengelassen. Bei Salzsäurekonzentrationen über n/10 wurde nur vier Stunden bei 0—2° C behandelt. Zusätzlich wurde in allen Fällen nach der Säurebindung auch die Quellung der Faser ermittelt. Außerdem wurde auch das Verhalten von Monochloressigsäure, Ameisensäure und Essigsäure hinsichtlich Säurebindung und Quellung untersucht. Die Werte der erhaltenen Säureaufnahmen sind aus der nachstehenden Abbildung ersichtlich.

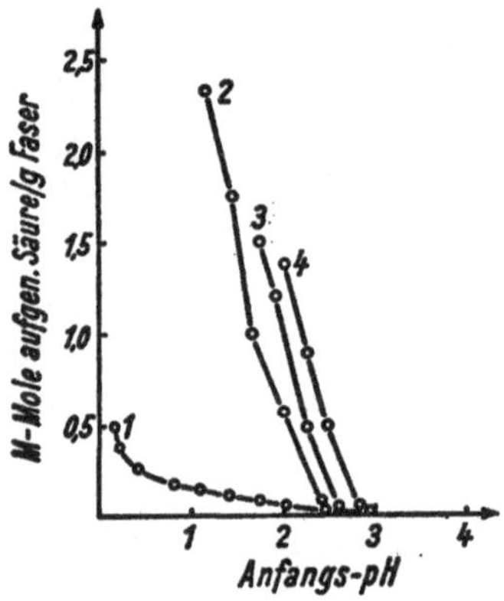

Abb. 25. Die Aufnahme von schwachen und starken Säuren durch Zeinfaser in Abhängigkeit vom p_H-Wert

1 = Salzsäure
2 = Monochloressigsäure
3 = Ameisensäure
4 = Essigsäure

Vergleicht man die Säureaufnahme der verwendeten organischen Säuren nicht bei gleichen p_H-Werten, sondern bei gleichen Äquivalentkonzentrationen, so ergibt sich, daß die Säurebindung um so höher ist, je stärker die angewandte Säure ist. Ein Maximum der Säurebindung ist jedoch bei diesen Säuren nicht feststellbar. Andere Ergebnisse erhält man bei der Einwirkung von Salzsäure auf die Zeinfaser. Diese Säure wird beim p_H-Wert 1,25 nur zu einem Betrag von 0,15 M-vale/g Faser und bei $p_H = 0{,}2$ zu einem Betrag von 0,5 M-vale/g Faser aufgenommen. Diese an sich außerordentlich niedrigen Säureaufnahmen durch die Zeinfaser sind jedoch deshalb verständlich, weil das Zein überhaupt kein Lysin und nur sehr wenig Argenin und Histidin enthält. Für die Salzsäurebindung stehen bei dieser Faser infolgedessen nur die Aminoendgruppen der Polypeptidketten und die wenigen und schwach basischen Gruppen des Arginins und Histidins zur Verfügung. Die Aufnahme der schwachen Säuren kann infolgedessen gar nicht als eine Salzbildung angesehen werden, sondern als eine Solvation wie bei den Naturproteinfasern Wolle und Seide.

Über das Verhalten der Zeinfaser beim Färben liegen zur Zeit nur die allgemeinen qualitativen Angaben von DRAVES und LÜTTRINGHAUS

[1] E. ELÖD u. H. G. FRÖHLICH, Melliand Textilber. 32, 40—43 (1951).

vor, nach denen Vicara mit allen für die Wollfärberei geeigneten Farbstoffen gefärbt werden kann.

C. Synthetisch hergestellte Spinnfasern

Während die Proteinspinnfasern ebenso wie die Proteine aus verschiedenen Aminosäuren zusammengesetzt sind, ist man bei der Herstellung synthetischer Spinnfasern naturgemäß bestrebt, möglichst wenig Bauelemente bei ihrer Herstellung zu verwenden, um dadurch Nebenreaktionen von vornherein auszuhalten. Daraus ergibt sich ein gut übersichtlicher chemischer Aufbau, wodurch die Deutung der Färbevorgänge in vieler Hinsicht erleichtert wird. Nach Elöd und Schachowskoy[1] stößt die Klärung vieler Eigenschaften und Reaktionen bei den Proteinen deshalb auf Schwierigkeiten, weil ihre uneinheitliche, zum Teil noch nicht genügend geklärte Zusammensetzung in den meisten Fällen verschiedene Deutungsmöglichkeiten zuläßt. Nach ihnen erscheint es nicht ausgeschlossen, daß mit Polyamiden als Modellsubstanzen ausgeführte Versuche manche wertvolle Aufklärung erbringen

Tabelle 31

Derzeitige synthetische Fasern

Ausgangsmaterial	Handelsname	Hersteller	Chemische Konstitution	Einführungsjahr
Polymerisationsprodukte	PeCe	I G-Farbenindustrie	Nachchloriertes Polyvinylchlorid	1934
	Vinyon	Carbide & Carbon Chemical Corperation	Vinylchlorid-Vinylazetat Mischpolymerisat	1938
	Saran	The Dow Chemical Corperation	as.-Dichloräthylen-Vinylchlorid Mischpolymerisat	1940
	PeCe 120	I G-Farbenindustrie		1941
	Orlon	I G-Farbenindustrie du Pont	Polyacrylnitril	1943 1945
	Vinyon N	Carbide & Carbon	Vinylchlorid-Acrylnitril-Mischpolymerisat	1947
Kondensationsprodukte	Nylon	du Pont	Polyamid	1938
	Perlon L	I G-Farbenindustrie	Polyamid	1939
	Terylene	Imperial Chemical Industries	Polyester	1947
Polyadditionsprodukte	Perlon U	I G-Farbenindustrie	Polyurethan	1939

[1] E. Elöd u. Th. Schachowskoy, Melliand Textilber. 23, 437 (1942).

werden. REIN[1] hat den Stand der Erzeugung synthetischer Fasern im Jahre 1949 in vorstehender Übersicht festgehalten:

In dieser Übersicht sind nicht nur die Handelsbezeichnungen und die Herstellerfirmen der synthetischen Fasern angegeben, sondern auch ihr chemischer Aufbau. Eine den Stand des Jahres 1953 wiedergebende Übersicht stammt von MEIER[2].

Die Polyamidfasern als amphotere Verbindungen

Die Polyamidfaser *Nylon* wird nach einem von CAROTHERS[3] gefundenen Verfahren aus Hexamethylendiamin und Adipinsäure hergestellt, wobei man lineare Kondensationsprodukte der allgemeinen Formel:

$$HO_2C \cdot (CH_2)_4 \cdot CO \cdot [NH \cdot (CH_2)_6 \cdot NH \cdot OC \cdot (CH_2)_4 \cdot OC]^n \cdot NH \cdot (CH_2)_6 \cdot NH_2$$

erhält. Über die Einzelheiten ihrer chemischen Herstellung haben MARK und WHITBY[4], MAURER[5] sowie SCHEELE[6] berichtet.

Die Polyamidfaser *Perlon* wird nach einem von SCHLACK[7] gefundenen Verfahren aus Kaprolaktam hergestellt und ist ebenfalls ein lineares Polyamid, entspricht jedoch der Formel:

$$HO_2C \cdot (CH_2)_5 \cdot NH \cdot [OC \cdot (CH_2)_5 \cdot NH]^n \cdot OC \cdot (CH_2)_5 \cdot NH_2.$$

Seine chemische und technologische Herstellung ist von KLARE[8] so eingehend beschrieben worden, daß hier ausdrücklich auf dieses Werk verwiesen wird, weil darin auch die technischen Eigenschaften von Perlon im Vergleich zu Nylon zu finden sind.

Die Polyamidfaser *Rilsan* wird aus w-Aminoundecancarbonsäureamid hergestellt und entspricht der allgemeinen Formel:

$$NH_2 \cdot (CH_2)_{10} \cdot CO \cdot [NH \cdot (CH_2)_{10} \cdot CO]^n \cdot NH \cdot (CH_2)_{10} \cdot COOH.$$

Die aus Hexamethylendiamin und Adipinsäure erhältlichen linearen Hochpolymeren sind zunächst als Superpolyamide bezeichnet worden, während sich später die Bezeichnung Polyamide eingebürgert hat.

Nach ihren chemischen Konstitutionsformeln sind alle Polyamide durch Amidgruppen charakterisiert, welche die Verknüpfung der Einzelmoleküle bewirken. Zum Unterschiede von den Proteinfasern, bei welchen der Aufbau der Makromoleküle aus Aminosäuren durch die Einwirkung einer Carbonsäure auf eine in α-Stellung befindliche Amino-

[1] H. REIN, Melliand Textilber. 30, 243—246, 299—301 (1949).
[2] G. MEIER, Jb. Textilveredlung, VEB Verlag Technik 1953, Bd. 1, 62—65.
[3] W. H. CAROTHERS, USA-Patent 2 130 948.
[4] H. MARK u. WHITBY, Collected Papers of W. H. Carothers on High Polymeric Substances, New York, 1940.
[5] K. MAURER, Angew. Chem. 54, 389—392 (1941).
[6] W. SCHEELE, Kolloid-Z. 98, 222—239 (1942).
[7] P. SCHLACK, DRP 748 253.
[8] H. KLARE, Technologie und Chemie der synthetischen Fasern aus Polyamiden, Berlin 1954.

gruppe unter Wasserabspaltung erfolgt, geschieht die Herstellung der Polyamide in der Weise, daß jeweils eine endständige Carbonsäuregruppe mit einer endständigen Aminogruppe zur Reaktion gebracht wird. Infolgedessen besitzen die Polyamide an den Enden ihrer Makromoleküle jeweils eine Carbonsäuregruppe und eine Aminogruppe. Sie unterscheiden sich von den Proteinfasern dadurch, daß sie keine Seitenketten besitzen und daß ihre Makromoleküle sich infolgedessen zu dichteren Kristalliten aneinanderfügen können, als das bei den Proteinfasern der Fall ist.

FULLER, BAKER und PAPE[1] haben festgestellt, daß die aus Hexamethylendiamin und Adipinsäure hergestellten Polyamidfasern deutliche Röntgeninterferenzen zeigen. BRILL[2] konnte bei ihnen eine Halbierung der theoretisch zu erwartenden Identitätsperiode feststellen. Auch HESS und KIESSIG[3]) haben kürzere Identitätsperioden als die erwarteten bei Polyamidfasern festgestellt. Diese Tatsache zeigt im Einklang mit dem von BRILL erhaltenen Befund an, daß die Methylenketten des Polyamids wie bei den Paraffinen als ebene Zickzackketten vorliegen müssen. Andernteils wird dadurch wahrscheinlich, daß bei benachbarten Molekülen jeweils eine NH_2- und CO_2-Gruppe einander gegenüber liegen. Mit ihm muß man annehmen, daß die von diesen Gruppen ausgehenden Nebenvalenzkräfte durch gegenseitige Absättigung, ebenso wie in den Proteinfasern, die strukturellen Eigenschaften dieser Körper bewirken. Der zwischen den Zickzackketten der Polyamidfasern bestehende Abstand beträgt auf Grund der erhaltenen Röntgenaufnahmen 4,8—5,0 Å und ist demnach so gering, daß ein Eindringen von großen Farbstoffmolekülen in diese kristallisierten Bereiche nicht erfolgen kann. Ähnliche Ergebnisse haben die von BUNN und GARNER[4] durchgeführten Untersuchungen ergeben.

Tabelle 32

Kennzahlen verschiedener Textilfasern

Bezeichnung	Spez. Gew.	Wasser-aufnahme (rund)	Festigkeit und Dehnung			
			R/km trocken	R/km naß	Dehnung trocken	Dehnung naß
Perlon L	1,1	4%	48—55	43—47	16—24	18—25
Viskosekunstseide	1,5	13%	13—16	7—8	18—25	22—35
Echte Seide . . .	1,37	9%	30—40	23—35	19—21	26—30
Baumwolle . . .	1,5	7%	12—17	13—19	7—8	10—12
Wolle	1,3	13%	5—6	4—5	8—11	35—40

[1] C. S. FULLER, W. O. BAKER u. N. R. PAPE, J. Amer. chem. Soc. 62, 3275—3281 (1940).
[2] R. BRILL, Naturwissenschaften 29, 220—221 (1941); Angew. Chem. 55, 69—76 (1942).
[3] K. HESS u. H. KIESSIG, Naturwissenschaften 31, 171 (1943).
[4] C. W. BUNN u. E. V. GARNER, Proc. Roy. Soc. London, A 189, 39—68 (1947).

Weil die Polyamidfasern weniger hydrophile Gruppen im Molekül besitzen und außerdem ein sehr dichtes Kristallgitter aufweisen, wird daraus erklärlich, daß ihre Wasseraufnahmen geringer sind als die der Proteinfasern und der Cellulosefasern. Ein Vergleich der Wasseraufnahmen dieser Fasern bei 20° C und 65% relativer Luftfeuchtigkeit stammt von STADLINGER[1].

LLOYD, DEMPSEY und GARROD[2] haben gefunden, daß Nylon in Wasser von 25—45° C zwar eine etwas größere Quellung in der Faserrichtung erfährt als Seidenfibroin, daß diese Quellung in der Faserachse aber bei beiden Fasern gering ist. Unter den gleichen Versuchsbedingungen zeigt Seidenfibroin dagegen eine wesentlich größere Quellung der Faserquerschnitte als das nicht verstreckte und auch gestreckte Nylon, bei welchem die Quellung in der Länge und Dicke etwa in gleicher Größenordnung erfolgt, während das Seidenfibroin eine mehr als doppelt so große Quellung quer zur Faserachse erfährt. In Ameisensäure löst sich sowohl verstrecktes wie auch nicht verstrecktes Nylon auf, während Seidenfibroin in Ameisensäure nur sehr stark quillt. In Essigsäure erfährt sowohl nicht gestrecktes als auch kalt gestrecktes Nylon bei 25—45° C sowohl in der Länge als auch in der Dicke eine stärkere Quellung als Seidenfibroin. In Milchsäure zeigt gestrecktes Nylon nur sehr geringe Quellungen in der Länge und Dicke, während Seidenfibroin unter den gleichen Versuchsbedingungen in Milchsäure eine erhebliche Zunahme der Faserdicke erfährt.

ABBOT[3] hat bei gestrecktem Nylon eine prozentuale Längsquellung von 2,7% in Wasser festgestellt, während die Querquellung unter den gleichen Bedingungen 2,6% beträgt, was mit den von LLOYD erhaltenen Zahlenwerten übereinstimmt. Die von QUING und DENNISON[4] mitgeteilten Werte der Feuchtigkeitsaufnahme von Nylon zeigen ebenfalls an, daß diese Faser weniger Wasser aufnimmt als die Proteinfasern.

Bei der Untersuchung der oberflächenelektrischen Eigenschaften von Nylon mit Hilfe einer mikroelektrophoretischen Apparatur fanden HARRIS und SOOKNE[5], daß die unorientierte Faser eine Umkehr der Ladung bei einem p_H-Wert von 3,9 zeigt, während die verstreckte orientierte Nylonfaser eine Umkehr der Ladung beim p_H-Wert 2,7 erfährt. Durch die Messung der Oberflächenpotentiale von Nylonfasern in wäßrigen Lösungen, die Mischungen von NaOH—NaCl bzw. HCl—NaCl in einer Ionenstärke von 0,001 enthielten, fanden NEALE und PETERS[6],

[1] H. STADLINGER, Chemiker-Ztg. 67, 175 (1943).
[2] D. J. LLOYD, M. DEMPSEY u. M. GARROD, Trans. Faraday Soc. 42 Swelling and Schrinking 228—224 (1946).
[3] N. J. ABBOT, J. Textile Inst. 41 T 53—54 (1950) Toronto.
[4] J. B. QUING u. R. W. DENNISON, Canad. Textile J. 69, Nr. 19, 60—69 (1952).
[5] M. HARRIS u. A. M. SOOKNE, J. Res. nat. Burr. Standards 26, 289—292 (1941).
[6] S. M. NEALE u. R. H. PETERS, Trans. Faraday Soc. 42, 484 (1946).

daß die Nylonfaser bei einem zwischen 3 und 3,5 liegenden p_H-Werte eine Umkehrung ihrer Ladung erfährt. Da die bei Wolle in der gleichen Weise elektrokinetisch erhaltenen Werte eine Umkehrung der Ladung bei einem p_H-Wert von etwa 3,5 zeigen, befinden sich Wolle und Nylon fast bei gleichen p_H-Werten in ihrem isoelektrischen Zustand. Für beide amphotere Fasern Wolle und Nylon ist ihre Oberflächenladung zwischen den p_H-Werten 3—6 eine lineare Funktion des p_H-Wertes, doch sind die bei Nylon festgestellten Oberflächenladungen niedriger als die bei Wolle erhaltenen, was mit der geringeren Anzahl von aktiven Gruppen im Fasermolekül im Einklang steht.

Nach PETERS[1] beträgt die Anzahl der primären Aminogruppen im Nylon 0,036 Milliäquivalent Salzsäure je Gramm Nylon, was sich mit den von WALZ und TAYLOR[2] bestimmten Werten in guter Übereinstimmung befindet. Nach HEES[3] beträgt das Säurebindungsvermögen der verschiedenen Polyamidfasertypen etwa 0,04—0,08 Milliäquivalent je Gramm. Daraus ergibt sich, daß das Molekulargewicht 10000—12000 beträgt.

Das Verhalten von Polyamidfasern gegen farblose Säuren

Die Titrationskurve von Nylon ist von LEMIN mittels Salzsäure bestimmt worden (Abb. 26). Er legte trockenes Nylongarn vier Tage lang in Salzsäurelösungen von verschiedenen p_H-Werten ein und bestimmte die gebundene Säure durch Titration der Lösung oder durch Messung des p_H-Wertes, nachdem sich das Gleichgewicht eingestellt hatte.

Nach CARLENE, FERN und VICKERSTAFF[4] zeigt die Titrationskurve von Nylon eine deutliche Einbuchtung, die der Absorption von 0,036 Milliäquivalent per Gramm bzw. der analytisch bestimmten Anzahl primärer Aminogruppen der Faser entspricht. Bei p_H-Werten unter 2,0 findet eine sehr starke Zunahme der Säureadsorption statt, ohne im untersuchten p_H-Bereich ein Maximum zu erreichen. Diese Zunahme der Säureabsorption muß den Amidgruppen zugeschrieben werden. Nach VICKERSTAFF zeigt eine derartige Titrationskurve, wieviel Wasserstoffionen bei verschiedenen p_H-Werten gebunden werden: „Die isoelektrische Faser enthält eine gleiche Anzahl von negativ geladenen Carboxyl- und positiv geladenen Aminogruppen zusammen mit einer Anzahl nicht ionisierter Carboxyl- oder Aminogruppen, die davon abhängt, welche Gruppe zahlenmäßig überwiegt. Im Falle der Nylonfaser zeigen der isoelektrische Punkt und die analytischen Befunde an, daß die Carboxylgruppen zahlenmäßig überwiegen. Wenn Nylon in Säurelösungen eingetaucht

[1] R. H. PETERS, J. Soc. Dyers Colourists 61, 95 (1945).
[2] J. E. WALZ u. G. B. TAYLOR, Analyt. Chem. 19, 448—450 (1947).
[3] W. HEES, Melliand Textilber. 31, 496—560 (1950).
[4] P. W. CARLENE, A. S. FERN u. T. VICKERSTAFF, J. Soc. Dyers Colourists 63, 389 (1947).

wird, werden dementsprechend Wasserstoffionen durch die ionisierten Carboxylgruppen absorbiert mit dem Erfolg, daß nichtionisierte Carboxylgruppen entstehen. Die Anzahl von Wasserstoffionen oder die Milliäquivalente von Säure, welche so absorbiert werden können, wird durch die in der Faser enthaltene Anzahl von Aminogruppen bestimmt, aber der p_H-Wert, bei welchem die Ionisation der Säuregruppen zurückgedrängt wird, hängt von der Dissoziationskonstante der Säuregruppe ab."

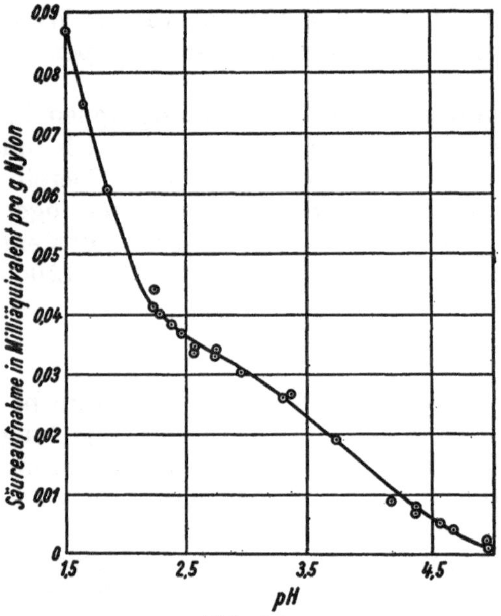

Abb. 26
Titration von Nylon mit Salzsäure

Im vorliegenden Falle ergibt sich aus der Titrationskurve des Nylon, daß die p_H dieser Gruppe 3,8 ist im Vergleich zur p_H 2,1 bei Wolle. Dies zeigt an, daß die Säuregruppen in Wolle stärker sind als im Nylon. Die Nylonfaser als Ganzes absorbiert Wasserstoffionen bei höheren p_H-Werten als Wolle, woraus hervorgeht, daß die Affinität von Wasserstoffionen zu Nylon größer als zu Wolle ist. Wendet man die Gleichung von Gilbert und Rideal für die Absorption von Säuren durch Wolle an, dann ergibt sich beim Nylon eine Affinität des Wasserstoffions zu —10/kg cal im Vergleich zu —6,4/kg cal bei Wolle.

Allerdings darf hierbei nicht völlig übersehen werden, daß die Säuregruppen und die Aminogruppen in Nylon und in den übrigen Polyamidfasern gleichwertig sind, weil sie von den gleichen Carbonsäuren herrühren. Die Endgruppen der Proteinfasern hingegen rühren von verschiedenen Aminosäuren her, weshalb die Endgruppen in den Proteinfasern und den Proteinkunstspinnfasern nicht völlig gleich gesetzt werden können.

Elöd und Schachowskoy[1] haben festgestellt, daß die Säurebindung durch Perlon mit fallenden p_H-Werten wie beim Nylon ständig zunimmt, ohne ein Maximum zu durchlaufen. Wie Carlene, Fern und Vickerstaff[2] fanden sie in dem p_H-Bereich von 2,2—2,5 einen Knick in

[1] E. Elöd u. Th. Schachowskoy, Melliand Textilber. 23, 440 (1942).

[2] P. W. Carlene, A. S. Fern u. T. Vickerstaff, J. Soc. Dyers Colourists 63, 388 (1947).

den von ihnen erhaltenen Titrationskurven. Deshalb hat ANACKER[1] sich dahin geäußert, daß das Säurebindungsvermögen von Perlon nicht so eindeutig festgelegt werden kann wie bei den Proteinfasern. Es schwankt je nach der Art der angewendeten Säure, dem Flottenverhältnis und der H-Ionenkonzentration. Nach ihm ist erforderlich, daß bei Angabe des Säurebindungsvermögens die entsprechenden Bedingungen genannt werden, bei denen die Bestimmung erfolgte. Er fand bei Perlonseiden ein Säurebindungsvermögen von 0,005—0,008 mit n/10 Schwefelsäure im Flottenverhältnis 1 : 50.

Die von ELÖD und FRÖHLICH[2] durchgeführten weiteren Untersuchungen haben ergeben, daß bei Zimmertemperatur und einem Flottenverhältnis 1 : 50 das Gleichgewicht bei der Aufnahme von HCl durch Polyamide das Gleichgewicht praktisch erst nach 6—8 Tagen erreicht wird. Man sieht aus den von ihnen erhaltenen Titrationskurven, daß diese mit dem von LEMIN erhaltenen Befund in bezug auf die allgemeine Kurvenform übereinstimmen. ELÖD und FRÖHLICH fanden jedoch im Bereich des Knickpunktes bei Nylon eine fast doppelt so große Menge gebundener Säure. Berechnet man aus der Säurebindung im Bereich des Knickpunktes das Molekulargewicht der Polyamide, so findet man Werte, die zwischen 11000—17000 liegen und mit den viskosimetrisch ermittelten Werten gut übereinstimmen.

Die niedrigeren Werte, welche die englischen Autoren mit 0,035 M-vale Säure je Gramm Nylon fanden, können nach ELÖD und FRÖHLICH nur dann richtig sein, wenn die für die Versuche verwendeten Nylonfasern Molekulargewichte von etwa 25000 hätten. Aus den Arbeiten von TAYLOR[3] geht hervor, daß auf Grund von Viskositätsmessungen an etwa 25 verschiedenen Sorten von Nylonfasern Molekulargewichte gefunden wurden, die zwischen 5000—25000 liegen. (Bedauerlicherweise haben die englischen Autoren die Molekulargewichte der von ihnen verwendeten Nylonfasern nicht angegeben, so daß man nicht entscheiden kann, ob diese wirklich ein Molekulargewicht von 25000 hatten — wie es sich rechnerisch ergeben würde — oder ob bei den Versuchen die Gleichgewichtswerte nicht erreicht wurden.)

Die gute Übereinstimmung zwischen den von ELÖD und FRÖHLICH aus der Säurebindung errechneten Molekulargewichten der verwendeten Polyamide und den viskosimetrisch ermittelten Werten berechtigt zu der Annahme, daß bei p_H-Werten, die oberhalb von etwa 2,2 liegen, ausschließlich die primären Aminogruppen der Polyamide an der Säurebindung beteiligt sind.

---

1 K. ANACKER, Melliand Textilber. 30, 103—106 (1949).

2 E. ELÖD u. H. G. FRÖHLICH, Melliand Textilber. 30, 103—106 (1949).

3 G. B. TAYLOR, J. Amer. Chem. Soc. 69, 635 (1947).

Der starke Anstieg der Säurebindung unterhalb von etwa $p_H = 2{,}2$ ist durch CARLENE, FERN und VICKERSTAFF[1] darauf zurückgeführt worden, daß im stark sauren Bereich auch die Säureamidgruppen des Nylon sich an der Säurebindung beteiligen. Nach HEES[2] tritt bei niederen p_H-Werten, und zwar bereits um $p_H = 2{,}5$ und weiterfallend, im steigenden Maße eine elektropositive Auflagung der Iminogruppen in den Peptidbindungen der Polyamidkette ein, indem sie Protonen unter Salzbildung aufnahmen, die ihrerseits wieder durch Farbstoffanionen verdrängt werden können. Nach EISTERT[3] geht diese Auflagung der mesomeren Säureamidgruppen in der folgenden Weise vor sich:

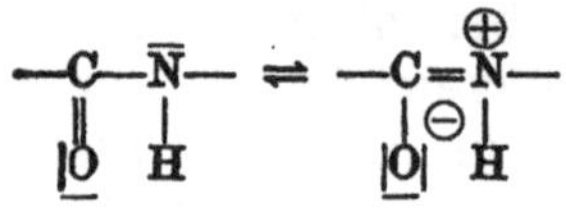

Das Proton von zugesetzten Säuren wird jedoch nicht am Stickstoff, sondern am Sauerstoff addiert:

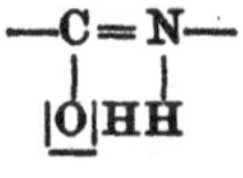

Da diese Umlagerung als eine Vorstufe zur Verseifung aufzufassen ist, überrascht nicht, wenn man mit HEES[4] annimmt, daß sie die faserfestigenden Querverbindungen zwischen den Polyamidketten stört und so den Zusammenhalt des Fasergefüges schwächt. Bei einer Einwirkungstemperatur von 100° C ergeben sich demzufolge folgende Festigkeitsverluste von Nylon bei der Anwendung verschieden starker Säuren:

	Reißfestigkeit g/den	Dehnung %
Unbehandelt	6,3	20,7
10% Essigsäure 20%	5,8 5,6	22,2 23
10% Ameisensäure 50%	5,4 6	22,1 24,3
1% Schwefelsäure 96%	4,5 4,1	18,4 20,9

Die Festigkeitsabnahme durch Essigsäure und Ameisensäure beträgt demnach im Durchschnitt 9,5%, durch Schwefelsäure im Durchschnitt jedoch 32%. Nach diesen Befunden kommt daher ein Färben der Poly-

[1] P. W. CARLENE, A. S. FERN und T. VICKERSTAFF, J. Soc. Dyers Colourists 63, 389 (1947).
[2] W. HEES, Melliand Textilber. 31, 497 (1950).
[3] B. EISTERT, Melliand Textilber. 30, 242 (1949).
[4] W. HEES, Melliand Textilber. 31, 498 (1950).

amidfaser bei p_H-Werten unterhalb 3 insbesondere aus schwefelsauren Färbebädern nicht in Betracht.

Das Verhalten von Polyamidfasern gegen Farbstoffsäuren

Nach STOTT[1] zeigen basische, Säurefarbstoffe, Chrombeizenfarbstoffe und Celluloseacetatfarbstoffe ausgezeichnete Affinitäten beim Färben von Nylon. In bezug auf das Verhalten von Säurefarbstoffen gegenüber Nylon fand der gleiche Verfasser[2], daß die Säurefarbstoffe bei Nylon physikalische Veränderungen in der Faser meistens deutlicher anzeigen als Celluloseacetatfarbstoffe. Außerdem stellte er fest, daß der Sättigungspunkt der Nylonfaser gegenüber Säurefarbstoffen begrenzt ist und daß die Farbstoffaufnahme im essigsauren Bade unter Zusatz von Natriumsulfat rascher erfolgt als im neutralen Bade unter Zusatz von Natriumsulfat. Aus mikroskopischen Querschnitten von gefärbten Nylonfasern ergibt sich nach ihm, daß die meisten Säurefarbstoffe nicht ganz durchfärben, sondern in größerer Konzentration in der Außenschicht bleiben. Nach WHITTAKER[3] scheint die Affinität der anionischen Farbstoffe mit steigender Anzahl Sulfonsäuregruppen im Farbstoffmolekül abzunehmen. Auch nach ihm führt indessen die Mitverwendung von Essigsäure im Färbebade zu einer Erhöhung der Affinität vieler Direktfarbstoffe. Eine Vorbehandlung der Nylonfaser mit ß-Naphthol (bzw. ein Zusatz desselben zum Färbebade) oder mit Wasser und Dampf oder mit bestimmten Metallsalzen oder auch mit bestimmten Alkoholen erhöht nach WHITTAKER die Farbstoffaffinität für Nylon.

Zur Beantwortung der Frage, ob die Reaktionen der Polyamide auf die gleichen Bindungskräfte zurückzuführen sind wie bei den Proteinfasern, haben ELÖD und SCHACHOWSKOY[4] die Aufnahme von Kristallponceau 6 R durch Polyamide untersucht. „Um die Abhängigkeit der Aufnahme der Farbsäuren von dem p_H-Wert zu untersuchen, wurden die Fäden zuerst in dem auf entsprechende p_H-Werte mit HCl eingestellten Wasser bei einem großen Flottenverhältnis 24 Stunden bei Zimmertemperatur belassen, dann herausgenommen, abzentrifugiert und in den auf verschiedene p_H-Werte eingestellten Kristallponceau 6 R-Lösungen von einer Konzentration von 0,15% und einem Flottenverhältnis von 1 : 60 bei 90° C vier Stunden gefärbt. Die Verdampfungsverluste wurden durch Wägungen festgestellt und korrigiert. Die Bestimmung der Farbstoffaufnahme erfolgte optisch mit dem Stufenphotometer nach PULFRICH der Firma Zeiss, wobei für jeden p_H-Wert die entsprechende Extinktion

[1] P. H. STOTT, Amer. Dyestuff Reporter 28, 582—590 (1939).
[2] P. H. STOTT, Amer. Dyestuff Reporter 29, 646—650 (1940).
[3] C. M. WHITTAKER, J. Soc. Dyers Colourists 59, 69—73 (1943). Textile Manufacturer 69, 268 (1943).
[4] E. ELÖD u. TH. SCHACHOWSKOY, Melliand Textilber. 23, 437—440 (1942).

der verwendeten Farbstofflösung bestimmt wurde. Es hat sich jedoch gezeigt, daß bei Kristallponceau 6 R in den untersuchten p_H-Bereichen sie praktisch konstant bleibt. Tabelle 32 enthält die Versuchsergebnisse.

Tabelle 33

Abhängigkeit der Aufnahme von Kristallponceau 6 R von dem p_H-Wert des Färbebades

p_H-Ende	ε-Anfang Verd. 1 : 50	ε-Ende Verd. 1 : 50	Farbstoff-aufnahme in %
0,42	1,064	0,528	5,5
1,01	1,070	0,704	4,1
1,44	1,076	0,898	2,4
2,08	1,074	0,974	1,8
3,06	1,074	1,012	1,5
4,38	1,082	1,046	1,3

Man sieht aus der Tabelle, daß in der Tat die Aufnahme des sauren Farbstoffes durch die Polyamidfasern eine deutliche p_H-Abhängigkeit zeigt. Erwartungsgemäß sind in diesem Fall die aufgenommenen Mengen der Farbsäure wesentlich geringer als z. B. bei der Wolle; denn wenn auch bei Polyamiden die NH_2-Gruppen für die Menge des aufgenommenen Farbstoffs maßgebend sein müßten, so muß ihre Anzahl, da hier Seitenketten fehlen, wesentlich geringer sein und nur von den Kettenenden stammen. Eines scheint jedoch auffällig: während bei der Wolle die maximalen Farbstoffmengen bei $p_H = 1{,}3$ aufgenommen werden, ist bei den Polyamidfasern dieses Maximum bei $p_H = 1$ noch nicht erreicht.

Die weiteren Versuche haben gezeigt, daß der in Tabelle 32 angegebene Wert für die Farbstoffaufnahme bei $p_H = 0{,}42$ von 5,5% durchaus keinen Endwert darstellt, sondern bei der Verwendung größerer Flottenverhältnisse (z. B. 1 : 90) auf 6,2% steigt. Bei einem p_H-Wert von 0,0, d. h. in einem Färbebade, das an Wasserstoffionen 1 n ist, beträgt die Farbstoffaufnahme durch dasselbe Produkt 14,3%.

Die hohe Farbstoffaufnahme bei niedrigen p_H-Werten könnte dadurch hervorgerufen sein, daß die Behandlung der Fasern bei solchen hohen Wasserstoffionenkonzentrationen (vier Stunden bei 90° C) die Hauptvalenzketten abbaut und so zusätzliche aktive NH_3^+-Gruppen entstehen läßt, die mit Farbsäure in Wechselwirkung treten können.

Um dies zu prüfen, wurden die Polyamidfasern zuerst wie üblich auf p_H-Werte von 0,5 und 0,0 eingestellt und dann im Wasser, das ebenfalls auf die p_H-Werte von 0,5 bzw. 0,0 eingestellt war, in einem Flottenverhältnis von 1 : 90 bei 90° C vier Stunden lang erwärmt. Daraufhin wurden die Proben abzentrifugiert, auf $p_H = 1{,}0$ eingestellt und mit Farbstofflösungen von entsprechenden p_H-Werten gefärbt.

Sollte diese Vorbehandlung der Faser bei den p_H-Werten von 0,5 und 0,0 in der Tat einen merklichen Abbau der Molekülketten verursacht haben und wäre die erhöhte Farbstoffaufnahme auf diese Hydrolyse zurückzuführen, so müßte man erwarten, daß in diesem Fall beim anschließenden Färben bei $p_H = 1$ auch eine Erhöhung der Aufnahme von Kristallponceau gegenüber der Aufnahme durch nicht vorbehandelte Fasern bei gleichen p_H-Werten (in diesem Falle bei $p_H = 1$) in Erscheinung treten würde.

Die Messungen haben jedoch ergeben, daß dies nicht der Fall ist. Nur bei manchen Produkten wurde eine geringe Zunahme der Farbsäurebindungsfähigkeit beobachtet, jedoch war sie auch in solchen Fällen so gering, daß sie für die Erklärung des Effektes nicht herangezogen werden kann. Erst bei der Behandlung der Faser mit einer 2 n-Salzsäurelösung konnte eine für die Farbsäureaufnahme merklichere Hydrolyse beobachtet werden.

Um zu sehen, ob die Farbstoffaufnahme von dem Flottenverhältnis abhängig ist, wurden weitere Versuche ausgeführt. Gefärbt wurde, wie schon beschrieben, mit einer 0,15%igen Farbstofflösung. Die Ergebnisse sind aus Tabelle 34 ersichtlich.

Tabelle 34

Abhängigkeit der Aufnahme von Kristallponceau 6 R vom Flottenverhältnis

Flottenverhältnis	Farbstoffaufnahme in %	p_H
1 : 60	4,0	1,04
1 : 90	4,2	1,04
1 : 120	4,7	1,04
1 : 150	5,5	1,03

Man sieht, daß das Flottenverhältnis auf die Farbstoffaufnahme nicht ohne Einfluß ist; dieser Einfluß ist zwar nicht groß, jedoch deutet er auf die Möglichkeit, daß adsorptive Erscheinungen bei der Farbstoffaufnahme eine gewisse Rolle spielen können.

Es wurde schon darauf hingewiesen, daß bei den Versuchen, die bei niedrigen p_H-Werten ausgeführt worden sind, durch hydrolytischen Abbau gewisse Schädigungen der Faser erwartet werden könnten. Es wurde auch gezeigt, daß, auch wenn diese Hydrolyse in der Tat stattfindet, sie sich auf die Aufnahme der Farbsäure bei den hier gewählten Versuchsbedingungen nicht auswirkt. Da jedoch die Veränderung der mechanischen Eigenschaften auch durch geringe Verkürzungen der Hauptvalenzketten, die sich bei der Farbsäureaufnahme noch gar nicht bemerkbar machen würden, in Erscheinung treten können, wurde der Einfluß der Färbung der Faser bei verschiedenen p_H-Werten auf ihre Reißfestigkeit untersucht. Es hat sich gezeigt, daß, wenn die Polyamidfasern nach der Färbung unter üblichen Bedingungen neutralisiert werden oder gleich nach dem Trocknen zur Untersuchung kommen, ihre Reißfestigkeit bis zu einem p_H-Wert von 0,0 einschließlich keine nennenswerte Abnahme erfährt. Läßt man jedoch die gefärbten Fasern ohne Neutralisation bei den den Färbebedingungen entsprechenden p_H-Werten z. B. 30 Tage lang trocken lagern, so macht sich der Abbau schon bemerkbar; vgl. hierzu die Tabelle 35.

Tabelle 35

Die Beeinflussung der Reißfestigkeit der Polyamidfasern durch Färbungen bei verschiedenen p_H-Werten

p_H	Farbstoffgehalt in %	Reißfestigkeit kg/mm²	Abnahme der Reißfestigkeit in %
0,0	14,4	22	(42)
0,56	5,7	30	21
1,0	3,7	33	13
2,0	2,0	37	2,6
4,0	1,3	38	—

Der erste in der Tabelle angegebene Wert ist eingeklammert, weil die Proben dieser Faser im Gegensatz zu den übrigen 50 Tage gelagert waren.

In der Tabelle 36 sind Färbeversuche bei $p_H = 1,04$ und Flottenverhältnissen von 1 : 60, 1 : 90 und 1 : 120 zusammengestellt. Die Konzentration der Farbstofflösungen betrug wieder 0,15%. Die verwendeten Polyamidfasern gehörten einer anderen Serie an und zeigten gegenüber den vorhergehenden Versuchsproben eine höhere Farbstoffaufnahme (statt 5,5% 7,3%).

Tabelle 36

Farbstoff	Flottenverhältnis	p_H	Farbstoffaufnahme in %
Kristallponceau 6R . .	1 : 60	1,06	6,5
	1 : 90	1,06	7,1
	1 : 120	1,05	7,3
Palatinechtbordo BN .	1 : 60	1,05	0,9
	1 : 90	1,04	1,0
	1 : 120	1,04	1,6
Guineabraun RGL . .	1 : 60	1,04	4,7
	1 : 90	1,04	5,5
	1 : 120	1,05	(4,5)
Orange GG	1 : 60	1,04	4,5
	1 : 90	1,04	4,9
	1 : 120	1,04	5,3

Wie man aus der Tabelle 36 sieht, ist die Aufnahme von Palatinechtbordo BN bei diesem p_H-Wert am geringsten und beträgt bei einem

Flottenverhältnis von 1 : 120 rund 1,6% gegenüber 7,3% bei Kristallponceau und 5,3% bei Orange GG (es sei darauf hingewiesen, daß die Molekulargewichte bzw. Äquivalentgewichte von Palatinechtbordo BN und von Kristallponceau 6 R sich nicht wesentlich unterscheiden). Die aufgenommenen Mengen von Kristallponceau und Orange GG sind annähernd äquimolekular.

Um die Quellung festzustellen, wurden von ELÖD und SCHACHOWSKOY zwei Versuchsreihen mit verschiedenen Faserproben ausgeführt. Die Fasern wurden bei Zimmertemperatur in einem Flottenverhältnis von 1 : 20, 48 Stunden lang quellen gelassen, dann in einer Eccozentrifuge bei 3500 Touren fünf Minuten geschleudert, gewogen und bis zur Gewichtskonstanz bei 105° C getrocknet. In der Tabelle 37 sind die Ergebnisse dieser Untersuchung zusammengestellt.

Tabelle 37

Die Abhängigkeit der Quellung von Polyamiden von dem p_H-Wert

p_H	Quellung	
	Produkt 1	Produkt 2
2 n HCl	18,4	—
0,0	14,3	10,6
0,5	13,4	10,7
1,0	13,0	10,4
2,0	12,3	10,5
3,0	16,0	10,6
4,0	17,2	10,5

Es ergibt sich daraus, daß die Quellung der Polyamide in Wasser einesteils gering ist und andernteils praktisch unabhängig vom p_H-Wert ist.

In weiteren Versuchsreihen haben ELÖD und SCHACHOWSKOY[1] die Quellung und Farbstoffaufnahmen von Polyamiden verschiedener Polymerisationsgrade untersucht. Sie fanden dabei, daß alle Polyamide praktisch eine Unabhängigkeit der Wasseraufnahme von dem p_H-Wert zeigen, so daß die p_H-Abhängigkeit der Farbsäureaufnahme nicht auf eine erhöhte Quellung der Faser zurückgeführt werden kann.

Diese Unterschiede im Verhalten der Polyamide zu den Proteinfasern sind von ELÖD und SCHACHOWSKOY[2] dadurch erklärt worden, daß die meisten Eiweißstoffe in ihren Seitenketten Reste der Diamino- und Dicarbonsäuren, d. h. ionisierbare und hydratisierbare Gruppen enthalten. Im Gegensatz hierzu besitzen die untersuchten Polyamide keine derartigen Seitenketten, und ihre ionisierbaren Gruppen befinden sich

[1] E. ELÖD u. TH. SCHACHOWSKOY, Melliand Textilber. 25, 237—242 (1944).
[2] E. ELÖD u. TH. SCHACHOWSKOY, Melliand Textilber. 25, 309—314 (1944).

nur an den Kettenenden. Weil der größere Teil der Kette bei den Polyamiden aus CH_2-Gruppen besteht, wird nach ihnen dem Polyamid eine Art paraffinischer Eigenschaften verliehen, und die Polyamide müssen deshalb in Wasser eine geringere Quellung zeigen als die Proteine.

In Übereinstimmung damit haben SPEAKMAN und SAVILLE[1] die Adsorption von Wasser durch Nylon auf die Peptidbindungen dieser Faser zurückgeführt.

Nach ANACKER[2] dürfen die beim Färben von Wolle mit Säurefarbstoffen gemachten Erfahrungen nicht ohne weiteres auf Perlon übertragen werden, einesteils, weil das maximale Säurebindungsvermögen beider Fasern verschieden ist, und andernteils, weil Säurefarbstoffe, die auf Wolle gut egalisieren, es auf Perlon nicht in allen Fällen tun. Während die Anthralanfarbstoffe gut egalisierende saure Wollfarbstoffe sind, egalisiert Anthralangelb G für sich allein gut auf Perlon, nicht aber Anthralanblau G. Während die beiden Farbstoffe auf Wolle etwa in gleicher Weise aufziehen und egalisieren, unterscheidet sich ihre Aufziehgeschwindigkeit und damit auch ihr Egalisiervermögen bei einer Perlonseide vom Säurebindungsvermögen 0,006, bestimmt mit n/10-Schwefelsäure, deutlich. Die aus dem kolorimetrisch bestimmten Gehalt der angewandten Färbebäder ermittelten Mengen des aufgezogenen Farbstoffes sind aus Tabelle 38 ersichtlich.

Tabelle 38

Anthralangelb G		Anthralanblau G	
angewandt %	fixiert %	angewandt %	fixiert %
0,5	0,5	1	1
1,0	ca. 0,8	2	2
2,0	ca. 1,0	4	4
3,0	ca. 1,0	8	ca. 6,5
4,0	ca. 1,0	16	ca. 8
		30	ca. 8

Bei Anthralangelb G ist also mit 2% Farbstoff die Sättigungsgrenze erreicht, nur die Hälfte des Farbstoffes von Perlon gebunden. Bei Anthralanblau G wird aber eine erheblich größere Menge Farbstoff gebunden: 8% bei 16% angewandtem Farbstoff.

Ein ganz ähnliches Verhalten zeigt eine Kombination aus Alizarinsaphirol B und Echtrot AV.

Da nach ANACKER anzunehmen ist, daß außer der Molekülgröße in erster Linie die Anzahl der Sulfosäuregruppen im Farbstoffmolekül für dieses Verhalten verantwortlich ist, wurde das maximale Aufziehvermögen von einer Anzahl saurer Farbstoffe gleicher Konstitution, die sich daher nur durch die Anzahl der Sulfogruppen unterscheiden, bestimmt.

Von letzterem Farbstoff wurde auch die Trisulfosäure Naphtholrot SE und die Tetrasulfosäure Ponceau 6 R geprüft.

[1] J. B. SPEAKMAN u. A. K. SAVILLE, Textile Inst. 37 Proc. 271—293 (1946).

[2] K. ANACKER, Melliand Textilber. 29, 348—350 (1948).

Da die Handelsfarbstoffe infolge ihres verschiedenen Gehaltes an Stellmitteln kein anschauliches Bild über die Menge des aufgezogenen Farbstoffes ergeben, wurde der Reinfarbstoffgehalt bei den nachstehenden Werten zugrunde gelegt. Wenn nach ANACKER diese Methode zwar keinen Anspruch auf absolute Genauigkeit machen kann, so gibt sie doch immerhin annähernde Werte, die zum mindesten die Größenordnung erkennen lassen.

In der nachstehenden Tabelle ist das maximale Aufziehvermögen festgelegt, umgerechnet auf Reinfarbstoffgehalt, und daneben der theoretisch errechnete Wert bei Zugrundelegung eines Säurebindungsvermögens von 0,006 grammäquivalente Säure.

Wie aus diesen Zahlen zu ersehen ist, stimmt nach ANACKER nur in wenigen Fällen der tatsächliche Wert mit dem theoretischen annähernd überein. Bei den Monosulfosäuren wird im allgemeinen ebensoviel Farbstoff aufgenommen als dem theoretischen Wert entspricht. Bei Flavazin 4 G besteht allerdings eine stärkere Abweichung. Bei den Disulfosäuren dagegen bleibt in der Mehrzahl der Fälle die tatsächlich aufgezogene Farbstoffmenge hinter der theoretisch errechneten zurück. Echtlichtorange G macht wieder eine Ausnahme. Aus den Zahlen geht jedenfalls hervor, daß die Anzahl der Sulfogruppen für das Ziehvermögen der

Tabelle 39

Monosulfosäuren	Die entsprechenden Disulfosäuren
Flavazin 4 G	Anthralangelb G
Orange II	Echtlichtorange G
Supraminorange R	Anthralanorange GG
Cellitechtviolett ER	Anthralanviolett 6B
Alizarinsaphirol SE	Alizarinsaphirol B
Echtrot AV	Echtrot E

Tabelle 40

Monosulfosäuren	Maximal aufgezogen %	Theoretischer Wert %
Flavazin 4 G	1,04	2,6
Orange II	2,1	2,1
Supraminorange R . .	2	2,6
Cellitechtviolett ER . .	2,2	2
Alizarinsaphirol SE . .	3	2,2
Echtrot AV	2,6	2,4

Tabelle 41

Disulfosäuren	Maximal aufgezogen %	Theoretischer Wert %
Anthralangelb G . . .	0,66	1,6
Echtlichtorange G . .	3,2	1,4
Anthralanorange GG .	0,6	1,7
Anthralanviolett 6 B . .	1,5	1,3
Alizarinsaphirol B . .	0,7	1,4
Echtrot E	0,9	1,5
Trisulfosäure		
Naphtholrot SE	0,9	1,2
Tetrasulfosäure		
Ponceau 6 R	0,5	1,1

sauren Farbstoffe auf Perlon von großer Bedeutung ist. Danach muß die Verbindung Perlon + Disulfosäure bzw. + Polysäure leichter hydrolysierbar sein als die entsprechende Verbindung mit der Monosulfosäure.

Ähnliche Ergebnisse mit anderen Säurefarbstoffen haben MEUNIER und SAVILLE[1] bei der Bestimmung des Sättigungspunktes von Nylon erhalten.

Als Folgeerscheinung der verschiedenen Aufziehgeschwindigkeit und der Unterschiede in der Hydrolysierbarkeit der Farbstoff-Faserverbindungen ergibt sich, daß bei Kombinationsfärbungen mit verschiedenen Farbstoffen die Polyamidfaser den Farbstoff nicht immer im gleichen Verhältnis aufnimmt, wie er im Färbebade vorhanden ist. So gibt nach CARLENE, FERN und VICKERSTAFF[2] eine Mischung aus

1 Teil Roccellin S (einbasisch) und
3 Teilen Alizarinsaphirblau B (zweibasisch)

auf Nylon eine vorwiegend blaue Nuance, wenn die Totalkonzentration der Farbstoffe 0,4% beträgt. Erhöht man die Gesamtkonzentration dagegen auf 8%, d. h. über den Sättigungspunkt hinaus, so erhält man eine rote Färbung.

Ähnliche Verdrängungserscheinungen eines bereits auf Nylon fixierten Farbstoffes sind von KIENLÉ, ROYER und MC CLEARY[3] sowie FIDELL, ROYER und MILLSON[4] beschrieben worden, ebenfalls von NIEDERHAUSER[5]. Nach ihm erhält man bei Kombinationsfärbungen aus Farbstoffen mit nur einer Sulfosäuregruppe im Molekül im allgemeinen befriedigende Resultate. Dagegen kann man bei Verwendung von Farbstoffen mit zwei Sulfosäuregruppen im Molekül beobachten, daß sie sich gegenseitig „blockieren" können, sobald man mittlere oder dunklere Nuancen färbt. Er führt diese Erscheinung einesteils auf die im Vergleich zu Wolle geringere Anzahl von Aminogruppen in den Polyamidfasern zurück und andernteils auf die Größen der Farbstoffmoleküle.

Wenn die Säurebindung und auch die Bindung anionischer Farbstoffe von der Anzahl der in der Faser vorhandenen Aminogruppen abhängig wäre, dann müßte bei ihrer Vermehrung sowohl die Säurebindung wie die Farbstoffbindung bei den oberhalb $p_H = 2,2$ liegenden Werten zunehmen. Um dies zu prüfen, haben ELÖD und FRÖHLICH[6] verschiedene Polyamidfasern mit n/20 HCl im Flottenverhältnis 1 : 100 bei 90° C verschieden lang behandelt, nachher in fließendem Wasser lange gewässert und an der Luft getrocknet.

---

[1] P. L. MEUNIER u. A. K. SAVILLE, Rayon Textile Monthly 28, 273 (1947).

[2] P. W. CARLENE, A. S. FERN u. P. VICKERSTAFF, J. Soc. Dyers Colourists 63, 388—393 (1947).

[3] R. H. KIENLÉ, G. L. ROYER u. H. R. MC CLEARY, Textile Res. J. 16, 616 (1946).

[4] L. J. FIDELL, G. L. ROYER u. H. E. MILLSON, Amer. Dyestuff Reporter 37, 166—182 (1948).

[5] J. P. NIEDERHAUSER, Textil-Rdsch. 4, 442—453 (1949).

[6] E. ELÖD u. H. G. FRÖHLICH, Melliand Textilber. 30, 103—109 (1949).

Die so behandelten Polyamidfasern wurden auf ihre Säurebindung sowie Farbstoffaufnahme bei verschiedenen p_H-Werten untersucht und gleichzeitig ihr Molekulargewicht bestimmt.

Aus den so erhaltenen in Tabelle 42 zusammengestellten Werten ist zu erkennen, daß mit zunehmendem Abbau der Polyamidfasern die Säurebindung sowie die Farbstoffaufnahme entsprechend ansteigen, sofern man bei p_H-Werten oberhalb von etwa 2,2 arbeitet. Unterhalb von 2,2, z. B. bei $p_H = 1,4$, ist die Veränderung nur sehr gering. Die aus der Säureaufnahme berechneten Molekulargewichte stehen in guter Übereinstimmung mit den aus den viskosimetrischen Daten errechneten, vor allem, wenn der Abbau der Polyamidfasern genügend weit getrieben ist.

Tabelle 42

HCl bzw. Farbstoffaufnahme sowie Mol-Gewicht abgebauter Polyamide

Abbau in Std.	Spez. C	Mol-Gewicht visk.	M-Mol Farbstoff/g		Mol-gewicht ber.*)	End-p_H	M-Val HCl/g	Mol-gewicht ber.	Quellung
			$p_H = 1,4$	$p_H = 2,6$					
				Nylon					
0	0,593	12800	0,222	0,079	12500	2,25	0,069	14500	9,5
7	0,084	11500	0,218	0,089	11300	2,27	0,081	12300	13,1
24	0,060	9500	0,215	0,103	9650	2,32	0,105	9540	17,0
48	0,051	7000	0,218	0,136	7300	2,40	0,130	7700	20,2
				Perlon					
0	0,101	13850	0,256	0,074	13750	2,28	0,064	15600	7,3
7	0,078	10800	0,250	0,091	11000	2,30	0,083	11900	11,5
24	0,064	8830	0,255	0,116	8600	2,35	0,110	9150	14,8
48	0,040	5450	0,263	0,180	5500	2,54	0,195	5150	21,8
				Perlon L (Caprolactam)					
0	0,098	13500	0,230	0,072	13900	2,27	0,060	14800	8,5
10	—	—	0,234	0,092	10800	2,30	0,079	12500	11,5
24	0,064	8830	0,236	0,116	8600	2,34	0,100	9100	13,0
48	0,040	6900	0,232	0,134	7000	2,38	0,135	7400	15,6

*) Molekulargewicht berechnet aus der Farbstoffaufnahme, Kristallponceau 6 R bei $p_H = 2,6$ (Anfangswert)

Die Vermutung, daß die Aufnahmefähigkeit der Polyamide für anionische Farbstoffe mit steigendem Molekulargewicht der Polyamide abnimmt, weil mit zunehmender Kettenlänge der Gehalt an endständigen Aminogruppen sich prozentual verringert, ist demnach bestätigt.

Reduziert man die Reaktionsfähigkeit der endständigen Aminogruppen durch Acetylierung, dann geht nach PETERS[1] die Aufnahmefähigkeit des Polyamids für anionische Farbstoffe ebenfalls stark zurück.

[1] R. H. PETERS, J. Soc. Dyers Colourists 61, 95—100 (1945).

Führt man nach ELÖD und FRÖHLICH[1] durch Einwirkung von Natriumnitrit und Essigsäure einen Teil der endständigen Aminogruppen der Polyamidfasern in Hydroxylgruppen über, so verliert die desaminierte Faser dem Grade der Desaminierung entsprechend einen Teil ihrer Anfärbbarkeit mit Säurefarbstoffen.

Nach McGREW und SCHNEIDER[2] ist es möglich, durch Veränderung der Polymerisationsbedingungen und durch Zusatz von Stabilisierungsmitteln nach einem Verfahren von PETERSON[3] sowohl die Kettenlänge als auch die Natur der Endgruppen von Polyamiden aus Hexamethylendiamin und Adipinsäure zu kontrollieren. Sie stellten eine Reihe solcher Polyamide her und bestimmten die maximale Farbstoffaufnahme dieser Fasern für den einbasischen Farbstoff Anthrachinonblau RXO und den zweibasischen Farbstoff Pontacyl-Carmine 2 G bei $p_H = 3{,}5$.

Tabelle 43

Farbstoffadsorption bei Fasern verschiedener Basizität

Faser	Carboxylendgruppen Milliäquivalente per g	Aminogruppen Milliäquivalente per g	Maximale Farbstoffaufnahme in Milliäquivalent/g Faser bei $p_H = 3{,}5$	
			einbasisch	zweibasisch
A	—	0,012	0,004	0,004
B	0,064	0,038	0,035	0,032
C	0,023	0,064	0,066	0,060
D	0,042	0,086	0,084	—
E	0,007	0,375	0,340	—

Obwohl es nach McGREW und SCHNEIDER schwierig ist, das Eindringen der großen Farbstoffanionen in die dichten Kristallite der orientierten Polyamide sichtbar zu machen, muß man logischerweise annehmen, daß die Kettenenden, welche den basischen Charakter bedingen, den amorphen Teil des Polyamids ausmachen und nicht innerhalb der kristallinen Strukturen liegen. Die etwas niedrigere Absorption der zweibasischen Farbstoffe könnte bei dieser Annahme in der Weise erklärt werden, daß bei den zweibasischen Farbstoffen die Wahrscheinlichkeit geringer ist, daß ihre Sulfosäuregruppen im Polyamid die basischen Endgruppen absättigen können, als bei den einbasischen Farbstoffen.

In Ergänzung der früheren Arbeiten haben ELÖD und FRÖHLICH[4] die Einwirkung von sauren und substantiven Farbstoffen auf Polyamide in einem weiteren p_H-Bereich untersucht, als dies von ELÖD und SCHACHOWSKOY geschehen war. Nach ihnen kann man bei 95° C in etwa vier Stunden

[1] E. ELÖD u. H. G. FRÖHLICH, Melliand Textilber. 30, 106 (1949).
[2] F. C. McGREW u. A. K. SCHNEIDER, J. Amer. chem. Soc. 72, 2547—2552 (1950).
[3] USA-Patent 2 174 527.
[4] E. ELÖD u. H. G. FRÖHLICH, Melliand Textilber. 30, 103—106 (1949).

Werte der Farbstoffaufnahme erreichen, die nahe den Gleichgewichtswerten liegen. Bei der Ausführung der Versuche wurden die Verdampfungsverluste gewichtsmäßig festgestellt und korrigiert. Gefärbt wurde mit handelsüblichen Farbstoffen vier Stunden bei 95° C in einem Flottenverhältnis 1 : 50 und mit Lösungen, die jeweils 5 g Farbstoff im Liter enthielten.

Die Abhängigkeit der Farbstoffaufnahme vom p_H-Wert des Färbebades ist aus der Abb. 27 zu ersehen.

Man ersieht daraus, daß die Kurven für die Farbstoffaufnahmen in drei Teile zerlegt werden können. Der erste im Gebiet stark saurer Färbebäder liegende Teil verläuft steil bis zum p_H-Wert von etwa 2,0. Zwischen den p_H-Werten von etwa 2,0—5,0 verlaufen die Kurven annähernd horizontal, um bei höheren p_H-Werten allmählich abzusinken. Bei $p_H = 9,0$ wird praktisch kein Farbstoff mehr aufgenommen. Diese Ergebnisse bestätigen den von PETERS[1] bei der Bestimmung der Aufnahme von Alizarinsaphirol B durch Nylon in Bädern verschiedener p_H-Werte erhaltenen Befund.

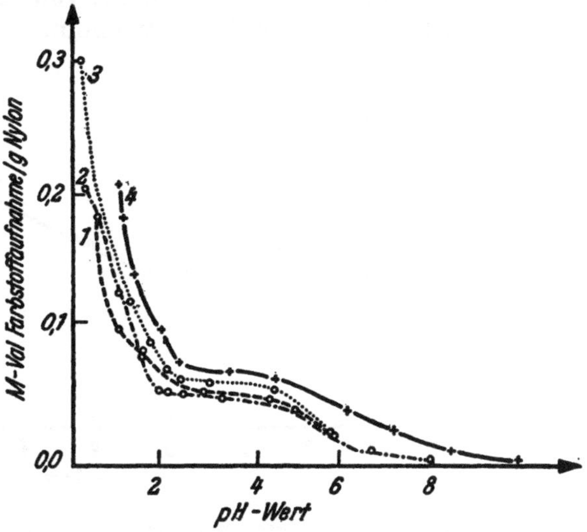

Abb. 27
Farbstoffaufnahme in Abhängigkeit vom p_H-Wert. Dauer 4 Std., Temperatur 95° C, Flotte 1 : 50

Daß der Verlauf der Farbstoffaufnahme bei verschiedenen p_H-Werten nicht durch die Quellung der Polyamide verursacht sein kann, konnten ELÖD und FRÖHLICH in der Weise zeigen, daß sie die Quellung von Nylon in Abhängigkeit vom p_H-Wert bestimmten. Die in Abb. 28 wiedergegebene Quellkurve von Nylon bei 20° C zeigt nach ihnen bemerkenswerterweise zwischen $p_H = 2—3$ ein Minimum der Quellung. Weil die Quellungswerte bei unter $p_H = 2$ liegenden Säurekonzentrationen und über $p_H = 2$ liegenden Werten ansteigen, die Farbstoffaufnahmen unter $p_H = 2$ ansteigen und über $p_H = 4$ abnehmen, kann die Farbstoffaufnahme nicht durch die Quellung an sich verursacht sein.

---

[1] R. H. PETERS, J. Soc. Dyers Collourists 61, 95—100 (1945).

Weil die Aufnahme von sauren und substantiven Farbstoffen durch Polyamide im Gleichgewichtszustand bei der Verwendung von Färbebädern mit p_H-Werten zwischen 2—3 nur dadurch zustande kommt, daß die primären Aminoendgruppen der Polyamide mit den Farbstoffen in Wechselwirkung treten, haben ELÖD und FRÖHLICH versucht, aus den im Gleichgewicht aufgenommenen Farbstoffmengen die Molekulargewichte der Polyamide zu berechnen. Die Berechnungen ergaben bei der Aufnahme von Kristallponceau 6 R ein Molekulargewicht der untersuchten Polyamidfasern von etwa 12700, bei denjenigen von Diphenylreinblau FF (als zweibasisch angenommen) ein Molekulargewicht von

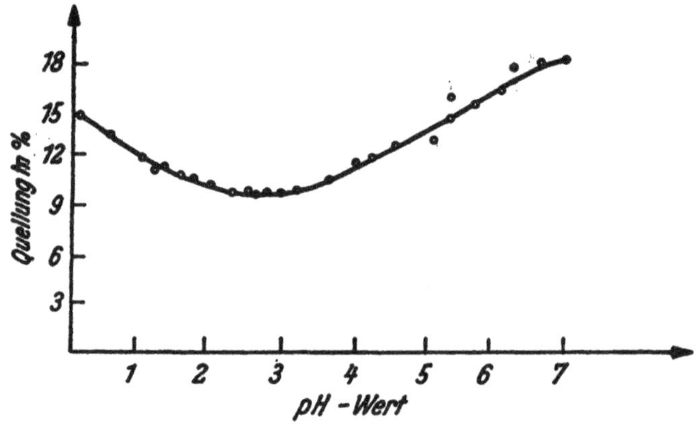

Abb. 28. Quellung von Nylon bei Zimmertemperatur in Abhängigkeit vom p_H-Wert

etwa 12400, während die viscosimetrisch ermittelten Werte 12850 zeigten. Auch bei anderen Polyamidfasern wurde stets eine gute Übereinstimmung der aus der Farbstoffaufnahme berechneten Molekulargewichte mit den viscosimetrisch ermittelten gefunden (Tabelle 44).

Nach ELÖD und FRÖHLICH konnten auch MC GREW und SCHNEIDER[1] bestätigen, daß beim Färben von Nylon im Gleichgewicht sowohl bei den einbasischen Farbstoffen Anthrachinonblau R X O und Orange R O als auch bei den zweibasischen Farbstoffen Pontacyl Carmine 2 G und Anthrachinonblau B die Aufnahme von 0,038 Milliäquivalent Farbstoff auf 1 g Faser erfolgt, wenn man bei $p_H = 3$ färbt. Da das von ihnen verwendete Nylon bei der Titration 0,038 Milliäquivalent freie Aminogruppen in 1 g Faser ergab, kann die Farbstoffaufnahme nur an den freien Aminogruppen des Polyamids erfolgt sein. Weil sie ihre Farbstoffe vor der Verwendung nach ROBINSON und MILLS[2] gereinigt hatten und

[1] F. C. MC GREW u. A. SCHNEIDER, J. Amer. chem. Soc. 72, 2547—2552 (1950).
[2] C. ROBINSON u. H. A. T. MILLS, Proc. Roy Soc. London 181 A, 576 (1931).

Tabelle 44

Die Aufnahme saurer und substantiver Farbstoffe durch Polyamide bei $p_H = 3$
Färbedauer 20 Stunden, Flottenverhältnis 1 : 50, Temperatur 95° C

Farbstoff	in %	Farbstoffaufnahme in M-Val je g*)	Mol.-Gew. berechn.
		Nylon	
Kristallponceau 6 R . .	4,94	0,079	12700
	5,0	0,080	12550
Eriorubin 2 B	3,95	0,079	12700
	4,0	0,080	12500
Eriofloxin 2 G	4,0	0,080	12500
	3,9	0,078	12800
Polarrot RL	6,5	0,081	12300
	6,4	0,080	12450
Diphenylechtrot 5 BLN	5,3	0,077	12900
	5,22	0,076	13150
Diphenylreinblau FF .	3,52	0,078	12650
	3,56	0,080	12500
Diphenylgrün KG . .	6,27	0,079	12500
	6,40	0,081	12700
Viskos. ermittelter Wert	—	—	12840
		Perlon	
Kristallponceau 6 R . .	4,45	0,071	14100
	4,5	0,072	13900
Eriorubin 2 B	3,50	0,070	14300
	3,56	0,071	14100
Eriofloxin 2 G	3,74	0,074	13500
	3,80	0,076	13300
Diphenylechtrot 5 BLN	4,9	0,072	14100
	5,0	0,075	13700
Diphenylreinblau FF .	3,4	0,077	13000
	3,34	0,075	13300
Diphenylgrün KG . .	6,2	0,076	13100
	6,0	0,074	13500
Viskos. ermittelter Wert	—	—	13850
		Perlon L	
Kristallponceau 6 R . .	4,84	0,077	12900
	4,76	0,076	13000
Eriorubin 2 B	3,6	0,072	13800
	3,65	0,073	13700
Erifloxin 2 G	3,85	0,077	14000
	3,80	0,076	13900
Diphenylechtrot 5 BLN	5,15	0,075	13300
	5,21	0,076	13200
Diphenylreinblau FF . .	3,4	0,077	13100
	3,31	0,075	13300
Viskos. ermittelter Wert	—	—	13540

* Die verwendeten Farbstoffe wurden bis auf Diphenylreinblau (zweibasisch) als einbasisch angenommen.

der Aminogruppentiter nach WALTZ und TAYLOR[1] bestimmt worden war, besitzen ihre Versuchsergebnisse eine hohe Beweiskraft.

Da die Polyamide wie Wolle aus Aminosäuren zusammengesetzt und sich darum in chemischer Hinsicht ähnlich sind, besteht nach REMINGTON und GLADDING[2] die Möglichkeit, daß beide Fasern in der gleichen Weise mit Säuren reagieren. Für den thermodynamisch idealen Fall der Reaktion von HCl mit Wolle haben GILBERT und RIDEAL[3] die theoretischen Grundlagen geschaffen. Dementsprechend kann man annehmen, daß die im Nylon vorhandenen Aminoendgruppen und die Carboxylgruppen sich an bestimmten Stellen befinden und ionisieren, indem sie Alkylammoniumionen ($-NH_3^+$) und Carboxylionen ($-COO^-$) bilden (Annahme A). Insofern, als Nylon eine größere Anzahl von Carboxylendgruppen als Aminoendgruppen enthält, müssen notwendigerweise einige der Carboxylgruppen in der nicht ionisierten Form vorliegen.

Beim Färbevorgang braucht man dann nur die folgenden zwei Reaktionen vorauszusetzen:

$$H^+ + -COO^- \rightleftharpoons -COOH$$
$$D^- + -NH_3^+ \rightleftharpoons (-NH_3^+ D^-),$$

wobei D^- das Anion eines einbasischen Farbstoffes ist. Vorbedingung ist ferner, daß alle $-NH_3^+$-Gruppen gleiche Eigenschaften haben und für die Farbstoffanionen in gleicher Weise erreichbar sind. Wendet man die Gleichung

$$r = \sqrt{\frac{D_F (D_F + X)}{(H^+)(D^-)}} = A\sqrt{k} - D_F \sqrt{k} \tag{9}$$

an, in der X die Differenz zwischen den Carboxyl- und den Aminogruppentiter der Faser, D den Farbstoff, D_F die Konzentration von ($-NH_3^+ D^-$) innerhalb der Faser, D^- die Anionen des einbasischen Farbstoffes, H^+ die Wasserstoffionen bedeuten, dann ist die Gleichgewichtskonstante k in den Färbebädern definiert durch folgende Gleichung:

$$k = \frac{D_F (C - A + D_F)}{(A - D_F)^2 (H^+)(D^-)}. \tag{10}$$

Darin bedeuten C und A die Carboxyl- und Aminotiter der ungefärbten Faser.

Trägt man die Werte von r aus Gleichung (9) gegen D_F auf, dann erhält man eine gerade Linie. In der Abb. 29 sind die nach Gleichung (9) erhaltenen experimentellen Werte der Absorption und Desorption von Metanilgelb bei 80° C eingesetzt worden. Ihre Auswertung ergibt eine zufriedenstellende Übereinstimmung zwischen Theorie und Experiment.

---

[1] J. WALTZ u. G. B. TAYLOR, Analytic. Chem. 19, 448 (1947).
[2] W. R. REMINGTON u. E. K. GLADDING, J. Amer. Soc. 72, 2553—2559 (1950).
[3] G. A. GILBERT u. E. K. RIDEAL, Proc. Roy Soc. London A 182, 335—346 (1944).

Die andere Annahme, daß die Aminogruppen und die Carboxylgruppen in der Faser nicht ionisiert sind (Annahme B), führt zu dem Schluß, daß die Farbstoffanionen und Wasserstoffionen an den freien Aminoendgruppen der Faser gemäß der Gleichung:

$$-NH_2 + H^+ + D^- \rightleftharpoons (-NH_3^+D^-)$$

angelagert werden. Wenn dies der Fall wäre, müßte die Farbstoffmenge in der Faser entsprechend der Farbstoffkonzentration und der Wasserstoffionenkonzentration nach Gleichung (11) abhängen.

$$D_F/(H^+)(D^-) = kA - kD_F \quad (11)$$

Für diese Gleichung wurden einige Werte ausgerechnet und die erhaltene Kurve in Abb. 29 eingetragen. Aus der Abweichung von der Geraden läßt sich erkennen, daß die Annahme A der Annahme B vorzuziehen ist, d. h. *die Endgruppen der ungefärbten Polyamidfasern sind ionisiert.*

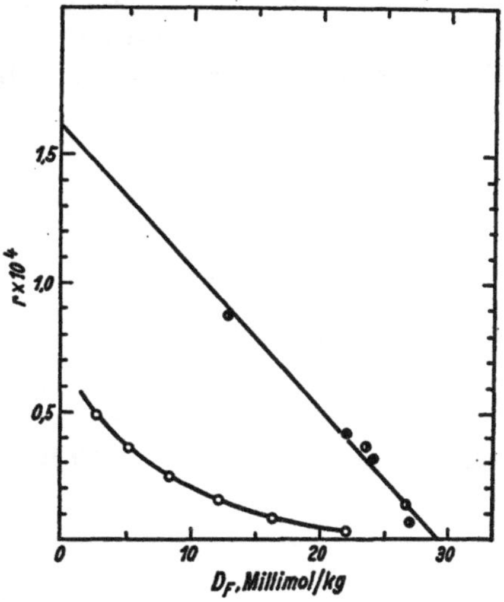

Abb. 29

Weiterhin haben McGrew und Schneider[1] die beim Färben von Polyamidfasern sich abspielenden thermodynamischen Vorgänge nach dem Verfahren von Gilbert und Rideal[2] unter Verwendung der Gleichung:

$$\frac{-0{,}434}{RT}(\Delta\mu H + \Delta\mu D) = 2\log\frac{\Theta}{1-\Theta_D} - \log(D) + p_H \quad (12)$$

untersucht. Hierbei bedeuten (D) die molare Farbstoffkonzentration in der Lösung und Θ_D den Anteil an verfügbaren basischen Gruppen in der Faser, der von Farbstoffanionen besetzt ist. Die Ausdrücke $\Delta\mu$ H und $\Delta\mu$ D geben die Veränderungen im chemischen Potential des Wasserstoffions und des Farbstoffanions wieder, welche bei der Adsorption dieser Ionen durch die Faser im Färbebade eintritt, und ihre negative Summe bedeutet dann die Affinität der Farbstoffsäure zur Faser.

Bei der Anwendung dieser Gleichung auf die einbasischen Farbstoffe Metanilgelb, Anthrachinonblau RXO, Orange II und Anthra-

[1] F. C. McGrew u. A. K. Schneider, J. Amer. chem. Soc. 72, 2548ff. (1950).

[2] G. A. Gilbert u. E. K. Rideal, Proc. Royal Soc. London A 182, 335—346 (1944). G. A. Gilbert, Proc. Royal Soc. London A 183, 167 (1944).

chinongrün G und die zweibasischen Farbstoffe Anthrachinonblau B, Pontacyl Carmine LG und Pontacyllichtgelb GX ergab sich, daß keine einfache Beziehung in bezug auf die Farbstoffaffinität und die Anzahl der Sulfosäuregruppen im Farbstoffmolekül, das Molekulargewicht und den Molekülbau der Farbstoffe besteht.

Den gleichen Schluß hat PUHLMANN[1] aus dem Vergleich des Aufziehvermögens von Columbiaechtrot F, Chrysophenin G, Chicagoblau RW und 6B, Sambesidunkelblau BH und Columbiabraun M gezogen. Die Konstitutionsformeln dieser substantiven Farbstoffe sind nachstehend angegeben.

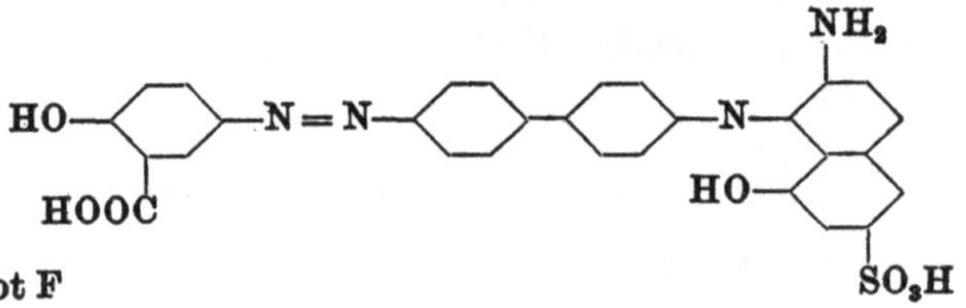

Columbiaechtrot F

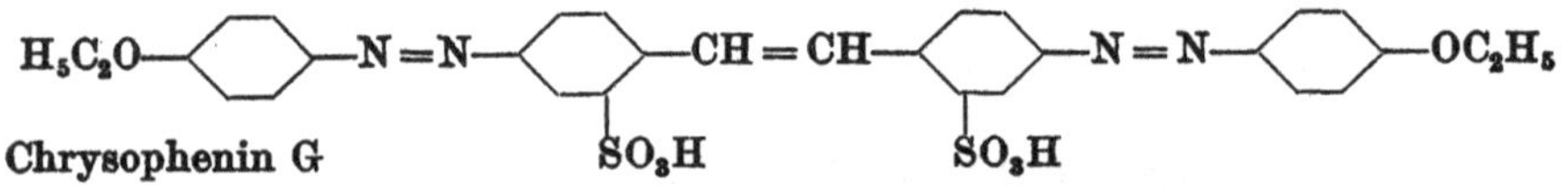

Chrysophenin G

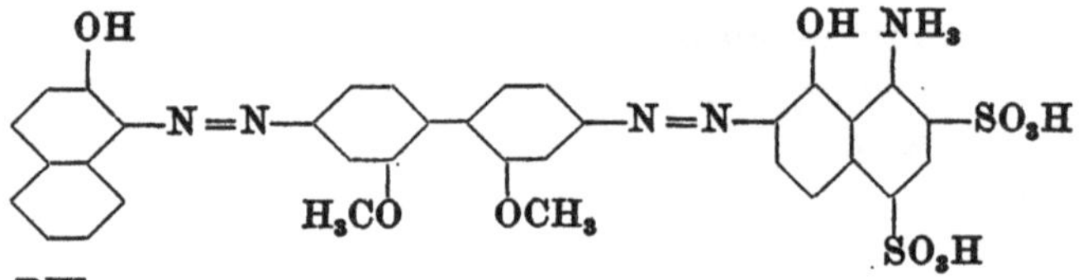

Chicagoblau RW

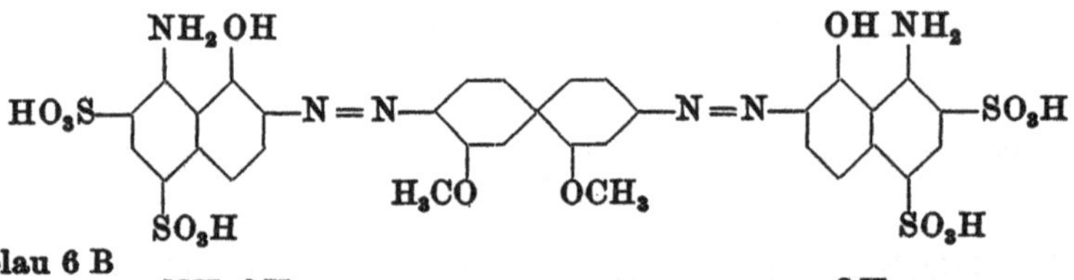

Chicagoblau 6 B

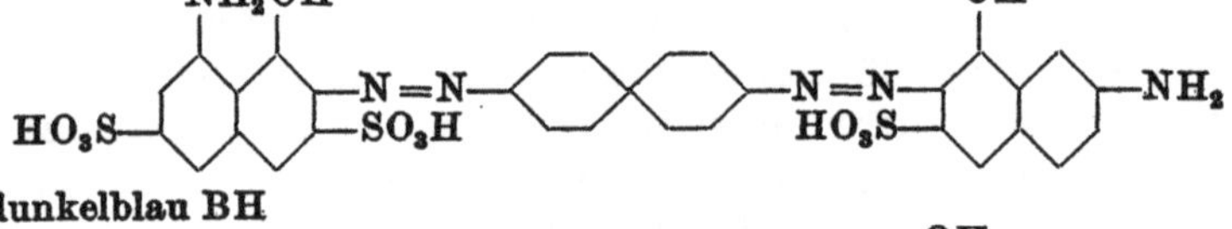

Sambesidunkelblau BH

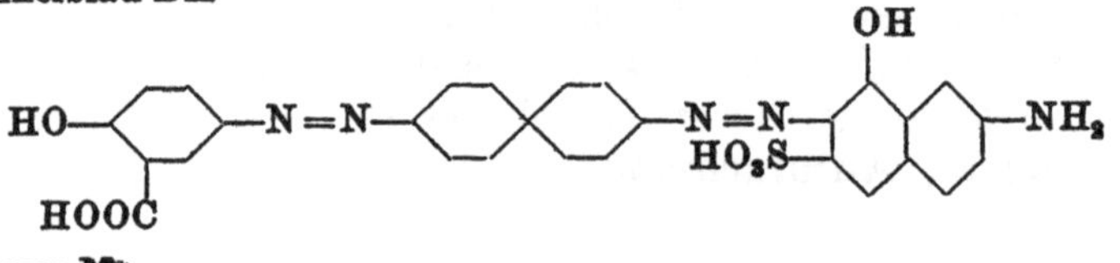

Columbiabraun M

[1] G. PUHLMANN, Jb. Textilveredlung, VEB Verlag Technik, Berlin, Bd. 2, 218—253 (1954).

Dem Aufziehvermögen nach steht Chrysophenin G als Disulfosäure an der Spitze. Es folgen Columbiabraun M mit zwei Sulfosäuregruppen und Columbiaechtrot F mit einer Sulfosäuregruppe im Molekül. Chicagoblau RW mit zwei Sulfosäuregruppen zieht etwas schlechter als die vorgenannten drei Farbstoffe. Das geringste Ziehvermögen weisen Sambesidunkelblau BH mit drei Sulfosäuregruppen und Chicagoblau 6B mit vier Sulfosäuregruppen im Molekül auf. Wenn die Anzahl der Sulfosäuregruppen im Farbstoffmolekül allein für das Aufziehen verantwortlich

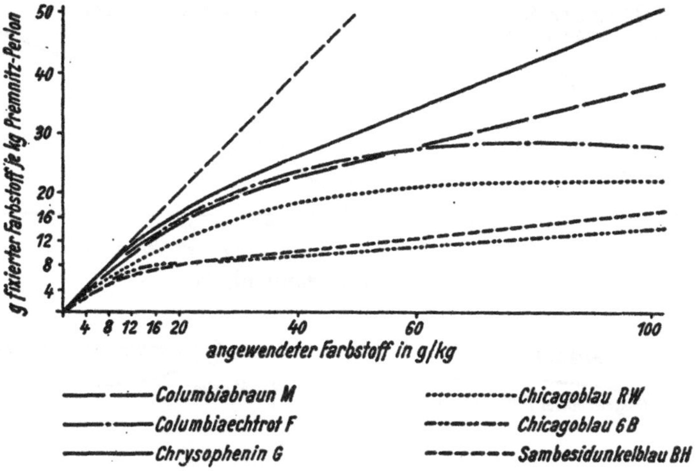

Abb. 30. Substantivitätskurven

wäre und so den Sättigungswert bestimmte, müßten Chrysophenin G und Chicagoblau RW mit zwei Sulfosäuregruppen im Molekül das gleiche Verhalten zeigen. Weil das nicht der Fall ist, geht aus dem Vergleich der Konstitutionsformeln beider Farbstoffe und ihrem in der Abb. 30 aufgezeichneten Ziehvermögen hervor, daß nicht nur die Molekülanordnung und die Molekülgrößen, sondern auch die anderen Substituenten im Farbstoffmolekül die Hydrolysierbarkeit der Faserfarbstoffverbindung beeinflussen müssen.

Aus den vorstehenden Substantivitätskurven ist sowohl das Ziehvermögen als auch die Färbebäderschöpfung und der Sättigungswert der Perlonfaser zu ersehen. Die außerdem festgelegten Temperaturkurven zeigen die Farbstoffaufnahme bei verschiedenen Färbetemperaturen und die Zeitkurven den Einfluß der Färbedauer auf die Farbstoffaufnahme von Perlon an.

Vergleicht man die nachstehend wiedergegebenen p_H-Kurven der substantiven Farbstoffe mit den von Elöd und Fröhlich[1] erhaltenen

[1] E. Elöd u. H. G. Fröhlich, Melliand Textilber. 30, 105 (1949).

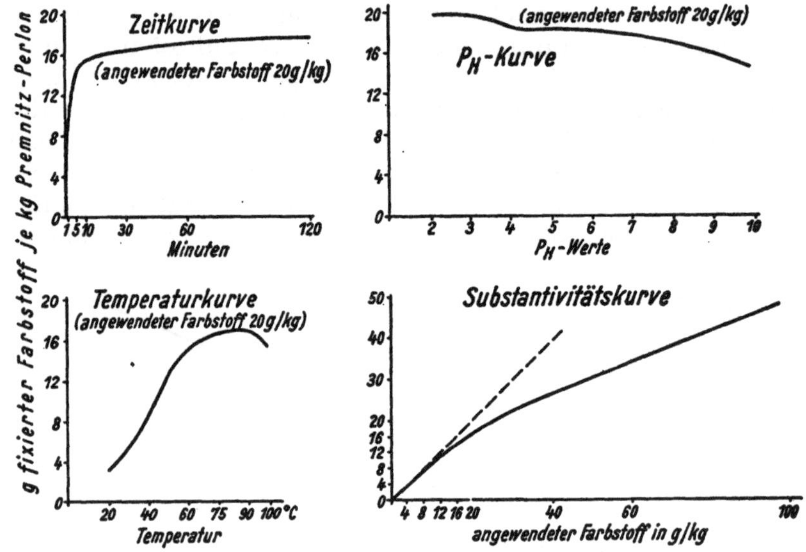

Abb. 31. Chrysophenin G

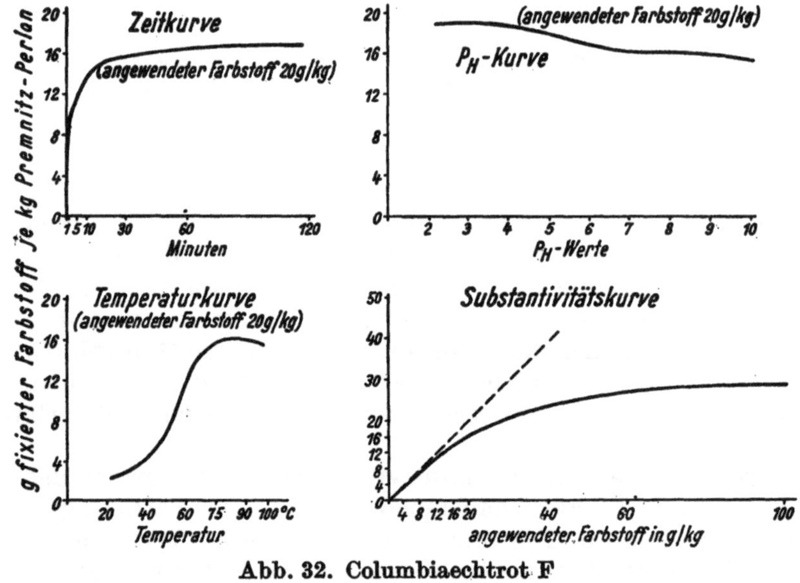

Abb. 32. Columbiaechtrot F

Kurven der Farbstoffaufnahmen von Nylon in Abhängigkeit vom p_H-Wert, dann zeigt sich, daß die drei von PUHLMANN[1] untersuchten Farbstoffe auch beim p_H-Wert 10 noch ein beträchtliches Ziehvermögen auf-

[1] G. PUHLMANN, Jb. Textilveredlung (1954).

weisen, sich demnach Perlon gegenüber ähnlich wie substantive Farbstoffe gegenüber Cellulosefasern verhalten. Demgegenüber zeigen die von ELÖD und FRÖHLICH erhaltenen Kurven einen Verlauf, der dem von PETERS[1] erhaltenen Kurvenverlauf bei der Titration von Nylon mit der Farbstoffsäure von Alizarinsaphirol B ähnelt. Aus allen diesen Kurven ergibt sich mit Deutlichkeit, daß die Polamidfasern in ihrem isoelektri-

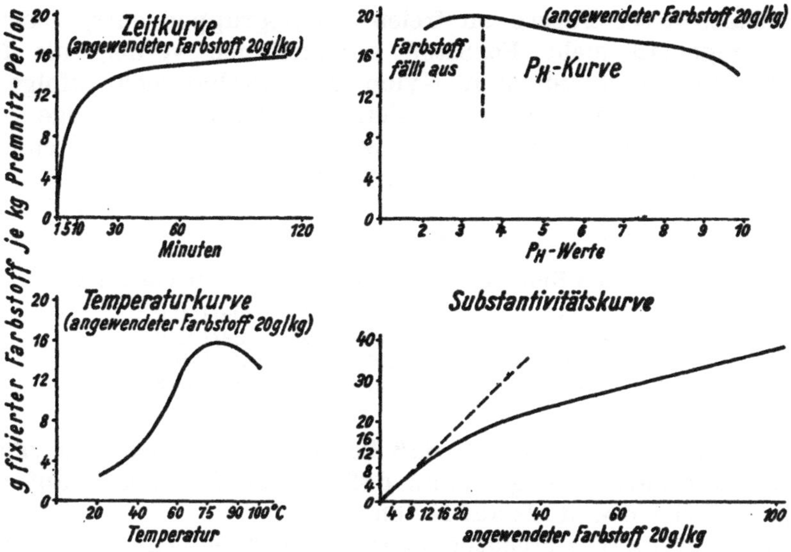

Abb. 33. Columbiabraun M

schen Zustand beträchtliche Mengen an Farbstoffanionen aufzunehmen imstande sind. Dieses Aufnahmevermögen ist bei der Annahme, daß in der isoelektrischen Faser die Endaminogruppen nicht ionisiert sind, naturgemäß viel schwieriger erklärbar als in dem von MCGREW und SCHNEIDER nachgewiesenem Falle, daß sie ionisiert sind. Vergleicht man nun noch die von ELÖD und FRÖHLICH bzw. die von PUHLMANN bei verschiedenen p_H-Werten festgestellten Farbstoffaufnahmen mit der von CARLENE, FERN und VICKERSTAFF[2] veröffentlichten Titrationskurve mit einer farblosen Säure, dann erkennt man, daß bei oberhalb 2,2 liegenden p_H-Werten bis $p_H = 5$ immer größere Mengen Farbstoffsäuren im Vergleich zu farblosen Säuren aufgenommen werden. Während sich also farblose Säuren und Farbstoffsäuren beim p_H-Wert 2,2 in bezug auf die maximale Säurebindung kaum unterscheiden, wird bei den Polyamidfasern, ebenso wie bei den Proteinfasern, im Bereich höherer p_H-Werte,

[1] R. H. PETERS, J. Dyers Colourists **61**, 95—100 (1945).

[2] P. W. CARLENE, A. S. FERN u. T. VICKERSTAFF, J. Soc. Dyers Colourists **63**, 388—393 (1947).

z. B. zwischen 2—5, wesentlich mehr Farbstoffsäure aufgenommen als von einer farblosen Säure. Es liegt nahe, diese Erscheinung auch hier auf die Unterschiede in den Molekülgrößen und die dadurch bedingten Unterschiede in der Hydrolysierbarkeit zurückzuführen.

Nach MEGGY[1] ist deswegen eine gute Übereinstimmung zwischen der Färbetheorie und den erhaltenen Experimentalergebnissen festzustellen, weil die Farbstoffaufnahmen von Wolle und Nylon bei der Absättigung dem Gehalte dieser Fasern an freien Aminogruppen entsprechen und Wolle demgemäß mehr Farbstoff aufzunehmen vermag als Nylon. Während die Polyamidfasern Nylon und Perlon sich infolge ihres chemischen Aufbaues, der bei beiden Faserarten endständige Aminogruppen und Carboxylgruppen bedingt, sehr ähnlich verhalten, unterscheiden sie sich jedoch in bezug auf ihren Endgruppentiter:

Tabelle 45

Vergleich des Bindungsvermögens verschiedener Faserarten

Wolle	0,08 —0,09 Vale/100 g
Seide	0,023—0,03 Vale/100 g
Nylon	0,003—0,005 Vale/100 g
Perlon . . .	0,005—0,008 Vale/100 g

Diese Unterschiede bedingen, daß Perlon im Vergleich zu Nylon eine bessere Anfärbbarkeit zeigt, d. h., daß dunkle Färbungen auf Perlon leichter zu erzielen sind als auf Nylon.

In bezug auf die Wasserechtheiten sind jedoch keine merklichen Unterschiede zwischen gefärbten Nylon- und Perlonfasern festzustellen. Die Wasserechtheiten der direktziehenden Farbstoffe sind bei beiden Faserarten erstaunlich gut, und auch die Waschechtheitseigenschaften der substantiven Farbstoffe sind bei den Polyamidfasern viel besser als bei den Kunstspinnfasern aus regenerierter Cellulose, worauf PUHLMANN[2] mit Recht hingewiesen hat. Diese festere Bindung der Farbstoffanionen an die Polyamidfasern ist einesteils darauf zurückzuführen, daß die Farbstoffanionen bei den Polyamiden durch salzartige Bindungen, also durch Hauptvalenzkräfte festgehalten werden, während bei den Cellulosespinnfasern die Farbstoffbildung nur durch Nebenvalenzkräfte erfolgen kann. Anderntteils dürften erhebliche Unterschiede zwischen beiden Spinnfaserarten insofern bestehen, als bei den Polyamidfasern die intermicellaren Räume des nicht kristallisierten Faseranteils kleinere Durchmesser aufweisen als die Intermicellarräume der Cellulosespinnfasern. Auf diese Unterschiede der Kunstspinnfasern hat auch HEILMANN[3] aufmerksam gemacht.

---

[1] A. B. MEGGY, J. Soc. Dyers Colourists **66**, 510—521 (1950).
[2] G. PUHLMANN, Jb. Textilveredlung, Bd. 2, 227—234 (1954).
[3] E. HEILMANN, Jb. Textilveredlung, Bd. 2, 212 (1954).

Nimmt man mit MUNDEN und PALMER[1] an, daß das Färben einer Faser aus zwei Teilvorgängen besteht:

1. dem Eindiffundieren des Farbstoffes in die Faser und
2. der Reaktion zwischen Faser und Farbstoff,

dann verläuft die zweite Reaktion schnell im Vergleich zum Diffusionsvorgang, und die Färbegeschwindigkeit ist demnach nur von der Farbstoffdiffusion abhängig.

Nach ihnen ist die Deutung der Farbstoffaufnahmen aus den Aufziehkurven deswegen schwierig, weil die Farbstoffdiffusion einesteils von der Größe der Faseroberflächen, durch welche der Farbstoff diffundiert, abhängig ist und andernteils der Farbstoffgehalt im Färbebade abnimmt, wenn dieses erschöpft wird. Zum Vergleich der Geschwindigkeit, mit der die Farbstoffaufnahme bei Cellulosefasern erfolgt, haben BOULTON und READING[2] darum den Begriff der Halbfärbezeit eingeführt. Dies ist die Zeit, welche erforderlich ist, damit die Hälfte der im Gleichgewicht erfolgenden Farbstoffaufnahme unter festgelegten Färbebedingungen von der Faser absorbiert wird. Diese Arbeitsweise wurde zur Bestimmung des Färbevorganges von Nylonfasern mit unterschiedlicher Orientierung angewendet. Es zeigte sich, daß die Diffusionsgeschwindigkeit der anionischen Farbstoffe mit zunehmender Verstreckung der Nylonfasern und der dadurch bewirkten größeren Orientierung abnimmt. Die Farbstoffaufnahme im Gleichgewicht ändert sich mit zunehmender Orientierung von Nylonfäden dagegen nur unwesentlich. Außerdem wurde festgestellt, daß bei den verwendeten anionischen Farbstoffen der substantive Cellulosefarbstoff leichter auf Orientierungsunterschiede reagiert als der Säurefarbstoff Alizarinsaphirol B.

Nach VICKERSTAFF[3] ist die Erscheinung, daß anionische Farbstoffe mit Sulfosäuregruppen beim Färben von Polyamidfasern stärker zum Streifigfärben neigen als Dispersionsfarbstoffe ohne Sulfosäuregruppen, in der Weise zu erklären, daß durch Verstreckungsunterschiede im Garn die bindungsfähigen freien Aminogruppen nicht gleichmäßig in der Faser einer Farbsalzbildung zugängig sind. Dadurch werden örtlich verschiedene Farbstoffmengen gebunden und auf diese Weise die Verstreckungsungleichheiten im Garn angezeigt. Durch eine Vermehrung der freien Aminogruppen in der Faser wird dementsprechend auch das Streifigfärben vermindert und die gegenseitige Verträglichkeit, d. h. die Kombinierbarkeit der anionischen Farbstoffe mit Sulfosäuregruppen erhöht.

---

[1] A. R. MUNDEN u. H. J. PALMER, J. Textile Inst. 41, Proc. 609—637 (1950).

[2] J. BOULTON u. B. READING, J. Soc. Dyers Colourists 50, 381—389 (1934); 60, 5 (1944).

[3] T. VICKERSTAFF, The Physical Chemistry of Dying, Oliver und Boyd, London (1950).

Nachdem die von ELÖD und SCHACHOWSKOY[1] bei p_H-Werten zwischen 0,0—4,0 durchgeführten Färbeversuche ergeben hatten, daß die Reißfestigkeit von Nylon sehr stark zurückgeht, wenn diese Faser bei sehr niedrigen p_H-Werten gefärbt wird, haben REMINGTON und GLADDING[2] Nylon bei niederen p_H-Werten unter Verwendung von Essigsäure mit Säurefarbstoffen gefärbt und daneben die Wirkung von Essigsäure unter sonst gleichen Versuchsbedingungen auf die Viskosität der so behandelten Nylonfaser ermittelt. Die erhaltenen Ergebnisse zeigt Tabelle 46.

Tabelle 46

Behandlung	Rel. Viskosität
Keine	42,4
Essigsäure ohne Farbstoff	39,1
Essigsäure + Metanilgelb	16,4
Essigsäure + Alizarinblau	18,1

Nach ihnen erhebt sich die Frage, weshalb die Behandlung mit Essigsäure ohne die Mitverwendung von Farbstoff eine so geringfügige Hydrolyse von Nylon verursacht, während das Färben im stark sauren Bade das Nylon so stark schädigt, daß es zwischen den Fingern zerrieben werden kann. Sie finden, daß die über den Aminotiter der Faser hinausgehende Farbstoffaufnahme die Hydrolyse des Nylonfadens katalysiert. Ähnliche Feststellungen haben BRIAIN und PETERS[3] beim Färben von Nylon mit anionischen Farbstoffen in stark schwefelsauren Färbebädern gemacht. Nach ihnen kann die Zerstörung der Faser nicht allein mit einer Hydrolyse des Nylon erklärt werden, weil die Farbstoffaufnahme beim Wiederanfärben der abgezogenen Fasern nicht ganz den viskosimetrisch bestimmten Molekülgrößen entsprechen. Die Beobachtung, daß Nylon, welches zuvor bei niederem p_H-Wert gefärbt und dann wieder abgezogen worden war, sich beim Wiederanfärben bei höherem p_H-Wert anders anfärbt als ein unbehandeltes Nylon, war zuerst von PALMER[4] gemacht und als eine Reaktion der Amidgruppen erklärt worden.

Für diese Ansicht sprechen die Versuchsergebnisse von CARLENE, FERN und VICKERSTAFF[5], welche fanden, daß unverstrecktes Nylon nicht mehr verstreckt werden kann, wenn von dem unverstreckten Nylon mehr Farbstoff gebunden wurde, als dem Sättigungswert der endständigen Aminogruppen entspricht.

[1] E. ELÖD u. TH. SCHACHOWSKOY, Melliand Textilber. **23**, 437—440 (1942).
[2] W. R. REMINGTON u. E. K. GLADDING, J. Amer. chem. Soc. **72**, 2553—2559 (1950).
[3] C. D. O. BRIAIN u. R. H. PETERS, J. Soc. Dyers Colourists **69**, 435—439 (1953).
[4] H. J. PALMER, J. Soc. Dyers Colourists **67**, 609 (1951).
[5] P. W. CARLENE, A. S. FERN u. T. VICKERSTAFF, J. Soc. Dyers Colourists **63**, 388—393 (1947).

Das Verhalten von Polyamidfasern gegen farblose Basen

Die von ELÖD und FRÖHLICH[1] durchgeführten Versuche zur Bestimmung der Alkalibindung der Polyamidfasern Nylon und Perlon wurden folgendermaßen vorgenommen. Je 0,5 g Faser wurden mit 15 cm Natronlauge verschiedener Konzentrationen versetzt und 6 Tage bei Zimmertemperatur belassen. Nach dieser Zeit wurden die Versuche abgebrochen, die Fasern 5 Minuten bei 3500 U/min abgeschleudert und die Quellwerte bestimmt. Wie die nachstehende Tabelle 47 zeigt, ist die Abhängigkeit der Quellung vom p_H-Wert gering. Von $p_H = 7{,}5$ ab nimmt die Quellung etwas ab, um zwischen den p_H-Werten 10,5—11,5 ein flaches Minimum zu durchlaufen. Oberhalb 11,5 findet ein schwaches Ansteigen statt, das bei p_H etwa 13 ein Maximum erreicht. Oberhalb $p_H = 14$ nimmt die Quellung wieder ab. Ermittelt man im Quellungsminimum aus der Natronlaugenbindung den Carboxylgruppengehalt, so zeigt sich nach ELÖD und FRÖHLICH, daß die Carboxylgruppen praktisch umgesetzt sind. Der im Vergleich zur Säurebindung festgestellte höhere Carboxylgruppentiter der Polyamidfasern erklärt sich daraus, daß bei ihrer Herstellung ein Zusatz von Essigsäure zur Kettenlängenbegrenzung erfolgt. Infolgedessen muß der Carboxylgruppentiter höher liegen als der Aminogruppentiter.

Tabelle 47

Die p_H-Abhängigkeit der Alkalibindung und der Quellung bei Polyamidfasern (Temperatur 20° C, Dauer 6 Tage, Flotte 1 : 30)

NaOH-Konz. g/l	Anfangs-p_H-Wert	Alkaliaufnahme		Nylon Quellung in %	Alkaliaufnahme		Quellung in %
		in mg/g	in M-vale/g		in mg/g	in M-vale/g	
0,001	7,5	1,0	0,025	—	1,5	0,037	—
0,02	8,5	1,5	0,037	15,1	2,0	0,050	16,0
0,09	9,0	2,6	0,060	14,0	2,8	0,070	15,5
0,15	10,0	3,0	0,075	13,5	3,8	0,094	13,5
0,33	10,8	3,3	0,083	13,4	4,0	0,10	11,6
0,4	11,2	3,4	0,085	14,0	4,2	0,105	12,0
0,96	11,4	4,0	0,10	15,0	4,2	0,105	13,0
1,64	11,5	4,6	0,115	15,4	4,4	0,110	14,0
2,64	11,7	4,8	0,120	16,0	4,9	0,121	14,1
4,0	12,1	8,6	0,215	16,6	9,9	0,224	14,5
8,3	12,6	11,6	0,290	16,2	12,1	0,306	14,2
12,8	13,1	15,0	0,370	16,1	14,0	0,35	13,6
19,6	—	20,1	0,505	16,0	20,5	0,510	13,8
36,2	—	22,0	0,550	15,5	20,5	0,510	13,8
76,0	—	21,0	0,530	15,2	21,0	0,520	13,5

In der Abb. 10 ist die von ELÖD und FRÖHLICH ermittelte Abhängigkeit der Natronlaugenbindung der Polyamidfasern in Abhängigkeit vom

[1] E. ELÖD u. H. G. FRÖHLICH, Melliand Textilber. 80, 405—410 (1939).

p_H-Wert aufgezeigt. Als Vergleich dazu sind die entsprechenden Alkalibindungskurven von Wolle und Seide mit eingezeichnet.

Wie die Abb. 10 zeigt, verläuft die Kurve für die Aufnahme von Natronlauge durch die Polyamidfaser von $p_H = 8{,}5$—11,0 fast horizontal, um erst oberhalb $p_H = 12$ stark anzusteigen und mit 0,5 —0,55 M-mol/g einen Grenzwert zu erreichen. Vorstehend ist bereits darauf hingewiesen worden, daß beim p_H-Wert 11 nach Elöd und Fröhlich die Absättigung der im Polyamid enthaltenen Carboxylgruppen mit Natronlauge erfolgt ist und daß bei oberhalb $p_H = 11{,}5$ liegenden Konzentrationen eine starke Zunahme der Natronlaugenbindung der Polyamidfasern festzustellen ist. Im gleichen p_H-Gebiet ist bei den Proteinfasern Seide und Wolle und auch bei den Polyurethanfasern demnach ein starkes Ansteigen der Alkalibindung festgestellt worden. Im p_H-Bereich bis 11 ist somit die Alkalibindung der Polyamidfasern entsprechend ihrem geringeren Carboxylgruppengehalt weit unter den von Elöd und Fröhlich bei den Proteinfasern Seide und Wolle festgestellten Werten der Alkalibindung. Man wird darum gut tun, wenn man die Alkalibindung von Seide, Wolle und Polyamidfasern beim p_H-Wert 11 bei allen drei Faserarten auf die Absättigung des Carboxylgruppengehaltes zurückführt. Da dieser bei Seide zwar niedriger liegt als bei Wolle, ist man durchaus berechtigt, mit Elöd und Fröhlich[1] auch den Tyrosingehalt für die Alkalibindung mit verantwortlich zu machen. Bei diesem Vorgehen wären den tierischen Proteinfasern Alkalibindungswerte zwischen 0,25 bis 0,27 M-val/g zuzuschreiben, was mit den Carboxylgruppengehalten dieser Fasern besser in Einklang zu bringen ist als der von Elöd und Fröhlich ermittelte hohe Wert von 0,79—0,82 M-mol/g Proteinfasern, der sich in ausgezeichneter Übereinstimmung mit den bei $p_H = 12$ ermittelten Alkaliaufnahmen der Proteinfasern befindet. Dementsprechend wären die bei Seide, Wolle uud den Polyamidfasern bestimmten hohen Grenzwerte der Alkalibindung auf die Basenbindung der Peptidgruppen zurückzuführen. In Übereinstimmung mit dieser Ansicht haben Elöd und Fröhlich die über $p_H = 12$ liegenden Werte der Alkalibindung bei Seide, Wolle und der Polyamidfasern mit Alkalibindung der —CO—NH-Gruppen erklärt, weil die aliphatischen OH-Gruppen aus dem Serin und Threonin bei den Proteinfasern für eine Alkalibindung nicht in Frage kommen. Bei den Polyamidfasern Nylon und Perlon bleibt zur Erklärung der über $p_H = 11$ erfolgenden Alkalibindung von vornherein nur die Peptidgruppe übrig, weil keine andere Gruppe dafür in Frage kommen kann.

Das Verhalten von Polyamidfasern gegen basische Farbstoffe

Um festzustellen, ob sich die Polyamidfasern Nylon und Perlon in der gleichen Weise verhalten wie die früher untersuchten Naturfasern tierischen Ursprungs, haben ELÖD und FRÖHLICH[1] das Verhalten von Kristallviolett, Rhodamin B und Methylenblau B gegenüber diesen Fasern untersucht. Die Färbebedingungen waren eine Färbedauer von 15 Stunden bei 90° C und ein Flottenverhältnis von 1 : 50. Der p_H-Bereich der Färbungen lag zwischen $p_H = 2{,}0$—12 und wurde durch Zugabe von HCl bzw. NaOH zur Farbstofflösung eingestellt. Die Farbstoffaufnahmen wurden wie früher kolorimetrisch mit einem Leifo der Firma Leits ermittelt. Die erhaltenen Ergebnisse sind aus der nachstehenden Tabelle 48 zu entnehmen.

Tabelle 48

Die Aufnahme basischer Farbstoffe durch Polyamide in Abhängigkeit von der Farbstoffkonzentration

(Temperatur 90° C, Färbedauer 15 Stunden, Flotte 1 : 50)

Farbstoffkonz. g/l	p_H-Max.	Nylon Farbstoffaufnahme		Perlon Farbstoffaufnahme	
		in mg/g	in M-mol/g	in mg/g	in M-mol/g
		Methylenblau B (Molgewicht 319)			
1	9,5—10,0	70	0,22	68	0,21
5	9,5—10,0	95	0,30	85	0,27
10	9,5—10,0	85	0,27	70	0,22
		Rhodamin B (Molgewicht 431)			
1	10,0	15	0,035	16	0,037
5	10,0	53	0,122	44	0,10
10	10,0	56	0,13	50	0,11
		Kristallviolett			
5	8—9	85	0,23	80	0,20

Die erhaltenen Ergebnisse zeigen, daß die Farbstoffaufnahmen von Nylon und Perlon bei den untersuchten basischen Farbstoffen praktisch übereinstimmen. Vergleicht man die Farbstoffaufnahmen von Rhodamin B und Methylenblau B, dann ergibt sich bei Nylon sowohl wie bei Perlon, daß die Farbstoffaufnahme von Rhodamin B mit der Erhöhung der Farbstoffkonzentration zunimmt, während bei Methylenblau B in den Färbebädern mit 5 g Farbstoff im Liter eine etwas größere Farbstoffaufnahme bei beiden Fasern festzustellen ist. Da ELÖD und FRÖHLICH die p_H-Werte durch Zusatz von NaOH zu den Farbstofflösungen eingestellt haben, wirkt sich bei dem typisch basischen Farbstoff der negative Salzeffekt in den Färbebädern mit 10 g/l Farbstoff aus. Beim Rhodamin B ist dieser negative Salzeffekt von vornherein deswegen nicht zu erwarten, weil dieser Farbstoff eine Carboxylgruppe im Molekül enthält und deswegen zwitterionisch reagieren kann. Daß diese zwitterionische

[1] E. ELÖD u. H. G. FRÖHLICH, Melliand Textilber. **30**, 405—410 (1949).

Reaktion eintritt, ergibt sich mit Deutlichkeit aus den bei $p_H = 3-6$ festgestellten Farbstoffaufnahmen, welche bei Rhodamin B mit zunehmenden p_H-Werten abnehmen, während beim Kristallviolett zwischen den p_H-Werten 3—8 mit steigenden p_H-Werten eine zunehmende Farbstoffaufnahme festzustellen ist.

An sich wäre beim Nylon eine geringere Aufnahme basischer Farbstoffe zu erwarten gewesen als beim Perlon, weil Perlon im allgemeinen einen höheren Endgruppentiter besitzt als Nylon. Da der Endgruppentiter dieser Polyamidfasern aber entsprechend ihrer Herstellungsweise von den jeweils gewählten Fabrikationsmethoden abhängig ist, dürfte die von Elöd und Fröhlich festgestellte Übereinstimmung entweder auf einen Zufall oder auf die von vornherein getroffene Auswahl zweier Faserarten mit gleichem Carboxylgruppentiter zurückzuführen sein.

Weil nach Elöd und Fröhlich die Aufnahme solcher basischen Farbstoffe, welche keine Säuregruppe im Molekül enthalten, bei den Polyamidfasern bereits unter Bedingungen erfolgt, bei welchen noch keine negative Aufladung der Faser festgestellt werden kann, ist die Farbstoffaufnahme in neutralen Färbebädern nur als eine Wirkung der in den Fasern vorhandenen ionisierten Carboxylgruppen erklärbar. In Übereinstimmung mit dieser Ansicht haben Elöd und Fröhlich darauf hingewiesen, daß die Farbstoffaufnahme der Polyamidfasern zwar mit wachsenden p_H-Werten ansteigt, daß das Maximum der Farbstoffaufnahme aber schon bei p_H-Werten erreicht wird, bei denen sich die Faser negativ aufzuladen beginnt. Oberhalb der maximalen Farbstoffaufnahme bei etwa $p_H = 8$ tritt nach ihnen eine Ausflockung von Kristallviolett und beim p_H-Wert von etwa 10 eine Ausflockung von Methylenblau B ein.

Beim Vergleich der von Elöd und Fröhlich[1] erhaltenen Absorptionskurven in Abhängigkeit vom p_H-Wert des Färbebades zeigt sich, daß die Polyamidfasern infolge ihres geringen Gehaltes an Carboxylgruppen auch wesentlich geringere Mengen an Farbstoffbasen aufzunehmen imstande sind als die Proteinfasern Seide und Wolle. Diese im Einklang mit der Natronlaugenbindung befindliche Abhängigkeit der Aufnahme von Farbstoffkationen zeigt sich besonders deutlich bei den von Elöd und Fröhlich erhaltenen Werten der Aufnahme von Kristallviolett durch Polyamide (Abb. 14).

Vergleicht man jedoch die beim p_H-Wert 8—9 erfolgenden Aufnahmen von Natronlauge mit den bei den gleichen p_H-Werten erfolgenden Aufnahmen von Kristallviolett, dann zeigt sich, daß die Aufnahme von Kristallviolett gegenüber der Natronlaugenaufnahme begünstigt ist. Die gleiche Erscheinung ist beim Vergleich der Natronlaugenbindung und der Farbstoffaufnahme der Polyamide nach den Versuchsergebnissen von Elöd und Fröhlich beim Methylenblau festzustellen. Bei diesem Farbstoff

[1] E. Elöd u. H. G. Fröhlich, Melliand Textilber. 30, 408—410 (1949).

werden im Bereich zwischen $p_H = 9{,}5$—10 sowohl bei Nylon als auch beim Perlon ganz erheblich mehr Farbstoff aufgenommen, als der Alkalibindung beider Fasern beim gleichen p_H-Wert entspricht.

Aus den von ELÖD und FRÖHLICH erhaltenen Kurven der Farbstoffaufnahme von Rhodamin B bei verschiedenen p_H-Werten geht hervor, daß sowohl Nylon als auch Perlon aus schwach sauren Färbebädern größere Mengen dieses Farbstoffes aufnehmen als beim Färben aus neutralem oder alkalischem Färbebade.

Perlon U

Diese Faser wird nach REIN[1] aus Diisocyanaten und Polyalkoholen nach folgender Reaktion hergestellt:

$$HO{-}R{-}OH + \underset{\underset{O}{\|}}{C}{=}N{-}R{-}N{=}\underset{\underset{O}{\|}}{C} + HO{-}R{-}OH$$

wobei die Isocyanate außerordentlich leicht mit dem Alkohol reagieren. Ein besonderer Vorzug dieses Polyadditionsverfahrens ist, daß hierbei eine Molekülverknüpfung durch Heteroatome ohne Wasseraustritt oder Bildung anderer Nebenprodukte erfolgt. Das erhaltene Hochpolymere der Formel:

$$-O-(CH_2)_4-O-\overset{\overset{O}{\|}}{C}-NH-(CH_2)_4-NH-\overset{\overset{O}{\|}}{C}-O-(CH_2)_4-O-\overset{\overset{O}{\|}}{C}-NH-(CH_2)_4-$$

ist fadenziehend und verspinnbar. Trotz ihrer teilweise hervorragenden Eigenschaften haben diese Fasern vor allem wegen ihrer Sprödigkeit bis jetzt keinen nennenswerten Eingang in die Textilindustrie gefunden. Nach ELÖD und FRÖHLICH[2] zeigen die so erhaltenen Fasern ein durchschnittliches Molekulargewicht von 9000—10000. Sie fanden, daß die Urethanfasern unterhalb von p_H-Werten von 2,0 in der Lage sind, Salzsäure zu binden. Wie die Abb. 34 zeigt, wird bei $p_H = 2{,}0$ von 1 g dieser Faser 0,87 mg HCl, bei $p_H = 1{,}06$ bereits 17,8 mg HCl und in 1 n Salzsäure 47,3 mg HCl gebunden. Weil die Polyurethanfaser keine freien Aminoendgruppen besitzt, kommen für die Säurebindung nur die —NH—CO—O-Gruppen in Frage.

Zur Bestimmung der Natronlaugenaufnahme von Polyurethanfasern haben ELÖD und FRÖHLICH[3] je 0,5 g auf $p_H = 5$—6 eingestelltes Fasermaterial mit 15 cm^3 Natronlaugenlösung verschiedener Konzentrationen versetzt und bei Zimmertemperatur belassen. Nach sechs Tagen wurde unterbrochen und der Quellwert der Faser und das Basenbindungs-

---

[1] H. REIN, Melliand Textilber. 30, 244 (1949).
[2] E. ELÖD u. H. G. FRÖHLICH, Melliand Textilber. 30, 242 (1949).
[3] E. ELÖD u. H. G. FRÖHLICH, Melliand Textilber. 31, 759—760 (1950).

vermögen bestimmt. Wie aus der Abb. 35 ersichtlich ist, beginnt das Basenbindungsvermögen von Perlon U bei $p_H = 7$—8, steigt bis etwa $p_H = 11,5$ nur wenig an, nimmt oberhalb $p_H = 12$ stark zu und erreicht zwischen $p_H = 13,5$—14 einen Sättigungswert. Bemerkenswert ist, daß im alkalischen Gebiet mit steigenden p_H-Werten die Quellung, wenn auch nur wenig, aber stetig abnimmt, bei $p_H = 11,5$ ein Minimum erreicht, um

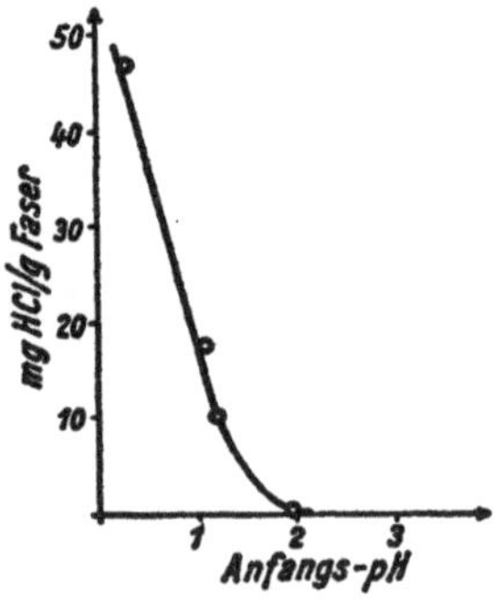

Abb. 34. Die Aufnahme von HCL durch Perlon U. 6 Tage bei 20°C, Flotte 1:30

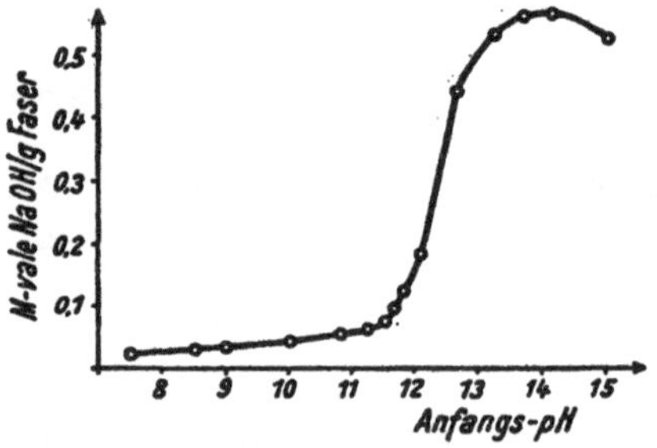

Abb. 35. Die Aufnahme von Natronlauge durch Perlon U in Abhängigkeit vom p_H-Wert. Temperatur 20°C, Dauer 4 Tage, Flotte 1:20

dann wieder bis etwa $p_H = 13,5$ zuzunehmen. In 10 n-Natronlauge beträgt die Quellung etwa 6%. Das Quellungsminimum bei etwa $p_H = 11,5$ von 5,5—5,8% dürfte nach Elöd und Fröhlich mit der vollständigen Absättigung der vorhandenen Carboxylgruppen zusammenhängen.

Das färberische Verhalten der Polyurethanfaser

Die Aufnahme von Säurefarbstoffen

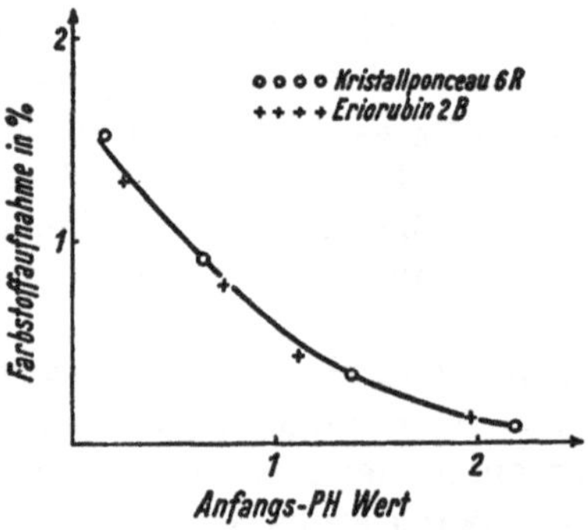

Abb. 36. Die Aufnahme von Kristallponceau 6 R und Eriorubin 2 B durch Polyurethanfaser in Abhängigkeit vom p_H-Wert

Da die Polyurethanfaser keine primären Aminogruppen besitzt, färbt sie sich nach Elöd und Fröhlich[1] mit sauren Farbstoffen praktisch erst unter $p_H = 1$ an. Substantive Farbstoffe verhalten sich analog, soweit sie sich überhaupt in diesem p_H-Bereich anwenden lassen. In der Abb. 36 ist die Aufnahme von Säurefarbstoffen durch die Polyurethanfaser in Abhängigkeit vom p_H-Wert aufgezeigt.

Gefärbt wurde acht Stunden bei 95°C und einem Flottenverhältnis 1:20. Eine Verlängerung der Färbedauer führt

[1] E. Elöd u. H. G. Fröhlich, Melliand Textilber. 31, 759—760 (1950).

praktisch zu keiner weiteren Farbstoffaufnahme. Wie die Abb. 3 zeigt, beginnt die Farbstoffaufnahme bei etwa $p_H = 2$ und steigt mit fallenden p_H-Werten an. In 1 n-HCl zeigen Kristallponceau 6 R und Eriorubin 2 B eine Aufnahme von etwa 1,5% Farbstoff. Polyamide nehmen unter diesen Bedingungen fünf- bis zehnmal so viel Farbstoff auf.

Die Aufnahme von basischen Farbstoffen

Weil die Polyurethanfaser in Wasser getaucht eine negative Ladung annimmt, konnte eine Auffärbbarkeit dieser Faser mit basischen Farbstoffen erwartet werden. Die von Elöd und Fröhlich [1] mit Methylenblau B, Rhodamin B und Kristallviolett ausgeführten Färbeversuche zeigten, daß die Farbstoffaufnahme unter $p_H = 6$ gering, bei Methylenblau sogar Null ist. Oberhalb $p_H = 7$ steigt die Farbstoffaufnahme jedoch rasch an, erreicht zwischen $p_H = 9$—10 ein Maximum und fällt dann wieder stark ab. Aus der Abb. 15 auf Seite 147 ist ersichtlich, daß die Polyurethanfaser gegenüber basischen Farbstoffen ein Verhalten zeigt, das den Polyamidfasern ähnelt. Allerdings ist bei den Polyamidfasern entsprechend ihrem Carboxylgruppengehalt eine größere Aufnahme von Farbstoffkationen festzustellen als bei der Polyurethanfaser. Diese nimmt nach Elöd und Fröhlich etwa 6% Methylenblau B, bei Kristallviolett etwa 5% und bei Rhodamin B etwa 4% auf.

Die Farbstoffaufnahme im Maximum in Abhängigkeit von der Farbstoffkonzentration im Färbebade ergibt praktisch dieselben Werte, wie aus der nachstehenden Tabelle 49 ersichtlich ist.

Tabelle 49

Die Aufnahme basischer Farbstoffe durch Perlon U in Abhängigkeit von der Farbstoffkonzentration

(Temperatur 90° C, Färbedauer 8 Stunden, Flotte 1 : 30)

Farbstoff-konzentration g/l	p_H-Max.	Farbstoffaufnahme in mg/g	Farbstoffaufnahme in M-mol/g
	MethylenblauB		
1	9,5—10,0	62	0,194
5	9,5—10,0	63	0,197
10	9,5—10,0	58	0,180
	Rhodamin B		
1	9—10	12	0,028
5	9—10	40	0,090
10	9—10	43	0,100
	Kristallviolett		
1	8—9	45	0,11
5	8—9	50	0,125
10	8—9	48	0,118

[1] E. Elöd u. H. G. Fröhlich, Melliand Textilber. 31, 761 (1950).

Polyacrylnitril-Fasern

Diese Faser mit der Handelsbezeichnung Orlon bzw. Pan wird nach REIN[1] in der Weise aus Polynitril hergestellt, daß man nach einem Verfahren von BAYER und KURTZ[2] aus Acetylen und Blausäure zunächst Acrylnitril herstellt und dieses zu Polyacrylnitril polymerisiert:

$$CH \equiv CH + HCN \rightarrow CH_2 = CH \cdot CN \rightarrow (-CH-\overset{CN}{\overset{|}{C}H}-CH-\overset{CN}{\overset{|}{C}H}-)$$

Polyacrylnitril

Wie aus der chemischen Formel ersichtlich ist, enthält die Polyacrylnitrilfaser weder eine hydrophile basische noch saure Gruppe. Dementsprechend quillt sie in Wasser sehr wenig, nimmt aber, in Wasser getaucht, eine negative Ladung an. Dementsprechend lassen sich Polyacrylnitril-Fasern mit den basischen Farbstoffen der Astrazonreihe von der Farbenfabrik Bayer AG Leverkusen und der Acrylosol-Reihe der GDC anfärben. Die Verwendung direktziehender anionischer Farbstoffe kommt bei dieser Faser nicht in Frage.

Es soll jedoch nicht verschwiegen werden, daß es gelingt, diese Faser auch mit anionischen Farbstoffen nach einer Spezialtechnik zu färben[3]. Da diese Färbeweise den bei den Beizenfarbstoffen üblichen Verfahren ähnelt, gehört sie jedoch nicht in den Rahmen einer Beschreibung des Verhaltens der direktziehenden Farbstoffe.

D. Cellulosefasern

Zum Unterschiede von den Proteinfasern und den ihnen ähnlichen Kunstspinnfasern bestehen die pflanzlichen Naturfasern und die ihnen nahestehenden Kunstseidenfasern bekanntlich aus Cellulose. Alle Pflanzenfasern enthalten also als Hauptbestandteil Cellulose, deren Moleküle nach FREUDENBERG[4] sowie HAWORTH[5] aus glucosidisch verbundenen Cellobioseresten aufgebaut sind. Diese native Cellulose enthält nach den von VAN DER WYK und STUDER[6] durchgeführten Untersuchungen außer ihren Hydroxylgruppen und der endständigen Aldehydgruppe keinerlei Carboxylgruppen oder andere salzbildenden Gruppen im Molekül. Die durch das Aneinanderfügen von vielen Cellobioseresten entstehenden langen Kettenmoleküle der nativen Cellulose sind nach Unter-

---

[1] H. REIN, Melliand Textilber. 30, 299—301 (1949).

[2] O. BAYER, Angew. Chemie A 60, 159—161 (1948); A 61, 241—245 (1949). DRP 728767 v. 13. 7. 1930 IG-Farbenindustrie.

[3] T. A. FEILD jr. u. G. H. FREMON, Textile Res. J. 21, 531 (1951).

[4] K. FREUDENBERG, Ber. dtsch. chem. Ges. 54, 767—772 (1921).

[5] W. N. HAWORTH, Helv. chim. Acta 11, 534—548 (1928).

[6] A. VAN DER WYK u. M. STUDER, Helv. chim. Acta 32, 1698—1712 (1949). M. STUDER, Dissertation Genf (1946).

suchungen von STAUDINGER[1] sowie TH. SVEDBERG[2] in den verschiedenen Pflanzenfasern von ungleicher Kettenlänge. Nach den Röntgenuntersuchungen von SCHERRER[3], HERZOG und JANKE[4] sowie MEYER und MARK[5], KRATKY und MARK[6] u. a. sind die Pflanzenfasern nicht aus gleichmäßig in ihnen verteilten Celluloseketten aufgebaut, sondern zum Teil aus kristallisierten, also gittermäßig geordneten dichten Anteilen, zum Teil aus weniger dichten amorphen Anteilen. Diese aus länglichen kristallinen Gebilden bestehenden dichten Cellulosemicellen und die weniger dichten Bezirke sind zu Texturen angeordnet, die ihrerseits die Faser aufbauen. Weil die Bastfasern Flachs und Ramie sehr viel schärfere Röntgeninterferenzen geben, als das bei der Baumwollfaser und den Kunstspinnfasern aus regenerierter Cellulose nach HERZOG und GONELL[7] der Fall ist, müssen diese beiden Bastfasern praktisch völlig aus gut geordneten kristallisierten Micellen aufgebaut sein. Dagegen haben die von SEN und WOODS[8] durchgeführten Strukturuntersuchungen von Jute ergeben, daß in dieser Faser neben kristallisierten Bezirken auch weniger gut geordnete vorhanden sind, welche ein diffuses Cellulosediagramm bewirken. Beim Baumwollhaar läßt sich nach HERMANS[9] aus dem Vergleich der Dichte geschnittener zu ungeschnittenen Fasern berechnen, daß der Anteil der kristallisierten Cellulose 70% gegenüber dem nicht kristallisierten Gehalt an amorpher Cellulose (30%) beträgt, was mit der röntgenographisch ermittelten Kristallinität der Baumwollcellulose übereinstimmt. Auch haben die von FREY-WYSSLING[10] sowie die von KRATKY und SCHLOSSBERGER[11] mit Hilfe des von AMBRONN eingeführten Verfahrens der Ablagerung von Gold oder Silber an Baumwolle und Ramie durchgeführten Untersuchungen den Nachweis erbracht, daß diese Pflanzenfasern trotz ihres hohen Anteiles an kristallisierter Cellulose ein Hohlraumsystem enthalten müssen, welches nicht nur das Eindringen von Wasser, sondern auch von Metallsalzen ermöglicht. Daß die Naturfasern Baumwolle und Ramie infolge ihrer pflanzlichen Herkunft ein System feinster Kapillaren enthalten müssen, läßt sich nach HERMANS, HERMANS und VERMASS[12] beweisen. Nach ihnen kann man mit Hilfe des

---

[1] H. STAUDINGER u. B. RITZENTHALER, Ber. dtsch. chem. Ges. 68, 1225—1233 (1935).
[2] TH. SVEDBERG, J. physic. Colloid Chem. 51, 1—17 (1947).
[3] P. SCHERRER in R. ZSIGMONDY, Lehrbuch der Kolloidchemie 3. Aufl. Leipzig (1920).
[4] R. O. HERZOG u. W. JANKE, Ber. dtsch. chem. Ges. 53, 2162—2164 (1920).
[5] K. H. MEYER u. H. MARK, Ber. dtsch. chem. Ges. 61, 593—614 (1928); Z. physik. Chem. Abt. B 2, 115—145 (1929).
[6] O. KRATKY u. H. MARK, Z. physik. Chem. Abt. B, 129—139 (1937).
[7] R. O. HERZOG u. H. W. GONELL, Kolloid-Z. 35, 201—202 (1924).
[8] M. K. SEN u. H. J. WOODS, Nature (London) 161, 768 (1948); Proc. Leeds philos-lit. Soc. 5, 155—160 (1949).
[9] P. H. HERMANS, Textile Res. J. 20, 108 (1950).
[10] A. FREY-WYSSLING, Protoplasma 27, 563—571 (1937).
[11] O. KRATKY u. F. SCHLOSSBERGER, Z. physik. Chem. Abt. B, 39, 145—154 (1938).
[12] P. H. HERMANS, J. J. HERMANS u. D. VERMASS, Kolloid-Z. 109, 10 (1944).

Mikroskops feststellen, daß das mikroskopisch scheinbar allseitig geschlossene Lumen dieser Fasern leicht und völlig von organischen Flüssigkeiten wie Tetrachlorkohlenstoff angefüllt wird, falls man unter geeigneten Bedingungen (nämlich bei Ausschluß von Luft) arbeitet. Das Lumen steht offenbar durch ein System feiner Kapillaren mit der Außenwelt in Verbindung, und der Versuch zeigt zugleich, daß die Flüssigkeit auch in diese Kapillaren eindringen kann.

Bei allen Naßbehandlungen der Pflanzenfasern werden also infolge ihres strukturellen Aufbaues die im Inneren der Micellen befindlichen Cellulosemoleküle gegen physikalische und chemische Veränderungen stärker geschützt sein als die in den amorphen Bezirken oder die an den Grenzflächen der Micellen befindlichen Moleküle oder Molekülteile. Weil bei der Vorbereitung der Pflanzenfasern für das Färben Abkoch- und Bleichvorgänge üblich sind, welche sehr leicht zum mindesten eine Veränderung der endständigen Aldehydgruppe des Cellulosemoleküls bewirken, ist der Idealfall an chemischer Reinheit und Einheitlichkeit bei den technisch vorbehandelten Cellulosefasern nie und selbst bei den sehr sorgfältig gereinigten Cellulosefasern für wissenschaftliche Untersuchungen selten verwirklicht. Infolgedessen sind alle für Färbeversuche benutzten Cellulosefasern mit verschiedenen Begleitsubstanzen behaftet, und zwar je nach ihrer Vorbehandlung zu sehr verschieden hohen Anteilen. So haben die von MÜLLER[1], GEIGER[2] sowie RATH[3] durchgeführten Untersuchungen ergeben, daß bei der technisch üblichen Bleiche der Cellulosefaser mittels Hypochlorit nicht nur eine Oxydation der endständigen Aldehydgruppen erfolgt, sondern daß darüber hinaus auch Veränderungen an ihren Hydroxylgruppen eintreten können. Außerdem haben HESS[4] und seine Mitarbeiter festgestellt, daß man die Cellulosefasern deswegen nicht als ebenso einheitliche Körper wie etwa Rohrzuckerkristalle auffassen darf, weil die beim Lösen von Cellulosefasern und besonders von Baumwolle auftretenden Quellungserscheinungen die Anwesenheit einer Fremdhaut anzeigen. Nach den von WERGIN[5], HESS, KIESSIG, WERGIN und ENGEL[6] sowie COMPTON und HAVER[7] durchgeführten Untersuchungen bestehen die Zellwände der Baumwollhaare

---

[1] F. MÜLLER, Helv. chim. Acta 22, 208—216, 432 (1939).

[2] E. GEIGER, Helv. chim. Acta 28, 283—291 (1945).

[3] H. RATH, Melliand Textilber. 31, 832—835 (1950).

[4] K. HESS u. C. TROGUS, Z. physik. Chem. Abt. A 145, 401—450 (1929). K. HESS, C. TROGUS, N. LUBITSCH u. L. AKIM, Kolloid-Z. 51, 89—96 (1930). K. HESS, C. TROGUS, L. AKIM u. J. SAKURADO, Ber. dtsch. chem Ges. 64, 408—427 (1931). K. HESS, Kunstseide u. Zellwolle 27, 37—50 (1949). K. HESS, W. WERGIN u. H. KIESSIG, Planta 33, 151—160 (1942).

[5] W. WERGIN, Angew. Chem. 49, 843—845 (1936).

[6] K. HESS, H. KIESSIG, W. WERGIN u. W. ENGEL, Ber. dtsch. chem. Ges. 72, 642—652 (1939).

[7] J. COMPTON u. F. E. HAVER, Contr. Boyce Thompson Inst. 11, 105—118 (1940).

primär nicht aus Cellulose, sondern enthalten hauptsächlich Wachs und Pektinsubstanzen, während die erst mit zunehmender Reife des Baumwollhaares entstehende Cellulose in den Wandbezirken des Faserinnern gebildet wird. Nach HARRIS, WHISTLER, MARTIN und CONRAD[1] wird während des Wachstums der Baumwollhaare zwar ein Teil der primär gebildeten Pektinsubstanzen zurückgebildet, doch enthalten auch ausgereifte Baumwollhaare in ihrer Cuticula noch Pektin, das nach LEGER und LAROSE[2] auch durch langdauerndes Abkochen mit Sodalösung sehr schwer zu entfernen ist. Infolgedessen lassen sich die von HERZOG[3] an Baumwollhaaren beobachteten Quellungserscheinungen, ebenso wie die von HESS bei Ramiefasern festgestellten, mit der Anwesenheit einer die äußersten Zellschichten umgebenden, jedoch nicht isolierbaren Fremdhaut erklären[4]. Nach HERMANS und SEN[5] sind auch bei der Jutefaser die nichtcellulosischen Bestandteile besonders in den äußersten Zellschichten enthalten. Außerdem enthalten alle pflanzlichen Fasern noch Reste von Proteinsubstanzen, die ebenfalls sehr schwer zu entfernen sind.

Bei der reifen Baumwollfaser ist der Gehalt an Cellulosebegleitstoffen gering, und ihre Zusammensetzung ist noch nicht genügend erforscht, weil nach NORMAN[6] sich bisher nicht feststellen ließ, ob die bei der Hydrolyse auftretenden Zucker- und Uronsäuren sich ursprünglich als Reste im gleichen Molekül oder in verschiedenen Ketten befanden. Dagegen enthalten die Bastfasern und Jute sehr hohe Anteile an Cellulosebegleitstoffen, die bei den Bastfasern Flachs und Ramie durch Abkochen und Bleichen größtenteils entfernt werden, bei Jute hingegen nicht. Röstflachs enthält nach dem Hecheln etwa:

Cellulose	75%
Pektin	4—7%
Eiweißstoffe	3,5%
Oberhaut- und Holzreste . . .	5%
Wachs und Fette	1,8—3%
Asche	0,9%
Wasser	9,0%

Die Eiweißstoffe befinden sich hier, wie bei den meisten anderen Cellulosefasern, im Zellkanal der Faser.

---

[1] R. L. WHISTLER, A. R. MARTIN u. C. M. CONRAD, Amer. Dyestuff Reporter 29, 235—236 (1940). R. L. WHISTLER, A. R. MARTIN u. M. HARRIS, Amer. Dyestuff Reporter 29, 244, 253—258 (1940).

[2] F. LEGER u. P. LAROSE, Canad. J. Res. Sect. B 19, 61—64 (1941).

[3] A. HERZOG, Kunststoffe 1, 402 (1911).

[4] K. HESS, W. WERGIN u. H. KIESSIG, Planta 33, 151—160 (1942).

[5] P. H. HERMANS u. M. K. SEN, Recueil Trav. chim. Pays-Bas 68, 1079—1105 (1949).

[6] A. G. NORMAN, The Biochemistry of Cellulose, the Polyuranides, Lignin etc. Oxford (1937).

Berücksichtigt man diese Gegebenheiten und bedenkt ferner, daß die Cellulosefasern sich auch in der Weise unterscheiden, daß die gereinigten Bastfasern Flachs und Ramie besser ausgebildete Röntgenogramme geben als Baumwolle und die aus Baumwolle hergestellten Kunstspinnfasern, dann ist es verständlich, daß diese Fasern sich beim Färben nicht völlig gleich verhalten können, obwohl sie überwiegend aus Cellulose bestehen.

Nach den von LIESER und HAEDICKE[1] durchgeführten Untersuchungen ist die genaue Ermittlung der Addition von Säuren und Basen durch Cellulose deswegen außerordentlich schwierig, weil die zur Verfügung stehenden Methoden nur selten zu übereinstimmenden Werten führen, was einesteils an den Methoden liegt, andernteils durch den Kristallbau und die Reaktionsträgheit der Cellulose erklärt werden kann. Weil die Hydroxylgruppen der Cellulose sich gegenüber Alkalien als viel schwächer saure Gruppen erweisen, als das bei den freien Carboxylgruppen der Proteinfasern der Fall ist, und anderenteils die Hydroxylgruppen der Cellulosesubstanz in den kristallisierten Bereichen der Cellulose zu einer Reaktion mit schwachen organischen Basen nicht befähigt sind, ist es erklärlich, daß die Reaktion der Cellulose mit Alkalien und Säuren noch viel unschärfer erfolgen muß, als das bei den Proteinfasern der Fall ist. Während man die Reaktion der Proteinfasern mit Alkalien und Säuren sowohl als chemische Reaktionen als auch wegen ihrer leichten Hydrolisierbarkeit der Proteinsalze als Adsorptionsreaktionen bezeichnen kann, besteht bei den Cellulosesubstanzen jedoch nur die Möglichkeit, ihre Additionsreaktionen als Adsorption zu bezeichnen, weil die chemisch unveränderte Cellulose keine salzbildenden Gruppen besitzt. Dementsprechend haben TROGUS und HESS[2] die Einwirkungsprodukte von Äthylendiamin und Hydrazin auf Baumwolle als Additionsverbindungen bezeichnet. Daß Cellulose Natronlauge zu binden vermag, geht nach VALKÓ[3] daraus hervor, daß während der Mercerisierung die Laugenkonzentration im Mercerisierbade abnimmt. Auch mit starken Säuren wie Salpetersäure[4], Schwefelsäure und Perchlorsäure[5] gibt Cellulose Additionsverbindungen.

Dementsprechend zeigen die von NEALE und PETERS[6] aus elektrokinetischen Messungen bei verschiedenen p_H-Werten in Lösungen von NaOH—HCl—NaCl bestimmten Oberflächenpotentiale bei Baumwolle im Vergleich zu den Proteinfasern viel geringere Veränderungen. Sowohl die unveränderte Baumwolle mit einem COOH-Gehalt von 0,3 Milli-

[1] TH. LIESER u. M. HAEDICKE, Kolloid-Z. 108, 125—131 (1944).
[2] C. TROGUS u. K. HESS, Z. physik. Chem. Abt. B 14, 387—395 (1934).
[3] E. VALKÓ, Kolloid. chem. Grundlagen der Textilveredlung, Berlin 1937, 173—236.
[4] E. KNECHT, Ber. dtsch. chem. Ges. 37, 549—558 (1904).
[5] R. K. ANDRESS u. L. REINHARDT, Z. physik. Chem. Abt. A 151, 425—432 (1930).
[6] S. M. NEALE u. R. H. PETERS, Trans. Faraday Soc. 42, 479 (1946).

äquivalent auf 100 g Faser als auch die mit alkalischer Hypobromitlösung oxydierte Baumwolle zeigen bei diesen Messungen in dem sehr großen p_H-Bereich von 3—10 nur relativ kleine Veränderungen ihrer Oberflächenladungen. Beim p_H-Wert = 10 erreicht ihre negative Oberflächenladung nicht einmal 20 Millivolt, während Nylon schon bei einem Werte von $p_H = 6$ etwa die gleiche Oberflächenladung besitzt und Wolle beim p_H-Wert = 6 eine negative Ladung von 30 Millevolt aufweist. Bei p_H-Werten, welche unter 4 liegen, fallen die Oberflächenladungen der Baumwolle sehr rasch ab. Dies befindet sich im Einklang mit der von GAVORET[1] gemachten Feststellung, daß die Leitfähigkeit der in Pufferlösungen eingetauchten Cellulose bei zwischen $p_H = 2{,}4$ und 2,8 liegenden Werten am geringsten ist. In diesem isoelektrischen Bereich zeigt die Cellulose ein Quellungsminimum und absorbiert Kationen und Anionen, dagegen kein Wasser, weshalb ihre Leitfähigkeit an dieser Stelle am stärksten vermindert wird.

Nach HEYMANN und BUCHANAN[2] unterscheiden sich die Oberflächenpotentiale von Cellulose und Oxycellulose mit hohem COOH-Gehalt und von regenerierter Cellulose unter gleichen Versuchsbedingungen nur wenig, während die Oberflächenleitfähigkeit von Carboxylgruppen enthaltender Cellulose viel größer als von unveränderter Cellulose ist. Nach ihnen deuten die für die Oberflächenpotentiale nach verschiedenen Berechnungsarten gefundenen Werte darauf hin, daß die verschiedenen Arten von Cellulose und Oxycellulose einer ungleichen Quellung unterliegen.

Nach DAVIDSON[3] verhält sich saure Oxycellulose wie ein typischer Kationenaustauscher. Wenn man z. B. eine saure Oxycellulose, deren Carboxylgruppen sich im freien Zustand befinden, in die wäßrige Lösung eines Neutralsalzes eintaucht, so findet eine Austauschreaktion nach folgender Gleichung statt:

$$R-COOH + M^+ \rightleftharpoons R-COO^-M^+ + H^+$$

Hierbei bedeuten —COOH die Carboxylgruppen der Oxycellulose und M^+ die Kationen des entsprechenden Salzes. Das Gleichgewicht, das sich einstellt, hängt vom p_H-Wert und der Konzentration des Kations, ferner aber auch von der Art des Kations ab. Verschiedene Kationen zeigen bei gleichen Konzentrationen verschiedene Affinitäten für die Carboxylgruppen der Oxycellulose. Ordnet man die Kationen nach steigender Affinität, so ergibt sich folgende Reihenfolge: $Li^+ < Na^+ < K^+ < Tl^+ < Ag^+ < Ca^{++} = Ba^{++}$. Da das Wasserstoffion eine größere Affinität für Oxycellulose besitzt als andere Kationen, werden diese auch durch sehr verdünnte Lösungen starker Säuren von der Oxycellulose verdrängt.

---

[1] J. GAVORET, C. R. hebd. Séances Acad. Sci. **206**, 1299—1300 (1938).

[2] A. S. BUCHANAN u. E. HEYMANN, Trans. Faraday Soc. **44**, 318—322 (1948).

[3] G. F. DAVIDSON u. NEVELL, J. Textile Inst. **39** Transact. 59—64 (1948). G. F. DAVIDSON, J. Textile Inst. 39 T, 65—86, 87—92 (1948). G. F. DAVIDSON u. NEVELL, J. Textile Inst. **39** Transact. 93—130 (1948).

Jute

Röntgenaufnahmen von Jute zeigen nach SEN und WOODS[1] einesteils Reflexionen, welche mit denen des bekannten Cellulosegitters übereinstimmen und anderteils unscharfe Reflexionen und einen verschwommenen Hintergrund, die dem Lignin- und Hemicellulosegehalt dieser Faser zugeschrieben werden müssen. Entfernt man diese beiden Komponenten, so erhält man eine der Baumwollcellulose gleichwertige, reine und kristalline Cellulose. Nach SEN und HERMANS[2] liegt die verhältnismäßig kleine Fraktion des besonders schwer entfernbaren Lignins in den äußeren Schichten der Faser. CHATTERJEE[3] fand, daß 70% der Asche in Jutefasern kationisch an die Carboxylgruppen der Polyuronsäuren der Jute gebunden sind. Ebenso beruht die Affinität von Methylenblau zu Jutefasern nach CHATTERJEE und seinen Mitarbeitern nicht auf der Gegenwart von Lignin, sondern auf der Gegenwart von Polyuronidhemicellulosen in dieser Faser. Nach APPLEYARD[4] werden die basischen Farbstoffe durch Jute unter quantitativer Spaltung in die Farbstoffkationfaserverbindung und das Gegenion fixiert. Die Säure bleibt demnach wie bei den Proteinfasern im Färbebade zurück. Nach HURST[5] kann man Jute auch mit den ungefärbten Basen der Triphenylmethanreihe anfärben. Diese Eigenschaft von Jute, sich in einer farblosen Lösung von Rosanilinbase zum Unterschiede von Baumwolle wie die Proteinfasern rot anzufärben, hat LIEBERMANN[6] schon vor ihm zur Unterscheidung dieser Faserarten benutzt.

Das Verhalten kationischer Farbstoffe gegen Cellulosefasern

Nach WEBER[7] ist die Cellulose im Vergleich zur tierischen Faser ein sehr indifferenter Körper, nicht so sehr in ihrem allgemein chemischen Verhalten als in ihrem Verhalten gegen Farbstoffe der verschiedensten Art. Diese Indiffererenz ist erklärlich aus der Abwesenheit salzbildender saurer oder basischer Gruppen in den aus reiner Cellulose bestehenden Fasern. Sobald man aber auf diesen Cellulosefasern Carboxylgruppen befestigt hat, werden dieselben nicht nur gegen basische, sondern nach ihm auch gegen saure Farbstoffe mit einer Aminogruppe im Molekül in ähnlicher Weise reaktionsfähig wie Wolle. Andererseits erhält die Baum-

---

[1] M. K. SEN u. H. J. WOODS, Biochim. biophysica Acta 3, 510—517 (1949).

[2] M. K. SEN u. P. H. HERMANS, Recueil Trav. chim. Pays-Bas 68, 1079—1105 (1949).

[3] H. CHATTERJEE, J. Textile Inst. Trans. 41 Transact. 243—248 (1950). B. P. SARKER, H. CHATTERJEE, A. K. MAZUMDAR u. K. B. PAL, J. Soc. Dyers Colourists 63, 229—231 (1947). P. B. SARKER u. H. CHATTERJEE, J. Soc. Dyers Colourists 64, 218—222 (1948).

[4] J. APPLEYARD, J. Soc. Dyers Colourists 18, 101—103 (1902).

[5] A. HURST, Rev. gén. Matiéres colorantes 6, 120 (1902).

[6] O. LIEBERMANN, Dinglers polytechn. J. 181, 133 (1886).

[7] C. O. WEBER, Färber-Ztg. 5, 184—187 (1894).

wollfaser ein Bindungsvermögen für alle Farbstoffsulfosäuren, wenn man eine Aminogruppe in das Cellulosemolekül eingeführt und so eine Aminocellulose hergestellt hat.

Demnach reicht die salzbildende Energie der reinen Cellulosefasern nicht aus, um Farbstoffkationen fest an sich zu binden, und in den Fällen, wo eine gegen nachfolgendes Spülen beständige Anfärbung der Cellulosefasern mit basischen Farbstoffen erfolgt, läßt sich das Vorhandensein freier Säure in den mehr oder weniger ausgezogenen Färbebädern nicht nachweisen, weil das gesamte Farbstoffsalz als solches aufgenommen und festgehalten wird. Dieses substantive Anfärben der reinen Cellulosefasern erfolgt jedoch nur bei solchen kationischen Farbstoffen, die stark assoziierte Lösungen geben. Darum erscheint es zweifelhaft, daß die von FREUNDLICH und LOSEV[1] ermittelten Adsorptionsexponenten der schwach assoziierten Farbstoffe Kristallviolett und Neufuchsin einem für den stark assoziiert löslichen Farbstoff Nachtblau ermittelten Adsorptionsexponenten gleichen würden.

Die Adsorption von Nachtblau durch Baumwolle ist von HÜBNER[2] untersucht worden. Die Versuche wurden in der Weise ausgeführt, daß gleiche Mengen der zu färbenden Baumwolle bei gewöhnlicher Temperatur in gleiche Färbebäder gebracht wurden. Nach gewissen Zeiten wurden die aufgenommenen Farbstoffe durch Bestimmung der im Färbebade verbliebenen Mengen Nachtblau durch Titration mit Naphtholgelb S nach RAWSON[3] festgestellt. Es ergab sich, daß das in die Farbstofflösungen eingebrachte Baumwollgarn während 72 Stunden eine wachsende Adsorption zeigt und daß die Farbstoffaufnahme bei zerkleinerter Baumwolle anfangs rascher verläuft als beim Baumwollgarn. Die Fasern halten das adsorbierte Nachtblau so fest, daß sie nach einigen Spülungen nicht mehr bluten, während die von Baumwolle adsorbierten schwach assoziiert löslichen basischen Farbstoffe durch Spülen mit Wasser aus der Faser völlig ausgewaschen werden.

Gegenüber einer Lösung von Marseiller Seife bluten die in Wasser gespülten Nachtblaufärbungen auf Baumwolle jedoch erneut aus. Diese Empfindlichkeit von Ausfärbungen kationischer Farbstoffe gegen Seifenlösungen war WEBER[4] bereits bekannt und von ihm mit einer Abspaltung des Gegenions aus dem aufgenommenen Farbstoffsalz durch das Alkali der Seifenlösung erklärt worden.

Zur Feststellung, ob die kationischen Farbstoffe auf Baumwolle wie auf Wolle aufgenommen werden, d. h. also, ob als Salze oder als Kationen, hat PORAI-KOSCHITZ[5] zwei basische Farbstoffe synthetisch hergestellt:

---

[1] H. FREUNDLICH u. G. LOSEV, Z. physik. Chem. Abt. A 59, 292 (1907).
[2] J. HÜBNER, J. chem. Soc. London 91, 1057—1073 (1907).
[3] RAWSON, J. Soc. Dyers Colorists 4, 82 (1880).
[4] C. O. WEBER, Färber-Ztg. 5, 201 (1894).
[5] A. PORAI-KOSCHITZ, Chem. J. Ser. B. J. angew. Chem. 7, 108—112 (1934).

1. m-Phenylendiamin-Dianisidin und

2. m-Phenylendiamin-p,p'-Diaminodibenzylidenaceton.

Bei der Destillation der Fasern mit Farbstoff und Natriumformiat ist die überdestillierte Menge Ameisensäure proportional dem von der Faser gebundenen Farbstoffkation. Er stellte fest, daß bei Wolle 90 bis 93% des Anions durch die Destillation erfaßbar sind und daß nur 7—10% unabhängig vom Farbstoff durch das Wollkeratin gebunden werden. Bei Baumwolle dagegen werden nur 8,5—9% des Anions frei und durch Destillation bestimmbar. Dadurch ist bewiesen, daß die Baumwollfaser tatsächlich den unzersetzten kationischen Farbstoff als Salz aufnimmt, da das Auftreten von 8,5—9% freier Säure durch Hydrolyse des Farbstoffsalzes erklärbar ist.

Nach LEMIN und VICKERSTAFF[1] zeigen Methylenblau und Thionin in wäßriger Lösung bei Veränderung der Farbstoffkonzentration eine Verschiebung ihrer Lichtabsorption, die von ihnen mit der Existenz von monomeren und polymeren Formen erklärt worden ist. Bei den kationischen Farbstoffen Methylenblau, Victoriablau und Methylengrün konnte KRÜGER[2] zeigen, daß diese Farbstoffe in wäßriger Lösung Doppelionen bilden. Aus der Annäherung der Form der Absorptionskurven für die konzentrierteren Farbstofflösungen an die Kurvenform der Lichtabsorption von Ausfärbungen auf Heliozell, wie sie bei Methylenblau, Methylengrün und Victoriablau beobachtet wurden, kann man nun zunächst den Schluß ziehen, daß auch in den Folien der Farbstoff nicht als einfaches Ion, sondern als polymeres Ion angelagert wird. Während die verschiedene Aufnahme basischer Farbstoffe durch verschiedene Fasern oder Folien aus regenerierter Cellulose früher auf Unterschiede ihrer Feinstruktur zurückgeführt worden ist, dürfte die Bildung von einigermaßen waschbeständigen Anfärbungen der vorgenannten basischen Farbstoffe nach KRÜGER dagegen auf die in der Faser vorhandene Anzahl saurer Gruppen zurückzuführen sein. Da nach LÜDTKE[3] Kupferseide infolge des andersartigen Ausgangsmaterials einen geringeren Gehalt an sauren Gruppen aufweist als Viskoseseide, erhält man bei Kupferseide auch eine geringere bleibende Anfärbung von Methylenblau. Dementsprechend hat WEBER[4] die Aufnahme von Methylenblau durch Cellulosefasern zur Bestimmung der in ihnen enthaltenen Carboxylgruppen benutzt. In analoger Weise hat REBEK[5] die Anfärbung von Cellulose mit der farblosen Base des Methylvioletts zum Nachweis saurer Gruppen in Cellulose verwendet.

---

[1] D. R. LEMIN u. T. VICKERSTAFF, Trans. Faraday Soc. **43**, 491—502 (1947).
[2] D. KRÜGER, Melliand Textilber. **22**, 428—431 (1941).
[3] M. LÜDTKE, Techn. chem. Papier- u. Zellstoff-Fabrikat. **31**, 37 (1934).
[4] O. H. WEBER, J. prakt. Chem. (NF) **158**, 33—60 (1940).
[5] M. REBEK, Kolloid-Z. **92**, 217—221 (1942).

DAVIDSON[1] zeigte, daß die durch Abkochen mit Natronlauge gereinigte Baumwolle beim p_H-Wert ~ 7,6 im Gleichgewicht folgende Mengen an basischen Farbstoffen aufnimmt:

Tabelle 50

Farbstoff	Farbstoffabsorption im M-moll/100 g	Relative Farbstoff-absorption
Methylenblau . .	0,46; 0,47; 0,47	1,00
Pseudocyanin . .	0,42; 0,42; 0,42; 0,42	0,90
Pseudosafranin .	0,38; 0,38; 0,39; 0,39	0,82
Isochinolinrot . .	0,35; 0,36	0,72
Astraphloxin . .	0,30; 0,30; 0,31; 0,31	0,62

Nach ihm[2] wird Methylenblau von den Hydroxylgruppen der Baumwollfasern in einem Ausmaß absorbiert, das mit zunehmender Farbstoff- und Salzkonzentration auch zunehmende Absorption zeigt, wenn man sowohl die Farbstoffkonzentration als auch die Salzkonzentration niedrig hält.

Diese Versuchsergebnisse befinden sich in Übereinstimmung mit den von NEALE[3] bei Janusrot B erhaltenen. Danach erfolgt das erste Stadium der Absorption eines kationischen Farbstoffes mit spezifischer Affinität für Cellulose durch die Wirkung der von Natur aus negativen Ladung der Cellulose. Weil diese an sich negative Ladung durch einen Zusatz von Neutralsalz zum Färbebade verringert werden kann, erlaubt die Prüfung über das Vorliegen eines negativen Salzeffektes bei kationischen Farbstoffen die Entscheidung darüber zu fällen, welche Färbetheorie zutrifft.

Wenn die Färbung mit basischen Farbstoffen durch die an sich negative Ladung der Cellulose verursacht wird, dann müssen die kationischen Farbstoffe einen negativen Salzeffekt zeigen. Wenn dagegen die Färbung mit kationischen Farbstoffen durch eine Farbstoffaggregation verursacht wird, dann müssen sowohl kationische als auch anionische Farbstoffe einen positiven Salzeffekt zeigen, weil beide Farbstoffklassen aus ihren Lösungen ausgesalzen werden können, wenn man genügend Salz zusetzt.

NEALE hat zu seinen Untersuchungen die aus wäßrigem Alkohol umgefällten Farbstoffe Janusrot B und Victoriablau B verwendet. Gefärbt wurden Baumwolle bzw. Cellophan aus unendlich langem Färbebade bis zum erreichten Gleichgewicht mit verschieden hohen Salzzusätzen, wie aus der nachstehenden Tabelle 51 ersichtlich ist.

---

[1] G. F. DAVIDSON, J. Textile Inst. 41, T 361—380 (1950).
[2] G. F. DAVIDSON, J. Textile Inst. 39, T 65—86 (1948).
[3] S. M. NEALE, Trans. Faraday Soc. 43, 338—342 (1947).

Tabelle 51

Färbedauer 20 Stunden bei 70° C

Farbstoffkonzentration mg/l	NaCl g/l	% Farbstoff auf Baumwolle	% Farbstoff auf Cellophan
20 mg Janusrot B	0	0,461	2,86
	0,05	0,466	2,86
	0,1	0,481	2,62
	0,2	0,475	2,56
	0,4	0,51	2,36
	0,8	0,413	1,72
20 mg Victoriablau B	0	1,78	5,90
	0,05	1,56	4,00
	0,1	1,50	3,76
	0,2	1,25	2,00
	0,4	0,93	1,99
	0,8	1,37	5,10

Weil die Gleichgewichtsabsorption beider Farbstoffe sowohl bei Baumwolle als auch bei Cellophan bei der Anwendung höherer Salzzusätze zum Färbebade zunächst herabgesetzt wird, beruht die Absorption der basischen Farbstoffe auf einer Wirkung von elektrostatischen Kräften der Fasern. Nach ihm ist nicht leicht einzusehen, wie das Verhalten der basischen Farbstoffe sich mit dem vereinbaren läßt, was als die Aggregationstheorie des Salzeffektes bezeichnet werden mag, zumal sowohl kationische als auch anionische Farbstoffe durch Zugabe von Salz ausgefällt werden können. Das Ansteigen der Absorption von Victoriablau B bei höherem Salzzusatz als 0,4 g/l wird von ihm auf die Absorption assoziiert gelöster Farbstoffteilchen zurückgeführt, insbesondere auf die Absorption weiterer Farbstoffionen auf Zentren, deren negative Ladung bereits durch die Absorption eines Kations neutralisiert worden ist. Solch ein Vorgang kann nach ihm als eine Aggregation auf der Faser aufgefaßt werden und ist bei den beiden verwendeten Farbstoffen deswegen vorstellbar, weil beide bei 70° C durch sehr geringfügige Zusätze von Kochsalz ausgesalzen werden.

Da jedoch die erste Stufe in der Absorption der basischen Farbstoffe eine Verringerung der Farbstoffaufnahme mit steigenden Neutralsalzzusätzen zeigt, ist dies beweisend für die Richtigkeit derjenigen Auffassung, welche die elektrische Ladung der Fasern für die Aufnahme von Farbstoffkationen verantwortlich macht. Denn wie NEALE und PETERS[1] und manch andere gezeigt haben, erhält die Cellulose beim Eintauchen in Wasser eine negative Ladung. Infolgedessen werden die kationischen Farbstoffe nach ihm zum Teil durch spezifische Kräfte von kurzer

[1] S. M. NEALE u. R. H. PETERS, Trans. Faraday Soc. 41, 478—487 (1946).

Reichweite und zum Teil durch elektrostatische Kräfte von längerer Reichweite absorbiert, indem beide im gleichen Sinne wirken, so daß der Zusatz von Salz durch Verringerung der letzteren die Absorption erniedrigt. Das Anwachsen der Farbstoffabsorption in den Bädern mit hohem Salzzusatz ist nach ihm ebenfalls durch die elektrostatische Färbetheorie erklärbar, denn sowie genügend kationischer Farbstoff absorbiert ist, wird die Cellulose umgeladen. Man hat dann ein positives Farbstoffkation absorbiert an einem positiven Substrat, die elektrostatischen Kräfte wirken der Färbung entgegen, und die Zugabe von Salz begünstigt sie wieder wie bei dem üblichen Färben von Cellulose mit anionischen Farbstoffen.

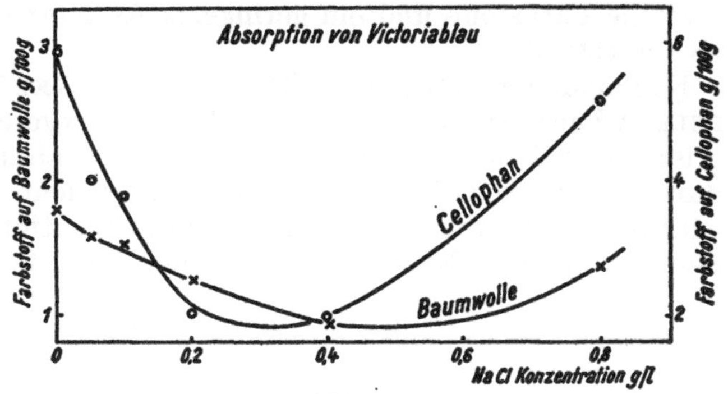

Abb. 37

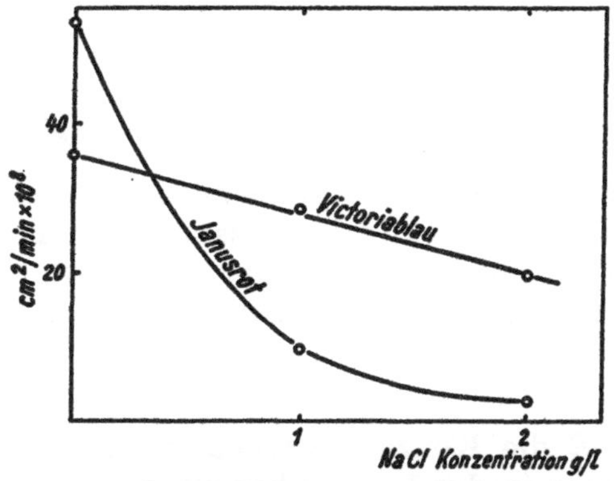

Abb. 38. Diffusionskoeffizienten basischer Farbstoffe in Cellophan

Die Abb. 38 zeigt, daß der Salzeffekt die Diffusionskoeffizienten stärker verringert als die Gleichgewichtsabsorption. Dies war nach NEALE auch zu erwarten, denn das Ausmaß der Diffusion hängt von der Anzahl der in die ungefärbte Cellulose eingedrungenen Farbstoffteilchen ab, während die Absorption im Gleichgewicht nach ihm auf einem Austausch von Ionen zwischen der Lösung und dem Substrat beruht, dessen negative Ladung durch die Absorption von Farbstoffkationen mehr oder weniger neutralisiert worden ist.

Eine solche Erklärung der Aufnahme basischer Farbstoffe durch Cellulose, welche die Absorption der Farbstoffkationen als den ersten Teilvorgang ansieht, ist zwar für den Vorgang der Farbstoffaufnahme als solchem wahrscheinlich, zieht jedoch das Verhalten der Gegenionen zunächst nicht in Betracht. Da beim Färben von unveränderter Cellulose die kationischen Farbstoffe nicht in der Form ihrer Kationen, sondern als kationische Salze von der Faser aufgenommen werden, muß es im weiteren Verlauf des Färbevorganges auch zur Aufnahme der Gegenanionen kommen, wenn die Cellulose keine Carboxylgruppen enthält.

Mit alkalischen Oxydationsmitteln behandelte Baumwolle zeigt nach NEALE und STRINGFELLOW[1] eine verstärkte Aufnahmefähigkeit für basische Farbstoffe und ein geringeres Aufnahmevermögen für substantive Farbstoffe.

Nachdem von HEUSER[2], SCHMIDT[3], LÜDTKE[4], NEALE und STRINGFELLOW[5] gezeigt worden ist, daß alkalisch oxydierte Cellulose Carboxylgruppen enthält, hat DAVIDSON[6] die Aufnahme basischer Farbstoffe durch oxydierte Cellulose eingehend untersucht. Er wandte das Massenwirkungsgesetz für den Austausch zweier Kationen M_1^+ und M_2^+ an den Säuregruppen des Kationenaustauschers in der Form folgender Gleichung an:

$$\frac{(M_1^+)_a}{(M_2^+)_a} = k \frac{(M_1^+)_L}{(M_2^+)_L} \tag{13}$$

wobei die runden Klammern die Aktivitäten für a den Austauscher und L die Lösung bedeuten. k ist die Gleichgewichtskonstante.

Die Gleichung kann durch die Gleichung:

$$\frac{[M_1^+]_a}{[M_2^+]_a} = k \frac{[M_1^+]_L}{[M_2^+]_L} \tag{14}$$

ersetzt werden, in der die eckigen Klammern die Konzentrationen von $[M^+]_a$ der Metallionen im Austauscher und $[M^+]_L$ die Konzentrationen der Metallionen in der Lösung bedeuten.

Diese Gleichung kann man umformen zu:

$$R = K r \tag{15}$$

wobei R die Konzentrationen beider Kationen im Austauscher und r diejenigen in der Lösung bedeuten.

Da nur sehr wenige Kationenaustauscher dieses Massenwirkungsgesetz erfüllen, kann man statt dessen die von ROTHMUND und KORNFELD[7] empirisch gefundene Reaktionsgleichung verwenden:

$$R = K r p \tag{16}$$

[1] S. M. NEALE u. W. A. STRINGFELLOW, J. Soc. Dyers Colourists **56**, 17—18 (1940).
[2] E. HEUSER u. F. STÖCKIGT, Cellulosechemie **3**, 61—76 (1922).
[3] E. SCHMIDT, M. HECKER, W. JANDEBEUR u. M. ATTERER, Ber. dtsch. chem. Ges. **67**, 2037—2049 (1934).
[4] M. LÜDTKE, Angew. Chemie **48**, 650—651 (1935).
[5] S. M. NEALE u. W. A. STRINGFELLOW, Trans. Faraday Soc. **33**, 881—889 (1937).
[6] G. F. DAVIDSON, J. Textile Inst. **41**, 361—380 (1950).
[7] V. ROTHMUND u. G. KORNFELD, Z. anorg. Chem. **103**, 129—163 (1918).

Die Zahlenwerte für die Affinitäten der untersuchten basischen Farbstoffe wurden an Hypobromitoxycellulose mit einem Carboxylgehalt von 3,5 Millimol je 100 g Faser unter Verwendung von auf p_H 8 abgepufferten Farbstofflösungen durchgeführt. Die Anfangskonzentration des Farbstoffes betrug 0,2 Millimol im Liter, und das Flottenverhältnis wurde so eingestellt, daß eine 50 %ige Baderschöpfung erzielt wird. Durch Messung des Verdrängungsgleichgewichtes zwischen Natriumionen und Farbstoffkationen läßt sich deren relative Absorption hinreichend genau ermitteln. Die erhaltenen Werte zeigt die folgende Tabelle 52.

Tabelle 52

Relative Affinitäten von Kationen basischer Farbstoffe zu den Carboxylgruppen von Oxycellulose

$R = Krp$

$R = [M_1^+]\ [M_2^+]$ in der Cellulose

$r = [M_1^+]\ [M_2^+]$ in der Lösung

Carboxylgruppengehalt der Oxycellulose Millimol/100 g	M_1	M_2	p	K
3,57	Methylenblau	Natrium	0,85	138,0
3,57	Pseudocyanin	,,	0,84	29,9
3,48	Phenosafranin	,,	0,76	20,5
3,57	Isochinolinrot	,,	0,82	17,2
3,57	Astraphloxin	,,	0,69	5,25
3,60	,,	,,	0,68	5,42
3,60	,,	Kalium	0,69	4,63

Wie aus der Tabelle 52 ersichtlich ist, besitzt Methylenblau von den untersuchten Farbstoffen die höchste Affinität und Astraphloxin die geringste.

Weil man mit Hilfe der Chromatographie die Affinität basischer Farbstoffe zu Oxycellulose sehr einfach und schnell vergleichen kann, wurde weiterhin diese Arbeitsweise angewendet. Lösungen basischer Farbstoffe wurden durch eine mit Oxycellulose beschickte Säule geschickt. Dabei wird der Farbstoff oben in der Säule in einer engen Bande festgehalten und erst durch Zugabe von Natriumacetatlösung aus der Verbindung mit der Oxycellulose verdrängt. Die Geschwindigkeit der Extraktion hängt von der Affinität des Farbstoffkations und der Konzentration der Natriumionen in der Salzlösung ab, so daß man zu einem begründeten Vergleich der Affinitäten verschiedener Farbstoffe dadurch gelangen kann, daß man die Mengen Salzlösung bestimmter Konzentration ermittelt, welche erforderlich ist, um äquivalente Mengen der Farbstoffe von einer Säule Oxycellulose gegebenen Gewichts zu extrahieren.

Tabelle 53

Vergleich der Affinitäten basischer Farbstoffe durch Chromatographie

Farbstoff-bezeichnung	Farbstofftyp	Farbstoff-nummer		Zur Farbstoffextraktion erforderliches Volumen in cm³			
		Colour Index	Schultz	0,5 M	0,2 M	0,05 M	0,02 M
Thionin	Thiazin	920	1036	175	445	>1150	—
Methylenblau	Thiazin	922	1038	85	225	>770	—
Kristallviolett	Triphenylmethan	681	785	100	180	620	—
Pyronin G	Xanthan	739	853	60	105	380	—
Phenosafranin	Azin	840	958	35	60	205	—
Pseudocyanin	Cyanin	—	—	30	50	175	—
Pyronin B	Xanthen	741	855	25	35	150	—
Isochinolinrot	Cyanin	805	920	25	35	135	—
Acronolgelb TC	Thiazol	815	934	—	30	80	195
Malachitgrün	Triphenylmethan	657	754	—	25	70	150
Astraphloxin	Cyanin	—	930	—	30	60	130
Auramin O	Diphenylmethan	655	752	—	20	55	125

Danach besitzt lediglich Thionin eine größere Affinität zu Oxycellulose als Methylenblau. Die mit dem Triphenylmethanfarbstoff Victoriablau B durchgeführten Versuche zeigten jedoch, daß dieser Farbstoff weder durch Natriumacetatlösung noch durch n/10-Salzsäure sich aus der Absorptionsbande der Säule verdrängen ließ.

Bei Rhodamin B ergab sich, daß eine Farbstoffbindung durch Oxycellulose bei $p_H = 8$ nicht eintritt, während bei einem p_H-Wert von 3,6 ein Maximum in der Farbstoffaufnahme beobachtet werden konnte. Da Rhodamin B neben der basischen Gruppe noch eine Carboxylgruppe im Molekül enthält, kann dieser Farbstoff oberhalb $p_H = 5$ als Zwitterion vorliegen. Erst bei niedrigeren p_H-Werten als 5 liegt Rhodamin B durch die Entionisierung seiner Carboxylgruppe als Kation vor, welches von der Oxycellulose absorbiert werden kann. Da durch Erniedrigung des p_H-Wertes ganz allgemein die Absorption basischer Farbstoffe durch den Wettbewerb mit den Wasserstoffionen um die Säuregruppen der Oxycellulose rasch abnimmt, ist die Ausbildung eines Maximums der Rhodaminbindung bei $p_H = 3{,}6$ theoretisch gut erklärbar.

Wie vorstehend bereits mitgeteilt worden ist, erfahren die Maxima der photographisch bestimmten Lichtabsorptionen basischer Farbstoffe auf Viskose- und Heliocellfolien gegenüber denen ihrer wäßrigen Lösungen nach KRÜGER[1] nur ganz geringfügige Veränderungen ihrer Lage. Dies bestätigt den bei der Untersuchung der sichtbaren Lichtabsorption basisch gefärbter Baumwolle durch PORAI-KOSCHITZ und AUSCHKAP[2] erhaltenen Befund, nach welchem die Lage der Maxima der

[1] D. KRÜGER, Melliand Textilber. 22, 428—431 (1914).

[2] A. PORAI-KOSCHITZ u. J. AUSCHKAP, Z. Farbenindustrie 10, 295—297, 321—326, 542—544 (1911).

Lichtabsorption bei den Ausfärbungen basischer Triphenylmethanfarbstoffe auf tannierter Baumwolle praktisch die gleiche ist wie die der wäßrigen Lösungen des gleichen Farbstoffes. Nach VALKÓ[1] ist es wahrscheinlich, daß dabei die Bindung von Molekülverbindungen aus dem basischen Farbstoff und Tannin erfolgt, während bei der Anwendung von Katanol 0 als Beize eine Salzbildung mit dem Farbstoffkation eintritt.

Das Verhalten der anionischen Farbstoffe gegen Cellulosefasern

Ältere Untersuchungen

Während das Verhalten der anionischen Farbstoffe mit Sulfosäuregruppen im Molekül bei den Proteinfasern als Proteinsalzbildung erklärbar ist, hat die ganz unerwartete Eigenschaft der Benzidinfarbstoffe, Cellulosefasern im neutralen oder alkalischen Bade direkt, d. h. ohne Vermittlung einer Beize, zu färben, nach WEBER[2] sofort zur Aufklärung herausgefordert, um so mehr, als die chemische Theorie der Färbung jener Tatsache hilflos gegenüberstand.

Tatsächlich sind sehr viele Benzidinfarbstoffe in bezug auf ihre Naßechtheiten viel echtere Woll- als Baumwollfarbstoffe. Daß bei den Baumwollfärbungen mit Benzidinfarbstoffen der Farbstoff in Form des ursprünglichen Farbstoffsalzes aufgenommen wird, geht nach WEBER unmittelbar schon aus der Tatsache hervor, daß die Säureempfindlichkeit dieser Färbungen genau dieselbe ist wie die der wäßrigen Lösungen derselben Farbstoffe. Nach ihm läßt sich außerdem leicht nachweisen, daß der auf die Baumwolle aufgefärbte Farbstoff tatsächlich in dieser als Farbstoffsalz enthalten ist. Behandelt man nämlich einen so gefärbten Strang in der Lösung eines Barytsalzes, so wird der Farbstoff in der Faser in ein Barytsalz umgewandelt.

GNEHM und RÖTHELI[3] haben daraufhin Baumwolle mit den Bariumsalzen von Benzoazurin und Benzopurpurin gefärbt und die aufgenommenen Mengen an Barium bestimmt. Sie behandelten je 100 g Baumwollstrang mehrere Tage lang im kochenden Bade mit 1 g sorgfältig von Sulfat gereinigtem Bariumsalz von Benzopurpurin 4 B (Natriumsalz der o-Tolidindisazo-1-naphthylamin-4-sulfosäure) und aus Benzoazurin 3 G (Natriumsalz der Dianisidin-disazo-1-naphthol-5-sulfosäure), bis die verschwundene Färbung der Lösung anzeigte, daß aller Farbstoff aus der Lösung aufgenommen worden war. Die stark gewaschenen und getrockneten Stränge ergaben beim Abrauchen mit Schwefelsäure und Wiegen des Sulfates folgende Resultate:

---

[1] E. VALKÓ, Kolloidchem. Grundlagen f. Textilveredlung, Berlin, S. 480—486 (1937).

[2] C. O. WEBER, Färberztg. 5, 201—204 (1894).

[3] R. GNEHM u. E. RÖTHELI, Z. angew. Chem. 11, 482—488, 501—505 (1898).

1. Benzopurpurin 4 B lieferte:

	Bariumsulfat	entspricht Barium
I.	0,2840 g	0,1669 g
II.	0,2850 g	0,1680 g

Die gefundenen Mengen entsprechen 16,74% Barium, berechnet wurde für das angewendete Salz 16,81%.

2. Benzoazurin 3 G

	Bariumsulfat	Barium
I.	0,2721 g	0,1600 g
II.	0,2710 g	0,1589 g

Gefunden 15,94%, berechnet 16,14%.

Die beiden Salze von Benzidinfarbstoffen sind also mit ihrem vollen Metallgehalt auf die Baumwollfaser aufgezogen, wie es nach WEBER anzunehmen war.

Später hat GNEHM zusammen mit KAUFLER[1] am Benzopurpurin nachgewiesen, daß nicht nur dessen Bariumsalz, sondern auch sein Natriumsalz als solches mit seinem vollen Metallgehalt beim Färben von Baumwolle aus dem Färbebade aufgenommen wird. Zu diesem Nachweis wurde ein reines Natriumsalz von Benzopurpurin durch Zusatz der berechneten Menge halbnormaler Natronlauge zur gereinigten Benzopurpurinsäure dargestellt. Um von der Asche der Faser nicht gestört zu werden, wurde als Fasermaterial eine gereinigte Watte (mit einem Aschengehalt von 0,04%, vorwiegend Kieselsäure) benutzt.

Es wurden 0,181 g Farbstoff, entsprechend 0,0154 g Na_2O, in 150 cm^3 Wasser gelöst und 5 g Baumwolle darin acht Stunden gekocht. Nach dieser Zeit war die Ausfärbung beendet, indem beim weiteren Kochen eine Probe der Lösung keine weitere Abnahme des Farbstoffgehaltes zeigte. Die Baumwolle wurde mit heißem und kaltem Wasser gewaschen, bis das ablaufende Waschwasser farblos war, und dann ihr Aschengehalt bestimmt:

Asche der Baumwolle nach dem Abrauchen mit Schwefelsäure 0,0102 g, hiervon ab Asche der Faser 0,0020 g. Na_2SO_4 0,0082 g, entsprechend 0,0036 g Na_2O, was einer 0,8%igen Färbung, auf das Gewicht der Faser bezogen, entspricht.

Zur Kontrolle wurde der Rückstand des filtrierten Bades gewogen. Derselbe betrug 0,1645 g Farbstoff entsprechend 0,0140 g Na_2O, demnach: 0,0140 g Na_2O im Bad, 0,0036 g Na_2O auf der Faser, zusammen

[1] R. GNEHM u. F. KAUFLER, Z. f. angew. Chem. 15, 345—348 (1902).

0,0176 g Na_2O, was mit den angewendeten 0,0154 Na_2O in Anbetracht der Alkaliaufnahme aus den Gefäßen bei den erheblichen Mengen der Waschwässer in hinlänglicher Übereinstimmung steht.

Später hat dann auch PORAI-KOSCHITZ[1] beim Färben von Baumwolle mit dem Ammoniumsalz des Benzopurpurins festgestellt, daß dieser Farbstoff von der Cellulosefaser als Ammoniumsalz aufgenommen wird, während der gleiche Farbstoff auf Wolle als Farbstoffsäure aufzieht.

Nachdem PORAI-KOSCHITZ das Ammoniumsalz des Benzopurpurins hergestellt hatte, färbte er 20 g Baumwolle mit etwa 0,5% Farbstoff, bezogen auf das Gewicht der Ware, in einem geschlossenen Apparat und bestimmte den Ammoniakgehalt der gefärbten Ware und des Färbebades, weil sich zeigte, daß der Farbstoff von der Baumwolle bei weitem nicht vollständig aufgenommen wird. Er erhielt dabei folgende Resultate:

Tabelle 54

Das Färben von Baumwolle mit dem Ammoniumsalz des Benzopurpurins 4B

	Gramm NH_3	% von dem Gesamtgehalt im Farbstoff
Destillation beim Färben	0,000282	13
Destillation des gefärbten Musters .	0,000173	8
Destillation des gebliebenen Färbebades	0,00169	78
Der benutzte Farbstoff enthielt . .	0,002045	99

Vorher war festgestellt worden, daß beim einfachen Kochen in wäßriger Lösung das Benzopurpurin 13,9% seines Ammoniaks abgibt. Wie man aus der vorstehenden Tabelle ersieht, wird beim Färben von Baumwolle fast genau derselbe Anteil Ammoniak abgespalten. Das übrige Ammoniak bleibt entweder auf der Faser (8%) oder im Färbebade (78%) an die Farbsäure gebunden. Daraus folgt, daß Baumwolle mit dem Ammoniumsalz des Benzopurpurins ohne Spaltung desselben gefärbt wird.

Anderenteils konnten GNEHM und KAUFLER[2] zeigen, daß die Aufnahme der Farbstoffanionen bei dieser Farbstoffgruppe durch Cellulosefasern jedoch keineswegs an das Vorhandensein von Alkalien gebunden ist. Nach ihnen liegt der Grund für die Nichtbeachtung dieser Tatsache wohl einerseits in der geringen Löslichkeit der freien Säuren von Benzidin-

[1] A. PORAI-KOSCHITZ, J. prakt. Chem. (NF) 137, 188—189 (1933).
[2] R. GNEHM u. F. KAUFLER, Angew. Chem. 15, 346 (1902).

farbstoffen, andererseits in dem Umstande, daß man überhaupt den freien Säuren auf den ersten Blick eine andere Färbung als den Salzen zuzuschreiben geneigt ist, z. B. die blaue Färbung, die beim Betupfen einer Benzopurpurinfärbung mit Säure entsteht, als von freier Benzopurpurinsäure herrührend betrachtet, während tatsächlich ein durch Wasser zerlegbares HCl- bzw. H_2SO_4-Additionsprodukt vorliegt.

Zur unzweifelhaften Feststellung dieser Verhältnisse war es nach Gnehm und Kaufler zunächst notwendig, den Farbstoff ganz aschefrei zu erhalten. Durch doppelte Fällung mit Schwefelsäure und folgendes Auswaschen mit Wasser und Alkohol erhielten sie eine aschefreie Benzopurpurinsulfosäure. Die verwendete Faser enthielt 0,04% Asche, hauptsächlich SiO_2. Die Ausfärbung wurde in Porzellanbechern vorgenommen. Es wurden 0,025 g Farbsäure und 0,02 g Benzopurpurinnatrium mit je $^1/_2$ l Wasser und 5 g Baumwolle gekocht. Nach drei Wochen war noch nicht alle Farbsäure vom Boden des Gefäßes verschwunden. Die Färbung der Baumwolle hatte dieselbe Intensität erreicht, wie jene mit dem Natriumsalz, von dem die Hauptmenge an die Faser übergegangen war. Das Färbebad war im Falle der Benzopurpurinsulfosäure nur wenig gefärbt gewesen, was an der geringen Löslichkeit der Sulfosäure, die jedenfalls geringer als 0,001% ist, liegt und was das langsame Aufziehen vollständig erklärt.

Die Vorsichtsmaßregel der Beschaffung aschefreier Baumwolle ist bei derartigen Versuchen notwendig, denn gewöhnliches Garn (Aschengehalt 0,28%) wird durch die Farbsäure momentan angefärbt. Daß dies nur den in der Faser enthaltenen Oxyden zuzuschreiben ist, geht daraus hervor, daß aschefreie Baumwolle, die durch Behandlung mit $MgSO_4$ und NH_3 mit Magnesiumhydroxyd vorgebeizt war, selbst nach gründlichem Auswaschen und Trocknen in der fast farblosen Flüssigkeit, in der die Farbsäure suspendiert war, sehr schnell angefärbt wurde.

Gnehm und Kaufler konnten noch folgenden Beweis dafür erbringen, daß die Anwesenheit einer Base bei der Färbung der Baumwolle mit direktziehenden anionischen Farbstoffen keineswegs immer erforderlich ist. Bekanntlich tritt eine intensive Blaufärbung der mit dem Natronsalz Benzopurpurin 4 B gefärbten Baumwolle ein, wenn diese mit konzentrierter Salzsäure übergossen wird. Durch Behandlung mit großen Mengen destillierten Wassers läßt sich das so entstandene Additionsprodukt wieder zerlegen, und die ursprüngliche rote Farbe kehrt wieder. Durch mehrmaliges Wiederholen läßt sich auf diese Weise alles Natrium aus der gefärbten Baumwolle ausziehen, wie eine von ihnen durchgeführte Aschenbestimmung ergab.

Diese Tatsachen erklären auch den merkwürdigen Verlauf der Färbungen mit Anilin- oder Benzidinsalzen der Färbsäuren, bei denen sehr rasche Anfärbung eintritt, ohne daß auf der Faser eine Base nachgewiesen werden kann. Der Grund hierfür liegt darin, daß diese Salze schwacher

Basen hydrolytisch gespalten sind, so daß ihre Lösungen auch freie Säure und freie Base enthalten. Diese hydrolytische Spaltung des in die Faser eingedrungenen Farbsalzes ist natürlich ebenso möglich, wie sie in der Lösung eintreten kann, besonders, wenn man die gefärbte Baumwolle nach dem Färben mit Wasser spült. Die größere Geschwindigkeit des Anfärbens der Farbstoffsalze erklärt sich nach GNEHM und KAUFLER aus der besseren Löslichkeit der Farbstoffsalze. Infolgedessen erzielt man mit Farbstoffsalzen bedeutend stärkere Farbintensitäten auf der Faser, als wenn man mit freier Säure arbeitet, weil man bei der Verwendung der Farbstoffsalze aus konzentrierterem Bade anfärben kann.

Weil mit den Säuren des Chrysophenins und Benzoazurins genau die gleichen Ergebnisse erhalten werden und da das Benzoazurin keine Aminogruppe enthält, kann nach GNEHM und KAUFLER bei der Färbung der Cellulosefasern weder eine Salzbildung des Farbstoffes über die Sulfosäuregruppe noch über die Aminogruppe mit der Cellulose in Betracht gezogen werden. Um das Verhalten der Baumwollfärbungen weiter kennenzulernen, haben sie gleich tiefe Ausfärbungen von Benzopurpurinnatrium und Benzopurpurinsäure auf Baumwolle mit Wasser gekocht und das Wasser gleichmäßig erneuert. Durch anhaltende Behandlung ließ sich dadurch ein fast vollständiges Abziehen erzielen. Beide Färbungen verhielten sich nahezu identisch mit dem geringen Unterschiede, daß die der Faser verbleibende Färbung beim Versuch mit Benzopurpurinsäure etwas intensiver war als beim Natriumsalz. Die Differenz war übrigens kaum merklich. Der genannte Rest der Färbung konnte in beiden Fällen auch durch mehrtägiges Kochen nicht weiter verändert werden, so daß man annehmen muß, daß der ihr entsprechende Farbstoff in anderer Weise fixiert ist als die Hauptmenge. Beim Abziehen mit Salzlösungen ($NaCl$, $CaCl_2$, NH_4Cl), KOH, NH_3 u. a. trat nach GNEHM ein Abziehen bis zu derselben Grenze ein.

Als Folgerung aus diesen Versuchen haben GNEHM und KAUFLER den Schluß gezogen, daß die direktziehenden Baumwollfarbstoffe, entsprechend der Annahme von WEBER, als Metallsalze von der Faser aufgenommen werden, wenn sie als solche in Lösung vorhanden sind. Falls sie in Form der freien Säuren angewendet werden, erfolgt ebenfalls Färbung, jedoch langsamer. Anilin und Benzidinsalze bewirken, im Gegensatz zu den Salzen der Metalle, Färbungen mit freien Säuren. Nach ihnen erfolgt bei der Färbung der Baumwolle mit direktziehenden Farbstoffen die Einstellung eines Gleichgewichtszustandes zwischen dem Farbstoff im Färbebad und dem Farbstoff in der Faser, wobei der kolloide Charakter der direktziehenden Baumwollfarbstoffe ein wesentlicher Faktor für das Zustandekommen der Färbung ist.

Weil nach dem Färben von Baumwolle die Benzidinfarbstoffe in genau der gleichen Form auf bzw. in der Faser vorhanden sind, wie in ihrer wässerigen Lösung, könnte an sich der Färbevorgang der Baumwolle auf einem Lösevorgang beruhen. Nach WEBER[1] erhebt sich nun sofort die Frage, in welches Lösungsmittel der Farbstoff beim Färben eindiffundiert. In der Färbereipraxis werden die direktziehenden Benzidinfarbstoffe stets aus Bädern gefärbt, denen außer dem Farbstoff auch noch Neutralsalze sowie meist auch Alkalien zugesetzt werden. Nach WEBER wird durch diese Salze die Löslichkeit der Farbstoffsalze verringert oder, mit anderen Worten, die Eigenschaft einer konzentrierteren Farbstofflösung gegeben, als ihrem Farbstoffgehalt entspricht. Höhere Farbstoffkonzentration des Färbebades ist aber gleichbedeutend mit höherem osmotischen Druck des gelösten Farbstoffes, und die in der Technik benutzten Vorteile des Salzzusatzes bestätigen nach ihm nur die bereits chemisch begründete Tatsache, daß sich beim Färben mit Baumwolle mit direktziehenden Farbstoffen eine Lösungsvorgang abspielt. Nach WEBER läßt sich auf direktem Wege nachweisen, daß dabei nicht etwa die Cellulose, sondern das in der Baumwolle enthaltene Wasser die Lösung der Benzidinfarbstoffe bewirkt. Wenn die Auffassung von WITT zutreffend wäre, dann müßte nach WEBER wasserfreie und zur Annahme von Wasser unfähige Baumwolle unbedingt ebenfalls fähig sein, direktziehende Farbstoffe zu lösen. Zur Entscheidung dieser Frage hat er Nitrobaumwolle neben aus Aceton umgefällter Dinitrocellulose, welche nun im Gegensatz zu jener nicht mehr die Form des ursprünglichen Baumwollhaares besaß, gefärbt. Während sich die in der Form loser Baumwolle verwendete Dinitrocellulose mit Benzidinfarbstoffen genau wie gewöhnliche Baumwolle anfärbte, blieb die umgefällte Dinitrocellulose selbst nach stundenlangem Kochen völlig farblos. Nach ihm ist es darum unzweifelhaft, daß die Intermicellarräume des Baumwollhaares und nicht die Fasersubstanz als solche der Sitz der Färbung sind.

Eine weitere Stütze für seine Ansicht fand WEBER[2] in dem Bilde, das Querschnitte von mit Benzidinfarbstoffen gefärbter Baumwolle unter dem Mikroskop zeigen. Er beobachtete dabei zahlreiche Fasern, deren Zellwände völlig farblos sind, während das Faserinnere mit Farbstoff angefüllt erscheint. Die gleiche Beobachtung haben GNEHM und RÖTHELI[3] an Querschnitten von Baumwolle, die mit Congorot bzw. Benzoazurin gefärbt war, gemacht. Ihre Querschnitte zeigten ebenfalls die größte Farbenintensität im Innern der Faser. Diese Intensitätsunterschiede von Anfärbungen mit direktziehenden Farbstoffen konnten SCHRAMEK und HELM[4] auch bei Viskosefasern beobachten. Nach ihnen treten diese Intensitätunterschiede nicht nur beim Färben von Viskosefäden mit substantiven Baumwollfarbstoffen auf, sondern auch hoch molekulare Wollfarbstoffe und basische Farbstoffe zeigen beim An-

---

[1] C. O. WEBER, Färberztg. 5, 203—204 (1894).
[2] C. O. WEBER, Färberztg. 5, 212 (1894).
[3] R. GNEHM u. E. RÖTHELI, Z. angew. Chem. 11, 485 (1898).
[4] W. SCHRAMEK u. J. HELM, Kolloid.-Z. 85, 292—294 (1938).

färben von Viskose die Ausbildung einer dichteren Randzone und eines Faserkerns an, dessen Gefüge weniger dicht ist. Dementsprechend sieht HERMANS[1] die Anfärbung von Viskosefäden als eine anisotrope Diffusion an, indem das Innere der Faser erheblich schneller angefärbt wird als die Faserhaut.

WEBER[2] hatte außerdem festgestellt, daß von zwei Benzidinfarbstoffen ohne Ausnahme derjenige am besten auf die Cellulosefasern geht, der den kleineren Diffusionskoeffizienten besitzt, ebenso wie bei den gewöhnlichen Säurefarbstoffen mit abnehmenden Diffusionskoeffizienten die Verwandtschaft zur Faser zunimmt.

Man ersieht daraus, daß sich auch beim Färben der Cellulosefasern die beim Färben von Wolle besprochene Erscheinung wiederholt, daß ein Farbstoff um so leichter in die Faser einzudringen vermag, je größer sein Diffusionsvermögen ist, und daß ein Farbstoff von geringerem Diffusionsvermögen eine Färbung von besserer Naßechtheit gibt. Nach WEBER läßt sich außerdem leicht nachweisen, daß ohne Ausnahme alle nur für das Färben von Wolle geeigneten molekulardisperslöslichen Säurefarbstoffe außerordentlich viel leichter in die Baumwolle eindringen als selbst die aus ihren Färbebädern weniger stark auf Cellulosefasern aufziehenden Farbstoffe der Benzidinreihe.

Während aber diese auf Cellulosefasern gezogenen Wollfarbstoffe mit großer Leichtigkeit wieder aus den Cellulosefasern herausdiffundieren, wenn man sie in heißes oder kaltes Wasser einlegt, vermögen die nur langsam in die Baumwolle eindiffundierenden Benzidinfarbstoffe unter den gleichen Bedingungen nur sehr langsam aus der Baumwollfaser herauszudiffundieren. Daraus hat WEBER gefolgert, daß, wenn man auf irgendeine Weise den Diffusionskoeffizienten eines Baumwolle nicht substantiv anfärbenden Säurefarbstoffes genügend verringert, derselbe nunmehr Baumwolle wie ein Benzidinfarbstoff zu färben imstande sein müßte. Er fand auch ein einfaches Mittel, um die Diffusionsgeschwindigkeit zahlreicher Säurefarbstoffe bedeutend zu verzögern, indem er ihre Natriumsalze in die Bariumsalze überführte. Verwandelt man nach ihm beispielsweise Crocein B in das Barytsalz, so erhält man eine sich in warmem Wasser ziemlich leicht lösende Verbindung. Der Diffusionskoeffizient dieses Barytsalzes ist jedoch ganz erheblich kleiner als der des entsprechenden Natriumsalzes. Stellt man nun eine Vergleichsfärbung zwischen dem rasch diffundierenden Natriumsalz und dem träge diffundierenden Bariumsalz des Croceins auf Baumwolle an, indem man, wie mit einem Benzidinfarbstoff im neutralen Bade, nahe bei Kochtemperatur ausfärbt, so zeigt sich beim Spülen der so gefärbten Stränge sofort ein gewaltiger Unterschied. Der im Bade des Natriumsalzes gefärbte

[1] P. H. HERMANS, Textile Res. J. 18, 9 (1948).

[2] C. O. WEBER, Färberztg. 5, 213—215 (1894).

Strang besitzt nach dem Spülen nur eine blasse Rosafärbung, der mit dem Bariumsalz gefärbte Strang dagegen ein feuriges Scharlach. Dadurch war der direkte Beweis erbracht, daß das Färbevermögen eines Säurefarbstoffes von der Art der Benzidinfarbstoffe lediglich eine Funktion der Diffusionsgeschwindigkeit dieses Farbstoffes ist. Darum kommen nach WEBER die Färbungen der Cellulosefasern nur bei Farbstoffen mit sehr kleinem Diffusionskoeffizienten zustande, und der Grad der Fixierung dieser Farbstoffe auf der Cellulosefaser ist proportional der durch seinen kleinen Diffusionskoeffizienten bedingten Diffusionsträgheit.

Dem stand jedoch gegenüber, daß die von SCHAPOSCHNIKOFF[1] erhaltenen Absorptionskurven die analoge Form aufweisen wie die von GEORGIEVICS[2] erhaltenen und daß die Absorption von GEORGIEVICS[3] als eine Zwischenform angesehen worden ist, die zwischen chemischer Reaktion und Lösung steht.

Die Kolloidchemie der Farbstofflösungen

Die von WEBER und GNEHM erhaltenen grundlegenden Erkenntnisse haben den Anstoß zu der eingehenden Erforschung des Verhaltens der Lösungen von direktziehenden Farbstoffen gegeben, insbesondere der Bestimmung ihres osmotischen Druckes, der Leitfähigkeit und der Diffusion. Nachdem KRAFFT[4] festgestellt hatte, daß die Baumwolle direkt anfärbenden Farbstoffe von hohem Molekulargewicht sich von den Farbstoffen mit niedrigem Molekulargewicht, welche von Baumwolle nicht festgehalten werden, dadurch unterscheiden, daß die Lösungen der hochmolekularen Farbstoffe deutlich hervortretende Kolloideigenschaften besitzen, fand BAYLISS[5], daß sich in Lösungen von Congorot und ähnlichen Farbstoffen ein osmotischer Druck nachweisen läßt, der einem solchen entsprechen dürfte, wenn eine echte Lösung vorliegen würde. Solange man noch nicht wußte, daß auch die Lösungen der Salze von hochmolekularen Farbstoffen wie die der niedrigermolekularen Farbstoffe dissoziieren und die Theorie von DONNAN über die Membrangleichgewichte noch nicht bekannt war, hat die Deutung des Verhaltens der direktziehenden Farbstoffe erhebliche Schwierigkeiten bereitet. Nachdem jedoch PELET-JOLIVET und WILD[6] an Congorotlösungen festgestellt hatten, daß diese wie die Lösungen von Salzen des Kristallponceau bzw. des Naphtholgelb S dissoziieren, und KNECHT und BATEY[7] diese Dissoziation auch an anderen anionischen Farbstoffen festgestellt

---

[1] W. G. SCHAPOSCHNIKOFF, Z. physik. Chem. A 78, 209—227 (1912).
[2] GEORGIEVICS, Mh. Chem. 15, 705 (1894).
[3] GEORGIEVICS, Mh. Chem. 34, 733—749, 751—757 (1913).
[4] F. KRAFFT, Ber. chem. Ges. Berlin 32, 1609 (1899).
[5] W. M. BAYLISS, Proc. Roy. Soc. London B 81, 269—286 (1909).
[6] L. PELET-JOLIVET u. A. WILD, Kolloid-Z. 3, 174—197 (1908).
[7] E. KNECHT u. I. R. BATEY, J. Soc. Dyers Colourists 25, 194 (1919); 26, 4 (1910).

hatten, ist die Leitfähigkeit der Lösungen von gereinigtem Congorot und Benzopurpurin 4 B noch öfter gemessen worden, am genauesten und gründlichsten von ROBINSON und seinen Mitarbeitern.[1] Weil bei den untersuchten Farbstoffen mit zunehmender Konzentration eine zunehmende Überführungszahl festzustellen ist, kann das nur an einer zunehmenden Anlagerung der Gegenionen oder zunehmender Aggregation der Farbstoffanionen liegen.

Nachdem nunmehr genauere Messungen des osmotischen Druckes von Farbstofflösungen vorliegen und aus den Leitfähigkeitsmessungen einesteils auf eine weitgehende Dissoziation, andernteils auf eine Aggregation der Farbstoffanionen geschlossen werden muß, lassen sich die bei der Bestimmung des osmotischen Druckes der Lösungen von Benzidinfarbstoffen gefundenen älteren Werte von rund 96% des Betrages, welcher der molekularen Konzentration des Farbstoffes ohne Berücksichtigung der elektrolytischen Dissoziation entspricht, aus der Aggregation der Farbstoffanionen und der unvollständigen Dissoziation der Gegenionen unschwer erklären. Da die von ROBINSON und MILLS[2], JORPES und HELLGREN[3] sowie SCHMID[4] ausgeführten genaueren Bestimmungen des osmotischen Druckes sich in guter Übereinstimmung mit der von SCHMID gemessenen Gefrierpunktserniedrigung des Kaliumsalzes von Congorot befinden, ist dadurch sichergestellt, daß die Anionen des Congorotes aggregiert sind. Die dem Congorot analogen Feststellungen sind von BILTZ und PFENNING[5] am Brillantcongo, Congoreinblau und Chicagoblau 6 B, von ZSIGMONDY[6] am Benzopurpurin 4 B und Benzopurpurin 10 B und von ROBINSON und Mitarbeitern[7] am Benzopurpurin 4 B, Bordeaux extra u. a. durch Untersuchung des osmotischen Druckes ihrer Lösungen gemacht worden. Man darf darum mit Recht auf eine Aggregation der Anionen dieser Farbstoffe schließen, obwohl erst durch die Ergebnisse aus Diffusionsmessungen eine genaue Ermittlung des Aggregationszustandes ermöglicht wird.

Wie schon erwähnt worden ist, besteht nach der von DONNAN[8] gegebenen Theorie der Membrangleichgewichte eine Abhängigkeit zwischen dem osmotischen Druck und der zwischen zwei durch eine Membran

---

[1] C. ROBINSON u. I. L. MOILLIET, Proc. Roy. Soc. London A 143, 630—653 (1934). C. ROBINSON u. H. E. GARRETT, Trans. Faraday Soc. 35, 771—780 (1939).

[2] C. ROBINSON u. H. A. T. MILLS, Proc. Roy. Soc. London A 131, 590—610 (1931).

[3] E. JORPES u. E. S. HELLGREN, Biochem. Z. 147, 57ff. (1925).

[4] G. SCHMID, Z. Elektrochem. 39, 384—398, 453—464 (1933).

[5] W. BILTZ u. F. PFENNING, Z. physik. Chem. A 77, 91—116 (1911).

[6] R. ZSIGMONDY, Z. physik. Chem. A 111, 211—233 (1924).

[7] C. ROBINSON u. H. A. T. MILLS, loc. cit. C. ROBINSON u. J. W. SELBY, Trans. Faraday Soc. 35, 780—784 (1939).

[8] F. G. DONNAN, Z. Elektrochem. 17, 572—581 (1911). F. G. DONNAN u. A. B. HARRIS, J. Chem. Soc. London 99, 1554—1577 (1911).

getrennten Lösungen auftretenden Potentialdifferenz, wenn der Vorgang reversibel ist. Weil nach den von GNEHM veröffentlichten Versuchsergebnissen die Färbung der Baumwolle mit direktziehenden Farbstoffen bis auf einen kleinen Rest als ein reversibler Vorgang angesehen werden muß, lassen sich die Folgerungen aus der Theorie der Membrangleichgewichte mit viel größerer Berechtigung auf die Baumwollfärbungen anwenden, als das bei den Färbungen der Proteinfasern der Fall ist. Darum kann man auf Grund dieser Theorie für die osmotischen Erscheinungen beim Färben von Cellulosefasern folgende Hauptregeln aufstellen: Wenn sich der Farbstoff ohne Lösungsgenossen innerhalb einer Zelle, deren Wände für Wasser und die Gegenionen durchlässig, aber für die Farbstoffanionen undurchlässig sind, befindet, dann entspricht der beobachtete osmotische Druck der Anzahl der gelösten Teilchen innerhalb der Zelle, d. h. der Summe der Anzahl von Farbstoffanionen und Gegenanionen. Wenn das Farbstoffsalz keine hydrolytische Spaltung erleidet, werden also in diesem Falle aus Gründen der Elektroneutralität die Gegenionen vollzählig in der Zelle festgehalten. Bestehen die Gegenionen aus wenig dissoziierten schwachen Basen wie z. B. Benzidin, dann erfolgt eine hydrolytische Spaltung und eine Abwanderung in das Außenwasser, wenn dies infolge ihrer Größe möglich ist. Bei denjenigen Alkalisalzen, deren Farbstoffanionen eine starke Aggregation aufweisen, fällt ihre Teilchenzahl gegenüber derjenigen der Gegenionen wenig ins Gewicht, so daß in diesem Falle der osmotische Druck nahezu der osmotisch wirksamen Konzentration der Gegenionen entspricht. Ist jedoch noch ein weiteres Neutralsalz, für dessen Ionen die Membran durchlässig ist, als Lösungsgenosse vorhanden, dann verteilt sich das Salz fast gleichmäßig, und seine Konzentration ist im Gleichgewicht innerhalb und außerhalb der Zelle fast gleichgroß. In diesem Falle entspricht der im Verteilungsgleichgewicht beobachtete osmotische Druck der Teilchenzahl der Farbstoffionen, d. h., der osmotische Druck und die auftretende Potentialdifferenz sind in allen Fällen proportional dem sie bewirkenden Unterschied der Teilchenzahl innerhalb und außerhalb der Membran.

Die von AUERBACH[1], RUGGLI[2] u. a. durchgeführten Diffusionsmessungen haben zunächst die zuerst von WEBER ausgesprochene Ansicht bestätigt, daß die Baumwolle direktanfärbenden Benzidinfarbstoffe einen kleineren Diffusionskoeffizienten besitzen als diejenigen Wollfarbstoffe, welche im stark sauren Bade gefärbt werden. Sie betrachten den Färbevorgang infolge seiner Abhängigkeit von den im Bade vorhandenen Neutralsalzen als eine Elektrolytkoagulation der kolloiden Farbstoffe, weil bei hochdispersen Farbstoffen durch Temperaturerhöhung weniger Farbstoff von der Cellulosefaser aufgenommen wird, während bei grob-

[1] R. AUERBACH, Kolloid-Z. 29, 190—193 (1921); Kolloid-Z. 33, 262—264 (1923); 34, 109—112 (1924); Kolloid-Z. 35, 202—215 (1924).
[2] P. RUGGLI u. A. FISCHLI, Helv. chim. Acta 7, 1013—1018 (1924).

dispersen Farbstoffen eine größere Farbstoffaufnahme infolge Temperaturerhöhung erfolgt. Nachdem HERZOG und POLOTZKY[1] in ihrer umfassenden Untersuchung erwähnt hatten, daß die meisten Farbstoffe infolge ihrer Ionisierung den Diffusionsgesetzen der Elektrolyte unterliegen, ist diese Tatsache auch von FREUNDLICH[2], THE SVEDBERG[3] und PAULI mit VALKÓ[4] betont worden. Als dann fast gleichzeitig durch BRUINS[5], MCBAIN[6] sowie HARTLEY und ROBINSON[7] die Abhängigkeit der Kolloidsalze von ihrer Ladung und von den anwesenden Fremdelektrolyten nicht nur theoretisch berechnet, sondern auch vielfach experimentell nachgewiesen worden war, setzten die Untersuchungen der Diffusion von hochgradig gereinigten Farbstoffen ein. Dabei wurde das Diffusionsgesetz von FICK[8] zur Bestimmung der Teilchengröße verwendet.

Das Grundgesetz lautet:

$$S = -D\frac{dC}{dx} \tag{17}$$

Dabei ist S die Menge des gelösten Stoffes, welche in einer Sekunde durch einen Quadratzentimeter einer imaginären Ebene in der Lösung wandert,
x die Koordinate normal zu dieser Ebene,
C die Konzentration, und
D der Diffusionskoeffizient.

Daher ist $\frac{dC}{dt}$ der Konzentrationsgradient normal zu dieser Ebene.

Die vorstehende Gleichung kann auch in der folgenden Form geschrieben werden:

$$\frac{dC}{dt} = \frac{d}{dx} D \left(\frac{dC}{dx}\right) \tag{18}$$

Dabei ist t die Zeit.

Wenn D konstant und unabhängig von C, x und t ist, kann die Gleichung (18) umgeformt werden zu:

$$\frac{dC}{dt} = D\frac{d^2C}{dx^2} \tag{19}$$

Für die Diffusion eines Salzes gilt bekanntlich das Diffusionsgesetz von NERNST[9], das für 1,1wertige Salze die folgende Form annimmt:

$$D = \frac{2\,RT}{F^2} \cdot 10^{-7}\,\frac{u \cdot v}{u + v}. \tag{20}$$

---

[1] R. O. HERZOG u. A. POLOTZKY, Z. physik. Chem. A 87, 449—489 (1914).
[2] F. FREUNDLICH, Kapillarchemie, Leipzig 1922.
[3] THE SVEDBERG, Kolloid-Z. 36, Erg. Bd. 53—63 (1925).
[4] W. PAULI u. E. VALKÓ, Elektrochemie der Kolloide, Wien (1929).
[5] H. R. BRUINS, Kolloid-Z. 54, 272—278 (1931); 57, 152—166 (1931); 59, 263—266 (1932).
[6] J. W. MCBAIN u. T. H. LIU, J. Amer. Chem. Soc. 53, 59—74 (1931).
[7] G. S. HARTLEY u. C. ROBINSON, Proc. Roy, Soc. London A 134, 20—35 (1931).
[8] FICK, Pogg. Ann. 94, 59 (1855).
[9] W. NERNST, Z. physik. Chem. A 2, 613—637 (1888).

In dieser Formel bedeutet F 1 Faraday, d. h., die Elektrizitätsmenge je Mol Ion und u und v bedeuten die Äquivalentbeweglichkeit von Kation und Anion in reziproken Ohm.

In reinem Wasser diffundieren die Ionen eines Salzes nach diesem Gesetz nicht unabhängig voneinander, sondern beide Ionen haben die gleiche Diffusionsgeschwindigkeit. Wenn das Anion größer ist als das Kation, dann könnte man infolge des größeren Reibungswiderstandes beim Anion eine geringere Beweglichkeit erwarten. Wenn nun ausschließlich die Kräfte der Reibung und der Osmose die Größe der Diffusion bestimmen, dann würde das Kation vorauseilen und das Anion weit zurückbleiben. Aus Gründen der Elektroneutralität kann dieses Zurückbleiben des größeren Anions nur zu einem sehr geringen Betrage eintreten, weil eine Trennung der Ionen ohne das Hinzutreten einer Kraft nicht möglich ist. Wenn die Anzahl der positiven und negativen Ionen in jedem mikroskopischen Raumelement nicht die gleiche bliebe, dann müßte zwischen den Flüssigkeitsteilen eine ungeheure elektrostatische Aufladung erfolgen, die in einer leitenden Salzlösung jedoch unmöglich ist. An die Stelle einer unabhängigen Eigendiffusion der Ionen tritt darum die einheitliche Diffusion des Salzes. Wenn eine Verbindung vorliegt, die aus einem hochmolekularen vielwertigen Ion und vielen kleinen Gegenionen besteht, dann gilt für deren Diffusion die für den Fall von mehrwertigen Elektrolyten verallgemeinerte NERNSTsche Gleichung:

$$D = \frac{RT}{F^2} \cdot 10^{-7} \left(\frac{1}{z+} + \frac{1}{z-} \right) \frac{u \cdot v}{u + v}. \tag{21}$$

Darin bedeuten $z+$ und $z-$ die Wertigkeit von Kation und Anion. Wenn auch noch Fremdelektrolyte zugegen sind, dann stehen alle Ionen miteinander in Wechselwirkung, so daß sich die beiden Ionen des diffundierenden Farbsalzes nicht mehr mit der gleichen Geschwindigkeit bewegen müssen. Befindet sich außer dem Farbstoffsalz noch ein Fremdelektrolyt in einer Konzentration, die das Vielfache der Konzentration des Farbstoffsalzes darstellt, gleichmäßig zwischen der Flüssigkeit, aus welcher der Farbstoff herausdiffundiert und derjenigen, in die er hineindiffundiert, verteilt vor, dann gelten wieder einfache Diffusionsbedingungen. Unter der vorstehenden Voraussetzung und nur unter dieser Bedingung diffundieren die beiden Ionen des Farbsalzes unabhängig voneinander und auch unabhängig von dem Fremdelektrolyten mit der ihnen eigenen Ionenbeweglichkeit. Im Überschuß eines homogen verteilten Fremdelektrolyten hängt der Diffusionskoeffizient eines Ions demnach allein von seiner Beweglichkeit ab:

$$D = \frac{RT}{F^2} \cdot 10^{-7} \frac{v}{z-}. \tag{22}$$

Berücksichtigt man dazu, daß die Beweglichkeit eines kugelförmig gedachten Ions im Sinne des vorerwähnten Gesetzes von STOKES von seiner Größe und seiner Wertigkeit abhängt, dann kommt man zu der STOKES-EINSTEIN-SUTHERLANDschen Beziehung:

$$D = \frac{RT}{N} \cdot \frac{1}{6\pi\eta r} \tag{23}$$

Wenn man durch Messungen die Diffusionskoeffizienten ermittelt hat, kann man durch Anwendung der vorstehenden Formel den Radius des kugelförmig gedachten Ions berechnen. Mit Hilfe der Dichte gelangt man dann zum Molekulargewicht des kugelförmig gedachten komplexen Anions. Weil das Molekulargewicht auch durch die Konstitution des Anions bedingt ist, läßt sich aus dem nach der Diffusion errechneten Molekulargewicht und dem nach seiner Konstitution bekannten Molekulargewicht die Assoziation des Anions bestimmen.

Mit der von NORTHROP und ANSON[1] beschriebenen und von MCBAIN und LIU[2] festgelegten Methode der porösen Platten hat VALKÓ[3] zunächst die Diffusionskoeffizienten der nachstehend erwähnten Farbstoffe bestimmt und daraus mit Hilfe der NERNSTschen Gleichung die Teilchengröße und die Aggregation berechnet. Aus diesen bei Zimmertemperatur durchgeführten Messungen geht hervor, daß der Assoziationsgrad der substantiven Farbstoffe sehr stark sowohl von der Konzentration der Farbstoffe abhängig ist als auch von der Konzentration des gleichfalls anwesenden Neutralsalzes abhängt. Bei den Säurefarbstoffen für Wolle ist diese Abhängigkeit nicht oder nur in ganz geringem Grade festzustellen. Weil demnach sowohl die Erhöhung der Farbstoffkonzentration als auch die Erhöhung der Salzkonzentration bei den Cellulose sub-

Tabelle 55

Diffusionskonstante und Teilchengröße substantiver Baumwollstoffe bei 25° C

Farbstoff	Gewichts-konz. des Farbstoffs in %	Äquivalent-konz. von NaCl in Mol	Diffusions-konstante in cm^2/Tag	Teilchen-radius in 10^{-8} cm	Molekular-gewicht des Teilchens	Assoziations-faktor
Orange II	0,005—0,01	0,02	0,44	4,77	413	1,2
Azogrenadin S .	0,005—0,05	0,02—0,05	0,41	5,12	511	1,1
Benzopurpurin 4B	0,002—0,01	0,01—0,02	0,21	10,0	3810	5,6
Benzopurpurin 4B	0,005—0,02	0,02	0,18	11,7	6100	9,0
Congorot	0,005—0,01	0,02—0,05	0,16	13,1	8560	12
Congorot	0,05	0,1	0,13	16,2	16200	14
Chicagoblau 6B .	0,002—0,02	0,02—0,05	0,22	9,55	3310	3,7
Chicagoblau 6B .	0,02	0,1	0,18	11,7	6100	6,8
Chicagoblau 6B .	0,02	0,2	0,14	15,0	12800	14
Chicagoblau 6B .	0,02	0,5	0,12	17,5	20400	23

[1] J. H. NORTHROP u. M. L. ANSON, J. gen. Physiol. 12, 543 (1929).
[2] J. W. MCBAIN u. T. H. LIU, J. Amer. Chem. Soc. 53, 59—74 (1931).
[3] E. VALKÓ, Trans. Faraday Soc. 31, 230—244 (1935).

stantiv anfärbenden Farbstoffen zu einer Zunahme der Assoziation führt, kann man diese auch als salzempfindliche Farbstoffe bezeichnen.

Die von ROBINSON[1] durchgeführten Untersuchungen haben bei Anwendung der gleichen Beziehungen bestätigt, daß Congorot bei Zimmertemperatur assoziiert löslich ist und daß die Farbstoffe Metabenzopurpurin, Benzopurpurin 4 B und Congorubin ebenfalls aggregiert löslich sind.

Die von LENHER und SMITH[2] durchgeführten Diffusionsmessungen haben außerdem ergeben, daß die Teilchengröße der assoziierten Benzidinfarbstoffe: Benzolichtrot 8 BL und Benzopurpurin 4 B mit steigender Temperatur abnimmt und daß mit steigender Salzkonzentration die zerteilende Wirkung der Temperaturerhöhung immer deutlicher wird. Nach ihnen ist die Salzempfindlichkeit eines Farbstoffes ein zuverlässigeres Kriterium der Substantivität als das Vorhandensein gewisser Gruppen im Farbstoffmolekül.

Bei der Untersuchung des Diffusionsvermögens von Chrysophenin G und Direktechtorange SE bei Zimmertemperatur und in der Wärme haben HOLMES und STANDING[3] festgestellt, daß bei den beiden Farbstoffen mit Erhöhung der Temperatur die Diffusionsgeschwindigkeit zunimmt. Die in salzfreien Lösungen gefundenen Diffusionskoeffizienten sind aus der nachstehenden Tabelle 56 zu ersehen.

Tabelle 56

Vergleich der berechneten Minimalwerte mit den beobachteten Werten der Diffusionskoeffizienten

Farbstoff	Temperatur (° C)	u	Δ	Berechnetes Minimum von D	Beobachteter wirklicher Diffusionskoeffizient D
Chrysophenin	25	50,1	87,4	$5{,}68 \times 10^{-6}$	$6{,}6 \times 10^{-6}$
	40	70	117	$7{,}85 \times 10^{-6}$	$10{,}0 \times 10^{-6}$
	60	95,5	157,5	$11{,}2 \times 10^{-6}$	$15{,}0 \times 10^{-6}$
	90	138,5	222	$16{,}9 \times 10^{-6}$	$22{,}0 \times 10^{-6}$
Direktechtorange SE	25	50,1	97,5	$6{,}45 \times 10^{-6}$	$7{,}2 \times 10^{-6}$
	40	70	130	$9{,}01 \times 10^{-6}$	$9{,}6 \times 10^{-6}$
	60	95,5	173	$12{,}7 \times 10^{-6}$	$14{,}0 \times 10^{-6}$

Aus den Leitfähigkeiten ihrer Lösungen wurden weiterhin die Aggregationsgrade der beiden vorerwähnten Farbstoffe im Vergleich zu Diaminreinblau FF bei verschiedenen Temperaturen von HOLMES und STANDING[4] bestimmt. Sie sind nachstehend angegeben.

[1] C. ROBINSON, Trans. Faraday Soc. 31, 245—253 (1935); Proc. Roy. Soc. London A 148, 681—695 (1935).

[2] E. S. LENHER u. J. E. SMITH, J. Amer. Chem. Soc. 57, 497—503, 504—508 (1935); J. physik. Chem. 40, 1005—1020 (1936).

[3] F. H. HOLMES u. H. A. STANDING, Trans. Faraday Soc. 41, 542—567 (1945).

[4] F. H. HOLMES u. H. A. STANDING, Trans. Faraday Soc. 41, 568—574 (1945).

Tabelle 57
Aggregationsgrade

Farbstoff	Temperatur (° C)	Aggregationsgrade des reinen Farbstoffs				Aggregationszahl des Farbstoffs in Anwesenheit von Salz
		$f = 1,0$	$f = 0,95$	$f = 0,90$	$f = 0,85$	
Chrysophenin G . .	25	1,2	1,5	2,0	2,6	3,6
	40	1,1	1,4	1,8	2,3	3,0
	60	1,0	1,3	1,7	2,2	3,4
	90	0,8	1,1	1,5	1,9	3,6
Direktechtorange SE	25	1,7	2,2	2,7	3,5	39,64
	40	1,5	2,0	2,5	3,2	9,17
	60	1,4	1,7	2,2	2,9	
Diaminreinblau FF	20	1,0	1,3	1,6	2,0	7,23 (bei 25° C)

Man ersieht daraus, daß Chrysophenin G weniger assoziiert und weniger salzempfindlich ist als die beiden anderen Direktfarbstoffe.

Die aus der STOKES-EINSTEINschen Beziehung berechneten Ionenbeweglichkeiten stimmen bei Chrysophenin G mit den von HOLMES und STANDING[1] bestimmten annähernd überein, während bei Direktechtorange SE ein großer Unterschied zwischen den experimentell gefundenen und den berechneten Werten besteht. Dies führt zu dem Schluß, daß beim Direktechtorange SE sehr erhebliche Anteile der Natriumionen sich eingeschlossen in den Farbstoffmicellen befinden müssen.

Bei ungereinigten Farbstoffen in Handelsform haben BRASS und EISNER[2] viel niedrigere Diffusionskoeffizienten als bei ihrer gereinigten Form gefunden. Dies ist nach den vorstehenden Ausführungen durchaus verständlich, da die Handelsformen der Farbstoffsalze erhebliche Mengen an Glaubersalz als fabrikationsbedingte Verunreinigung enthalten. Nach LENHER und SMITH[3] zeigen die im Ultramikroskop sichtbaren Teilchen derartiger Handelsfarbstoffe Kugelform, und bei einer bestimmten Temperatur entspricht die für die Absorption durch Baumwolle günstige Größenordnung der Farbstoffteilchen ungefähr der Porenweite der Baumwolle.

Weil nach KURBATOW und RENSINA[4] die Diffusion der anionischen Farbstoffe in sauren Lösungen verzögert wird und beim Übergang in das alkalische Gebiet wächst, steht diese Feststellung im Einklang mit dem

[1] F. H. HOLMES u. H. A. STANDING, Trans. Faraday Soc. 41, 542—567 (1945).
[2] K. BRASS u. K. EISNER, Kolloidchem. Beih. 37, 56—90 (1932).
[3] S. LENHER u. I. E. SMITH, Ind. Engng. Chem. 27, 20—25 (1935).
[4] W. A. KURBATOW u. T. A. RENSINA, Arb. Leningrader chem.-technol. Rote Fahne-Inst. Leningrader Rates 9, 15—87 (1940).

von GNEHM und KAUFLER mitgeteilten Unterschiede der Anfärbung von Baumwolle bei Verwendung des Farbstoffsalzes gegenüber der unlöslichen Farbstoffsäure.

Anderseits haben jedoch die von BILTZ und PFENNING[1] durchgeführten Untersuchungen wahrscheinlich gemacht, daß das Verhalten der Farbstoffe beim Eindringen in die Textilfasern ihrem Verhalten bei der freien oder wenig behinderten Diffusion nicht gleichzusetzen ist. Nach ihnen dialysieren Benzidinfarbstoffe mit mehr als 70 Atomen bei Zimmertemperatur weder durch Pergament noch durch Kollodiummembranen. Demnach beruht das Vermögen der Farbstoffe, eine Membran zu durchdringen, nicht allein darauf, daß der betreffende Farbstoff infolge seiner Aggregation größere ionisierte Micellen bildet, sondern bereits die eigene Molekulargröße selbst kann die Diffusion eines Farbstoffs durch eine engporige Membran unmöglich machen. Zu analogen Ergebnissen haben die von ZSIGMONDY[2] durchgeführten Untersuchungen der Membrandurchgängigkeit von Farbstofflösungen geführt. Danach sind, wie das schon HANTZSCH festgestellt hatte, die Lösungen von gereinigten Farbstoffen häufig auch dann optisch leer, wenn diese als aggregierte Ionen vorliegen. Bei der Filtration dieser Farbstofflösungen zeigen sich jedoch sehr große Unterschiede im Vermögen, bei Zimmertemperatur Ultrafeinfilter zu durchdringen. Während die Lösungen eines Teiles der von ZSIGMONDY untersuchten Azofarbstoffe und der untersuchten basischen Farbstoffe durch Ultrafeinfilter gehen, sind fast alle Lösungen solcher Benzidinfarbstoffe, die Cellulosefasern anfärben, nicht filtrierbar. Nach ZSIGMONDY deuten diese Unterschiede der Membrandurchgängigkeit deswegen auf Verschiedenheiten des Zerteilungsgrades hin, weil Benzopurpurin 10 B, welches ein größeres Molekulargewicht als Congorot und Benzopurpurin 4 B besitzt, durch das Filter 19′ hindurchgeht, ohne Rückstand zu hinterlassen. Eine gleichkonzentrierte Lösung von Congorot geht dagegen zwar merkbar durch das Filter hindurch, hinterläßt aber noch abwaschbaren Rückstand, während eine gleichstarke Lösung von Benzopurpurin 4 B vom Filter 19′ glatt zurückgehalten wird.

Demgegenüber hat MORTON[3] darauf hingewiesen, daß die Cellulosefasern gewöhnlich bei über 70° C liegenden Temperaturen gefärbt werden und daß die Kolloideigenschaften der Farbstoffe in der Wärme weniger ausgeprägt sind als bei Zimmertemperatur. Außerdem sind nach ihm die assoziierten Farbstoffe in ihren Lösungen nicht durch Micellen gleicher Größe charakterisiert, sondern wahrscheinlich sind in einer Farbstofflösung Teilchen aller Art vom einfachen Molekulargewicht bis zu aggregierten Micellen in einer Art von Gleichgewichtszustand enthalten. Bei der Ultrafiltration von 75° C warmen Lösungen der gereinigten

[1] W. BILTZ u. F. PFENNING, Z. physik. Chem. A 77, 94 (1911).
[2] R. ZSIGMONDY, Z. physik. Chem. 111, 222—233 (1924).
[3] T. H. MORTON, Trans. Faraday Soc. 31, 262—276 (1935).

Benzidinfarbstoffe Chrysophenin GS, Himmelblau FF, Benzoechtblau 8 GL und Chlorazolechtorange AGS durch Viskosemembranen mit einem Capillardurchmesser von 180 ÅU mit ansteigenden Kochsalzzusätzen und nachfolgender Analyse des Filtrates. stellte sich heraus, daß bei 75° C alle Lösungen Aggregate enthalten, die nicht durch die Viskosemembran hindurchgehen, und daß der Anteil dieser Aggregate bei Abwesenheit von Salz am größten ist, mit wachsendem Salzzusatz abnimmt, durch ein Minimum geht und dann langsam wieder ansteigt. Nach ihm erreicht die Größe der Diffusion der meisten schnellanfärbenden Direktfarbstoffe in die Kapillaren der Cellulose diejenige ihrer freien Diffusion in Wasser, während sie bei den langsam anfärbenden Direktfarbstoffen nur den 10^{-4}fachen Teil dieses Wertes ausmacht. Die langsam anfärbenden Direktfarbstoffe sind also stärker aggregiert als die schnell anfärbenden Direktfarbstoffe.

Bei der Untersuchung der Farbstoffdiffusion bei verschiedenen p_H-Werten haben KURBATOW und RENSINA[1] festgestellt, daß bei substantiven Farbstoffen die Diffusionsgeschwindigkeit beim Übergang in das alkalische Gebiet zunimmt. Durch die Anwesenheit von Aminogruppen im Molekül wird ihre Diffusionsgeschwindigkeit erhöht.

In der Fortführung seiner Untersuchungen über die Färbevorgänge hat KURBATOW[2] festgestellt, daß die Farbstoffe amphoter sind und den Isozustand um so weiter in saurem Gebiet zeigen, je mehr Anionengruppen sie besitzen. Dementsprechend vermehrt die Einführung von Anionengruppen die Zahl der negativen Ladungen. Bei der Annäherung an den Isozustand nimmt die Größe der Polyonen zu.

Die Diffusion von Farbstoffen in Cellulose

Nachdem die Wichtigkeit der Diffusion in bezug auf die Anfärbung der Textilfasern erkannt war, haben MORTON und NEALE Viskosefilme zum Studium der Diffusion von Farbstoffen in Cellulose benutzt, weil bei der Verwendung von Filmen die quantitative Bestimmung der Farbstoffdiffusion leichter durchführbar ist als bei den Cellulosenaturfasern. MORTON, BOULTON, DELPH und FOTHERGILL[3] haben zur Durchführung ihrer Versuche einen zwischen zwei Metallplatten befestigten Cellophanfilm verwendet, so daß der Färbevorgang von dessen scharf definiertem Rand her begann. Dagegen haben NEALE und STRINGFELLOW[4] zu ihren

---

[1] W. Ja. KURBATOW u. T. A. RENSINA, Arb. Leningrader chem.-technol. Rote Fahne-Inst. Leningrader Rates 9, 15—87 (1940).

[2] W. JA. KURBATOW u. A. S. MOISSEJEW, Arb. Leningrader chem.-technol. Rote Fahne-Inst. Leningrader Rates 9, 88—112 (1940).

[3] T. H. MORTON, J. BOULTON, A. E. DELPH u. F. FOTHERGILL, J. Textile Inst. 24 P, 113—118 (1933).

[4] S. M. NEALE u. W. A. STRINGFELLOW, Trans. Faraday Soc. 29, 1167—1188 (1933).

Diffusionsversuchen aus Viskosefilmen gestanzte Scheibchen von gemessener Dicke, Fluidität, Kupferzahl und Barytabsorption benutzt. Als Farbstoff wurde Chlorazolhimmelblau FF verwendet, nachdem es zweimal mit alkoholischer Natriumazetatlösung ausgesalzen und mit kochendem Alkohol gereinigt worden war. Auf jeweils 10 mg Cellophan wurden 100 cm³ Farbstofflösung angewendet. Die Cellophanscheibchen wurden eine bestimmte Zeit lang in die kochende Farbstofflösung in der Weise eingehängt, daß sie weder einander noch die Wände des Färbekolbens berührten, dann schnell entfernt, kurz mit destilliertem Wasser gespült, getrocknet und mit wäßriger Pyridinlösung zur Bestimmung des Farbstoffgehaltes entfärbt. Da nach den früheren Untersuchungen von SCHRAMEK und GÖTTE[1] Lösungen von gereinigten Farbstoffen ohne Salzzusatz unregelmäßige Färbeergebnisse verursachen, wurden den Farbstofflösungen außerdem bestimmte Kochsalzmengen zugesetzt.

Wenn man mit NEALE annimmt, daß das Ausmaß der Farbstoffabsorption nicht durch einen chemischen, sondern durch einen einfachen Diffusionsvorgang verursacht wird, kann man, weil die Durchmesser der Scheibchen sehr groß im Verhältnis zu ihrer Dicke sind, ihn als einen von der ebenen Oberfläche aus gerichteten Vorgang ansehen. Färbt man aus einem unendlichen Bade, d. h. einem solchen, in welchem die Farbstoffkonzentration während des ganzen Versuches unverändert bleibt, dann folgen die experimentell gefundenen Absorptionswerte dem FICKschen Gesetz, wenn es nach HILL[2] auf den Spezialfall angewendet wird, bei welchem die Diffusion von zwei Seiten aus erfolgt:

$$\frac{Mt}{M\infty} = 1 - \frac{8}{\pi^2}\left[e^{-m} + \frac{1}{9}e^{-9m} + \frac{1}{25}e^{-25m} + \ldots\right] \tag{24}$$

Dabei ist M_t Farbstoffmenge absorbiert nach der Zeit t,
$M\infty$ Farbstoffmenge absorbiert im Gleichgewicht,
m $\pi^2 \frac{Dt}{d^2}$, wo D den Diffusionskoeffizienten, d die Dicke des Filmes darstellt.

Tabelle 58

Die Absorption von Reinblau FF durch Viskosefolie

Minuten	5	10	30	60	134	240	1050
Beobachtete Farbstoffabsorption	0,0675 0,0665 0,0675 0,0665	0,088 0,090	0,144 0,146	0,190 0,196	0,254 —	0,304 —	0,315 0,320
Berechnete Farbstoffabsorption	0,059	0,082	0,142	0,198	0,271	0,307	0,320

[1] W. SCHRAMEK u. E. GÖTTE, Kolloidchem. Beih. 34, 218—269 (1932).
[2] A. V. HILL, Proc. Roy. Soc. London 104 B, 39 (1928).

Die Tabelle 58 zeigt die beobachtete Absorption von Reinblau FF im Vergleich zur berechneten.

Diese Werte wurden mit Färbebädern erhalten, die 0,20 g Reinblau FF und 1,0 g Kochsalz im Liter enthielten.

Die folgende Abb. 39 zeigt die mit 0,05 g Reinblau FF und 2 g, 5 g und 12 g NaCl/l experimentell erhaltenen Werte sowie die für diese Konzentrationen errechneten Werte der Farbstoffabsorption, welche sich in guter Übereinstimmung befinden.

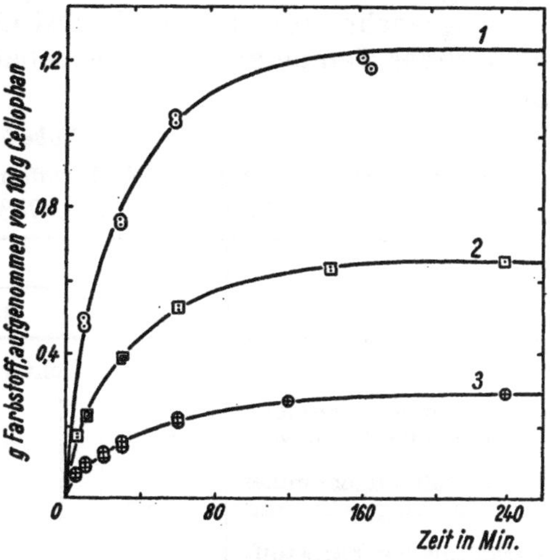

Abb. 39. Die Absorption von Reinblau FF durch Viscose. Farbkonzentration 0,05 g/l. Aus dem Diffusionsgesetz berechnete Kurven: IV = NaCl 2 g/l, V = NaCl 5 g/l, VI = NaCl 12 g/l

Aus den erhaltenen Versuchsergebnissen läßt sich die Diffusionskonstante von Reinblau FF in der Größe 10^{-7} cm²/min berechnen.

Weiterhin haben die Untersuchungen von NEALE und STRINGFELLOW gezeigt, daß der Zusatz von Neutralsalz zum Färbebade nicht nur die Diffusionsgeschwindigkeit, sondern auch die Gleichgewichtsabsorption von Reinblau FF in folgender Weise beeinflußt:

Tabelle 59

Die Diffusion von Reinblau FF in Cellophan
(Farbstoffkonzentration 0,05 g/l, Temperatur 101° C)

Kochsalzkonz. i. L.	1	2	5	12	20	25	35
Farbstoffabsorption im Gleichgewicht	0,125	0,293	0,660	1,25	1,58	2,00	2,58
Diffusionskoeffizient (K) cm²/min × 10^{-8}	7,5	11,4	13,8	14,7	12,6	10,9	7,8

Bei der Untersuchung der Diffusion von Echtrot K in Cellophan konnten GARVIE, GRIFFITHS und NEALE[1] feststellen, daß bei einer gegebenen Temperatur die Diffusionsgeschwindigkeit dieses Farbstoffes durch den Zusatz von Kochsalz zum Färbebade ebenfalls bis zu einem

[1] W. M. GARVIE, L. H. GRIFFITHS u. S. M. NEALE, Trans. Faraday Soc. 30, 271—278 (1934).

Maximum ansteigt und dann wieder abnimmt, während die Absorption im Gleichgewicht ständig zunimmt.

Die Untersuchung des Temperatureinflusses ergibt nach ihnen, daß die Diffusionsgeschwindigkeit des Farbstoffes in die Viskose mit einer Erhöhung der Färbetemperatur um 20° C ungefähr verdoppelt wird. Die im Gleichgewicht absorbierte Farbstoffmenge nimmt dagegen mit zunehmender Temperatur des Färbebades ab, wie aus Tabelle 60 ersichtlich ist.

Tabelle 60

Temperaturabhängigkeit der Farbstoffaufnahme von Baumwolle und Cellophan (Farbstoffkonzentration 0,005%, Salzkonzentration 0,5% NaCl

	Temperatur				
	25°	38°	60°	90°	100°
	Echtrot K				
g Farbstoff aufgenommen durch 100 g Baumwolle	0,93	0,76	—	0,265	0,202
g Farbstoff aufgenommen durch 100 g Cellophan	1,87	1,47	0,901	0,422	0,268
Verhältnis der Farbstoffaufnahme	2,01	1,93	—	1,59	1,33
	Heliotrop 2 B				
g Farbstoff aufgenommen durch 100 g Baumwolle	0,397	—	0,178	0,095	—
g Farbstoff aufgenommen durch 100 g Cellophan	0,96	0,68	0,32	0,12	0,066
Verhältnis der Farbstoffaufnahme	2,42	—	1,79	1,26	—

Anderseits haben die von Boulton, Delph, Fothergill und Morton[1] erhaltenen Ergebnisse gezeigt, daß die Eindringtiefe bei jedem der von ihnen verwendeten substantiven Farbstoffe proportional der Quadratwurzel aus der Färbezeit ist, wenn man Cellophanfolien aus unendlich langen Färbebädern färbt. Diese enthielten 0,025% Farbstoff, 0,25% NaCl, ihre Temperatur betrug 95° C und die Färbedauer 6 Stunden. Aus Tabelle 61 sind die bei dieser Arbeitsweise sich ergebenden Eindringtiefen ersichtlich.

Man ersieht daraus, daß die gut egalisierenden Direktfarbstoffe rasch diffundieren, die langsam diffundierenden Farbstoffe dagegen zu den schlecht egalisierenden gehören.

---

[1] J. Boulton, A. E. Delph, F. Fothergill u. T. H. Morton, J. Textile Inst. 24 P, 113—128 (1933).

Tabelle 61
Diffusionstiefe von Farbstoffen in Viskosefilmen nach 6 Stunden bei 95° C

Farbstoff	Diffusionstiefe in mm
Chlorazolechtorange G . . .	1,55
Icylorange R	1,48
Chrysophenin G	1,03
Pyrazolorange RR	0,49
Reinblau FF	0,31
Benzopurpurin 4 B	0,26
Chlorantinlichtblau GLL. . .	0,25
Chlorantinlichtblau 3 GLL . .	0,11

Die von NEALE und HANSON[1] durchgeführten quantitativen Vergleichsversuche mit Benzopurpurin 4 B und Diaminreinblau FF bei konstanter Färbetemperatur haben ergeben, daß bei beiden Farbstoffen die Zunahme der Absorption in Abhängigkeit von der Zeit sich in annähernder Übereinstimmung mit der Diffusionstheorie befindet. Von Benzopurpurin 4 B wird im Gleichgewichtszustand jedoch die dreifache Menge gegenüber Diaminreinblau FF durch Viskose absorbiert, aber es dauert doppelt so lange, bis dieser Gleichgewichtszustand erreicht wird. In Abwesenheit von Kochsalz werden von beiden Farbstoffen nur sehr geringe Mengen aufgenommen. Die Menge des von der Viskose aufgenommenen Farbstoffes nimmt zwar mit zunehmender Farbstoffkonzentration des Färbebades zu, doch bewirkt ein zunehmender Salzzusatz zum Färbebade ein stärkeres Ansteigen der Farbstoffabsorption. Dementsprechend nimmt der scheinbare Diffusionskoeffizient mit zunehmendem Salzzusatz rasch zu und steigt so bis zu einem Maximum. Dann erfolgt jedoch ein langsames Absinken des scheinbaren Diffusionskoeffizienten. Diese Erscheinung ist nach den Untersuchungsergebnissen von NEALE und PATEL[2] auch in solchen Färbebädern festzustellen, in denen Salzzusätze in ansteigenden Mengen erfolgten. Bei niedriger Elektrolytkonzentration steigt die Absorption mit zunehmender Wertigkeit des Kations an.

Zum genaueren Studium der Kinetik des Diffusionsvorganges haben NEALE und GARVIE[3] die Farbstoffverteilung in verschieden weit von der Oberfläche entfernten Viskoseplättchen untersucht. Sie verwendeten ein Paket von aufeinandergepreßten Cellophanfolien, tauchten es in die Farbstofflösung und ermittelten die Farbstoffaufnahme jeder einzelnen Folie. Bei der Messung der Diffusion durch die einzelne Folie befand sich auf der einen Seite der Folie eine reine Kochsalzlösung, auf der anderen Seite die kochsalzhaltige Lösung von Himmelblau FF. Die Ergebnisse beider Versuchsreihen wurden mit dem FICKschen Gesetz verglichen, nach dem die Diffusion dS/dt dem Konzentrationsgradienten proportional sein soll, was jedoch nicht der Fall war.

---

[1] S. M. NEALE u. J. HANSON, Trans. Faraday Soc. 30, 386—394 (1934).
[2] S. M. NEALE u. A. M. PATEL, Trans. Faraday Soc. 30, 905—914 (1934).
[3] S. M. NEALE u. W. M. GARVIE, Trans. Faraday Soc. 34, 335—350 (1938).

Auf Abb. 39 war gezeigt worden, daß bei der Annahme eines gleichbleibenden Diffusionskoeffizienten sich die Farbstoffabsorption der Viskose in guter Übereinstimmung mit den experimentell bestimmten Farbstoffaufnahmen befindet. Dies fordert nach CRANK[1] in Anbetracht der Tatsache, daß der Diffusionskoeffizient sich mit der Farbstoffkonzentration ändert, zu einer Untersuchung auf. Er bewies, daß die elektrische Ladung an der Oberfläche der Faser, die teils durch die negative Ladung der Cellulose und teils durch die absorbierte Farbstoffmenge bedingt ist, den scheinbaren Diffusionskoeffizienten in der Weise beeinflußt, daß er mit zunehmender Farbstoffaufnahme abnimmt. Er bewies ferner, daß dieser Effekt die Abhängigkeit der scheinbaren Diffusionskoeffizienten von der Salzkonzentration erklärt. Er konnte die meisten Differenzen zwischen den berechneten und den gemessenen Absorptionskurven von Benzopurpurin 4 B auf diesen elektrischen Effekt zurückführen (Abb. 40).

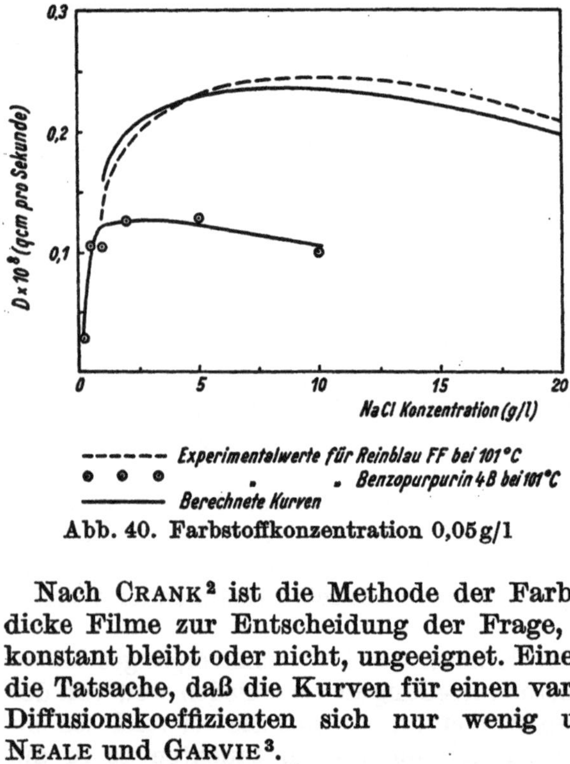

Abb. 40. Farbstoffkonzentration 0,05 g/l

Nach CRANK[2] ist die Methode der Farbstoffdiffusion in verschieden dicke Filme zur Entscheidung der Frage, ob der Diffusionskoeffizient konstant bleibt oder nicht, ungeeignet. Eine physikalische Erklärung für die Tatsache, daß die Kurven für einen variablen und einen konstanten Diffusionskoeffizienten sich nur wenig unterscheiden, stammt von NEALE und GARVIE[3].

Nach VICKERSTAFF[4] ist die Diffusion eines Farbstoffes durch eine Membran einesteils vom Diffusionskoeffizienten und andernteils vom Konzentrationsgradienten abhängig. Der letztere wächst mit zunehmendem Salzgehalt der Farbstofflösung, und der kleinere scheinbare Diffusionskoeffizient bei größerer Salzkonzentration wird durch die Zunahme des Konzentrationsgradienten beeinflußt.

---

[1] J. CRANK, J. Soc. Dyers Colourists, 63, 412—418 (1947).

[2] J. CRANK, J. Soc. Dyers Colourists, 64, 386—393 (1948). J. CRANK, Phil. Mag. 39, 140, 362 (1948).

[3] S. M. NEALE u. W. M. GARVIE, Trans. Faraday Soc. 34, 335—350 (1938).

[4] T. VICKERSTAFF, The Physikal Theorie of Dying, London 1954, S. 259.

Bei den von HANSON, NEALE und STRINGFELLOW[1] durchgeführten Untersuchungen ist der Färbevorgang in der Weise aufgefaßt worden, daß der im Färbebade befindliche Farbstoff in die Cellulose eindiffundiert und daß das dem Färbebade zugesetzte Neutralsalz entsprechend den DONNAN-Gleichgewichten eine Erniedrigung des Oberflächenpotentials der Cellulose und dadurch ein leichteres Eindringen der Farbstoffanionen bewirkt. Betrachtet man dementsprechend die Faser mit dem aus dem Färbebade eingedrungenen Wasser und Farbstoff als die eine, die Farbstofflösung des Färbebades als die andere Phase, dann befindet sich die experimentell gefundene Wirkung des Neutralsalzzusatzes in zufriedenstellender Übereinstimmung mit der DONNAN-Theorie[2].

Demgegenüber haben GILBERT und RIDEAL[3] ein inneres Potential der Fasern angenommen, das jedoch zu ähnlichen Schlußfolgerungen des Einflusses von Farbstoffkonzentration und Salzzusatz auf die Farbstoffaufnahme führt.

Tabelle 62

Die Absorption von Chlorazolreinblau FF durch Baumwolle bei 90° C

Gleichbleibende Farbstoffkonzentration 0,05 g/l

NaCl (g/l)	Donnan-Koeffizient λ	Auf der Faser absorbierter Farbstoff	
		berechnet	beobachtet
0,25	0,356	0,059	0,060
0,5	0,405	0,099	0,100
1,0	0,460	0,165	0,173
2,0	0,520	0,268	0,278
5,0	0,604	(0,491)	0,491
10,0	0,670	0,742	0,739
20,0	0,745	1,14	1,13
35,0	0,799	1,50	1,57
Gleichbleibende Salzkonzentration 5 g/l			
Farbstofflösung g/l			
0,0095	0,768	0,245	0,256
0,025	0,672	0,377	0,376
0,05	0,604	(0,491)	0,491
0,10	0,538	0,617	0,614
0,20	0,476	0,757	0,753
0,40	0,420	0,915	0,877

[1] J. HANSON, S. M. NEALE u. W. STRINGFELLOW, Trans. Faraday Soc. 31, 1718—1730 (1935).
[2] F. G. DONNAN u. E. A. GUGGENHEIM, Z. physik. Chem. A 162, 346—360 (1932).
[3] G. A. GILBERT u. E. K. RIDEAL, Proc. Roy. Soc. London A 182, 335—346 (1944).

HANSON, NEALE und STRINGFELLOW färbten Baumwolle mit Reinblau FF aus Färbebädern mit einesteils gleichbleibender Farbstoffkonzentration und andernteils gleichbleibender Salzkonzentration. Die Tabelle 62 zeigt die sehr gute Übereinstimmung der experimentell gefundenen Werte der Farbstoffabsorption mit den nach DONNAN berechneten.

Weil die Aktivitätskoeffizienten von HANSEN, NEALE und STRINGFELLOW gleichbleibend angenommen worden sind, obwohl bekannt ist, daß die Aktivitätskoeffizienten von Natriumchlorid im untersuchten Bereich zwischen 0,93 und 0,68 liegen, haben USCHER und WAHBI[1] die Ergebnisse von NEALE trotz ihrer guten Übereinstimmung kritisiert.

Weil bei den assoziierten Farbstoffen eine Unsicherheit darüber besteht, in welcher Micellengröße sie in die Cellulose diffundieren, haben STANDING und seine Mitarbeiter die Diffusion des gereinigten Farbstoffes Chrysophenin G in Abwesenheit und unter Zusatz von Neutralsalz aus unendlich langen Färbebädern untersucht, nachdem sie vorher die Diffusion des gleichen Farbstoffes in Wasser untersucht hatten.[2] Der Farbstoff Chrysophenin G war mit Bedacht deswegen gewählt worden, weil seine Konstitution genau bekannt ist und weil sich aus dem Studium seiner Diffusion in Wasser ergeben hatte, daß er auch durch Salzzusätze nur wenig aggregiert wird. Trotzdem wird aus den Färbebädern mit höherem Salzgehalt eine größere Menge Chrysophenin von der Viskose absorbiert, wenn man die Versuchsbedingungen in bezug auf die Färbetemperatur konstant hält, wie aus der nachstehenden Abb. 41 ersichtlich ist, in welcher die Zahlen an den Isothermen den Kochsalzgehalt im Liter bedeuten.[3]

Färbt man bei gleichem prozentualen Kochsalzgehalt des Färbebades, dann nimmt die Farbstoffaufnahme zwar mit wachsendem Farbstoffgehalt zu, nimmt jedoch mit ansteigender Färbetemperatur ab, wie die nachstehende Abb. 42 erkennen läßt.

Färbt man Viskose mit gereinigtem Chrysophenin G bis zum erreichten Gleichgewicht ohne Zusatz von Fremdelektrolyten aus Färbebädern mit zunehmendem Farbstoffgehalt, dann ist mit zunehmendem Farbstoffgehalt des Färbebades zwar ebenfalls eine zunehmende Farbstoffaufnahme verbunden, doch sind die erhaltenen Absorptionskurven von anderer Form als die unter Salzzusatz erhaltenen parabolischen Kurven. Nach ihnen bestehen in der gequollenen Cellulose aktive Zentren auf der ganzen inneren Oberfläche der Cellulose, welche die Farbstoffanionen anzuziehen vermögen. Gegen diese Anziehung wirkt die thermische Bewegung der Moleküle, und aus diesem Grunde führt Temperatur-

---

[1] F. L. USCHER u. A. K. WAHBI, J. Soc. Dyers Colourists 58, 221—228 (1942).

[2] H. F. WILLIS, J. O. WARWICKER, H. A. STANDING u. A. R. URQUHART, Trans. Faraday Soc. 41, 506—541 (1945).

[3] H. A. STANDING u. F. H. HOLMES, Trans. Faraday Soc. 41, 542—567 (1945).

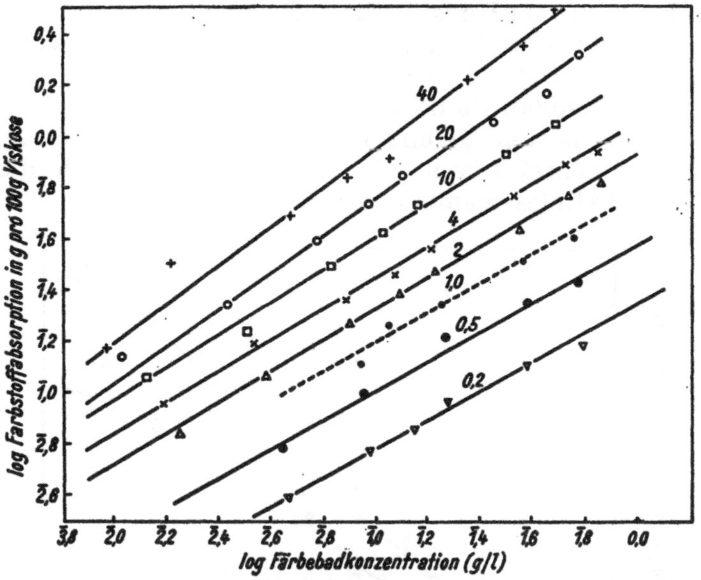

Abb. 41. Isothermen der Farbstoffaufnahme in Abhängigkeit vom Kochsalzgehalt der Färbebäder

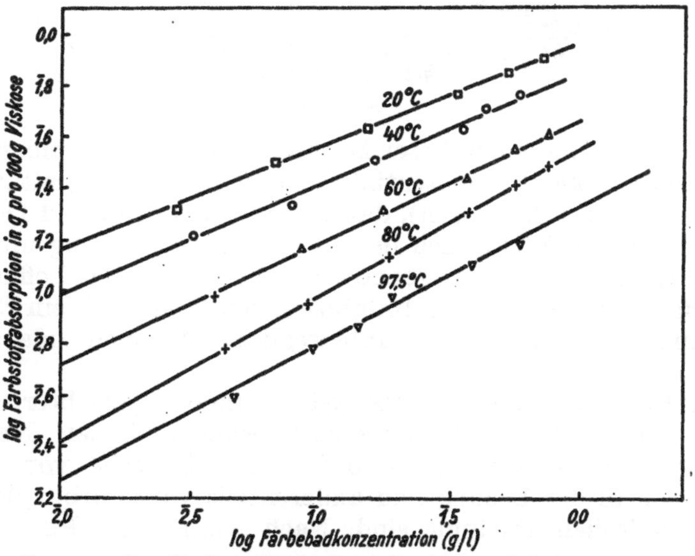

Abb. 42. Isothermen der Farbstoffaufnahme in Abhängigkeit vom Farbstoffgehalt der Färbebäder

erhöhung zu einer Erniedrigung der Absorption, während die Gegenwart von Elektrolyten die Absorption insoweit begünstigt, als sie die freie Bewegung der Farbstoffionen in der Lösung behindert und ihre Fixierung auf der Cellulose fördert.

Daraufhin hat NEALE[1] das Verhältnis von beweglichen Anionen zu beweglichen Kationen und der wirksamen Konzentration von unbeweglichen Ionen in der Lösung in den Poren von Cellophan während der Adsorption von Reinblau FF nach der Methode von MEYER und SIEVERS[2] bestimmt. Diese hatten gefunden[3], daß Cellulosemembranen einen schwachen kationenselektiven Effekt zeigen, der durch die COOH-Gruppen in der Cellulosemembran hervorgerufen wird.

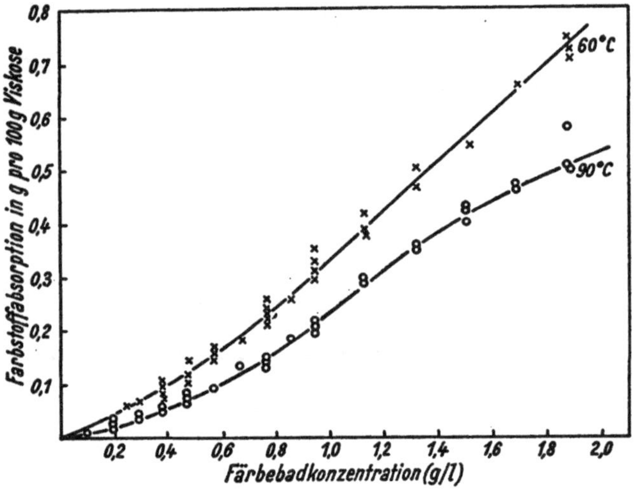

Abb. 43

Vergleicht man die nach dieser Methode von NEALE[4] gemessenen mit den berechneten Membranpotentialen, dann ergibt sich (mit Ausnahme der sehr verdünnten Lösungen), daß die mit Cellophan und Diaminreinblau FF erhaltenen Werte sich in guter Übereinstimmung mit den von HANSEN, NEALE und STRINGFELLOW gegebenen Theorie befinden, nach der die gefärbte Cellulose nach Imbibition von Wasser als ein Einphasensystem angesehen wird, das unbewegliche Anionen oder negative Zentren enthält.

Bei der Bestimmung der DONNAN-Potentiale ungefärbter Cellophanfolien in farbstofffreien Kaliumchloridlösungen haben NEALE und STANDRING[5] später festgestellt, daß diese einesteils von der Salzkonzentration in der Lösung und anderenteils vom Carboxylgehalt der verwendeten Folien abhängig sind. Nach NEALE und PETERS[6] unter-

[1] S. M. NEALE, Trans. Faraday Soc. 43, 325—331 (1947).
[2] K. H. MEYER u. J. F. SIEVERS, Helv. chim. Acta 19, 649—664 (1936).
[3] K. H. MEYER u. J. F. SIEVERS, Helv. chim. Acta 19, 665—677 (1936).
[4] S. M. NEALE, Trans. Faraday Soc. 43, 325—331 (1947).
[5] S. M. NEALE u. P. T. STANDRING, Proc. Roy. Soc. London A 213, 530—545 (1952).
[6] S. M. NEALE u. R. H. PETERS, Trans. Faraday Soc. 42, 473—487 (1946).

scheiden sich die Oberflächenpotentiale von ungefärbter Cellulose und Oxycellulose in neutralen und alkalisch eingestellten Bädern in der Weise, daß bei sonst gleichen Versuchsbedingungen Cellulose eine etwas größere negative Oberflächenladung besitzt als Oxycellulose.

Verwendet man Viskosegarn an Stelle von Viskosescheibchen, dann wird die Gleichung zur Berechnung des Diffusionskoeffizienten erheblich komplizierter. BOULTON und READING[1] haben die Garnfäden als Zylinder aufgefaßt, in welche die Farbstoffe hineindiffundieren. Bei Anwendung eines unendlichen Färbebades geht dann die Gleichung über in die Form:

$$\frac{M_t}{M_\infty} = 1 - \sum_n \frac{4}{q_n^2} e^{-D_n^2 \cdot q_n^2 t} \tag{25}$$

Dabei sind M_t Farbstoffmenge absorbiert nach der Zeit t,
M_∞ Farbstoffmenge absorbiert im Gleichgewicht,
q_1, q_2 die positiven Lösungen der BESSELschen Funktion nullter Ordnung $J_0(q_n) = 0$ ist,
D der scheinbare Diffusionskoeffizient und
n der Radius des ganzen Zylinders.

Sie bestimmten in Färbeversuchen mit Bädern verschiedener Konzentration an reinem Benzopurpurin 4 B und Diaminreinblau FF die zur Erreichung eines bestimmten Gleichgewichtes erforderlichen Zeiten. Aus den so erhaltenen Zeit-Konzentrationskurven wurde dann die Hälfte der zur völligen Einstellung des Gleichgewichts benötigten Zeit ermittelt. Diese Halbfärbungszeiten dienen einesteils als Maß für die Egalisierungsfähigkeit, andernteils können daraus die scheinbaren Diffusionskoeffizienten des Farbstoffes in die Viskose berechnet werden.[2]

Während sich die bei der gleichen Temperatur festgestellten Zahlenwerte der scheinbaren Diffusionskoeffizienten in etwa der gleichen Größenordnung bewegen, wenn sie in Cellulosen von ähnlichen Färbeeigenschaften ermittelt worden sind, liegen die Zahlenwerte dieser Koeffizienten in wäßriger Lösung bei der gleichen Versuchstemperatur wesentlich höher. In wäßriger Lösung findet man bei den gleichen Farbstoffen bei der gleichen Temperatur Diffusionskoeffizienten in der Größenordnung 10^{-5}.

Nach MORTON[3] wird beim Färben von Cellophanscheibchen oder Viskosefasern ein wirklicher Gleichgewichtszustand zwischen dem Färbebad und dem Färbegut erreicht, wenn man genügend lange färbt, und der Färbevorgang entspricht einem Diffusionsvorgang aus der Farbstofflösung in die regenerierte Cellulose.

Faßt man diese Diffusion in der Weise auf, daß die Cellulose ein System von Poren und Kapillarräumen enthält, in welchen die Diffusion

---

[1] J. BOULTON u. B. READING, J. Soc. Dyers Colourists 50, 381—389 (1934).
[2] J. BOULTON, J. Soc. Dyers Colourests 50, 381—389 (1934).
[3] T. H. MORTON, Trans. Faraday Soc. 31, 262—284 (1935).

erfolgt und an deren Wänden der Farbstoff absorbiert wird, dann muß man die Diffusionsgleichung von FICK entsprechend der von HILL[1] gegebenen Fassung umformen, und die Diffusionskonstanten der substantiven Farbstoffe sind dann bestimmbar nach der Formel:

$$D = \frac{V D p}{R + 1} \tag{26}$$

wobei D der scheinbare Diffusionskoeffizient ist,
Dp der wirkliche Diffusionskoeffizient in den Poren,
R das Verhältnis der an der Kapillarwand adsorbierten Farbstoffmenge zu der nicht absorbierten darstellt und
V das Verhältnis des Volumens der Poren zum Gesamtvolumen der gequollenen Cellulose wiedergibt.

Die so berechneten Werte für die Diffusionskoeffizienten in den Poren sind in der dritten Spalte der nachstehenden Tabelle 63 enthalten.

Tabelle 63

Farbstoff	Relative Farbstoffgeschwindigkeit	Scheinbarer Diffusionskoeffizient cm²/sec	Diffusionskoeffizient in den Poren cm²/sec
Chlorazolechtorange GS . . .	2200	$4{,}0 \times 10^{-8}$	2×10^{-6}
Chrysophenin G	600	$1{,}1 \times 10^{-8}$	4×10^{-7}
Reinblau FF	9,8	$1{,}8 \times 10^{-10}$	7×10^{-9}
Benzolechtblau 8 GL	2,6	$4{,}6 \times 10^{-11}$	2×10^{-9}
Chlorazolechtorange AGS . .	1,0	$1{,}8 \times 10^{-11}$	7×10^{-10}

Vergleicht man die so für den Diffusionskoeffizienten in den Poren erhaltenen Werte mit den von ROBINSON und HARTLEY[2] sowie anderen Forschern bestimmten Diffusionskoeffizienten, so findet man, daß die am raschesten wandernden Farbstoffmoleküle in den Poren der Cellulose fast mit der gleichen Geschwindigkeit wie in Wasser diffundieren. Langsam diffundierende Farbstoffe wandern dagegen in den Poren viel langsamer als in Wasser.

Sieht man den Färbevorgang demnach als einen Diffusionsprozeß an, dann müßte nach DONNAN sich an der Oberfläche der Cellulose ein Potential bilden, wenn diese in das Färbebad eingebracht wird. Dementsprechend hat CRANK[3] die Diffusion eines direktziehenden Farbstoffes in eine Celluloseschicht als einen Prozeß aktivierter Diffusion und Absorption aufgefaßt. Das Farbstoffanion hat demnach eine Aktivierungsenergie aufzubringen, um ein elektrisches Potential an der Oberfläche der Celluloseschicht zu überwinden. Das Potential stammt von der

[1] A. V. HILL, Proc. Roy. Soc. London **104 B, 39** (1928).
[2] C. ROBINSON u. G. S. HARTLEY, Proc. Roy. Soc. London **184 A, 24** (1932).
[3] J. CRANK, J. Soc. Dyers Colourists **63**, 412—418 (1947).

Cellulose selbst sowie von den sofort aus der Farbstofflösung absorbierten Farbstoffanionen. Dementsprechend ergibt sich die Diffusionsgleichung für den scheinbaren Diffusionskoeffizienten D:

$$D = f D_0 \, W C_B / S \tag{27}$$

in der C_B die Farbstoffkonzentration im Färbebad, W das Imbibitionswasser, D_0 der wahre Diffusionskoeffizient der Farbstoffionen in der Cellulose und S die Farbstoffaufnahme der Cellulose im Gleichgewicht ist.

Nachdem HARRISON und GEE[1] das Oberflächenpotential und die Ladung schon im Jahre 1910 zur Erklärung des Färbevorganges benutzt hatte und NEALE[2] darnach einen Ausdruck für das elektrische Potential in der Nähe einer eben geladenen Fläche gefunden hatte, konnte CRANK beweisen, daß die elektrische Ladung an der Oberfläche, die teils durch die negative Ladung der Cellulose, teils durch adsorbierte Farbstoffanionen bedingt ist, den scheinbaren Diffusionskoeffizienten der Farbstoffe in der Cellulose verringert. Er bewies ferner, daß dieser Effekt der Oberflächenladung zusammen mit der Farbstoffabsorption die Abhängigkeit des scheinbaren Diffusionskoeffizienten von der Salzkonzentration im Färbebade erklärt, indem er zeigte, daß die theoretisch errechneten Werte und die experimentell bestimmten scheinbaren Diffusionskoeffizienten von Himmelblau FF und Benzopurpurin 4 B bei verschieden hohem Kochsalzgehalt auf sehr gut übereinstimmenden Kurven liegen (Abb. 40).

Beim Chlorazolechtrot K ist die Übereinstimmung zwischen den berechneten und den gemessenen Werten der Diffusionskoeffizienten allerdings weniger zufriedenstellend.

Bei diesem Farbstoff hatte NEALE mit GARVIE und GRIFFITHS[3] in Lösungen mit 0,05 g Chlorazolechtrot K und 5 g Kochsalz im L bei ansteigender Temperatur eine Zunahme des Diffusionskoeffizienten festgestellt. Die von NEALE erhaltenen Werte des scheinbaren Diffusionskoeffizienten und die experimentell bestimmte Absorption im Gleichgewicht in Färbebädern gleichen Kochsalzgehaltes hat CRANK zur Berechnung des Temperatureinflusses auf den Diffusionskoeffizienten von Chlorazolechtrot K bei einer gegebenen Salzkonzentration verwendet und gefunden, daß über 60° C die Veränderung des scheinbaren Diffusionskoeffizienten mit der Temperatur sich in sehr guter Übereinstimmung mit der Rechnung befindet. Die unterhalb 60° C gefundenen theoretischen Werte liegen dagegen zu niedrig und weisen auf eine Farbstoffaggregation hin.

---

[1] W. HARRISON u. H. GEE, Trans. Faraday Soc. 6, 42—70 (1910).

[2] S. M. NEALE, Trans. Faraday Soc. 42, 473—478 (1946).

[3] S. M. NEALE, W. M. GARVIE u. L. H. GRIFFITHS, Trans. Faraday Soc. 30, 271—278 (1934).

Die Bewegung oder Diffusion der Farbstoffanionen wird nach HARRISON[1] beim Färben von Cellulosefasern mit Direktfarbstoffen in der gleichen Weise wie beim Färben mit anderen Farbstoffen durch die elektrischen Ladungen verursacht, doch vermag die Cellulosefaser die Ionen von direktziehenden Farbstoffen weder zu adsorbieren noch zu binden. Nach ihm erfolgt beim Färben von Cellulosefasern eine Aggregation oder Koagulation der Direktfarbstoffe in den Poren oder Kapillaren der Cellulosefasern als Folge der Adsorption der Natriumionen des Farbstoffsalzes durch die Cellulose, und durch die Gegenwart von Neutralsalzen wird dieser Vorgang unterstützt. Während die Anwesenheit von Neutralsalzen im Färbebade eine Aggregation der Direktfarbstoffe verursacht und diese Farbstoffaggregation das Anfärben an sich verzögert, geht nach ihm die allgemeine Annahme dahin, daß der Neutralsalzgehalt im Färbebade den Sinn hat, die elektrische Abstoßung zwischen der Cellulose und dem Farbstoffanion zu vermindern.

Nach HARRISON[2] beträgt der aus der Wasserstoffabsorption berechnete Durchmesser der in der Baumwolle befindlichen Kapillaren 52,2 Å, so daß sich die Frage erhebt, ob es möglich ist, daß die Farbstoffanionen genügend kinetische Energie besitzen, um die elektrische Abstoßung entlang der Achsen solch feiner Kapillaren zu überwinden und sich entsprechend der freien Diffusion zu bewegen. Deshalb ist die Annahme, daß die Kapillaren im Inneren der Cellulose ein Potential aufweisen, nach ihm unwahrscheinlich, und es kann die gesamte Oberfläche (das ist die Summe der inneren und äußeren) nicht ein gleiches Potential tragen, sondern die gesamte elektrische Ladung muß sich entsprechend dem Experiment von FARADAY mit elektrisch geladenen Zylindern auf der Oberfläche befinden.

Nach VICKERSTAFF[3] läßt sich schwer entscheiden, ob die Diffusion des Farbstoffes entsprechend der Ansicht von STANDING[4] erfolgt, nach welcher die Farbstoffmoleküle mit der gleichen Diffusionsgeschwindigkeit wie in Wasser auch in die Poren der Cellulose, die das gleiche Potential aufweisen wie die Oberfläche, eindiffundiert, oder ob die Cellulose nur eine Ladung an der Oberfläche trägt und die Diffusion entsprechend der Theorie von CRANK[5] stattfindet.

Die nachstehende Tabelle 64 zeigt die Gleichgewichtsadsorption substantiver Farbstoffe in Cellophan im Vergleich zu ihren Diffusionskoeffizienten.

---

[1] W. HARRISON, J. Soc. Dyers Colorists 27, 279 (1911).

[2] W. HARRISON, J. Soc. Dyers Colorists 64, 248—252 (1948).

[3] T. VICKERSTAFF, The Physikal Chemistry of Dying, London 1954, S. 260.

[4] H. A. STANDING, J. O. WARWICKER u. H. F. WILLIS, J. Textile Inst. 38 T, 335—349 (1947).

[5] J. CRANK, J. Soc. Dyers Colourists 63, 412—418 (1947).

Tabelle 64

Farbstoff	Gleichgewichtsabsorption bei Cellophan in g/100 g	Diffusionskoeffizient cm^2/sec
Zweibasische Farbstoffe		
Benzopurpurin 10B	2,5	$8{,}7 \times 10^{-10}$
Benzopurpurin 4B	3,5	7,7
Azoviolett	2,3	7,3
Dianolrot 2B	2,8	5,2
Benzoazurin G	1,5	4,5
Diaminblau AZ	2,1	4,2
Chicagoblau B	3,4	3,3
Durchschnittswert	2,6	$6{,}7 \times 10^{-10}$
Vierbasische Farbstoffe		
Dianilblau G	0,55	$25{,}2 \times 10^{-10}$
Chlorazolblau 3B	0,95	19,5
Benzoreinblau	0,95	17,3
Chlorazolblau B	0,61	13,8
Brillantazurin B	0,99	11,3
Eboliblau B	0,95	10,5
Naphthaminblau 3B	0,88	8,5
Durchschnittswert	0,84	$15{,}2 \times 10^{-10}$
Meta-Benzopurpurin 4B	0,28	140×10^{-10}

Bisher waren die experimentellen Bedingungen zur Durchführung der Diffusionsmessungen derart gewesen, daß das Färben entweder von Celluloseplättchen oder von Viskosefasern aus einem so großen Färbebade erfolgte, daß die Farbstoffkonzentration des Färbebades während des Färbevorganges praktisch konstant bleibt. Mit anderen Worten: die Diffusionskoeffizienten der direktziehenden Farbstoffe sind in einem mathematisch unendlich großen Färbebade bestimmt worden, welches die Einwirkung einer gleichbleibenden Farbstoffkonzentration auf die Oberfläche der Cellulosescheibchen oder Fasern erlaubt. Weil die bisher bekannten Diffusionsgleichungen nur für unendliche Färbebäder anwendbar waren, jedoch nicht für endliche Färbebäder, mußte man bei den früheren Experimentaluntersuchungen diesen Unterschied von den technischen Färbebedingungen in Kauf nehmen.

Da bei den technischen Färbebedingungen jedoch der Hauptanteil des ursprünglich im Färbebade vorhandenen Farbstoffes in die Faser wandert, wobei die Farbstoffkonzentration des Färbebades stetig abnimmt, werden die technischen Färbebedingungen besser in endlich großen Färbebädern wiedergegeben, in welchen die Bedingung einer konstanten Oberflächenkonzentration des Farbstoffes nach CRANK[1] durch eine

[1] J. CRANK, J. Soc. Dyers Colourists 64, 386—393 (1948).

solche ersetzt werden muß, die die Veränderung der im Bade und in der Faser vorhandenen Farbstoffkonzentration während einer bestimmten Färbezeit zum Ausdruck bringt.

Die Gleichungen für die Absorption von Farbstoffen aus endlichen, d. h. begrenzten Färbebädern, sind von WILSON[1] und CRANK[2] abgeleitet worden. Danach gilt für die Diffusion in einem Film die Gleichung:

$$\frac{M_t}{Q}(1 + a) = 1 - \sum_n \frac{2a(1 + a)}{1 + a + a^2 q_n^2} e^{-\beta} q_n{}^2 t \quad (28)$$

Dabei ist M_t das Gewicht des zur Zeit t absorbierten Farbstoffs,
Q ist das Gesamtgewicht des Farbstoffs zu Beginn des Versuchs,
a ist ein Parameter, der die Endlichkeit des Färbebades gemäß der folgenden Beziehung ausdrückt:

$$Q = M(1 + a),$$

q_1, q_2 sind die positiven Lösungen von tang $q_n = -aq_n$,
$\beta = \frac{D}{a^2}$ und $2a$ ist die Dicke des Filmes; D ist der scheinbare Diffusionskoeffizient nach Gleichung (26).

Gleichung (27) geht für ein unendliches Färbebad in Gleichung (24) über.

Die folgende Gleichung (29) beschreibt das Färben von zylinderförmigen Fasern in einem endlichen Färbebade:

$$\frac{M_t}{Q}(1 - a) = \sum_n \frac{4a(1 + a)}{4 + 4a + a^2 qn^2} e^{-\frac{D}{r^2} q_n^2 t} \quad (29)$$

Darin haben M_1, Q, D und t dieselbe Bedeutung wie in Gleichung (28), n ist der Radius des Zylinders, und q_1, q_2 sind die positiven Lösungen der Gleichung $aq_n Jo(q_n) + 2 J_1(qn) = 0$, J_0 und J_1 sind BESSELsche Funktionen nullter und erster Ordnung.

Die Gleichung (29) geht in die Gleichung (25) über, wenn aus einem unendlichen Färbebade gefärbt wird.

Die Gleichung (29) wurde von CRANK[3] ausgewertet, und die nachfolgende Abb. 44 stellt die erhaltenen Ergebnisse graphisch dar. Man sieht daraus, daß bei konstanter Diffusionsgeschwindigkeit die Färbegeschwindigkeit mit fortschreitender Erschöpfung des Bades zunimmt. Die Abb. 45 ermöglicht einen Vergleich mit experimentellen Werten aus einem weitgehend erschöpften Färbebade.

Während man sich die amorphen Bereiche der in Wasser gequollenen Cellulose bisher so vorgestellt hatte, daß sich in ihnen ein Netzwerk von

---

[1] WILSON, Phil. Mag. 39, 48 (1948).
[2] J. CRANK u. GODSON, Phil. Mag. 38, 794 (1947). J. CRANK, Phil. Mag. 39, 140, 362 (1948).
[3] Vgl. TH. MORTON, Textil-Rdsch. 4, 43—44 (1949).

Celluloseketten befindet, in deren Poren oder Kapillaren der Farbstoff wandern kann, ist dieses Bild der mit Wasser gefüllten permanenten Kanäle oder Poren nach Crank[1] zu stark vereinfacht. Nach ihm faßt man die amorphen Bereiche der in Wasser gequollenen Cellulose besser als Lösungen von Cellulose in Wasser auf, und die Diffusion eines Farbstoffmoleküls in eine derartige Struktur wäre dann als Diffusion in eine viskose Flüssigkeit anzusehen, wobei die Geschwindigkeit der Farbstoffaufnahme durch Faktoren beeinflußt wird, welche sich auf die molekulare Viskosität dieser Flüssigkeit auswirken. Außerdem hat der Farbstoff beim Eindiffundieren in die Faser Potentialschwellen zu überwinden, die von lokalen Ladungskonzentrationen stammen. Mit zunehmendem Salzgehalt des Färbebades nimmt dieser elektrostatische Abstoßungseffekt so stark ab, daß bei hohen Salzkonzentrationen diese Potentialschwellen gegenüber dem Farbstoffanion sich nicht mehr auswirken können.

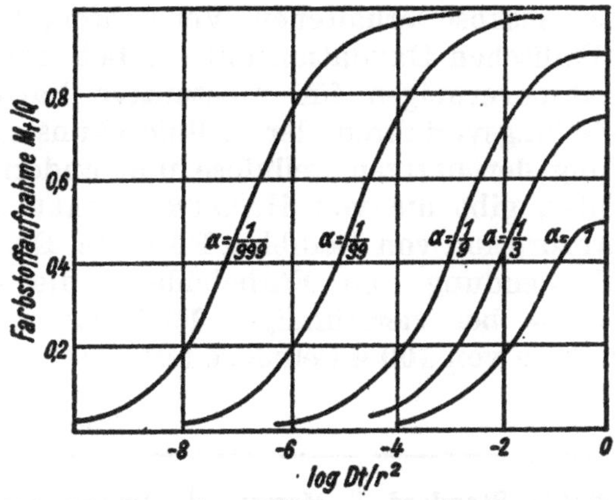

Abb. 44. Berechnete Kurven für die Farbstoffabsorption gemäß Gleichung 29

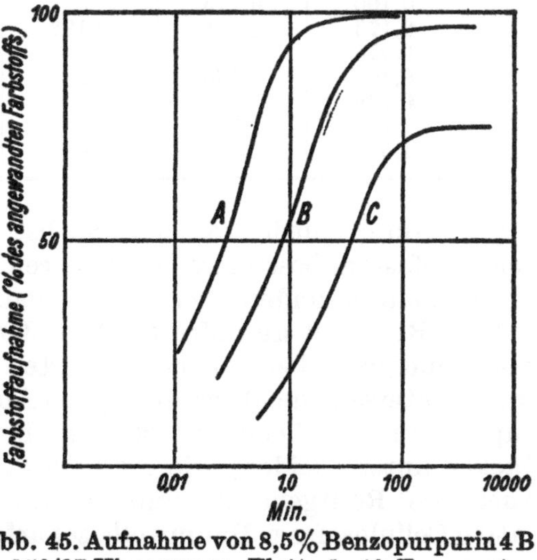

Abb. 45. Aufnahme von 8,5% Benzopurpurin 4 B in 150/27 Viscosegarn. Flotte 1 : 40, Temperatur 90° C, A: 25% NaCl, B: 5% NaCl, C: 1% NaCl

Wie stark sich das Fasergefüge auf die Farbstoffdiffusion und die Farbstoffaufnahme im Gleichgewicht auswirkt, haben die von Garvie, Griffiths und Neale[2] durchgeführten Untersuchungen gezeigt. Danach nimmt Baumwolle bei gewöhnlicher Temperatur mehr Farb-

[1] J. Crank, J. Soc. Dyers Colourists 66, 368—374 (1950).
[2] W. M. Garvie, L. H. Griffiths u. S. M. Neale, Trans. Faraday Soc. 30, 271—278 (1934).

stoff auf als Viskose, der Unterschied verringert sich aber mit steigender Temperatur, und bei 100° C ist das Verhältnis umgekehrt.

Daß auch die Oberflächenpotentiale bei der Aufnahme von anionischen Farbstoffen eine wichtige Rolle spielen, haben die von NEALE und STRINGFELLOW [1] an Baumwolle und die von STANDING und WARWICKER [2] an Viskose erhaltenen Versuchsergebnisse gezeigt, nach denen mit alkalischen Oxydationsmitteln behandelte Cellulose ein geringeres Aufnahmevermögen für substantive Farbstoffe zeigt. Da bei den Herstellungsverfahren der Cellulosekunstspinnfasern einesteils eine Quellung der nativen Cellulose und andernteils ein oxydativer Abbau erfolgt, gibt die von HANSEN, NEALE und STRINGFELLOW [3] bestimmte Absorption von Reinblau FF diese Einflüsse sehr gut wieder. Bei der Verwendung von Färbebädern, die 0,05 g Reinblau FF enthielten, wurde bei vierstündiger Färbedauer bei 90° C folgende Farbstoffaufnahme von 100 g Cellulose festgestellt:

Tabelle 65

NaCl g/l	Standard-cellulose	Mercer. Cloth	Hydro-cellulose	Oxy-cellulose	Cello-phan	Viscose-kunst-seide	Kupfer-kunst-seide
0,25	0,060	—	—	0,010	0,034	—	—
0,5	0,100	0,175	—	0,017	0,081	—	0,185
1	0,173	0,275	0,132	0,033	0,215	0,204	0,400
2	0,278	—	—	0,079	0,49	—	0,700
5	0,491	0,750	0,38	0,213	1,12	1,04	1,33
10	0,739	—	0,63	0,427	1,71	—	1,95
20	1,13	1,75	—	0,800	2,6	—	2,94
35	1,57	2,54	—	1,25	3,6	—	—

Die Unterschiede in den Farbstoffaufnahmen der verschiedenen Cellulosefasern, besonders bei höherem Kochsalzgehalt der Färbebäder, ersieht man besonders deutlich aus nachstehender Abbildung.

Nach BOULTON und MORTON [4] werden die Unterschiede in der Färbegeschwindigkeit bei den regenerierten Cellulosen wahrscheinlich durch Dichteunterschiede ihrer amorphen Anteile verursacht, zumal sich auch Cuprophan und Cellophanfolien in bezug auf ihre Durchlässigkeit für Zucker unterscheiden, wie BRINTZINGER und OSWALD [5] gezeigt haben. Auch die Röntgendiagramme lassen bekanntlich erkennen, daß die native Cellulosefaser Baumwolle schärfere Interferenzen gibt als merceri-

[1] S. M. NEALE u. W. A. STRINGFELLOW, J. Soc. Dyers Colourists **56**, 17—18 (1940).

[2] H. A. STANDING u. J. O. WARWICKER, J. Textile Inst. **40** T, 175—188 (1949).

[3] J. HANSON, S. M. NEALE u. W. A. STRINGFELLOW, Trans. Faraday Soc. **31**, 1718—1730 (1935).

[4] J. BOULTON u. T. H. MORTON, J. Soc. Dyers Colourists **56**, 145—159 (1940).

[5] H. BRINTZINGER u. H. OSWALD, Kolloid-Z. **70**, 198—200 (1935).

sierte Baumwolle und daß die regenerierten Cellulosefasern diffusere Röntgenbilder geben als jene, welche anzeigen, daß der amorphe Anteil dieser Fasern höher ist als bei Baumwolle. Bis jetzt sind die Unterschiede im kristallisierten Anteil dieser Kunstspinnfasern zwar noch nicht genau bekannt, weil nach FLASCHNER und KAST[1] bisher erst eine röntgenographische Bestimmung des Verhältnisses von kristalliner und amorpher Substanz vorliegt, nach der eine Bemberg-Faser mit dem Titer 1,67 den und der Trockenfestigkeit 1,04 g/den einen kristallinen Anteil von nur 4—10% ergeben hat. Dieser Wert liegt auch mit seiner oberen Grenze noch wesentlich unter den von HERMANS[2] gemachten Angaben von 20—25% kristallinem Anteil bei den Kunstseiden und 70% bei Baumwolle.

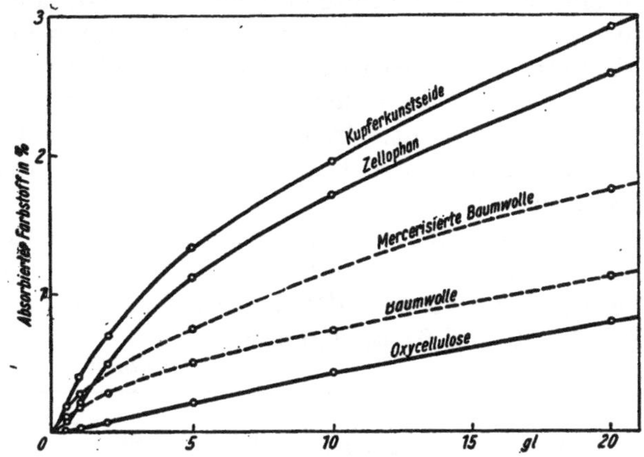

Abb. 46

Nach STANDING[3] beruht der Färbevorgang der Cellulosefasern nicht nur auf einem einfachen, dem FICKschen Gesetz entsprechenden Diffusionsvorgang. Dies geht nach ihm auch daraus hervor, daß die Diffusionskoeffizienten der meisten Direktfarbstoffe nach MORTON[4] in der Größenordnung von 10^{-5} cm per sec liegen, während die für ihre Diffusion in Cellulose berechneten Diffusionskoeffizienten beträchtlich geringer sind und die Größenordnung von 10^{-8} bis 10^{-11} cm^2 per sec haben.

Daß die Anfärbegeschwindigkeit und die Farbstoffaufnahme von Viskosefasern im Gleichgewicht vom Fasergefüge, insbesondere der Faserorientierung abhängig ist, haben PRESTON und KAPADIA[5] in der Weise erklärt, daß die bei ihrer Herstellung weniger verstreckten Fasern größere Poren besitzen als die aus der gleichen Viskoselösung unter stärkerer Verstreckung hergestellten Fasern. Nachdem MORTON[6] die Ansicht geäußert hatte, daß die Quellung von Viskose in Wasser nur wenig von der Faserorientierung abhängig sei, hat PRESTON mit MHATRE

[1] L. FLASCHNER u. W. KAST, Naturwissenschaften 34, 56—57 (1947).
[2] P. H. HERMANS, Textile Res. J. 20, 108 (1950). P. H. HERMANS, J. J. HERMANS u. D. VERMAAS, Kolloid-Z. 109, 14 (1944).
[3] H. A. STANDING, Trans. Faraday Soc. 41, 410—434 (1945).
[4] T. H. MORTON, Trans. Faraday Soc. 31, 262—284 (1935).
[5] J. M. PRESTON u. K. J. KAPADIA, J. Soc. Dyers Colourists 63, 434—437 (1947).
[6] T. H. MORTON, J. Soc. Dyers Colourists 63, 438 (1947).

und NARASIMHAN[1] einesteils die vorstehend erwähnten Untersuchungen von PRESTON und KAPADIA durch Bestimmungen der Faserquellung vervollständigt und andernteils eine neue Reihe von Fasern gesponnen. An diesen neuerdings gesponnenen Fasern, die in einem annähernd neutralen Fällungsbad von Ammonsulfat in der früher beschriebenen Weise koaguliert wurden, wurde die Farbstoffabsorption und die Quellung bestimmt. Die Isothermen der Farbstoffaufnahmen von Himmelblau FF wurden bei 80° C bei den Konzentrationen der von PRESTON und PAL[2] beschriebenen Bindungen bestimmt. Die Faserquellungswerte wurden aus den Werten der kombinierten axialen und transversalen Quellung erhalten. Die Werte der axialen Quellung wurden nach PRESTON und DAS GUPTA[3] und die der transversalen Quellung nach der Leitfähigkeitsmethode bestimmt.[4] In allen Fällen wurden die erhaltenen Werte auf bis zur Konstanz getrocknete Fasern unter Anwendung von Korrekturfaktoren bezogen.

Die Werte der Doppelbrechung wurden mittels eines Faserrefraktomats erhalten.[5] Die bestimmten Werte der Doppelbrechung sind zum Vergleich mit denen der Farbstoffabsorption und Volumenquellung in Tabelle 66 und 67 angegeben.

Tabelle 66

Reihe	Faserdenier	Doppelbrechung $\times 10^{-3}$	Volumenquellung (cc/100 cc Cellulose)	Farbstoff-absorption (g/100 g Cellulose)
1	13,9	14	140	1,91
		17	95	1,94
		21	80	1,92
		34	65	1,60
		37	65	1,48
		39	60	1,38
2	10,4	15	119	1,92
		31	76	1,81
		35	78	1,71
		37	63	1,59
		41	63	1,35
3	6,9	17	100	1,95
		18	90	1,95
		24	85	1,94
4	5,2	14	107	1,92
		21	90	1,90

[1] J. M. PRESTON, S. H. MHATRE u. K. J. NARASIMHAN, J. Soc. Dyers Colourists 65, 17—20 (1949).
[2] J. M. PRESTON u. P. PAL, J. Soc. Dyers Colourists 63, 430—434 (1947).
[3] J. M. PRESTON u. S. DAS GUPTA, J. Textile Inst. 38 T, 60—64 (1947).
[4] J. M. PRESTON, Trans. Faraday Soc. 42 B, 131—136 (1946).
J. M. PRESTON u. R. V. BHAT, J. Textile Inst. 39 T, 211—217 (1948).
[5] FREEMAN u. J. M. PRESTON, J. Textile Institute 39 T, 19 (1943).

Tabelle 67

Reihe	Faserdenier	Doppelbrechung $\times 10^{-3}$	Volumenquellung (cc/100 cc Cellulose)	Farbstoff-absorption (g/100 g Cellulose)
5	4,5	23	102	2,03
		23	99	1,93
		27	79	1,88
		28	68	1,70
		33	61	1,63
6	4,5	23	152	2,06
		24	112	1,95
		27	85	1,86
		29	81	1,77
		32	70	1,74
7	4,5	22	120	2,00

In der Tabelle 66 sind die Werte der 2., 3. und 5. Reihe aus der Arbeit von PRESTON und KAPADIA eingesetzt und für die Farbstoffaufnahme auf völlig trockene Cellulose umgerechnete Werte angegeben. Die Werte der 4. Reihe und alle Werte der Tabelle 67 sind neu.

Die von vielen Fasern dieser Untersuchung hergestellten Faserquerschnitte zeigten durchweg angenähert kreisförmigen Umfang.

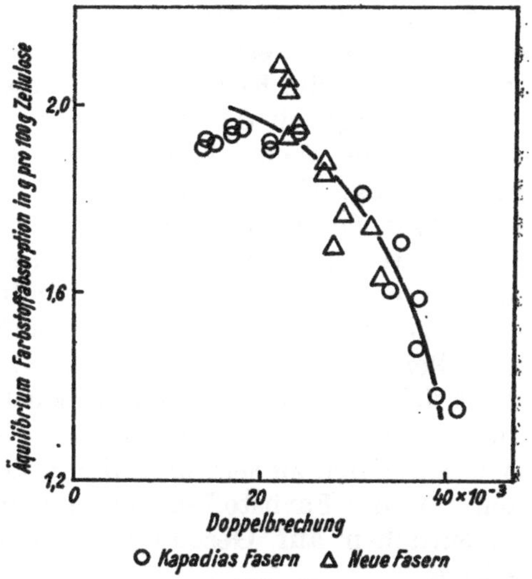

Abb. 47

Wenn die einander entsprechenden Werte der Reihen aus den beiden vorstehenden Tabellen im gleichen Ordinatensystem eingetragen werden, dann zeigt sich, daß die Fasern mit ähnlicher Doppelbrechung auch eine ähnliche Farbstoffaufnahme zeigen (Abb. 47).

Wenn die Werte der Versuchsreihen für die Doppelbrechung gegen die Volumenquellung in ein Koordinatensystem eingetragen werden, dann zeigen sowohl die alten wie die neuen Fasern das gleiche Verhalten der abnehmenden Quellung mit zunehmender Doppelbrechung.

Die Kurve der Abb. 47 zeigt in guter Übereinstimmung, daß mit abnehmender Orientierung der Fasern die Farbstoffaufnahme zunimmt. Es zeigt sich außerdem, daß die abnehmende Orientierung und Doppelbrechung der Faser von einer zunehmenden Volumenquellung begleitet ist. Da die Volumenquellung eine Funktion derjenigen Menge Wasser oder

Färbebad ist, welche von der Faser aufgenommen wird, gehen PRESTON und seine Mitarbeiter[1] so weit, die Volumenquellung als Maß für denjenigen Teil der gequollenen Faser anzusehen, der nicht von der Cellulose eingenommen wird. Dementsprechend sehen sie diesen Teil als das Volumen der Phase der Farbstofflösung im Innern der Faser an.

Daß bei Kunstseide die Geschwindigkeit der Aufnahme substantiver Farbstoffe in Abhängigkeit von der Faserdichte erfolgt, haben ELÖD und FRÖHLICH[2] auf einem anderen Wege festgestellt. Sie haben einesteils die Dichte und Quellung handelsüblicher Cellulosekunstspinnfasern bestimmt und sie mit der Dichte und Quellung derselben Fasern nach Beseitigung der Mantelschicht verglichen. Es zeigte sich, daß die untersuchten Viskoseseiden eine dichtere Mantelschicht besitzen, Kupferkunstseide hingegen nicht. Dann haben sie die Geschwindigkeit der Aufnahme von Brillantbenzoblau 6 B bei diesen Fasern festgestellt, wobei sich zeigte, daß bei den mantellosen Fasern sich das Abschälen der äußeren Schicht praktisch nicht auswirkt, während bei den Fasern mit einer dichteren Mantelschicht nach dem Abschälen des Fasermantels nicht nur die Geschwindigkeit der Farbstoffaufnahme erhöht wird, sondern auch die Farbstoffaufnahme selbst.

Beim Vergleich des Verhaltens von Siriusrot 4 B gegenüber den in vorstehender Weise behandelten Kunstseiden zeigte sich die gleiche Erscheinung. Gefärbt wurde mit 0,1%igen Lösungen 15 Minuten bei 40° C bzw. 60 Minuten bei 90° C.

Nach WELTZIEN[3] unterscheiden sich Viskoseseiden und Kupferseiden in der Weise, daß bei diesen die Außenschicht weniger dicht und die Aufnahmegeschwindigkeit für Farbstoffe sehr viel größer ist, wodurch sich das Gleichgewicht ziemlich schnell einstellt. Bei Viskoseseide dagegen stellt sich das Gleichgewicht wesentlich langsamer ein. Nach ihm scheint die maximale Farbstoffaufnahme von Viskose- und Kupferkunstseide ziemlich gleich zu sein und alle in der Praxis beobachteten Verschiedenheiten in der Farbstoffaufnahme beider Faserarten beruhen nach ihm im wesentlichen auf Geschwindigkeitsunterschieden in der Farbstoffaufnahme.

Demnach ist es möglich, durch Verwendung eines bestimmten substantiven Farbstoffes die Aufnahmegeschwindigkeit einer Faserart zu definieren, während es umgekehrt möglich ist, durch die Verwendung einer standardisierten Kunstseide die Färbegeschwindigkeit von Farbstoffen zu klassifizieren. Diesen Weg hat BOULTON beschritten. Weil die

[1] J. M. PRESTON, S. H. MHATRE u. K. F. NARASIMHAN, J. Soc. Dyers. Colourists **65**, 18 (1949).

[2] E. ELÖD u. H. G. FRÖHLICH, Melliand Textilber. **31**, 179—182 (1950).

[3] W. WELTZIEN, Melliand Textilber. **31**, 115 (1950).

[4] J. BOULTON u. B. READING, J. Soc. Dyers Colourists **50**, 381—389 (1934). J. BOULTON, J. Soc. Dyers Colourists **60**, 5 (1944).

Farbstoffaufnahme im Maximum stark temperaturabhängig ist, führte er den Begriff der Halbwertzeit ein, definiert durch jene Zeit, in welcher 150/27 Viskose 25% der ursprünglich vorhandenen Farbstoffmenge absorbiert. Die Neutralsalzkonzentration im Färbebade muß dabei so gewählt werden, daß das Gleichgewicht bei einer Farbstoffabsorption von 50% erreicht wird. Demnach ist die Halbwertzeit eines Farbstoffes proportional seiner unter festgelegten Bedingungen erfolgenden Diffusionsgeschwindigkeit in die Viskose. Sie variiert im Verhältnis von 1 : 4000 und beträgt bei Chlorazolechtorange G.S. 0,07 Minuten und bei Chlorantinlichtscharlach BNLL 260 Minuten.

Die Einteilung der direktziehenden Farbstoffe in solche, die Kunstseiden besser egal anfärben, und die weniger egal anfärbenden, ist von WILSON und IMISON[1] vorgenommen worden. Nach WHITTAKER[2] sind die schnell anfärbenden Farbstoffe die besser egalisierenden.

Die Ergebnisse der von BOULTON, DELPH, FOTHERGILL und MORTON[3] durchgeführten Untersuchungen haben bestätigt, daß ein Farbstoff umso besser egalisiert, bei je niedrigerer Temperatur das Maximum der Farbstoffaufnahme liegt. Im Einklang damit hat CLAROU[4] festgestellt, daß das beste Egalisieren bei erhöhten Färbetemperaturen, schnellem Aufziehen und verhältnismäßig geringen Farbstoffmengen stattfindet.

Daß die Farbstoffaufnahme der verschiedenen Kunstseiden auch von ihrer Vorbehandlung abhängig ist, haben die von WELTZIEN und FROITZHEIM[5] durchgeführten Untersuchungen gezeigt. Anderseits ist die egale Anfärbbarkeit der Viskoseseide nach BONNET[6] von der Rohviskose und ihrem Reifegrad, dem Spinnverfahren, dem Gesamt- und Einzeltiter der Fäden, der Bleiche und der Trocknung abhängig. Dementsprechend haben DRATHEN, HAVEKOST und RUSCHEWEYH[7] festgestellt, daß die Aufnahme substantiver Farbstoffe bei Baumwolle, Vikosekunstseide und Vistra besonders bei der Verwendung höherer Farbstoffkonzentrationen nicht immer im gleichen Betrage erfolgt

Nach SCHAEFFER[8] dürfte es zutreffend sein, daß der Dispersionsgrad der Farbstoffe im Färbebad eine wichtige Rolle spielt für die Frage, ob ein Farbstoff auf Cellulose aufzieht oder nicht. Beim Vergleich der chemischen Konstitution einer größeren Anzahl substantiver Farbstoffe mit kolloider Dispersität im Färbebade fällt nach ihm auf, daß viele

---

[1] L. P. WILSON u. M. IMISON, J. Soc. chem. Ind. **39**, 322 (1920).

[2] C. M. WHITTAKER, J. Soc. Dyers Colourists **48**, 17 (1932).

[3] J. BOULTON, A. E. DELPH, F. FOTHERGILL u. T. H. MORTON, J. Textile Inst. **24** P, 113—128 (1933).

[4] J. CLAROU, Teintex **6**, 334—336 (1941).

[5] W. WELTZIEN u. H. FROITZHEIM, Mh. Seide, Kunstseide, Zellwolle **44**, 185—190, 238—245, 269—275 (1939).

[6] L. BONNET, Ind. textile **56**, 532—533, 576—577; **57**, 25—26 (1940).

[7] DRATHEN, HAVEKOST u. RUSCHEWEYH, Melliand Textilber. 18, 915—918 (1937).

[8] E. SCHAEFFER, Z. angew. Chem. **46**, 618—622 (1933).

dieser Farbstoffe genau das doppelte Molekül von sauren Wollfarbstoffen mit rein molekularer Verteilung darstellen. Auf diese Tatsache hatte HALLER[1] schon vorher hingewiesen. Nach SCHAEFFER dürfte daher die Regel von BILTZ[2] zutreffen, wonach die Dispersität und die Membrandurchgängigkeit nicht allein vom Molekulargewicht, sondern hauptsächlich von der Atomzahl im Farbstoffmolekül abhängig sind. Nach ihm ist die Diffusion des Farbstoffes in die submikroskopischen Poren der Faser bei allen Färbeprozessen der primäre Vorgang, abhängig von der Dispersität des Farbstoffes im Färbebade, von der Größe der submikroskopischen Poren selbst und der Temperatur. Bei zu niedriger Dispersität kann der Farbstoff nicht in die Faser eindiffundieren und lagert sich bestenfalls rein äußerlich ab, was zu reibunechten Färbungen führt, bei zu hoher Dispersität diffundiert der Farbstoff leicht wieder von der Faser heraus.

AUERBACH[3] fand, daß die in der Kälte aufziehenden Baumwollfarbstoffe feiner dispers sind als die in der Wärme aufziehenden. Nach ihm spricht die Baumwollfaser auf den Dispersitätsgrad der Farbstoffe in der Weise an, daß die bei höherer Temperatur monomolekularlöslichen Farbstoffe einen negativen Temperaturkoeffizienten aufweisen, während die bei gewöhnlicher Temperatur stark assoziiert löslichen Farbstoffe einen positiven Temperaturkoeffizienten besitzen.

Nach RUGGLI und FISCHLI[4] ist es nicht immer Vorbedingung, daß zum Färben von Baumwolle geeignete Farbstoffe kolloid löslich sein müssen, weil in vielen Fällen die Molekulargröße maßgebend für die Baumwollaffinität ist. Sie stellten fest, daß die langsamer auf Baumwolle ziehenden Farbstoffe höhere Maxima der Farbstoffaufnahme erreichen als das rasch aufziehende Chrysophenin G. Die unter ihren Versuchsbedingungen ermittelten Maxima der Farbstoffaufnahme sind aus der nachstehenden Tabelle ersichtlich.

Tabelle 68

	Chrysophenin G	Diaminreinblau	Benzoazurin G	Diaminschwarz RO
bei 70° C	34%	50%	55%	67%
bei 100° C	26%	47%	52%	61%

Diaminreinblau enthielt 58%, Benzoazurin G 62% und Diamantschwarz RO 65,4% reinen Farbstoff, als Verunreinigungen enthielten sie wesentliche Kochsalzmengen, doch ist die in 0,05 g Farbstoff (entsprechend den Versuchen) enthaltene Menge nicht von großem Einfluß.

---

[1] R. HALLER, Kolloid-Z. **29**, 98 (1921).
[2] W. BILTZ, Van Bemmelen Gedenkboek 1910, S. 108.
[3] R. AUERBACH, Kolloid-Z. **34**, 109—112 (1924).
[4] P. RUGGLI u. A. FISCHLI, Helv. chim. Acta **7**, 514—517 (1924).

Weil die substantiven Farbstoffe sich in ihrem Ziehvermögen bei verschiedenen Temperaturen verschieden verhalten und die im Färbebade angewendeten Farbstoff- und Neutralsalzkonzentrationen das Aufziehen dieser Farbstoffe beeinflussen, ist man daran gegangen, diese Einflüsse bei den Handelsfarbstoffen unter solchen Färbebedingungen festzulegen, die denen der Färbereipraxis entsprechen. Weil das Ziehvermögen in der Färberei nicht nur bei Einzelfärbungen, sondern auch bei Mischfärbungen oder bei Veränderung des Flottenverhältnisses eine wichtige Rolle spielt, sind die Substantivitäts-, die Zeit-, die Temperatur- und die Salzkurven einer großen Anzahl von Farbstoffen festgestellt und zum Teil von KÖSTER[1] veröffentlicht worden. Diese Kurven befinden sich auch in den neueren Musterkarten der Farbenfabriken.

Nach RUGGLI und PESTALLOZI[2] ist die Substantivität einer Färbung nicht allein von der Farbstoffdiffusion bestimmt, sondern die Wasserechtheit einer Färbung, d. h. die Haftfestigkeit des Farbstoffes auf der Faser muß als zweite Größe herangezogen werden, um ein quantitatives Maß für die Substantivität zu haben. Dementsprechend ist es zur Beurteilung der Frage, ob ein Farbstoff zum Färben von Cellulosefasern brauchbar ist, und welche Konstitutionseinflüsse diese Brauchbarkeit bedingen, nach ihnen erforderlich, nicht nur sein durch das Absorptionsgleichgewicht definierbares Aufziehvermögen quantitativ zu bestimmen, sondern auch die ungefähre Haftfestigkeit des aufgezogenen Farbstoffes beim nachfolgenden Spülen. Unter dem Begriff: Baumwollaffinität ist sonach die Differenz aus dem Aufziehvermögen minus Abziehbarkeit zu verstehen.

Nach ihnen hat LEUPIN[3] eine Methodik zur Bestimmung der Wasserechtheit substantiver Baumwollfärbungen vorgeschlagen, bei der die Farbstoffkonzentration im Prüfling nach einem Exponentialgesetz abnimmt.

Bei einer Stellungnahme zu diesen Fragen erscheint es angebracht, zunächst darauf hinzuwiesen, daß bei der Bestimmung von Absorptionsgleichgewichten überhaupt nicht mit Wasser nachgespült werden sollte, wenn es sich um Fibroin, Kunstseide oder Baumwolle handelt, während bei Wolle oder Polyamidfasern diese Frage deswegen von geringerer Bedeutung ist, weil ihre Färbungen bei kurzem Spülen nicht ausbluten. Am zweckmäßigsten erscheint darum das Vorgehen von ENDER und MÜLLER[4], die mit Aceton nachgespült haben. Weil die Färbungen substantiver Farbstoffe auf Cellulosefasern eine begrenzte Wasserechtheit besitzen, wird ein längeres Nachspülen einer solchen Färbung

---

[1] E. KÖSTER, Textil-Praxis 5, 719—725 (1950).

[2] P. RUGGLI u. M. PESTALLOZI, Helv. chim. Acta 9, 365—378 (1926). P. RUGGLI, Kolloid-Z. 63, 129—138 (1933).

[3] O. LEUPIN, Melliand Textilber. 22, 635—637 (1941).

[4] W. ENDER u. A. MÜLLER, Melliand Textilber. 18, 635 (1937).

notwendigerweise zu Farbstoffverlusten in der Faser führen, die einesteils von der Spüldauer und andernteils vom Diffusionsvermögen des Farbstoffs abhängen. Infolgedessen ist es mit einer genau genormten Konventionsmethode durchführbar, die Substantivität nach RUGGLI zu bestimmen und damit zu berücksichtigen, daß in der Färbereipraxis nach dem Färben, auch wenn man substantive Farbstoffe dazu verwendet hat, gespült zu werden pflegt.

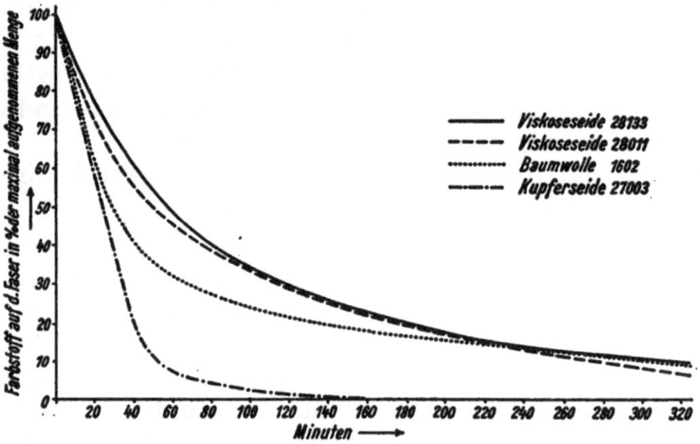

Abb. 48. Brillantbenzoblau 6 B

Wenn man den Färbevorgang bei den Cellulosefasern als einen Diffusionsvorgang ansieht, dann müßte die Farbstoffdiffusion in diese Faser der gleichen Gesetzmäßigkeit folgen wie das Herausdiffundieren. Wie bereits mitgeteilt wurde, ist die substantive Färbung, selbst bei der Verwendung von sehr aschearmer Baumwolle, nach GNEHM und KAUFLER[1] nicht völlig reversibel. WELTZIEN und SCHULZE[2], die ebenfalls sehr aschearme Baumwolle, Viskoseseide und Kupferseide verwendet haben, konnten bestätigen, daß die Färbungen von Brillantbenzoblau 6 B und Oxaminrot 3 B aus diesen Fasern mit destilliertem Wasser fast vollständig wieder ausgewaschen werden können, daß jedoch ein nicht auswaschbarer Rest zurückbleibt, der etwa 10% der ursprünglich aufgenommenen Farbstoffmenge ausmacht. Ihre Auswaschversuche wurden in der Weise durchgeführt, daß die Fasern 20 Minuten lang bei 70° C unter Umrühren in destilliertem Wasser behandelt und dann abgequetscht wurden. Danach wurde die Farbstoffkonzentration in der abgepreßten Flüssigkeit bestimmt und die Faser in frischem Wasser einer neuen Auswaschung unterzogen. Die vorliegenden Versuche umfaßten jeweils 16 Auswaschungen. Die ursprünglich auf der Faser be-

[1] R. GNEHM u. F. KAUFLER, Z. angew. Chemie 15, 345—348 (1902).
[2] W. WELTZIEN und K. SCHULZE, Kolloid-Z. 62, 46—54 (1933).

findliche Farbstoffmenge wurde zur Vereinfachung der Darstellung gleich 100 gesetzt und die nach jedem Auswaschen auf der Faser verbleibende prozentuale Farbstoffmenge auf die Ordinate aufgetragen. Die Abszisse enthält dementsprechend die Minuten Auswaschzeit, wobei für

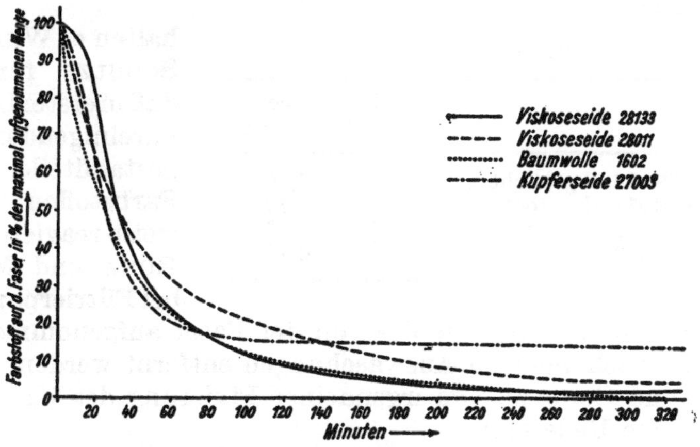

Abb. 49. Oxaminrot 3 B, 8% Na_2SO_4

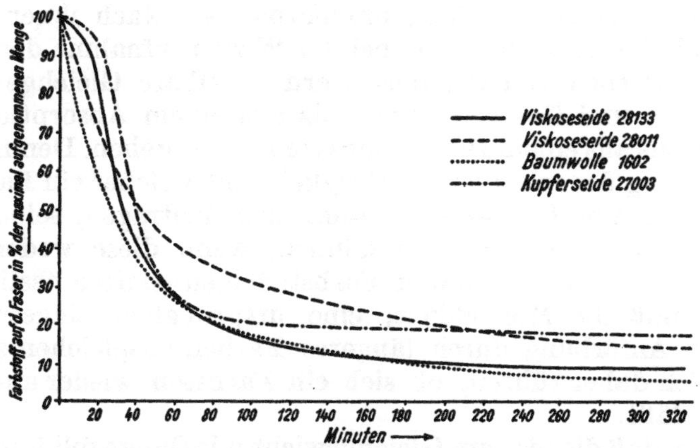

Abb. 50. Oxaminrot 3 B, 20% Na_2SO_4

jede Auswaschung 20 Minuten eingesetzt sind. Unabhängig davon, ob bei der Herstellung der Färbung ein hoher Natriumsulfatzusatz oder ein niedriger angewendet worden war, wurde schon nach vier bis fünf dieser Behandlungen der größte Teil des Farbstoffgehaltes der Faser wieder ausgewaschen, wobei keinerlei Unstetigkeit darauf schließen läßt, daß ein Teil des Farbstoffes nur oberflächlich auf der Faser haftet. Man kommt vielmehr zu dem bereits mitgeteilten Resultat, daß sowohl bei Baumwolle wie Kunstseide nur etwa 10% der ursprünglich aufgenommenen Farbstoffmenge auf der Faser verbleiben, während die übrigen 90% durch genügend häufige Wiederholung kontinuierlich ausgewaschen werden.

Da die von WELTZIEN und SCHULZE verwendeten Fasern einen sehr geringen Aschengehalt aufweisen, wie aus der nachstehenden Tabelle 69 ersichtlich ist:

Tabelle 69

	Aschen-gehalt in %
Viskoseseide 28133 abgekocht	0,10
Viskoseseide 28011 abgekocht	0,17
Kupferseide 27003 abgekocht	0,07
Baumwolle 1602 abgekocht	0,10

halten es WELTZIEN und SCHULZE für möglich, daß in erster Linie die verunreinigenden Aschenbestandteile mit den Farbstoffen analogerweise reagieren, wie dies RONA und MICHAELIS[1] bei Filtrierpapier gezeigt haben. Weil die Hauptmenge des von der Faser aufgenommenen Farbstoffes schon nach wenigen Auswaschungen entfernt werden, kann nach WELTZIEN und SCHULZE von irgendeiner Fixierung des Farbstoffes auf der Faser keine Rede sein.

Die gleiche Auffassung ist von NEALE und STRINGFELLOW[2] vertreten worden, nachdem ihre Versuche gezeigt hatten, daß die Aufnahme von substantiven Farbstoffen völlig umkehrbar ist. Nach ihnen zeigt sich nicht einmal eine Hysteresis wie bei der Wasseraufnahme der Faser.

Das beim Färben von Cellulosefasern erzielbare Gleichgewicht muß nach JACKSON und TURNER[3] einesteils aus einem Absorptionsvorgang und andernteils aus einem Desorptionsvorgang bestehen. Demnach würde die Bestimmung der relativen Leichtigkeit, mit welcher ein Farbstoff aus der Faser ausgewaschen werden kann, dazu beitragen, seine Naßechtheitseigenschaften definieren zu können, wenn diese weder von den Fasereigenschaften noch anderen Farbstoffeigenschaften bestimmt wird. Außerdem muß die Möglichkeit, eine ursprünglich eingetretene Unegalität der Anfärbung durch längeres Färben ausgleichen zu können, hauptsächlich daher rühren, ob sich ein Farbstoff wieder aus der Faser herauslösen läßt.

Sie fanden, daß die bis zum Gleichgewicht mit Chlorazolhimmelblau FF gefärbte Baumwolle und Viskosekunstseide sich allmählich bis zu einem Gleichgewichtszustand auswaschen läßt. Unter vergleichbaren Bedingungen tritt sowohl bei Baumwolle als auch bei Viskoseseide die Desorption in stärkerem Ausmaß ein als die Absorption. Bei sonst gleichen Versuchsbedingungen nimmt die Desorption mit steigender Temperatur zu. Wenn das Gleichgewicht durch Auswaschen erreicht

[1] P. RONA u. L. MICHAELIS, Biochem. Z. **103**, 19—29 (1920).
[2] S. M. NEALE u. W. A. STRINGFELLOW, J. Textile Just. **24** P, 145—149 (1933).
[3] J. H. E. JACKSON u. H. A. TURNER, J. Soc. Dyers Colourists **68**, 345—352 (1952).

wurde, ist die Farbstoffkonzentration in der Faser bei einem Behandlungsbade von bestimmter Konzentration höher als bei einem Färbebade von gleicher Konzentration. Demnach besteht eine Hysteresis, und zwar eine um so größere, je niedriger die Temperatur ist.

Bei gebleichter Baumwolle bleibt im Gleichgewicht mehr Farbstoff in der Faser zurück, wenn das Behandlungsbad aus reinem Wasser besteht, als bei Behandlungsbädern mit einem Kochsalzgehalt von 5—20 g im Liter. Wenn das Behandlungsbad 0,5 g Kochsalz im Liter enthält, bleibt am wenigsten Farbstoff in der Baumwolle zurück, bei größeren Kochsalzmengen mehr.

Die Tabelle 70 zeigt die von JACKSON und TURNER bei Baumwolle erhaltenen Ergebnisse der Absorption und Desorption im Gleichgewicht bei verschiedenen Temperaturen.

Die vorstehende Abb. 51 zeigt das Verhältnis von Adsorption zur Desorption bei Baumwolle und Viskosezellwolle bei 95° C.

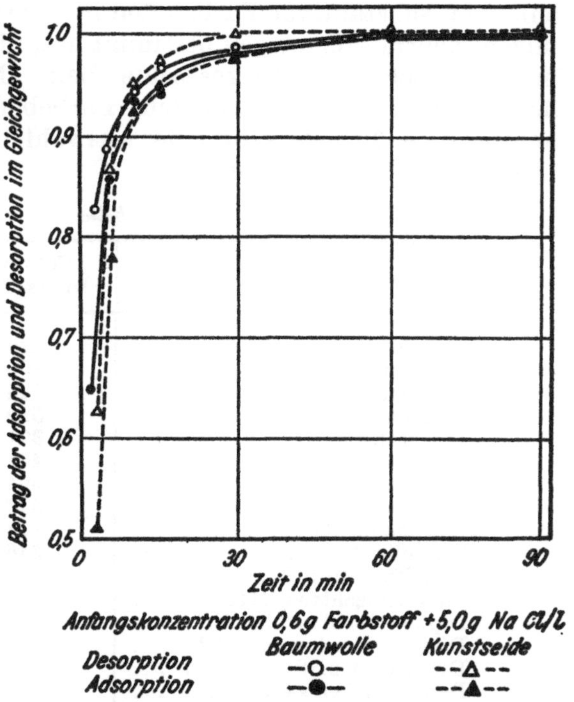

Abb. 51. Absorption und Desorption von reinem Diaminreinblau FF für Baumwolle und Viscosekunstseide bei 95° C

Nach den von JACKSON und TURNER erhaltenen Untersuchungsergebnissen beeinflußt demnach nicht nur die Temperatur, sondern auch das zugesetzte Neutralsalz die Desorption von substantiven Farbstoffen.

Tabelle 70

Farbstoffgehalt von Baumwolle im Gleichgewicht (g/100 g)

Baumwolle, 0,03 g reiner Farbstoff + 5,0 g NaCl im Liter			
Temperatur . . .	50° C	70° C	95° C
Adsorption (A) . .	0,766	0,445	0,215
Desorption (D) . .	0,826	0,498	0,257
Hysteresis (D—A)	0,060	0,053	0,042

Wesentlich augenfälliger ist jedoch die Neutralsalzwirkung auf die Farbstoffabsorption, wie die Abb. 41 in aller Deutlichkeit zeigt. Der dort verwendete Farbstoff Chrysophenin G ist, wie die Untersuchung von STANDING und HOLMES ergeben hat, bei geringem Neutralsalzzusatz nur schwach assoziiert. Darum hat BOULTON[1] die Salzempfindlichkeit einer Reihe von substantiven Farbstoffen in der Weise festgestellt, daß er diejenigen Neutralsalzmengen bestimmt hat, die erforderlich ist, damit ein Direktfarbstoff von Viskoseseide beim Flottenverhältnis 1 : 40 im Gleichgewicht zu 50% aus dem Färbebade aufgenommen wird. Die nachstehende Tabelle gibt eine Auswahl der von BOULTON dabei erhaltenen Ergebnisse wieder.

Tabelle 71

Farbstoff	Colour-Index Nr.	Salzzusatz in % vom Fasergewicht
Chlorazolbraun MS	420	0
Benzopurpurin 10B	495	0
Benzopurpurin 4B	448	0,2
Chlorazoldunkelgrün PLS	583	0,4
Diazoschwarz OT	371	1,0
Melantherine BH	401	1,0
Chlorazolgrün GS	594	1,2
Chlorazolechtgelb 5GKS	346	2,0
Oxyphenin GG	814	2,0
Primulin AS	346	2,0
Trisulfonbraun B	561	2,0
Chlorazolechtrosa BKS	353	2,0
Diphenylbrillantblau FF	318	2,0
Diazolbrillantorange GR	324	4,0
Durazolrot 2BS	278	5,0
Benzoechthelio 4BL	353a	5,4
Chlorazolechteosin B	353	7,0
Benzoechtgelb RL	349a	8,5
Benzoechtgelb 4GL	349	8,5
Chrysophenin G	365	13,0
Rosanthrenrosa	324a	16,0
Rosanthrenviolett	—	30,0

Die ursprüngliche Tabelle enthält über 180 Farbstoffe, die vorstehenden sind von bekannter Konstitution mit Ausnahme des letztgenannten Farbstoffes, der deshalb angeführt wurde, um zu zeigen, wieviel Salz maximal angewendet werden muß, um ein 50%iges Ausziehen zu erreichen.

Nach VICKERSTAFF[2] ist der von BOULTON[3] beschriebene Zeit/Salz-Test die beste Methode, um die Wirkung von Neutralsalz auf das Ver-

[1] J. BOULTON, J. Soc. Dyers Colourists 60, 5ff. (1944).
[2] T. VICKERSTAFF, The Physical Chemistry of Dying, London 1954, 237—238.
[3] J. BOULTON, J. Soc. Dyers Colourists 60, 5 (1944).

halten direktziehender Farbstoffe unter praktischen Färbebedingungen zu zeigen. Dabei werden drei kleine Stränge von Viskoseseide in gleichgroßen Färbebädern bei 90° C mit 1% Farbstoff vom Warengewicht ohne Salzzusatz je eine, fünf und zwanzig Minuten lang gefärbt. Außerdem werden Viskosegarnstränge je zwanzig Minuten in Färbebädern des gleichen Farbstoffes mit 1, 2, 5 und 20% Salzzusatz vom Warengewicht gefärbt. Die im ersten Teil gefärbten Stränge zeigen die Farbstoffaufnahme ohne Salzzusatz, und die im zweiten Teil erhaltenen Ausfärbungen geben die Salzempfindlichkeit an.

Die von LEMIN, VICKERS und VICKERSTAFF[1] mitgeteilten Ergebnisse der Wirkung von Neutralsalzzusätzen auf das Aufziehen von Baumwollfarbstoffen sind den von KÖSTER mitgeteilten analog. Bei beiden Untersuchungsmethoden wird berücksichtigt, daß man beim praktischen Färben die Färbedauer nicht so lange auszudehnen pflegt, bis ein Gleichgewicht der Farbstoffaufnahme im wissenschaftlichen Sinne erreicht wird.

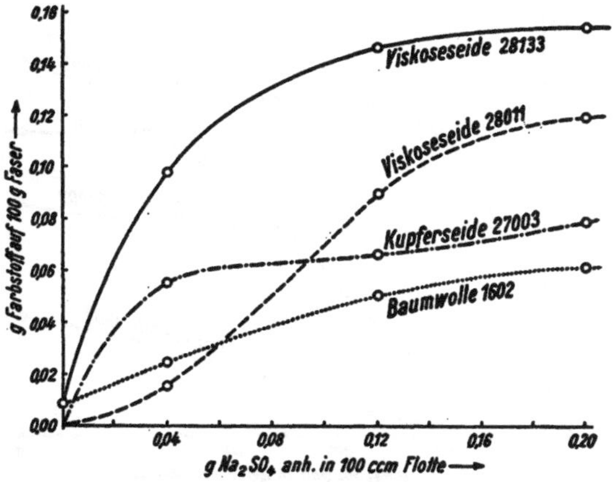

Abb. 52. Brillantbenzoblau 6 B

Die Angabe der Temperaturkurven gestattet außerdem festzustellen, ob der betreffende Farbstoff unter den in der Praxis üblichen Bedingungen besser aus heißen oder warmen Färbebädern auszieht.

Alle Besonderheiten von Cellulosefasern bei der Farbstoffaufnahme können bei derartigen Angaben natürlich nicht mit berücksichtigt werden, wie einesteils aus den von HANSEN, NEALE und STRINGFELLOW mitgeteilten Versuchsergebnissen beim Färben in unendlich langen Färbebädern (Abb. 46) ersichtlich ist, welche unter Verwendung von Reinblau FF und Kochsalz bei verschiedenen Cellulosefasern erhalten wurden und andernteils aus den von WELTZIEN und SCHULZE[2] unter Verwendung von Brillantbenzoblau 6 B bzw. Oxaminrot 3 B und verschiedenen Natriumsulfatzusätzen erhaltenen Färbeergebnissen bei Viskose, Kupferkunstseide und Baumwolle hervorgeht. Während HANSON, NEALE und STRINGFELLOW vier Stunden lang bis zum erreichten Gleich-

[1] D. R. LEMIN, E. J. VICKERS u. T. VICKERSTAFF, J. Soc. Dyers Colourists 62, 132 (1946).
[2] W. WELTZIEN u. K. SCHULZE, Kolloid-Z. 62, 46—54 (1933).

gewicht gefärbt haben, sind die von WELTZIEN und SCHULZE veröffentlichten Kurven der Farbstoffaufnahme offenbar bei kürzerer Färbedauer erhalten worden (Abb. 52 u. 53).

Daß sich auch die Naturbaumwollen in bezug auf ihr Verhalten gegen substantive Farbstoffe unterscheiden, haben die Untersuchungen von THOMAS[1] an amerikanischer und australischer Baumwolle gezeigt, nach denen amerikanische Baumwolle erheblich tiefer angefärbt wird als australische. Ebenso ist dem Praktiker bekannt, daß nicht nur in bezug auf die Stapellänge, den Glanz und den Fettgehalt erhebliche Unterschiede zwischen ostindischer und ägyptischer Rohbaumwolle bestehen, sondern auch in bezug auf ihre Farbstoffaufnahmen nach dem Abkochen und Bleichen unter den in der Praxis üblichen Bedingungen. Bei den Bastfasern Leinen und Ramie läßt sich die gegenüber den Baumwollfasern bei polydispersen Farbstoffen erschwerte Farbstoffaufnahme darauf zurückführen, daß große Farbstoffmoleküle nicht in die Kristallite der Bastfasern eindringen können, sondern nur in deren amorphe Anteile, so daß bei dichtem Kristallbau eine Farbstoffanlagerung an den Oberflächen erfolgt. Jute hingegen läßt sich aus alkalischen salzhaltigen Färbebädern mit anionischen Farbstoffen in analoger Weise färben wie Oxycellulose, die in bezug auf ihr färberisches Verhalten von NEALE und STRINGFELLOW[2] untersucht worden ist.

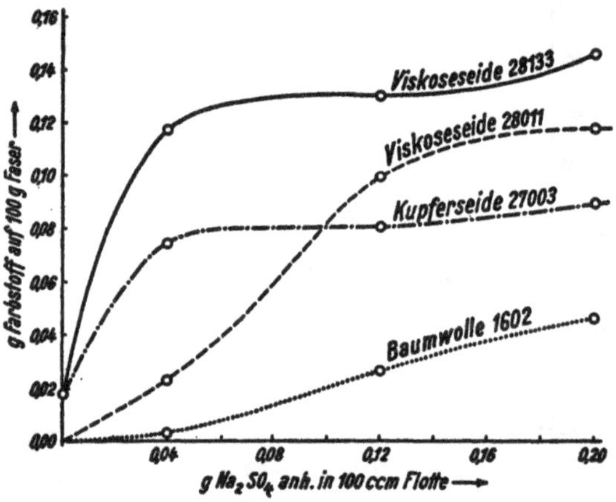

Abb. 53. Oxaminrot 3 B

Die Salzwirkungen beim Färben

Verwendet man hartes Betriebswasser, dann erhält man häufig wiederum andere Färbeergebnisse mit anionischen Farbstoffen. Es war schon erwähnt worden, daß die Bariumsalze von Azofarbstoffen nach WEBER[3] ein viel geringeres Diffusionsvermögen besitzen als die ihnen entsprechenden Natriumverbindungen. Dementsprechend hat VIKTOROFF[4]

[1] H. A. THOMAS, J. Soc. Dyers Colourists 52, 325—335 (1936).

[2] S. M. NEALE u. W. A. STRINGFELLOW, J. Soc. Dyers Colourists 56, 17—18 (1940).

[3] C. O. WEBER, Färber-Ztg. 5, 213—215 (1894).

[4] P. P. VIKTOROFF, Kolloid-Z. 55, 72—81 (1931).

als erster den Einfluß einer Reihe verschiedener Kationen auf die Färbeeigenschaften von Benzoreinblau genauer untersucht. Dabei ließen sich die untersuchten Elektrolyte in ihrer Wirkung auf den Farbstoff in einer Reihe ordnen, die mit $(NH_4)_2SO_4$ beginnt und folgendes Aussehen hat:

$$NH_4 < Na < K < Mg < Ni < Mn < Zn < Cd < Al.$$

Bei Anwesenheit mehrwertiger Kationen im Färbebade wird demnach dann am meisten Farbstoff von der Baumwolle aufgenommen, wenn $Al_2(SO_4)_3 + 18\,H_2O$ mitverwendet wurde.

Die von SCHRAMEK und GÖTTE[1] erhaltenen Untersuchungsergebnisse zeigen, daß auch der Farbstoff Dianilblau R in Gegenwart von Magnesiumsulfat stärker auf Baumwolle aufzieht als in Gegenwart von Natriumsalzen, daß die Magnesiumsulfat enthaltenden Färbebäder jedoch größere Farbstoffteilchen aufweisen als die Vergleichsfärbebäder mit Natriumsalzzusätzen. Nach ihnen besteht die folgende Reihe:

$$NaOH < Na_2CO_3 < Na_2SO_4 < NaCl < MgSO_4$$

Daß auch andere Benzidinfarbstoffe wie Chlorazolhimmelblau FF und Benzopurpurin 4 B auf den Elektrolytgehalt im Färbebade in der Weise reagieren, daß zweiwertige Kationen im allgemeinen stärker fällend wirken als einwertige, haben die Arbeiten von NEALE und PATEL[2] gezeigt, wobei die folgende Reihe erhalten wurde:

$$Na_2HPO_4 < KH_2PO_4 < NaCl < NH_4Cl < MgCl < ZnSO_4 < CaCl_2 < BaCl_2$$

Daß auch die einwertigen Kationen unterschiedliche Wirkungen auf die Farbstoffaufnahme ausüben, ist von MANN und RICHARDSON[3] festgestellt worden. Zunächst wurde von RICHARDSON eine Methode ausgearbeitet, nach der man aus direktziehenden Farbstoffen durch Ionenaustausch reine wasserlösliche Sulfosäuren herstellen kann.[4] Anschließend daran konnte die Frage geprüft werden, in welcher Weise die einwertigen Kationen die Farbstoffaufnahme beeinflussen. Zu diesem Zweck wurde die gereinigte Farbstoffsäure von Reinblau FF mit folgenden Kationen in Gegenwart des entsprechenden Chlorids bei $p_H = 7$ versetzt: Ammonium, Kalium, Natrium, Lithium, Tetramethylammonium, Trimethylbenzylammonium, Tetraäthylammonium, Triäthylbenzylammonium. Gefärbt wurde Viskosekunstseide bei 90° C. Die Farbstoffaufnahme im Gleichgewicht beträgt bei dem Ammoniumsalz 86% und sinkt in der obigen Reihenfolge bis auf 57% beim Triäthylbenzylammoniumsalz ab. In gleicher Weise nimmt die Ionenleitfähigkeit von 65 auf 22,5 ab. Deshalb nehmen die Verfasser an, daß innerhalb einer

[1] W. SCHRAMEK u. E. GÖTTE, Kolloidchem. Beih. 34, 265 (1931).
[2] S. M. NEALE u. A. M. PATEL, Trans. Faraday Soc. 30, 905—914 (1934).
[3] H. B. MANN u. R. W. RICHARDSON, J. Soc. Dyers Colourists 67, 148 (1951).
[4] R. W. RICHARDSON, Nature (London) 164, 916—917 (1949); J. chem. Soc. (London) 1951 II, 910—914 (1951).

Reihe ähnlicher Kationen zwischen der Ionenleitfähigkeit der Größe solvatisierten Ionen und dem Ausmaß der Farbstoffaufnahme eine enge Beziehung besteht.

Bei dem Vergleich der Wirkung von einwertigen und mehrwertigen Kationen auf die Aufnahme anionischer Farbstoffe durch Baumwolle fand KROTOWA[1], daß die Lösungen der untersuchten substantiven Farbstoffe Anilinreinblau FF und Anilinreinblau H negativ geladen sind. Äquivalente Mengen von Kationen verschiedener Valenz, aber gleichem Anion verursachen ein Sinken des ζ-Potentials des Farbstoffes nach der Regel von SCHULTZE-HARDY. Es besteht ein enger Zusammenhang zwischen dem kataphoretischen Potential der Farbstofflösung und deren Absorption durch die Baumwollfaser.

Bei der Einwirkung von NaCl in Konzentrationen, die gewöhnlich beim Färben Verwendung finden, tritt keine Änderung des Dispersionsgrades des Farbstoffs ein, das kataphoretische Potential seiner Lösung erleidet aber eine scharfe Änderung. In diesem Falle hat also der letztere Faktor einen entscheidenden Einfluß auf die Ergebnisse der Adsorption des Farbstoffer durch die Faser. Sinkt die kataphoretische Geschwindigkeit des Farbstoffs, so steigt die Adsorption, dabei entspricht dem Gebiete scharfer Änderung des ζ auch ein Gebiet deutlicher Änderungen des Adsorptionswertes.

Bei der Untersuchung der Lichtzerstreuung in Abhängigkeit von der Elektrolytkonzentration fand KROTOWA[2], daß mit zunehmender Elektrolytkonzentration die Lichtzerstreuung zunimmt. Die Adsorption des Farbstoffes hängt demnach vom ζ-Potential und vom Dispersitätsgrad der Farbstofflösungen ab.

Die Farbstoffabsorption von Baumwolle wächst im Gebiet der Elektrolytkonzentrationen, welche nur eine starke Erniedrigung des ζ-Potentials, aber keine bedeutenden Änderungen des Dispersitätsgrades hervorrufen.

Die starke Verringerung des Dispersitätsgrades bei Erreichung einer bestimmten Elektrolytkonzentration ruft eine Verminderung der Absorptionsgröße des Farbstoffes hervor.

Die Wirkung von Kochsalz auf die Farbstoffassoziation, Diffusion und Adsorption ist von LENHER und SMITH[3] bei den Farbstoffen Benzoechtrot 8 BL (I) und seinem Benzoamidoderivat (II) untersucht worden.

(I)

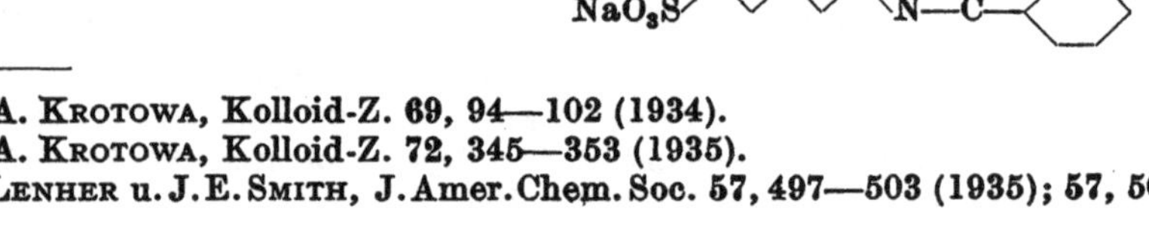

[1] N. A. KROTOWA, Kolloid-Z. 69, 94—102 (1934).

[2] N. A. KROTOWA, Kolloid-Z. 72, 345—353 (1935).

[3] S. LENHER u. J. E. SMITH, J. Amer. Chem. Soc. 57, 497—503 (1935); 57, 504—508 (1935).

(II)

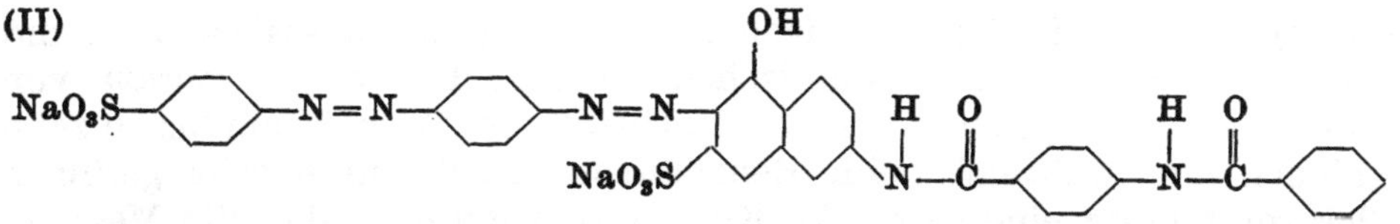

Der Farbstoff der Formel II diffundiert sowohl in elektrolytfreier als auch in Kochsalz enthaltender Lösung etwas rascher als Benzoechtrot 8 BL. In kochsalzhaltigen Lösungen ist der Farbstoff II bei 25° C dagegen stärker assoziiert als der Farbstoff I. In Abwesenheit von Elektrolyten zeigt keiner der beiden Farbstoffe irgendwelche Affinität zu Baumwolle mit einem Aschengehalt von 0,08 und 0,3%. In Gegenwart der Elektrolyten NaCl bzw. Na_2SO_4 zeigt Benzoechtrot 8 BL mehr Substantivität bei 25° C, aber bei Siedetemperatur wird es nur schwach adsorbiert, während bei dieser Temperatur Farbstoff (II) ein schwach substantiver Baumwollfarbstoff ist. Demnach ist die Baumwollaffinität unter praktischen Färbebedingungen weniger von der Farbstoffkonstitution als solcher abhängig, sondern vielmehr von der Einhaltung der Färbebedingungen in bezug auf die Färbetemperatur und den angewendeten Salzzusatz.

Zu analogen Ergebnissen führte die Untersuchung der Zusammenhänge von Diffusion, Assoziation und Adsorption bei Benzopurpurin 4 B und seinem meta-Isomeren durch die gleichen Autoren.

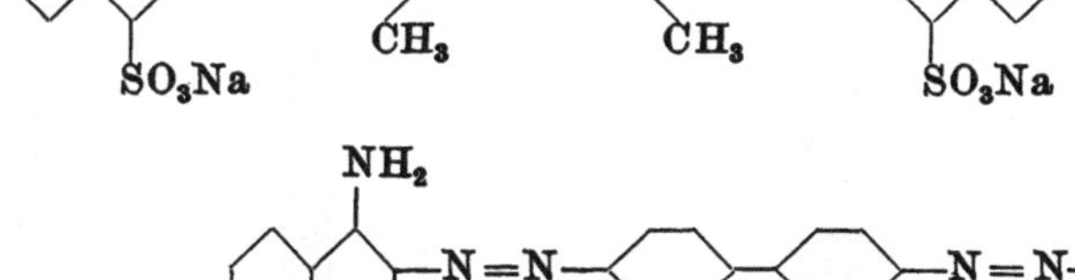

Benzopurpurin 4 B

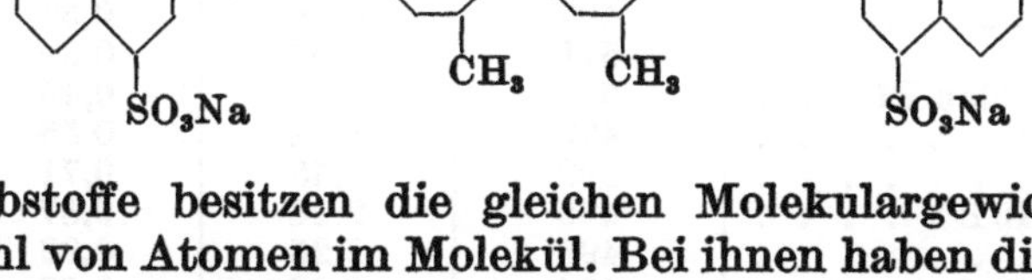

Beide Farbstoffe besitzen die gleichen Molekulargewichte und die gleiche Anzahl von Atomen im Molekül. Bei ihnen haben die von ROBINSON und MILLS[1] durchgeführten Diffusionsmessungen ergeben, daß beide Farbstoffe sich in salzfreiem Zustande bei 25° C in ihrem Diffusionsvermögen überhaupt nicht unterscheiden. Die Untersuchung der Salzempfindlichkeit ergab jedoch, daß Benzopurpurin 4 B viel leichter ausgeflockt wird als das meta-Isomere. Die nicht übersättigten salzfreien

[1] C. ROBINSON u. H. A. T. MILLS, Proc. Roy. Soc. London A 131, 576—595 (1931)

Lösungen beider Farbstoffe zeigen nahezu die gleichen Viskositäten und annähernd die gleichen osmotischen Drucke. Durch den Zusatz von Elektrolyten tritt jedoch beim Metafarbstoff eine Assoziation bis zu zehn Anionen ein, während beim Benzopurpurin 4 B durch sehr geringen Elektrolytzusatz eine so starke Koagulation einsetzt, daß die Messung der Assoziation nicht mehr möglich ist.

LENHER und SMITH[1] haben das Diffusionsvermögen beider Farbstoffe bei verschiedenen Temperaturen und bei verschiedenen Salzzusätzen bestimmt. Danach enthalten die Micellen von Benzopurpurin 4 B bei 25° C und bei niedrigen Salzzusätzen mehrere 100 Moleküle, während die Micellen des Isomeren bei der gleichen Temperatur und in Gegenwart von mehr Salz weniger als 20 Moleküle enthalten. Bei dieser Temperatur ist das meta-Isomere stärker substantiv als Benzopurpurin 4 B, aber bei 80—100° C ist Benzopurpurin 4 B stärker substantiv. Bei 94° C wird Benzopurpurin 4 B von Baumwolle und Cellophan zehnmal stärker adsorbiert als das m-Isomere. Die höhere Temperatur verursacht, daß die Micellen von Benzopurpurin 4 B teilweise zerfallen und dadurch kleiner werden,

Tabelle 72

Die Adsorption von Direktfarbstoffen bei Viskose und Baumwolle

Farbstoff	Colour-Index Nr.	Farbstoffadsorption in g/100 g Faser		Adsorptionsgrad
		Viskose	Baumwolle	
Heliotrope 2B	386	0,14	0,09	1,5
Chrysophenin G	365	0,20	—	—
Meta-Benzopurpurin 4B	—	0,29	0,15	2,0
Chlorazolblau B	406	0,61	0,18	3,4
Dianilblau G	508	0,55	0,26	2,2
Durazolrot 2B	278	0,48	0,27	1,8
Chlorazolviolett R	388	0,73	0,29	2,5
Benzohimmelblau	520	0,95	0,30	3,2
Eboliblau B	475	0,95	0,31	3,0
Naphthaminblau B	407	0,88	0,37	2,4
Brillantazurin D	511	0,99	0,39	2,5
Chlorazolhimmelblau FF	518	1,04	0,45	2,3
Chlorazolblau 2R	472	1,04	0,55	1,9
Benzoazurin G	502	1,45	0,71	2,1
Benzopurpurin 10B	495	2,44	0,87	2,8
Azoviolett	498	2,25	0,92	2,4
Dianilrot 2B	434	2,90	1,06	2,7
Chicagoblau B	516	3,40	1,20	2,8
Congorot	370	3,11	1,22	2,5
Benzopurpurin 4B	444	3,31	1,22	2,7
Diaminblau AZ	503	2,10	1,24	1,7
Chlorazolechtscharlach 4B	327	2,18	1,41	1,6

[1] S. LENHER u. J. E. SMITH, J. Amer. chem. Soc. 57, 504—508 (1935).

so daß sich nach LENHER und SMITH[1] daraus ergibt, daß substantive Farbstoffe höchstens einen Durchmesser von 17 Å haben dürfen.

NEALE[2] hat bei einer großen Reihe substantiver Farbstoffe den Einfluß des Salzzusatzes auf die Farbstoffaufnahme bei Viskose und Baumwolle untersucht und dabei folgende Ergebnisse erhalten: (s. Tabelle 72)

Unter dem Hinweis darauf, daß der Farbstoff selbst als Elektrolyt wirken kann, so daß bei hoher Farbstoffkonzentration bei zweibasischen Farbstoffen Adsorption erfolgt, jedoch nicht bei vierbasischen, legt auch VICKERSTAFF[3] dem Salzeinfluß beim Färben große Bedeutung zu. Nach ihm sind die vierbasischen direktziehenden Baumwollfarbstoffe im allgemeinen insofern salzempfindlicher als die einbasischen oder zweibasischen, weil sie nur bei Elektrolytanwesenheit färben. Dies zeigt die nachstehende Tabelle.

Tabelle 73

Färbebaderschöpfungen der Direktfarbstoffe bei Baumwolle

Basizität	Anzahl der Farbstoffe	Erschöpfung ohne Salzzusatz	Erschöpfung mit 200% Salz
2	16	32	85
3	5	17	90
4	7	12	85

Nach VENKATARAMAN[4] begünstigen die gleichen strukturellen Einflüsse, welche die Farbstoffaggregation in wäßriger Lösung verursachen, auch die Adsorption dieses Farbstoffes an Cellulosefasern. Demnach bedingen wahrscheinlich die gleichen Gruppen im Farbstoffanion, welche für die Farbstoffaggregation in wäßriger Lösung verantwortlich sind, die Baumwollaffinität dieses Farbstoffes, so daß darum die Substantivität eine Begleiterscheinung, aber nicht die Folge der Kolloideigenschaften des Farbstoffes ist. Nach ihm ist dagegen die Neigung eines Farbstoffes, in Gegenwart von anorganischen Elektrolyten sich zu aggregieren, ein brauchbares Anzeichen auf die substantiven Eigenschaften des Farbstoffes gegenüber Cellulose.

Nach VENKATARAMAN[5] besteht eine wichtige Funktion der Salzwirkung darin, daß durch den Salzzusatz die Löslichkeit des Farbstoffes im Wasser erniedrigt wird, weil eine abnehmende Löslichkeit in Wasser zu einer zunehmenden Farbstoffadsorption der Cellulosefasern führt. Der Salzeffekt ist von Farbstoff zu Farbstoff beträchtlich verschieden und abhängig von den Aggregationseigenschaften der Farbstoffe.

[1] S. LENHER u. J. E. SMITH, Ind. Engng. Chem. 27, 20—25 (1935).
[2] S. M. NEALE, J. Soc. Dyers Colourists 52, 252—260 (1936).
[3] T. VICKERSTAFF, J. Soc. Dyers Colourists 69, 279—282 (1953).
[4] K. VENKATARAMAN, The Chemistry of Synthetic Dyers, New York 1952, II, 1265.
[5] K. VENKATARAMAN, The Chemistry of Synthetic Dyers 1952, II, 1268.

Himmelblau FF (Dianisidin → 2 Mole 1-Amino-8-naphthol-2,4-Disulfosäure) färbt, wenn es chemisch rein und völlig frei von anorganischen Salzen ist, Cellulosefasern überhaupt nicht an. Aus solchen reinen Farbstofflösungen nimmt die Cellulosefaser nur Wasser auf. Benzopurpurin 4 B (0-Tolidin → 2 Mole Naphthionsäure) dagegen färbt in reinem Zustande Cellulose an, wie NEALE[1] gezeigt hat. Auch SCHRAMEK und GÖTTE[2] haben gefunden, daß Diaminblau 2 B und Dianilblau R in salzfreiem Zustand Baumwolle bei 20° C überhaupt nicht anfärben, andere hingegen wie Chrysamingelb und Oxaminviolett dagegen stark.

Dementsprechend führt auch ROSE[3] die Substantivität der Azofarbstoffe auf ihre kolloiden Eigenschaften und auf ihre Aussalzbarkeit zurück.

Die Reaktionswärmen beim Färben

Als erster hat MARK[4] auf die Möglichkeit hingewiesen, mit Hilfe der Bestimmung der auftretenden Reaktionswärmen die beim Färben von Textilfasern sich abspielenden Vorgänge zu studieren. Daß die Sorption eines Direktfarbstoffes durch Cellulose, ebenso wie die Farbstoffaggregation in wäßriger Lösung, ein exothermer Vorgang ist, geht daraus hervor, daß mit zunehmender Temperatur die im Gleichgewicht aufgezogene Farbstoffmenge abnimmt. Diese Erscheinung zeigen alle substantiven Farbstoffe einschließlich solcher, die nur geringe oder keine Neigung zur Aggregation in wäßriger Lösung haben, woraus klar hervorgeht, daß molekulare Kräfte bei der Farbstoffsorption von Cellulose am Werke sind.

Ferner haben die umfassenden Untersuchungen von WILLIS, WARWICKER, STANDING und URQUHART[5] bewiesen, daß beim Färben von Cellulose mit Chrysophen bei 80° C (T = 353) ein Potential $-\Psi_0$ auftritt, woraus hervorgeht, daß

$$\Psi_0/RT = 19{,}5 \qquad (30)$$

ist. Die Existenz eines Potentials $-\Psi_0$ von negativem Wert beweist, daß der Färbevorgang ein exothermer ist. Für jedes g-Molekül Farbstoff wird bei der Adsorption eine Energiemenge frei, die gleich Ψ_0 ist. Diese Energie beträgt bei der Annahme, daß $R = 2$ cal ist, 14000 Kalorien.

Bei einer solch großen Wärmetönung wäre eine Temperaturerhöhung im Färbebade zu erwarten; die Rechnung zeigt jedoch, daß die Temperaturerhöhung auch unter günstigen Bedingungen außerordentlich gering ist und 0,01—0,1° C beträgt. Die große Schwierigkeit, diese

---

[1] S. M. NEALE, J. Soc. Dyers Colourists 52, 252—260 (1936).
[2] W. SCHRAMEK u. E. GÖTTE, Kolloidchem. Beih. 34, 218—269 (1931).
[3] R. E. ROSE, Ind. Engng. Chem. 25, 1265—1268 (1933).
[4] H. MARK, Melliand Textilber. 11, 695—698 (1930).
[5] H. F. WILLIS, J. O. WARWICKER, H. A. STANDING u. A. R. URQUHART, Trans. Faraday Soc. 41, 538—540 (1945).

Reaktionswärme praktisch festzustellen, besteht nach ihnen darin, daß der Färbevorgang nicht plötzlich stattfindet und daß die Reaktionswärme darum nur in einem sehr langen Zeitraum frei wird.

Weil die Veresterung von Cellulose bewirkt, daß die gebildete Acetylcellulose keine Farbstoffe mehr adsorbieren kann, nehmen sie an, daß die Cellulose Farbstoffe vermittels Hydroxylgruppen bindet. Weil das Chrysophenin keine Hydroxylgruppen im Molekül enthält und von den SO_3-Gruppen bisher nicht bekannt ist, daß diese Wasserstoffbrücken bilden können, erfolgt nach ihnen die Brückenbildung wahrscheinlich zwischen den Hydroxylgruppen der Cellulose und den Sauerstoffatomen der Oxyäthylgruppen des Chrysophenin. Weil der Wert von 7 kcal für eine Wasserstoffbrücke vernünftiger erscheint, nehmen sie an, daß der Farbstoff durch zwei Wasserstoffbrücken festgehalten wird.

Marshall und Peters[1] haben die Farbstoffaffinitäten substantiver Farbstoffe zu Cellulose aus den Potentialveränderungen errechnet, welche beim Färben mit diesen Farbstoffen auftreten. Diese Behandlung kann man bei in Lösung nicht aggregierten Farbstoffen vornehmen und Abweichungen von dem theoretisch erwarteten Verhalten sind dann beweisend für die Anwesenheit von Aggregaten. Als vereinfachende Annahmen wird vorausgesetzt, daß die Farbstoffe sowohl in der Lösung als auch auf der Faser völlig dissoziiert sind und daß lediglich Farbstoffanionen von der Faser adsorbiert werden, während die Gegenionen in die Fasern eindiffundieren, um elektrische Neutralität zu erzeugen.

Die Aktivität des Farbstoffes in der Lösung und in der Faser ergibt sich dann aus dem Produkt seiner Ionenaktivitäten, wenn man annimmt, daß sie den Konzentrationen der Farbstoffanionen und der Natriumionen proportional sind. Die Proportionalitätskonstante in der Faser hat dann die Dimension eines reziproken Volumens $\left(\frac{1}{v}\right)$. Das Volumen V in l/kg trockener Faser, das als effektives Volumen der Cellulosephase bezeichnet werden mag, wird aus den Absorptionswerten von Chrysophenin G berechnet. Dabei erhält man Werte für V, die in der folgenden Tabelle in Vergleich gesetzt sind zu den von Urquhart und Williams[2] erhaltenen Zahlen der Dampfabsorption und dem zum Unterschiede vom chemisch gebundenen Wasser in der Faser gelöstem Wasser.

Um die Veränderungen in der freien Energie zu bestimmen, welche beim Färben auftreten, haben sie die Gleichung

$$-\Delta G^0 = RT \ln [D]_f \cdot [\mathrm{Na}]_f^z - RT \ln [\mathrm{D}]_s \cdot [\mathrm{Na}]_s - (Z+1)\, RT \ln V \quad (31)$$

benutzt. Darin ist R die Gaskonstante, T die absolute Temperatur, $[\mathrm{D}]_f$, $[\mathrm{Na}]_f$ sind die Ionenkonzentrationen in der Faser und $[\mathrm{D}]_s$ und $[\mathrm{Na}]_s$ sind die Konzentrationen von Farbstoff- und Natriumionen in der

[1] W. J. Marshall u. R. H. Peters, J. Soc. Dyers Colourists **63**, 446—461 (1947).
[2] A. R. Urquahrt u. Williams, J. Textile Inst. **15** T, 559 (1924).

Tabelle 74

Volumen der Cellulose-Phase (l/kg Trockengewicht)

Faser	Dampf-absorption	Gelöstes Wasser	Adsorption von Chrysophenin G
Baumwolle . . .	0,22	0,16	0,30
Merc. Baumwolle .	0,26	0,21	0,50
Viskosekunstseide	0,46	0,27	0,45
Kupferkunstseide .	0,37	0,26	0,65

Lösung. Es mag zwar zweifelhaft sein, ob die Affinität vom Wert von V abhängt, besonders wenn man Farbstoffe von verschiedener Wertigkeit und Ionenladung (z) vergleicht. Indessen stimmen die auf den verschiedenen Cellulosefasern erhaltenen Reaktionswärmen im ganzen gut überein, so daß man daraus den Schluß ziehen kann, daß die Affinität eines Baumwollfarbstoffes zu allen Cellulosefasern gleich ist. Darum ist die Celluloseaffinität aus den Farbstoffaffinitäten gegenüber den verschiedenen Cellulosefasern bestimmt worden.

Trägt man diese Affinitäten gegen die Temperatur auf, dann erhält man die wirklichen Reaktionswärmen und kann die wirklichen Entropieveränderungen beim Färben berechnen. Sie sind aus der nachstehenden Tabelle 75 ersichtlich.

Tabelle 75

Die beim Färben von Cellulose und Direktfarbstoffen auftretenden wirklichen Reaktionswärmen (ΔH) und Entropieveränderungen (ΔS)

Farbstoff	$-\Delta H$ kcal per mole	$-\Delta S$ gcal per °C per mole
Chrysophenin G	14	31
Durazolrot 2B	11	21
Durazolechtgelb 6G	31	73
Durazolbraun M	11	14
Durazolgrau RG	15	31
Chlorazolviolett N	12	21
Chlorazolechtscharlach 8B . .	20	43
Chlorazolhimmelblau FF . .	22	44

Die Reaktionswärme wird durch die Bindungsenergie zwischen der Cellulose und dem Farbstoff hervorgerufen, und die Entropieveränderung drückt die Verminderung der Beweglichkeit der Farbstoffionen durch ihre Bindung an die Cellulosemoleküle aus. Demnach müßte die Entropieveränderung mit zunehmender Reaktionswärme größer werden. Daß dies tatsächlich der Fall ist, geht aus der vorstehenden Tabelle 75 hervor.

Nimmt man entsprechend der Reaktion von Wasser mit α-Glukose die Reaktionswärme der Bildung einer Hydroxylbindung mit 7 kcal an, dann muß man mit MARSHALL und PETERS schließen, daß wenigstens zwei Wasserstoffbrücken gebildet werden, wenn Chrysophenin G von Cellulose gebunden wird. Sie fügen jedoch hinzu, daß unsere Kenntnisse über die Wasserstoffbindungskräfte der einzelnen reaktiven Gruppen in Direktfarbstoffen ungenügend sind, um Reaktionswärmen voraussagen zu können. Die Annahme, daß die Befestigung von einem Farbstoffmolekül an Cellulose je nach dem gerade vorliegenden Farbstoff Wasserstoffbindungen von verschiedener Stabilität hervorruft und deshalb auch verschiedene Reaktionswärmen, dürfte jedoch richtig sein. Darum sind die Reaktionswärmen bei der Bindung von Wasserstoffbindungen je nach der Natur der bindenden Gruppe verschieden und liegen zwischen 4 und 8 kg Kalorien, so daß man vernünftigerweise zwei Wasserstoffbindungen zwischen einem Benzidinfarbstoff und Cellulose annehmen muß.

Weil die bei der Absorption von Chrysophenin G durch Viskose auftretende Energie mit etwa 14 kcal per Mol adsorbierten Farbstoff von WILLIS, WARWICKER, STANDING und URQUHART berechnet worden ist, befindet sich dieser Wert in bester Übereinstimmung damit, daß die Verbindung zwischen diesem nichtaggregierten Farbstoff und Cellulose durch zwei Wasserstoffbrücken erfolgt, obwohl kein Grund zu der Annahme besteht, daß die Bildung von Wasserstoffbindungen die einzigen Gründe für die berechneten Bildungswärmen sind.

Während das Ausmaß der Farbstoffadsorption vom Salzgehalt des Färbebades stark beeinflußt wird, ist die beim Färben von Baumwolle mit Diaminreinblau FF auftretende Reaktionswärme nach den von FISHWICK und NEALE[1] erhaltenen Untersuchungsergebnisse in Übereinstimmung mit der Theorie vom Salzgehalt des Färbebades unabhängig.

Ein ebensolches Ergebnis haben PETERS und VICKERSTAFF[2] beim Chrysophenin G erhalten, dessen Affinitäten zu Cellophan durch Kochsalzzusätze ebenfalls wenig beeinflußt werden.

Dagegen haben GRAHAM und FROMM[3] festgestellt, daß beim Färben von Cellulose mit Calcodurblau 4 GL (Trisazofarbstoff aus Anilin → Cleve-6-Säure → Cleve-6-Säure → J-Säure) mit abnehmenden Werten der Gleichgewichtssorption die Reaktionswärmen von 15,2—22,4 kcal/Mole sorbiertes Calcodurblau zunehmen. Sie haben diese Werte aus den mit der Temperatur eintretenden Veränderungen der Absorption berechnet und nicht aus Affinitätsbestimmungen der Farbstoffaktivitäten in der Faser, sondern indem sie den Logarithmus der Farbstoffkonzentration in der Lösung bei erreichtem Gleichgewicht mit

---

[1] C. E. F. FISHWICK u. S. M. NEALE, Trans. Faraday Soc. 43, 332—337 (1947).
[2] R. H. PETERS u. T. VICKERSTAFF, Proc. Roy. Soc. London A 192, 292—308 (1948).
[3] R. P. GRAHAM u. H. J. FROMM, Canadian J. Res. 25 F, 303 (1947).

einer Farbstoffkonzentration in der Faser gegen die reziproke absolute Temperatur eingesetzt haben.

Tabelle 76

Reaktionswärmen beim Färben von Baumwolle mit Calcodurblau 4 GL

Farbstoff auf der Faser (g/kg)	Reaktionswärmen (kg · cal)
4,73	—15,2
4,22	—17,1
3,83	—18,8
3,55	—20,3
3,16	—22,4

Grahan und Fromm führen die von ihnen beobachteten Veränderungen in den Reaktionswärmen beim Färben auf Veränderungen der Sorptionswärmen in den verschiedenen Teilen der Faseroberflächen zurück.

Die Reaktionswärmen von Reinblau FF beim Färben von Baumwolle wurden von ihnen zu 17 und 19 kcal bestimmt.

Die Theorie der Substantivität

Weil die Cellulosefasern sich in ihrem Kristallgehalt und dem Orientierungsgrad der Kristallite unterscheiden, wie das besonders beim Vergleich von Ramie, Baumwolle und Kunstseide zu beobachten ist, wird daraus nach Meyer[1] verständlich, daß die Hydroxylgruppen ihrer Kristallitoberflächen in den verschiedenen Faserarten verschieden gelagert sind. Da, wo die Kristallite sich eng berühren, bewirken sie auch den Zusammenhalt der Kristallite zur Faser. Nach seiner Meinung sind die gleichen Kräfte, welche die Ketten und auch die Kristallite untereinander zusammenhalten, auch maßgebend für das Festhalten von Farbstoffmolekülen und Teilchen.

Jedoch nicht einzelne Hydroxylgruppen, sondern nur ganze Reihen können eine solche Anzahl Nebenvalenzen aufbringen, daß sie zum Festhalten eines Farbstoffteilchens ausreichen. Nach ihm ist der langgestreckten Reihe an den Celluloseteilchen am ehesten adäquat ein längliches Farbstoffteilchen, das sich an diese Reihe in ähnlicher Weise anlagern kann, wie die einzelnen Glukosefäden oder die einzelnen Kristallite der Cellulose aneinander haften. Es ist nun in der Tat bekannt, daß gerade langgestreckte Moleküle wie Benzidinderivate eine ausgesprochene Substantivität haben, und anderseits wissen wir, daß langgestreckte

[1] K. H. Meyer, Melliand Textilber. 9, 573—575 (1928).

Moleküle, wie z. B. Benzopurpurin, die Neigung zeigen, sich zu länglichen Teilchen, die aus einer größeren Zahl Moleküle bestehen, zusammenzuschließen. Diese Erscheinung ist als „Stäbchendoppelbrechung", besonders beim Benzopurpurin, bekannt und von SIEDENTOPF[1] und ZOCHER[2] eingehend studiert worden.

Bereits vorher hatte KOSTANECKI darauf aufmerksam gemacht, daß Curcumin als das Glucosid eines Chalkons eine lange gestreckte Struktur besitzt und Carthamin eine ähnliche wie Benzidinfarbstoffe:

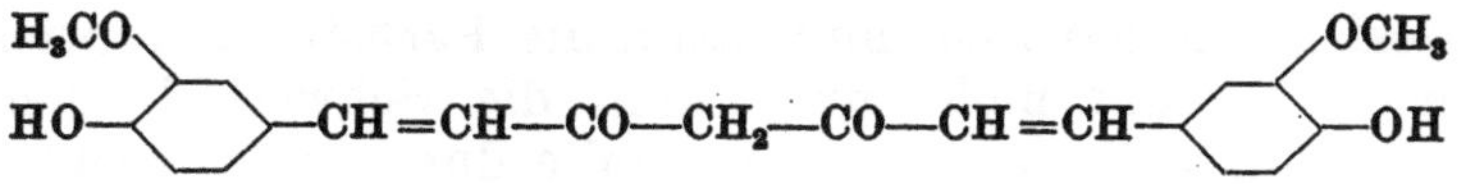

Curcumin

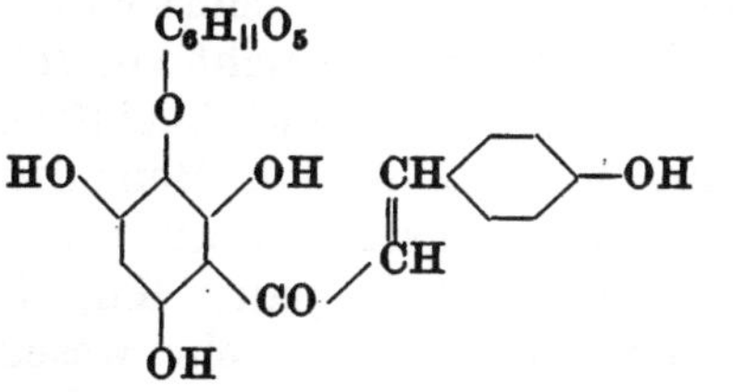

Carthamin

Obwohl beide Naturfarbstoffe weder Stickstoff noch Schwefel enthalten, färben sie Cellulose substantiv an. Da beide ungesättigte Bindungen wie die synthetischen Farbstoffe und Hydroxylgruppen enthalten, können nur diese die Substantivität bedingen.

Nach KUHN und WINTERSTEIN[3] hat das Bixin, welches keinerlei aromatische Kerne oder Hydroxylgruppen enthält, ein Farbstoff von Bixa Orellana, folgende Konstitution:

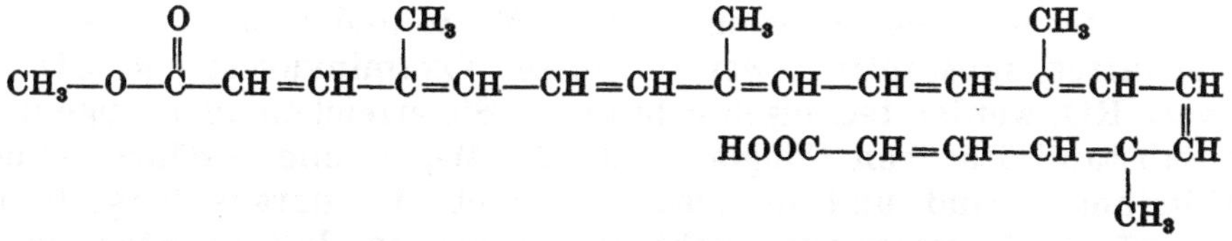

Es ist nach VENKATARAMAN[4] und SCHIRM[5] ebenfalls substantiv.

Beim Studium der Frage, welche Konstitution ein Farbstoff haben muß, damit er substantiv gegen Baumwolle ist, d. h. dieselbe in neutraler bis schwach alkalischer Lösung mit oder ohne Salz anfärbt, gibt

---

[1] H. SIEDENTOPF, Kolloid-Z. **6**, 5 (1910).

[2] H. ZOCHER, Z. physik. Chem. **98**, 293—337 (1921).

[3] R. KUHN u. A. WINTERSTEIN, Helv. chim. Acta **11**, 427—431 (1928).

[4] K. VENKATARAMAN, The Chemistry of Synthetic Dyers New York 1952, Vol. II, 1273.

[5] E. SCHIRM, J. prakt. Chem. **144**, 69 (1935).

man nach RUGGLI[1] gewöhnlich die allgemeine Antwort: „Ein Farbstoff verhält sich substantiv, wenn er kolloid gelöst ist.“ Nach ihm entspricht diese Antwort einer so allgemeinen Erfahrung, daß man sie wohl als richtig betrachten darf.

Mit der Feststellung, daß kolloide Farbstoffe substantiv sind, ist die eingangs gestellte Frage nicht gelöst, sondern nach ihm nur in dem Sinne verschoben, daß wir jetzt weiter fragen: Welche Konstitution muß ein Farbstoff haben, damit er kolloiden Lösungen gibt?

Während manche Hinweise dahin gehen, daß ein Farbstoff eine gewisse Schwerlöslichkeit besitzen muß, kann die Farbstoffadsorption an Baumwolle nach RUGGLI nicht nur durch die Schwerlöslichkeit in Wasser bedingt sein, weil sie in solchem Falle durch weitgehende Abziehbarkeit (Abwaschbarkeit) wieder kompensiert wird.

Demgegenüber wird von RUGGLI[2] die Ansicht vertreten, daß die Farbstoffkonstitution den Dispersitätsgrad direkt beeinflußt. Nach ihm gehören die auf Cellulose direkt aufziehenden Benzidinfarbstoffe in der Mehrheit den niederen Sulfonierungsstufen an und besitzen im allgemeinen nur eine Sulfosäuregruppe in jeder Kupplungskomponente. Dagegen ist die Stellung der Sulfogruppe sehr wesentlich. Vergleicht man Beispiele mit gleicher Zahl an Sulfogruppen, so haben Sulfogruppen in den Anilinkernen (d. h. in der Aminoazobenzol-Komponente) weit größeren Einfluß auf die Löslichkeit als in der Naphtholkomponente.

Weil erfahrungsgemäß die Benzidin-, Benzothiazol- und J-Säure-Komponente meist günstig für die Substantivität sind, haben RUGGLI und ZIMMERMANN[3] eine Anzahl Disazofarbstoffe hergestellt und ihre Substantivität verglichen. Die aus Benzidin mit verschiedenen Kupplungskomponenten erhaltenen Farbstoffe sind in der nachstehenden Tabelle 77 nach ihrer Formel und ihrem Färbevermögen angegeben.

Betrachtet man die Farbstoffe mit J-, M-, γ- und S-Säure, so sind sie, wie erwartet, substantiv. Zwei von ihnen, Oxaminviolett und Diaminschwarz RO, werden technisch gebraucht. Sie erreichen aber lange nicht die Substantivität von Congorot. Da J-, M-, γ- und S-Säure isomere Verbindungen sind und infolgedessen auch die daraus hergestellten Farbstoffe 1—5 isomer sind, geht daraus hervor, daß die Stellung der Substituenten im Farbstoffmolekül die Substantivität beeinflußt.

Stellt man eine Reihe entsprechender isomerer Farbstoffe her, indem man an Stelle von Benzidin die Dehydro-thio-toluidin-sulfosäure verwendet und sie nach der Diazotierung mit jeweils 1 Mol der oben verwendeten isomeren Sulfosäuren kuppelt, dann erhält man Farbstoffe mit viel geringerer Baumwollaffinität.

---

[1] P. RUGGLI u. A. ZIMMERMANN, Helv. chim. Acta 14, 101—126 (1931).
[2] P. RUGGLI, Kolloid-Z. 63, 128—138 (1933).
[3] P. RUGGLI u. A. ZIMMERMANN, Helv. chim. Acta 14, 120 (1931).

Tabelle 77

B bedeutet Benzidin

Lfd. Nr.	Farbstoff	Färbung	Ohne Glaubersalz			Mit Glaubersalz		
			Aufzieh-vermögen	Abzieh-barkeit	Affinität	Aufzieh-vermögen	Abzieh-barkeit	Affinität
1	B → 2 Mol J-Säure	braunviolett (Oxaminviolett)	11	0,5	10,5	50	10	40
2	B → 2 Mol M-Säure	violettstichig blau	17	0,5	16,5	45	10	35
3	B → 2 Mol γ-Säure	schwarzblau (Diaminschwarz RO)	21	0,7	20,3	54	14	40
4	B → 2 Mol S-Säure	blau (mit schwachem Violettstich)	11	1	10	50	12	38
5	B → 2 Mol B-Säure	bläulich-grau	9	1	8	18	6	12
6	B → 2 Mol Naphthion-säure	Congorot	30,6	0,1	30,5	64	8	56

Infolgedessen könnte die Baumwollaffinität durch die Molekülvergrößerung verursacht worden sein. Um diese Vermutung auf ihren Wahrheitsgehalt zu prüfen, haben RUGGLI und ZIMMERMANN[1] unter Verwendung von J-Säure eine homologe Reihe von Farbstoffen hergestellt und ihre färberischen und substantiven Eigenschaften bestimmt. Dabei stellten sie fest, daß mit der Molekülvergrößerung zwar eine Farbveränderung eintritt, daß die Baumwollaffinität jedoch nicht mit zunehmender Molekülgröße zunimmt.

Tabelle 78

Farbstoff	Mol-Gew.	Baumwollfärbung	Wäßrige Lösung
2 J	533	rot	braunstichig rot
3 J	805	violett	fuchsinfarbig violettrot
4 J	1077	violettblau	violett
5 J	1349	violettblau	violett
x J	hoch?	ziemlich rein blau	rein blau

Der Farbstoff x J war durch Selbstkupplung erhalten worden und zeigte in wäßriger Lösung ein geringeres Diffusionsvermögen als die homologenen Farbstoffe der J-Säure-Reihe und selbst Congorot. Seine Löslichkeit in Wasser ist gering.

[1] P. RUGGLI u. A. ZIMMERMANN, Helv. chim. Acta 14, 127—141 (1931).

Das Verhalten der obengenannten Farbstoffe gegenüber Baumwolle ist aus der folgenden Tabelle 79 ersichtlich. J-Säure allein zieht nicht auf Baumwolle.

Tabelle 79

Farbstoff	Mol-Gew.	Ohne Glaubersalz			Mit Glaubersalz		
		Aufzieh-vermögen	Abzieh-barkeit	Affinität	Aufzieh-vermögen	Abzieh-barkeit	Affinität
2 J	533	7,5	1,5	6	12	5	7
3 J	805	10,5	2	8,5	23	10	13
4 J	1077	5,5	0,5	5	22	5	17
5 J	1349	4	1	3	21	6	15
x J	hoch?	2,5	0,5	2	10	7	12

J-Säure ist hochdispers; der Monoazofarbstoff 2 J ist auch noch im wesentlichen hochdispers, die weiteren Farbstoffe 3 J bis 5 J nähern sich dem substantiven Typus, ohne große Unterschiede untereinander erkennen zu lassen.

„Im ganzen ist der Einfluß der reinen Molekularvergrößerung, soweit man sich nach diesen Beispielen ein Urteil erlauben kann, kleiner als erwartet. Der Farbstoff 5 J übertrifft mit seinem Molekulargewicht von 1349 alle bekannten Azofarbstoffe, soweit sie genau definiert sind. Der größte in den Tabellen von SCHULTZ-LEHMANN angegebene Tetrakis-Azofarbstoff hat das Molekulargewicht 1158, ist also kleiner als 5 J.“

Weil die azohomologen Farbstoffe aus J-Säure nur sehr schwer rein zu erhalten waren und es auch nicht möglich war, ihre Molekulargröße auf analytischem Wege genau zu kontrollieren, haben RUGGLI und BRAUN[1] neue Serien von Azohomologen hergestellt. In den neuen Serien wurde die Anfangskomponente durch Einführung eines Fremdelementes und zwar Br oder Cl gekennzeichnet. Da bei Anwendung von J-Säure jede bei der Kupplung hinzukommende Komponente eine SO_3H-Gruppe mitbringt, kann die Molekülgröße durch die Bestimmung des Atomverhältnisses Halogen : S bestimmt werden.

Die Prüfung der so hergestellten Farbstoffe auf ihre Eigenschaften ergab, daß der Farbstoff aus Dibromclevesäure → J-Säure Wolle schon in neutraler Lösung braunrot, unbeschwerte Seide in saurem Bade bordeaux, Baumwolle hingegen schwach lila färbt. Mit zunehmender Molekularvergrößerung wird die Baumwollfärbung der Lösungsfarbe ähnlicher, weil ein größerer Anteil des Gesamtfarbstoffs adsorbiert wird. Die

[1] P. RUGGLI u. O. BRAUN, Helv. chim. Acta 16, 858—873 (1933); 16, 873—884 (1933).

Affinität gegen Wolle nimmt mit zunehmender Molekulargröße rasch ab; die Farbstoffe mit 3- und 4 J-Säure färben Wolle nicht mehr.

In dem Bestreben, Beziehungen zwischen Konstitution, Dispersitätsgrad und Baumwollaffinität zu finden, hat RUGGLI[1] folgendes festgestellt:

1. Charakteristisch ist der Einfluß der Konstitution bei den Benzidinfarbstoffen. Derivate des Benzidins mit Substituenten in 3,3'-Stellung geben substantive, in 2,2'-Stellung (meta-Stellung zu den Aminogruppen) nicht substantive Farbstoffe. Die 2,2'-Derivate können wieder substantiv sein, wenn die Substituenten zum Ring geschlossen werden, wie im Diamino-carbazol, Benzidinsulfon und Diaminofluoren.

2. Schiebt man zwischen die Kerne des Benzidins die Gruppen —CH=CH— (Diaminostilben), —NH— (Diaminodiphenylamin), —NH—CO—NH— (Diamino-Diphenylharnstoff), —N=N— (Diaminoazobenzol) oder —N_2O— (Diaminoazoxybenzol), so sind die daraus erhältlichen Farbstoffe ebenfalls substantiv.

3. Azofarbstoffe, die sich vom Dehydrothioxylidin mit Aminogruppe in p-Stellung zum meta-Kohlenstoffatom ableiten, sind substantiv, die isomeren mit o-Aminogruppen hingegen nicht.[2]

4. Substantiv sind Disazofarbstoffe aus 1,4- und 1,5-Naphthylendiamin, auch einzeln aus Phenylendiamin, ohne scharfe Regel. Die meisten sind nicht durch direkte Tetrazotierung, sondern nur auf Umwegen erhältlich.

5. Die meisten Dis- und Polyazofarbstoffe mit J-Säure (auch manche mit M-Säure oder γ-Säure) als Schlußkomponente sind substantiv. Daß die J-Säure wirksamer ist als die beiden anderen, hat LEVI[3] gezeigt. Unrichtig oder ungenau ist aber die gelegentlich anzutreffende Behauptung, daß Monoazofarbstoffe der J-Säure substantiv sein müßten. Wohl gibt es substantive Abkömmlinge der J-Säure, wie BATTEGAY und WOLFF[4] gezeigt haben.

6. Substantiv sind viele — aber nicht alle — Thiazolderivate (vgl. Primulin); überhaupt scheint der Schwefel in fast beliebiger Form die Substantivität zu begünstigen (vgl. z. B. die Schwefelfarbstoffe und die sehr substantive Naphthol-Grundierungskomponente

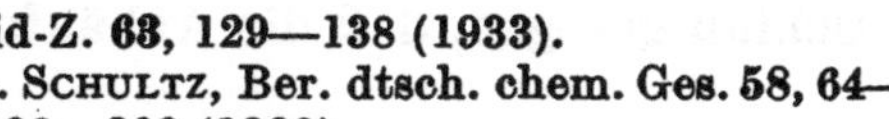

).

[1] P. RUGGLI, Kolloid-Z. 63, 129—138 (1933).
[2] R. ANSCHÜTZ u. G. SCHULTZ, Ber. dtsch. chem. Ges. 58, 64—66 (1925). H. HAUSER, Helv. chim. Acta 11, 198—209 (1928).
[3] G. R. LEVI, Giorn. di Chim. ind. appl. 3, 460 (1921).
[4] M. BATTEGAY u. A. WOLFF, Bull. Soc. chim. de France (4) 33, 1481—1510 (1923).

7. Substantivierend wirkt die Säureaminogruppe. Wichtige Spezialfälle sind die Harnstoffbildung (z. B. aus J-Säure und Phosgen), die Einführung der m-Aminobenzoylgruppe und des Cyanurrests. In dieser Klasse finden sich auch farblose substantive Verbindungen wie der Harnstoff

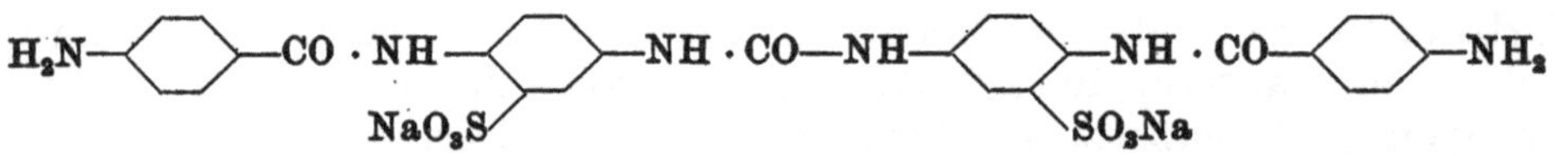

der von Baumwolle adsorbiert wird und nachträglich durch Diazotieren auf der Faser und Kuppeln mit Methylphenylpyrazolon zum Diazolichtgelb entwickelt werden kann.

Die Ergebnisse der von Griffiths und Neale[1] durchgeführten Untersuchungen über den Einfluß der Endkomponenten in o-Dianisidinfarbstoffen zeigen, daß die Farbstoffe mit vier Sulfogruppen im Molekül tatsächlich eine geringere Substantivität besitzen als Farbstoffe mit zwei Sulfosäuregruppen. Nach ihnen übt vor allem die Sulfogruppe je nach ihrer Stelle im Naphthalinkern und je nach ihrer Anzahl einen deutlichen Einfluß auf die Substantivität aus. Die von Griffiths und Neale erhaltenen Zahlen der Substantivität bedeuten die im Gleichgewicht aus unendlich großen Färbebädern von 100 g Cellulose aufgenommenen Farbstoffmengen in Gramm. Die Färbebedingungen waren: Temperatur 90° C, Farbstoffkonzentration 0,005% und NaCl-Konzentration 0,5%. In der fünften Spalte der nachstehenden Tabelle 80 sind die scheinbaren Diffusionskoeffizienten der Farbstoffe in Cellophan in cm^2/min, in der sechsten Spalte ist das Verhältnis der durch Cellophan zu der durch Baumwolle aufgenommenen Farbstoffmenge angegeben.

Die Einführung einer zusätzlichen Aminogruppe in das Farbstoffmolekül von Diaminblau AZ bewirkt bei Chicagoblau B keine Zunahme der Substantivität gegenüber Baumwolle, dagegen eine deutliche Zunahme der Substantivität gegenüber Viskose. Diese Unterschiede sind darauf zurückzuführen, daß Viskose einen höheren Gehalt an Hydrocellulose und Oxycellulose besitzt. Auch beim Vergleich der Substantivität von Benzopurpurin 10 B und Benzoazurin G lassen sich diese Unterschiede feststellen.

Weiterhin hat Schirm[2] gezeigt, daß die Baumwoll-Substantivität auch nicht davon abhängig ist, ob ein Farbstoff symmetrisch gebaut ist oder bipolar. Weil das Diaminblau 6 G der Formel I substantiv ist, das Naphtholschwarz B der Formel II dagegen nicht, hatten Ruggli und Zimmermann[3] den Schluß gezogen, daß die Anhäufung der hydrophilen

[1] L. H. Griffiths u. S. M. Neale, Trans. Faraday Soc. 30, 395—403 (1934).
[2] E. Schirm, J. prakt. Chem. 144, 69—92 (1935).
[3] P. Ruggli u. A. Zimmermann, Helv. chim. Acta 14, 101—126 (1931).

Tabelle 80

Ortho-Dianisidin-Farbstoffe

Farbstoff	Colour-Index Nr.	Endkomponente	Farbstoff-Adsorption		Scheinbarer Diffusionskoeffizient	Absorptionsverhalten Viskose/Baumwolle
			von Viskose	von Baumwolle		
Benzopurpurin 10B	495	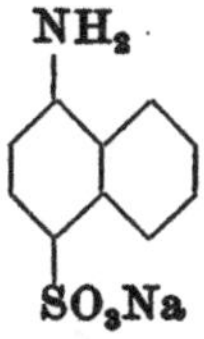	2,45	0,87	$5{,}18 \times 10^{-8}$	2,82
Benzoazurin G . .	502	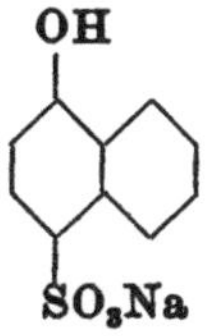	1,45	0,70	$2{,}74 \times 10^{-8}$	2,06
Azoviolett	498	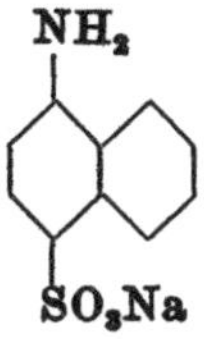 u. 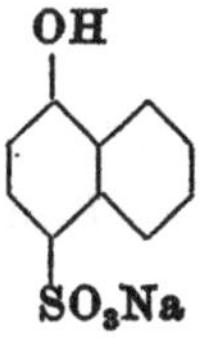	2,25	0,923	$4{,}40 \times 10^{-8}$	2,44
Diaminblau AZ .	503	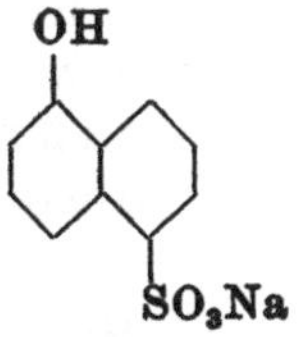	2,10	1,24	$2{,}52 \times 10^{-8}$	1,69
Chicagoblau B . .	516	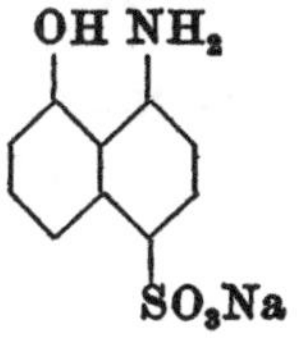	3,40	1,20	$1{,}95 \times 10^{-8}$	2,84
Dianilblau G . .	508	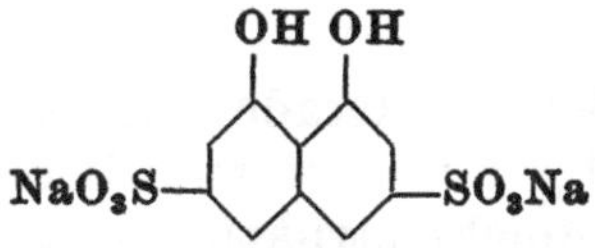	0,545	0,256	$15{,}1 \times 10^{-8}$	2,16
Brillantazurin B .	511	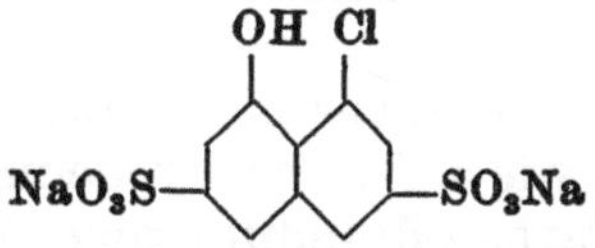	0,990	0,388	$6{,}8 \times 10^{-8}$	2,56

Atomgruppen an einem Ende des Moleküls für das Auftreten von Substantivität notwendig sei. Dem steht nach SCHIRM jedoch gegenüber, daß beim Diaminogenblau BB eine ausgesprochene Substantivität vorhanden ist.

(I)

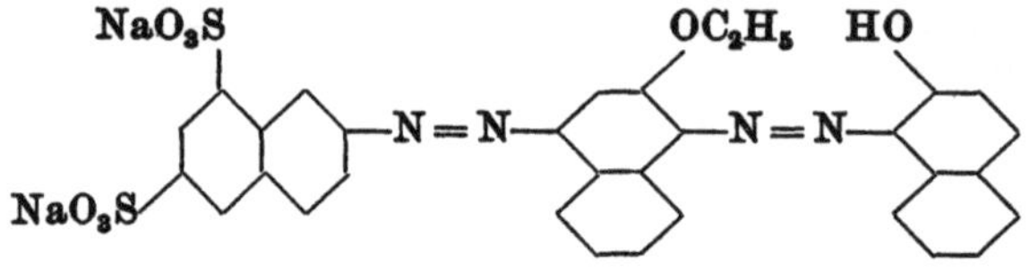

(II)

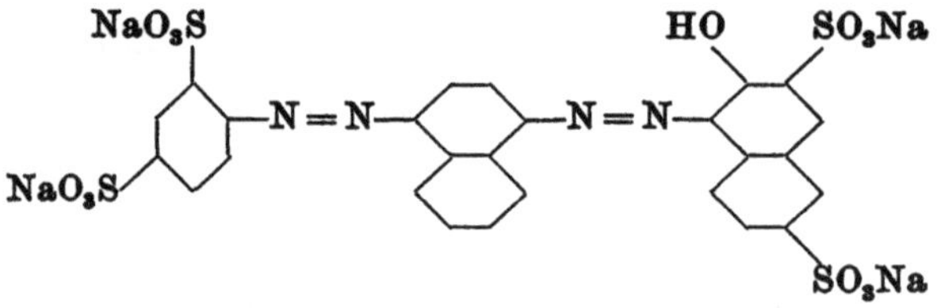

(III)

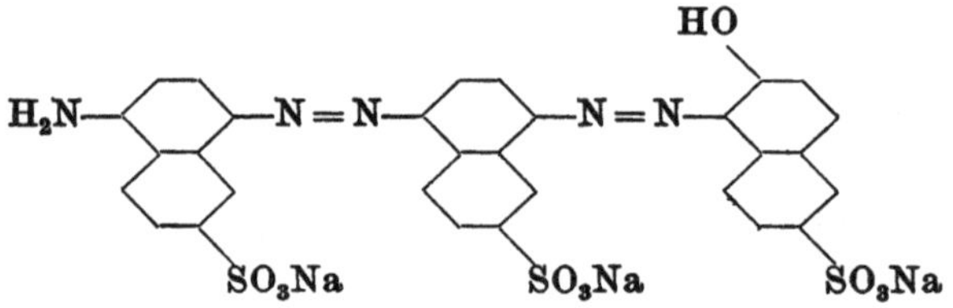

Daß weder die Kettenstruktur wie beim Bixin noch die Kolloidlöslichkeit, noch die Bipolarität eines Farbstoffs das wirklich Entscheidende für das Auftreten von Substantivität ist, ergibt sich nach ihm daraus, daß der Farbstoff der Formel IV nur schwach substantive Eigenschaften besitzt.

(IV)

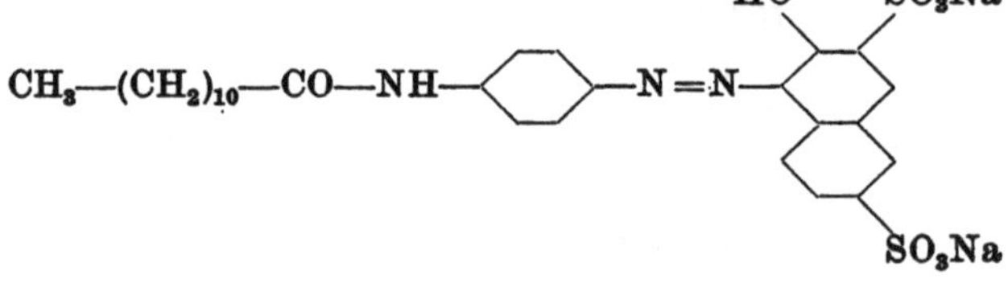

Dieser Farbstoff ist im höchsten Grade kolloid: Ganz dünne, heiße Lösungen schäumen seifenartig und erstarren beim Abkühlen zu einer Gallerte. Außerdem ist seine Molekülstruktur linear und in idealer Weise bipolar.

Weil es außerdem substantive Farbstoffe gibt, die keine Hydroxylgruppe im Molekül enthalten, wie z. B. Chrysophenin G und Diamingoldgelb, kann nach SCHIRM die Farbstoffbindung nicht in der Weise über die freien Hydroxylgruppen der Celluloseoberflächen zu den Hydroxylgruppen der Farbstoffmoleküle erfolgen. Infolgedessen sieht SCHIRM die Restvalenzen des ungesättigten Systems im Farbstoffmolekül, die nach der THIELEschen Regel vorzugsweise an den Enden der Kette konjugierter Systeme wirksam werden, als Ursache der Substantivität an. Weil diese Nebenvalenzkräfte erst von einer gewissen Kettenlänge des konjugierten Systems ab solche Stärkegrade erreichen, daß Substantivität eintritt, können nur lange konjugierte Systeme demnach mit den Restvalenzen der Cellulose reagieren. SCHIRM sieht auch die Restvalenzen der Farbstoffmoleküle als Ursache der kolloiden Beschaffenheit der wäßrigen Lösungen substantiver Farbstoffe an.

Demnach beruht die Wirkung des Benzidin wie auch die von Tolidin und Dianisin darauf, daß diese Verbindungen vier konjugierte Doppelbindungen in die Farbstoffmoleküle zwischen deren Auxochrome einbringen, so daß in den einfachsten Benzidinfarbstoffen acht konjugierte Doppelbindungen zwischen den Auxochromen vorhanden sind. Demgegenüber liefert das isomere o,o'-Diaminodiphenyl nur zwei konjugierte Doppelbindungen. Darum sind die von FELDMANN[1] hergestellten Farbstoffe seiner p,p'-Disulfonsäuren nach SCHIRM nicht substantiv, wozu allerdings auch noch der „Knick" im Molekül dieser Farbstoffe wesentlich beitragen mag.

Weil es auch substantive Azofarbstoffe gibt und weil besonders die mit J-Säure hergestellten Azofarbstoffe substantiv sind, erklärt SCHIRM folgerichtig die substantivierende Wirkung dieser Säure mit dem in ihr vorliegenden System von drei konjugierten Doppelbindungen, das bei der Kupplung noch um drei weitere konjugierte Doppelbindungen vermehrt wird:

(V)

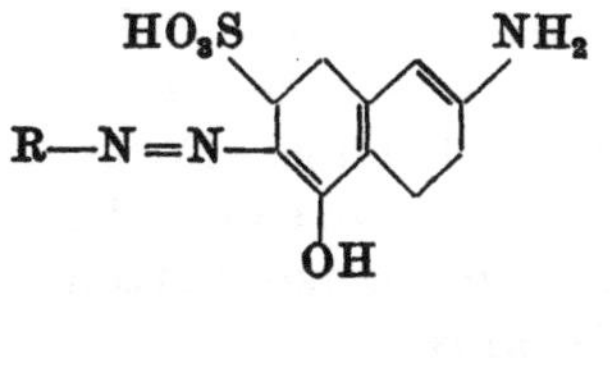

Demgegenüber besitzt die γ-Säure zwar ebenfalls drei Doppelbindungen, von denen aber die mittlere gekreuzt ist. Die schwächer substantivierende Wirkung der γ-Säure muß durch diesen Strukturunterschied verursacht sein, und zwar offenbar durch die Verringerung der Kettenlänge des konjugierten Systems (VI). Betrachtet man zu dem noch das Molekül der H-Säure (VII) bei ihren alkalisch gekuppelten Azofarbstoffen, dann sieht man, daß von den drei Doppelbindungen zwischen Azo- und Aminogruppen nur eine linear ist, die beiden anderen dagegen gekreuzt sind.

[1] J. FELDMANN, Helv. chim. Acta 14, 751—778 (1931).

(VI) 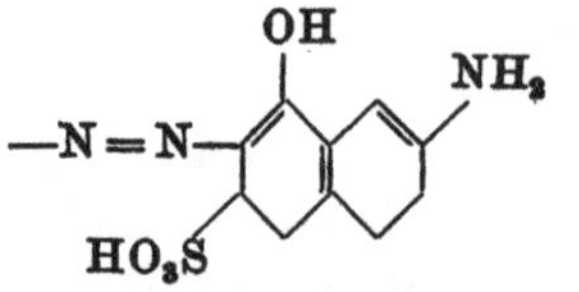

(VII) 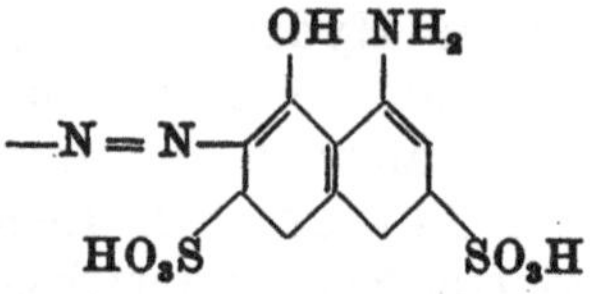

Vorsichtigerweise hat SCHIRM hier jedoch zugefügt, im Hinblick darauf, daß auch die der H-Säure konstitutiv sehr ähnliche S-Säure (1,8,4-Aminonaphtholsulfosäure) mit nur einer SO_3H-Gruppe nicht substantivierend wirkt, bleibe dahingestellt, ob auch die zweite Sulfonsäuregruppe der H-Säure zu deren nicht substantiven Charakter beiträgt.

Vergleicht man die Konstitutionsformeln der Oxazol-, Thiazol- und Imidazolfarbstoffe, zu welchen das Primulin gehört mit denen der Benzidinfarbstoffe, dann zeigt sich, daß das Primulin (VIII) ebenso, wie das Congorot, ein System von acht konjugierten Doppelbindungen enthält. Allerdings nimmt SCHIRM weiterhin an, daß auch den Brücken-Schwefelatomen im Primulin ein gewisser Anteil bei der Bildung der Substantivität zukommt, wegen ihres, wenn auch nicht sehr ausgeprägten ungesättigten Charakters.

(VIII) 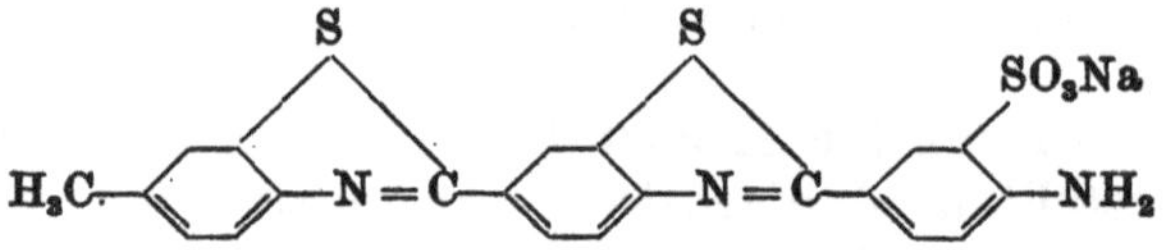

Das gleiche gilt für das einfacher gebaute Dehydrothiotoluidin, das zwar nicht selbst substantiv ist, aber substantive Farbstoffe liefert.

Die empirisch aufgefundenen Fälle substantiver Molekülstrukturen: Benzoylierung, Aminobenzoylierung und Harnstoffbildung sind von SCHIRM mit der gleichen Hypothese dadurch erklärt worden, daß die Benzoylverbindungen in enolisierter Form vorliegen. Damit wäre erklärbar, daß die durch DRP 127141 der Firma Bayer geschützten Farbstoffe der in der Aminogruppe benzoylierten J-Säure stärker substantiv sind als diejenigen der J-Säure.

Daß die Harnstoffbildung zwischen zwei Molekülen eines an sich nicht substantiven Farbstoffes Baumwollsubstantivität hervorruft, ist am Benzlichtgelb 4 GL ersichtlich. Hier kann man sich nach SCHIRM die Harnstoffgruppe „halbseitig" enolisiert vorstellen: R—N=C(OH)—NH—R. Allerdings hindert hier die rechts bestehenbleibende NH-Gruppe die Bildung eines geschlossenen Systems konjugierter Doppelbindungen von einer Farbstoffhälfte zur anderen.

Einen weiteren wichtigen Beweis dafür, daß die Endglieder langer konjugierter Doppelbindungen die Baumwollsubstantivität von Farbstoffen verursachen, sieht SCHIRM in der Tatsache, daß der aus Metanilsäure durch alkalische Kupplung mit γ-Säure erhaltene Azofarbstoff keine

Spur von Baumwollsubstantivität zeigt. In die Aminogruppe dieses Farbstoffes wurden von ihm verschiedene Acylreste eingeführt. Für diese Acylierungen verwendete er Benzoylchlorid, Hydrocinnamoylchlorid, Cinnamoylchlorid und Cinnamalacetylchlorid, wobei Farbstoffe erhalten wurden, die sich in ihrem Farbton, einem Scharlachrot, kaum unterscheiden. Um so größere Unterschiede zeigen sie in ihrem Verhalten gegen Baumwolle. Der benzoylierte Farbstoff läßt Baumwolle völlig weiß. Das Hydrocinnamoylderivat ist nur spurenweise substantiv. Die Cinnamoylverbindung und die Cinnamalacetylverbindung hingegen ziehen gut auf Baumwolle auf.

Dieses Ergebnis entspricht deshalb ganz den Erwartungen, weil bei dem Benzoylderivat der Benzolkern durch die Carbonamidgruppe an das konjugierte System des Farbstoffhauptanteils angeschlossen ist, dieses immerhin ein wenig substantiv ist. Dem Hydrocinnamoylderivat mangelt jedoch jede Substantivität, weil der Benzolkern durch die gesättigte —CH_2—CH_2-Brücke isoliert ist und nicht zur Wirksamkeit kommen kann.

Weil diejenigen Farbstoffe, welche von Benzidin und von 3,3′-disubstituierten Benzidin abgeleitet sind, sich gegenüber Cellulose substantiv verhalten, während das 2,2′-disubstituierte Benzidin Farbstoffe von geringer Substantivität gibt, hat HODGSON[1] geschlossen, daß die Benzidin und 3,3′-disubstituierten Benzidinfarbstoffe planar gebaut sind, die 2,2′-derivate dagegen nicht. Demnach muß ein Farbstoff planar gebaut sein, um substantiv färben zu können, was er daraus folgert, daß aus Benzidinsulfon, Diaminofluoren und Diaminocarbazol, in denen die Benzolkerne planar angeordnet sein müssen, substantiv ziehende Farbstoffe erhältlich sind. Nach ihm ist die Substantivität auch deswegen vom coplanaren Bau der Phenylringe abhängig, weil die vom p,p′-Aminostilben abgeleiteten Farbstoffe substantiv sind, die vom p,p′-Diaminodibenzyl hingegen nicht.

Um festzustellen, welchen Einfluß die Kettenlänge konjugierter Doppelbindungen in Disazofarbstoffen aus 2,2′-, 3,3′- und 4,4′-Diaminodiphenylamin auf die Baumwollaffinität ausübt, haben HODGSON und HOLT[2] durch Kupplung mit H-, J- und SCHÄFFER-Säure die entsprechenden Farbstoffe hergestellt. Es zeigte sich, daß alle Farbstoffe auf Wolle gut zogen, gegenüber Baumwolle hingegen besaßen die 4,4′-Diaminoderivate die stärkste, die 2,2′-Diaminoderivate die geringste Affinität, während die 3,3′-Derivate eine mittlere Stellung in ihrer Baumwollaffinität einnahmen. Weiterhin ergab sich aus ihren Versuchen, daß mit zunehmender Länge der Kette der Doppelbindungen in diesen Farbstoffen die Substantivität gegenüber Baumwolle zunimmt und am

---

[1] H. H. HODGSON, J. Soc. Dyers Colourists 49, 213—216 (1933).

[2] H. H. HODGSON u. P. F. HOLT, J. Soc. Dyers Colourists 53, 175—177 (1937).

größten ist, wenn das ganze Farbstoffmolekül ein durchgehendes System konjugierter Doppelbindungen darstellt.

Als Grundlage für die Substantivität haben HODGSON und MARSDEN[1] später noch zusätzlich angenommen, daß die konjungierte Kohlenstoffkette Resonanzmöglichkeiten besitzt und die aromatischen Kerne eine coplanare Lage einnehmen können.

Demgegenüber sind jedoch Farbstoffe bekannt, welche nicht planare Konstitution besitzen und trotzdem substantiv sind. So haben ALLEN und PINKERT[2] eine neue Klasse substantiver Azofarbstoffe beschrieben, die von 4,4'-Diamino-o-terphenyl abgeleitet ist und die den Disazofarbstoffen aus 4,4'-Diamino-cis-stilben ähnelt. Eine nicht planare Konstitution wird auch den aus Diamino-o-Diphenylbenzol erhältlichen Disazofarbstoffen von CLEWS und LONSDALE[3] zugeschrieben.

Ein weiteres Beispiel ist die Substantivität der Farbstoffe, die durch Kupplung von jodierten Diaminodiphenylmethanen mit Chicagosäure erhalten werden. Auch der Farbstoff von der Konstitution:

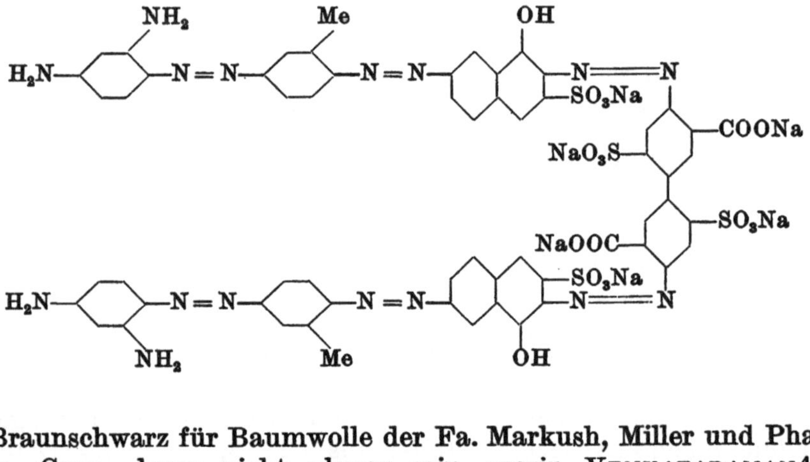

ein Braunschwarz für Baumwolle der Fa. Markush, Miller und Pharma-Chem. Corp., kann nicht planar sein, worin VENKATARAMAN[4] beizupflichten ist.

Zur Prüfung der Hypothese, daß zur Erzielung von Baumwollsubstantivität die Farbstoffe lange Kettenmoleküle haben müssen, sind viele Untersuchungen durchgeführt worden.

RUGGLI und LANG[5] haben zu diesem Zweck Farbstoffabkömmlinge des cis- und trans-Stilbens miteinander verglichen, indem sie die Diazo-

[1] H. H. HODGSON u. E. MARSDEN, J. Soc. Dyers Colourists **60**, 210—214 (1944).
[2] C. F. H. ALLEN u. F. P. PINKERT, J. org. Chemistry **9**, 50—54 (1944).
[3] C. J. B. CLEWS u. K. LONSDALE, Proc. Roy. Soc. London A **161**, 493—504 (1937).
[4] K. VENKATARAMAN, The Chemistry of Synthetic Dyes New York 1952, II, 1285.
[5] P. RUGGLI u. F. LANG, Helv. chim. Acta **16**, 996ff. (1933).

verbindungen von 4,4'-Diaminostilben mit Naphthionsäure bzw. NW-Säure gekuppelt haben. Wenn linear gebaute Moleküle notwendig wären, dann dürften nur die Farbstoffe aus trans-Stilben substantiv sein. Es zeigte sich jedoch, daß die aus cis-Stilben erhaltenen nicht weniger substantiv sind als die trans-Farbstoffe. Die Reduktion der Farbstoffe zu den ursprünglichen cis- und trans-Diaminen ergab, daß bei der Kupplung keine Umlagerung stattgefunden hatte.

Ferner hat VENKATARAMAN[1] darauf hingewiesen, daß weder das vorerwähnte Braunschwarz für Baumwolle noch das allgemein bekannte Chlorantinlichtgrün BLL eine langgestreckte planare Molekülform besitzen. Der Farbstoff Chlorantinlichtgrün BLL ist ein Derivat der Cyanursäure und hat eine vorzügliche Substantivität zu Cellulosefasern.

Außerdem ist nach ihm zu bedenken, daß die Leukoverbindungen vieler Küpenfarbstoffe ihrer Konstitution nach keine langgestreckten Moleküle haben können, sondern plättchenförmig gebaut sein müssen. Auch sie verhalten sich bekanntlich gegen Cellulosefasern substantiv.

Obwohl bereits bekannt war, daß auch unsymmetrisch gebaute Benzidinfarbstoffe, wie z. B. Diaminscharlach B, auf Cellulose substantiv aufziehen können[2], haben SCHRAMEK und RÜMMLER[3] diese Frage nochmals eingehend untersucht.

Dabei sind sie zunächst von Benzidin ausgegangen und haben aus diazotiertem Benzidin durch Kupplung mit verschiedenen aromatischen Säuren völlig symmetrisch gebaute Benzidinfarbstoffe hergestellt. Die zur Kupplung verwendeten Sulfosäuren wurden außerdem in der Weise abgewandelt, daß die Farbstoffe I—IV mit einem verschiedenen Gehalt an wasserlöslich machenden Gruppen entstanden.

In einer zweiten Versuchsreihe sind sie von diazotierem 4'-Amino-diphenyl < 4-azo-4 > 2,5-Dimethyl-1-chlorbenzol ausgegangen und haben daraus durch Kupplung mit aromatischen Säuren unsymmetrisch gebaute Disazofarbstoffe hergestellt. Durch Abwandlung von zur Kupplung verwendeten Säuren, erhielten sie die Farbstoffe V—IX, deren hydrotroper Teil jeweils der gleiche ist und deren hydrophiler Teil sich durch einen unterschiedlichen Gehalt von wasserlöslich machenden Gruppen unterscheidet.

Als dritte Versuchsreihe wurden die unsymmetrischen Azofarbstoffe X—XII hergestellt.

(I)

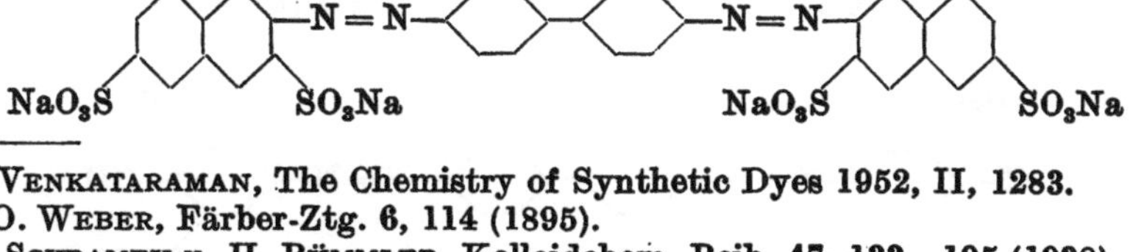

[1] K. VENKATARAMAN, The Chemistry of Synthetic Dyes 1952, II, 1283.
[2] C. O. WEBER, Färber-Ztg. 6, 114 (1895).
[3] W. SCHRAMEK u. H. RÜMMLER, Kolloidchem. Beih. 47, 133—195 (1938).

(II)

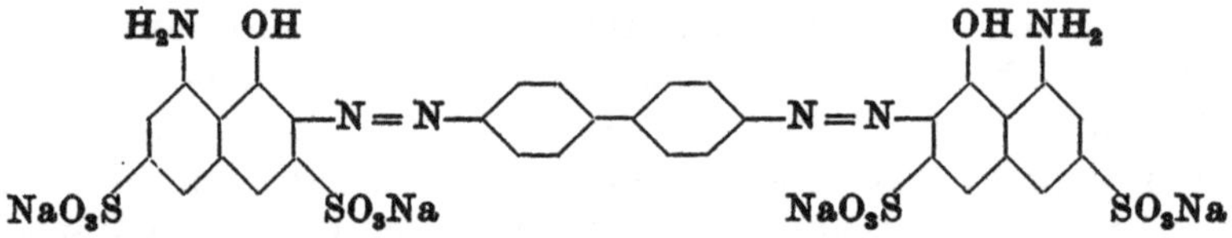

(III)

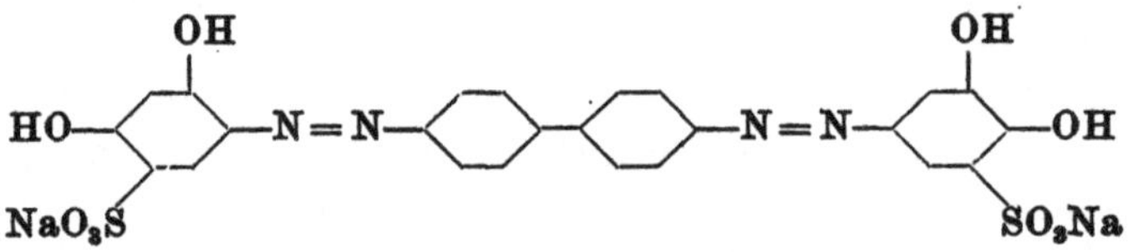

(IV)

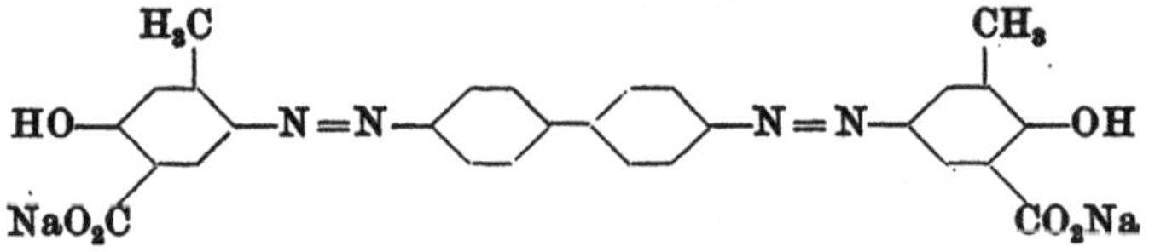

(IVa)

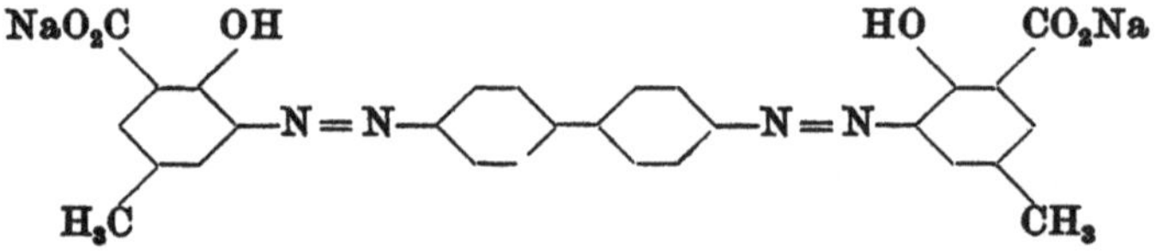

(V)

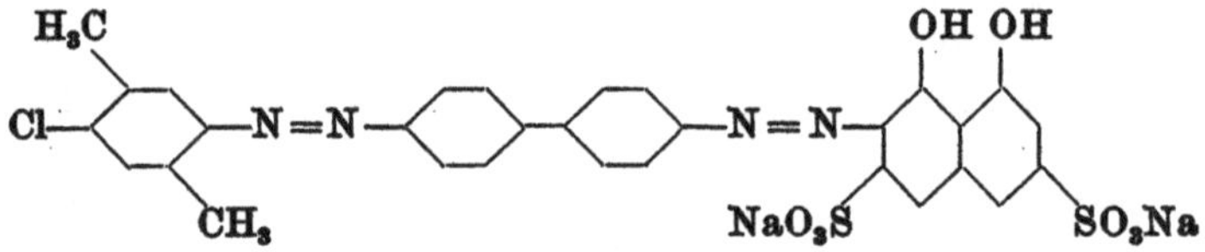

(VI)

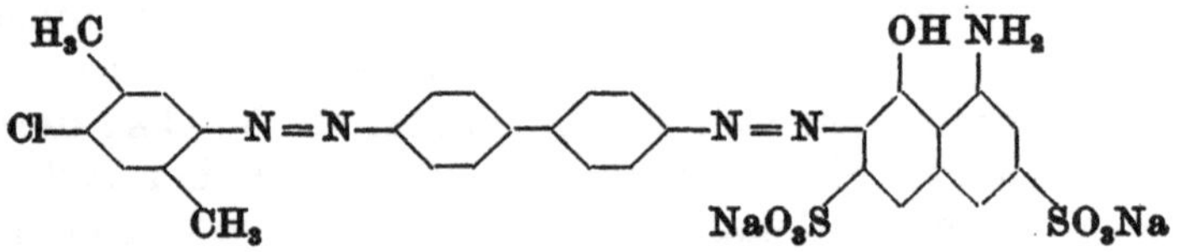

(VII)

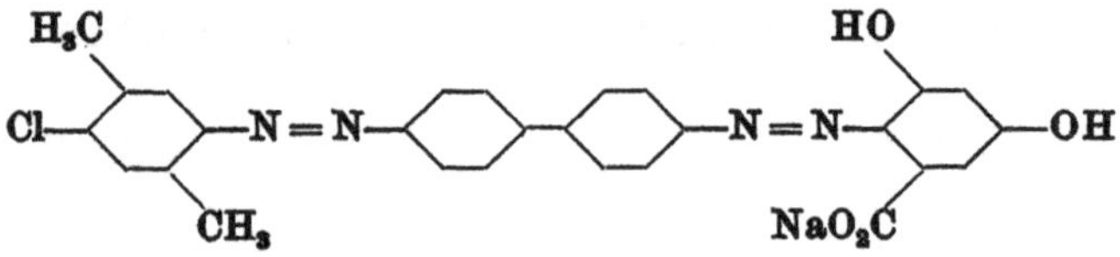

(VIII)

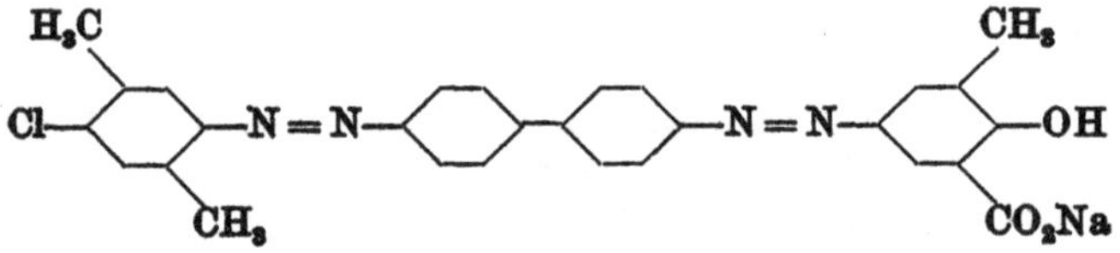

(IX)

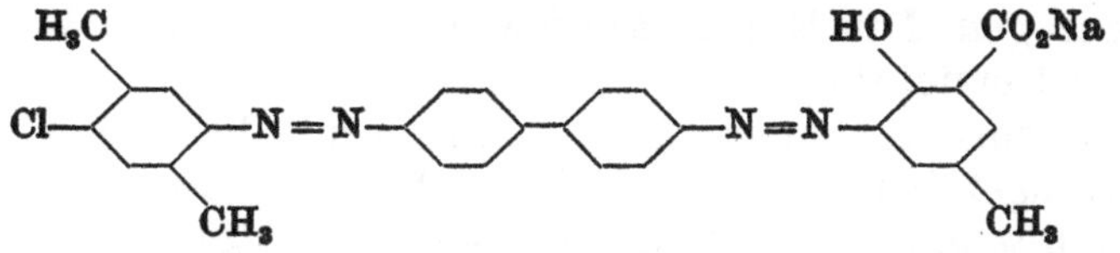

(X)

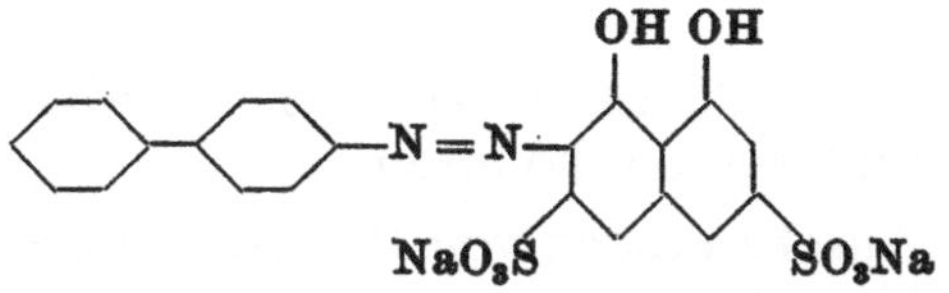

(XI)

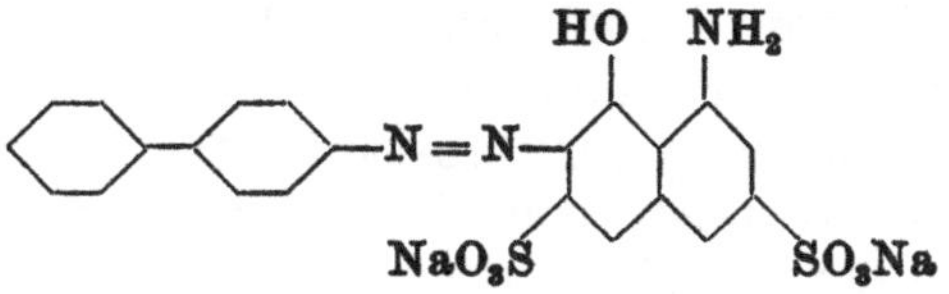

(XII)

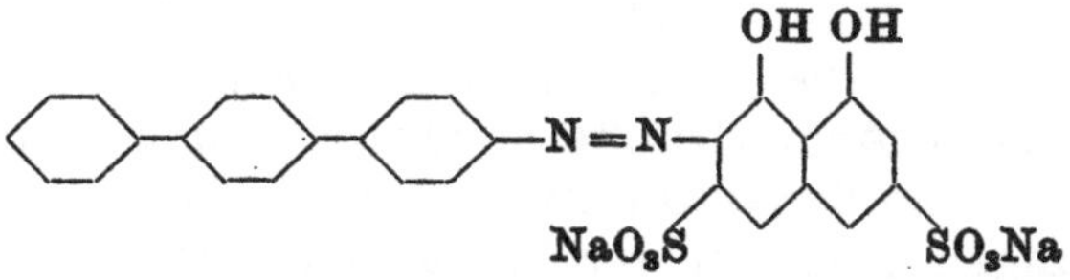

Zur Durchführung der Substantivitätsprüfungen wurden alle Farbstoffe in reinster Form dargestellt und nach der Methode von RUGGLI in der Konzentration 200 × 10^{-6} Mol in 0,1 n Na_2SO_4 ausgefärbt und dann

Tabelle 81

Aufgezogenes = Prozente der angewandten Farbstoffmenge

	Farbstoff		in 0,1 n Glaubersalz		
			Auf-gezogenes	Ab-gezogenes	Affini-tät
I.	Benzidin	Chromotropsäure	90	65	25
II.	Benzidin	-H-Säure	60	30	30
III.	Benzidin	Resorcin-4-Sulfosäure	98	73	25
IV.	Benzidin	-o-Kresotinsäure	100	36	64
IVa.	Benzidin	-p-Kresotinsäure	98	39	59
V.	Amino-Diphenyl-(4-azo-4) 2,5-Dimethyl-1-chlorbenzol	-Chromotropsäure	98	38	60
VI.	Amino-Diphenyl-(4-azo-4) 2,5-Dimethyl-1-chlorbenzol	-H-Säure	52	18	34
VII.	Amino-Diphenyl-(4-azo-4) 2,5-Dimethyl-1-chlorbenzol	-a-Resorcylsäure	67,5	36,5	31
VIII.	Amino-Diphenyl-(4-azo-4) 2,5-Dimethyl-1-chlorbenzol	-o-Kresotinsäure		unlöslich	
IX.	Amino-Diphenyl-(4-azo-4) 2,5-Dimethyl-1-chlorbenzol	-p-Kresotinsäure		unlöslich	
X.	p-Aminodiphenyl-Chromotropsäure		34	31	8
XI.	p-Aminodiphenyl-H-Säure		42	34	8
XII.	p-Aminoterphenyl-Chromotropsäure		98	65	33

wieder abgezogen. Die Ergebnisse der dabei erhaltenen Werte sind aus der Tabelle 81 ersichtlich.

Außerdem wurden Dispersitätsmessungen mit diesen Farbstoffen nach FÜRTH[1] durchgeführt, um festzustellen, ob ein Zusammenhang zwischen dem Dispersitätsgrad und der Substantivität besteht.
Es ergab sich:

1. daß keine Zusammenhänge zwischen Dispersitätsgrad und Baumwollaffinität festgestellt werden konnten.

2. Entgegen den Anschauungen von HALLER[2] zeigen die untersuchten unsymmetrischen Disazofarbstoffe keine geringere Substantivität als die symmetrisch gebauten Benzidinfarbstoffe. Ein Wegfallen der salzbildenden Gruppen auf der einen Seite des Benzidinkernes verursacht demnach keine Verminderung der Substantivität, da eine Verminderung der hydratisierbaren Gruppen von einer Verringerung der Löslichkeit und einer Erhöhung der Substantivität begleitet ist.

3. Die aus Diphenylamin hergestellten Azofarbstoffe zeigen im Vergleich zu den Disazofarbstoffen eine sehr geringe Substantivität. Die Substantivität dieser Azofarbstoffe steigt mit einer Vergrößerung des Moleküls bis zur Größe der Substantivität von Disazofarbstoffen an.

Neue Beziehungen zwischen der Farbstoffkonstitution und der Substantivität haben KREPELKE und RAIS[3] festgestellt. Als Maß für die Substantivität haben sie den Substantivitätsfaktor f_s eingeführt, den sie als eine Zahl definieren, welche die prozentuale Abnahme des Farbstoffes in einem etwa 4%igen Farbstoffbad, das 0,0005 g-Mol reinen Disazo- bzw. 0,001 g-Mol Monoazofarbstoffes enthält, beim Färben von 10 g Baumwollgewebe unter den günstigsten Bedingungen angibt.

Sie stellten eine Reihe von Monoazofarbstoffen und Disazofarbstoffen der Weise her, daß sie einesteils die Diazokomponente, andernteils die Kupplungskomponente variierten.

Über den Einfluß der Kupplungskomponente wird allgemein festgestellt: Die Substantivität der von Aminonaphtholsulfosäuren abgeleiteten Farbstoffe steht gegenüber den von Naphtholsulfosäuren abgeleiteten Derivaten im Verhältnis 3 : 2. Demnach erhöht die Anwesenheit der auxochromen NH_2-Gruppe die Substantivität im Vergleich zu den von Naphtholsulfosäuren abgeleiteten Farbstoffen.

Die von Disulfosäuren abgeleiteten Derivate verhalten sich weniger substantiv als die von Monosulfosäuren abgeleiteten, was durch die Gegenwart eines weiteren negativen Auxochroms und die Erhöhung der Löslichkeit bedingt ist.

---

[1] R. FÜRTH, Kolloid-Z. 41, 300—304 (1927).
[2] R. HALLER, Kolloid-Z. 29, 98 (1921).
[3] V. KREPELKE u. J. RAIS, Collect. Trav. chim. Tchéchoslov Prag 15, 412—432 (1950).

J-Säure (2-Amino-5-naphthol-7-sulfosäure) gibt die am stärksten substantiv wirkenden Farbstoffe, dann folgen unmittelbar die der M-Säure (1-Amino-5-naphthol-7-sulfosäure). Die größere Länge der Kette aus konjugierten Doppelbindungen zwischen der Azo- und der NH^2-Gruppe im ersteren Falle bewirkt eine Erhöhung der Substantivität.

Aus dem Verhalten der mit J-Säure als Kupplungskomponente dargestellten Farbstoffe wird allgemein festgestellt, daß ein echter substantiver Disazofarbstoff folgenden Bedingungen entsprechen muß:

Er muß ein genügend hohes Molekulargewicht besitzen, es müssen mindestens zwei auxochrome Gruppen über eine Kette von acht konjugierten Doppelbindungen miteinander verbunden sein, wobei einer Unterbrechung der Kette durch einen Isolator positive Substituenten vorhanden sein müssen, die den Farbstoff über H-Brücken mit den OH-Gruppen der Cellulosefaser in Beziehung bringen können. Die freie Drehbarkeit der aromatischen Kerne darf nicht aufgehoben sein, so daß das Molekül eine ebene Lage einnehmen kann. Der Farbstoff darf nur unter besonderen Bedingungen ein p,p'-Diaminoderivat sein, negative Substituenten vermindern die Substantivität.

Weil die wahrscheinlichste Erklärung der Substantivität darin besteht, daß die substantiven Farbstoffe durch die Bildung von Wasserstoffbrücken von den Cellulosefasern festgehalten werden, müssen die substantiven Farbstoffe Gruppen enthalten, die zur Bildung von Wasserstoffbrücken befähigt sind. Zu dieser Brückenbildung ist keineswegs das Vorhandensein einer oder mehrerer Hydroxylgruppen im Farbstoffmolekül erforderlich, wie sich am Beispiel des Chrysophenin G zeigt. Dagegen ist die Azogruppe allen direktziehenden Farbstoffen gemeinsam, so daß es naheliegend ist, die Brückenbildung an der Azogruppe anzunehmen. Der Einfluß der Substituenten läßt sich durch die folgenden Formeln deutlich machen:

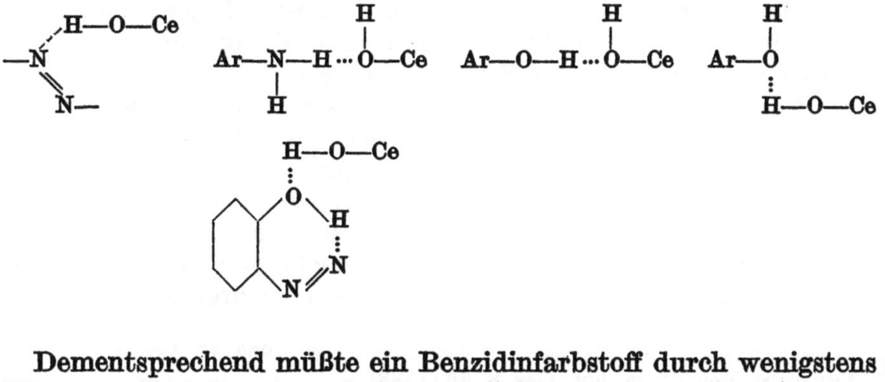

Dementsprechend müßte ein Benzidinfarbstoff durch wenigstens zwei Wasserstoffbrücken festgehalten werden, was dem von MARSHALL und PETERS erhaltenen Befund entspricht. Daneben muß man jedoch den basischen Gruppen im Farbstoffmolekül, demnach der Amidgruppe, der Azo- und besonders der Aminogruppe die Fähigkeit zuschreiben, Wasserstoffbrücken bilden zu können.

Mit Recht hat VENKATARAMAN[1] geltend gemacht, daß die substantiven Farbstoffe außerdem so gebaut sei müssen, daß diese Wasserstoffbrückenbildung auch erfolgen kann, d. h., sie darf nicht durch die Anwesenheit von sterische Verhinderungen verursachender inaktiver Gruppen gestört werden. Infolgedessen lassen sich zwei Grundtypen substantiver Farbstoffe erkennen, nämlich einesteils langgestreckte Kettenmoleküle wie bei den Benzidin- und den Trisazofarbstoffen, welche dazu befähigt sind, sich parallel zu den Celluloseketten anzulagern und anderenteils große flache Farbstoffmoleküle, welche sich an die von zwei oder mehreren Cellulosemolekülen gebildeten Kristallitoberflächen anlagern können. Bedenkt man, daß die Farbstoffaufnahme nicht nur an den äußeren Oberflächen der Fasern, sondern auch in den amorphen Innenbezirken der Faser erfolgt, dann läßt sich nicht ausschließen, daß es auch substantive Farbstoffe geben kann, welche keine planaren Moleküle besitzen. Weil die Molekülgrößen der substantiven Farbstoffe insofern in einem Verhältnis zur Größe der Intermicellarräume der Faser stehen müssen, daß ein Eindiffundieren durch die Kapillarräume möglich ist, wird es verständlich, daß die Durchmesser dieser Kapillarräume größer sein müssen als die der Farbstoffe.

Die direktziehenden Farbstoffe auf Cellulose

Um zu ergründen, in welchem Zustand und in welcher Lagerung die direktziehenden Farbstoffe sich auf den Textilfasern befinden, sind schon sehr frühzeitig optische Untersuchungsmethoden zur Lösung dieser Fragen angewendet worden. Als erster hat AMBRONN[2] festgestellt, daß Pflanzenfasern durch gewisse Farbstoffe sich dichroitisch anfärben lassen. Zur Erklärung des Dichroismus der gefärbten Fasern hat er angenommen, daß Kriställchen des verwendeten Farbstoffs orientiert eingelagert würden. Nach ihm hat BEHRENS[3] darauf hingewiesen, daß sowohl die Proteinfasern Wolle und Seide als auch die Pflanzenfasern: Flachs, Hanf und Ramie doppelbrechend sind und daß auch Baumwollfasern eine schwache Doppelbrechung zeigen. Nach seinen Untersuchungen können die Pflanzenfasern mit einigen Farbstoffen dichroitisch gemacht werden, Wolle und Seide dagegen nicht.

Demgegenüber hat FOX[4] festgestellt, daß nicht nur Cellulosefasern, sondern auch Wolle und Seide durch Färben dichroitisch gemacht

[1] K. VENKATARAMAN, The Chemistry of Synthetic Dyes, 1952, II, 1273ff.
[2] H. AMBRONN, Ber. dtsch. bot. Ges. 6, 85 (1888).
[3] H. BEHRENS, Chemiker-Ztg. 27, 1252—1254 (1903).
[4] K. FOX, Z. Farben-, Textil-Industrie 4, 257—259 (1905).

werden können. Nach dem Färben von Ramiefasern mit basischen, sauren und substantiven Farbstoffen erhielt er folgende Ergebnisse:

1. Die Anfärbung der Ramiefaser mit basischen Farbstoffen zeigen starken Dirchroismus, wenn der Farbstoff auf die ungeheizte Faser gebracht werden konnte. War die Faser aber vorher gebeizt (mit Tannin und Brechweinstein), so zeigt sie nach dem Anfärben mit den basischen Farbstoffen keinen Dichroismus.

2. Die Ausfärbungen mit sauren Farbstoffen wurden teils in neutralem Bade, teils nach vorherigem Beizen (mit Alaun und Soda) ausgeführt. Die in neutraler Lösung gefärbte Faser zeigte durchweg deutlichen Dichroismus, schwächer war der Dichroismus bei derjenigen Faser, die mit Alaun gebeizt war.

Geht man mit FOX von der durch NÄGELI und BRÜCKE aufgestellten Hypothese der Micellarstruktur der Faser aus, so hat man anzunehmen, daß die pflanzlichen und tierischen Fasern aus anisotropen Molekülkomplexen aufgebaut sind. Infolgedessen verhalten sie sich doppelbrechend, wie von Herzog[1] und auch von PRESTON[2] bestätigt wurde. So fand HERZOG, daß Flachs stärker doppelbrechend ist als Baumwolle und diese sich stärker doppelbrechend verhält als Viskose und Kupferkunstseide. Aus der Untersuchung der Refraktion von Cellulosefasern durch PRESTON hat sich ergeben, daß die Naturfasern Ramie und Leinen besser orientiert sind als Baumwolle und diese wiederum einen stärkeren Orientierungsgrad zeigt als Lilienfeldseide, Kupferkunstseide und Viskose. MOREY[3] konnte aus der Polarisation des Fluorescenzlichtes nicht nur den Neigungswinkel der Micellen, sondern auch den Orientierungsgrad der Kristallite bestimmen.

Nimmt man nun mit FOX an, daß die Farbstoffe zwischen oder auf den Micellen (d. h. den Kristalliten) orientiert gelagert werden, dann wird die Faser im wesentlichen denselben Dichroismus zeigen, den der Farbstoff allein in kristallisiertem Zustande zeigt. Demgegenüber hat MOREY festgestellt, daß die Größe der Polarisation des Fluorescenzlichtes bei den gefärbten Fasern von der beim Färben angewendeten Farbstoffkonzentration unabhängig war. Die von ihm benutzten Farbstoffe waren: Thioflavin S, Diazolichtgelb GG und Primulin.

PRESTON[4] hat durch den Vergleich des Dichroismus und der Röntgenogramme der Cellulosefasern gezeigt, daß der Dichroismus mit zunehmender Orientierung stärker wird. Als Maß für den Dichroismus hat er das Verhältnis der Absorptionskoeffizienten der Faser parallel und senkrecht zur Polarisationsebene : $k_x k_y$ benutzt. Messungen an Cellophanfolien, die mit verschiedenen substantiven Farbstoffen gefärbt waren, haben

[1] A. HERZOG, Untersuchung der natürlichen und künstlichen Seiden, Dresden 1910.
[2] J. M. PRESTON, Trans. Faraday Soc. 29, 65—77 (1933).
[3] D. R. MOREY, Textile Res. 3, 325 (1933); 4, 491 (1934); 5, 105, 483, 538 (1935).
[4] J. M. PRESTON, J. Soc. Dyers Colourists 47, 309—319 (1931).

gezeigt, daß dieser Wert in dem ganzen Wellenbereich der Absorption konstant bleibt und für jeden der untersuchten zehn substantiven Farbstoffe innerhalb einer Fehlergrenze von $\pm 5\%$ denselben Wert besitzt. Darum kann das Verhältnis k_x/k_y mit Recht als dichroitische Konstante bezeichnet werden. Bei vollständiger Orientierung des Farbstoffs müßte diese Konstante einen unendlich hohen Wert haben. Im Falle vollständiger Unordnung hat die dichroitische Konstante den Wert 1. In Wirklichkeit erhält man bei den mit substantiven Farbstoffen gefärbten Cellulosefasern jedoch gut meßbare Werte, welche höher als 1 liegen.

Aus den so festgestellten Orientierungsgraden und den Werten der dichroitischen Konstante hat PRESTON das Verhältnis der orientierten Teilchen zur Gesamtzahl der Kristallite abgeleitet. Dabei zeigte sich die qualitative Übereinstimmung mit den röntgenographischen Schätzungen des Orientierungsgrades mit den auf Grund der Doppelbrechung erhaltenen Werten recht gut. Dadurch wird die Annahme gestützt, daß bei den dichroitischen Färbungen die Farbstoffe die Orientierung der Faserkristallite annehmen.[1] Daß die Kristallite der Cellulosesubstanz durch die Anfärbung mit einem Farbstoff wie Congorot nicht verändert werden, geht daraus hervor, daß eine mit Congorot gefärbte Ramie nach dem von BION[2] erhaltenen Befund nur das Röntgenogramm der Cellulose zeigt.

Später hat PRESTON[3] auch die Polarisation der Fluorescenz gefärbter Fasern zur Bestimmung der Orientierung von Kupferkunstseide benutzt. Es wurde eine gute Übereinstimmung der Orientierungsgrade aus der Fluorescenzmessung mit den Daten aus dem Dichroismus gefunden. Aus dem Vergleich der Orientierungsfaktoren von Lilienfeldseide, Kupferseide und Viskoseseide mit Streckungen von 0,18 und 30% haben PRESTON und TSIEN[4] gezeigt, daß eine annähernd lineare Beziehung zwischen dem Orientierungsfaktor aus Doppelbrechung und den Faktoren aus Fluorescenz oder Dichroismus besteht.

Die von HERMANS und HEINKENS[5] erhaltenen Untersuchungsergebnisse des Dichroismus mit Diaminreinblau FF gefärbter Kunstseidenfaser zeigen zwar eine Abhängigkeit des Dichroismus von der Verstreckung der Fasern, aber keine lineare Beziehung. Sie sind der Ansicht, daß der Dichroismus der gefärbten Fasern nicht den Gesamtorientierungsgrad der Faser wiedergibt.

BOULTON und MORTON[6] haben sich ebenfalls mit dem Dichroismus gefärbter Cellulosefasern beschäftigt. Später konnte MORTON[7] beweisen,

---

[1] O. WÄLCHI, Holzforschung 1, 20—32 (1947).
[2] F. BION, Helv. phys. Acta 1, 165—185 (1928).
[3] J. M. PRESTON u. Y. F. SU, J. Soc. Dyers Colourists 66, 357—361 (1950).
[4] J. M. PRESTON u. P. C. TSIEN, J. Soc. Dyers Colourists 66, 361—365 (1950).
[5] P. H. HERMANS u. D. HEINKENS, Recueil Trav. chim. Pays-Bas 71, 49—55 (1952).
[6] J. BOULTON u. T. H. MORTON, J. Soc. Dyers Colorists 61, 56 (1945).
[7] T. H. MORTON, J. Soc. Dyers Colourists 62, 272—280 (1946).

daß beim Färben mit anionischen Farbstoffen nicht Farbstoffkriställchen in der Cellulosefaser abgelagert werden, sondern Einzelmoleküle.

Aus der Bestimmung der Dichte von abgekochter ägyptischer Baumwolle durch HEERTJES[1] in Helium, Luft, Wasserstoff, Benzol und Wasser hat sich ergeben, daß die in Helium bestimmte Dichte von der Temperatur unabhängig ist, woraus von ihm geschlossen wird, daß diese Dichtewerte den wirklichen sehr nahe kommen. Sie beträgt bei 20,4° : 1,545 und bei 59,6° : 1,545. Für die mit Direkthimmelblau 6 B gefärbte Baumwolle betragen die Dichtewerte bei 20,5° : 1,457 und bei 58,1° : 1,546. Obwohl nur ein geringer Prozentgehalt von Direkthimmelblau 6 B durch die Faser aufgenommen wurde, läßt die erhebliche Größe des Farbstoffmoleküls erkennen, daß die Farbstoffmoleküle an den Außenseiten der Cellulosemicellen haften müssen. Die von der Baumwolle adsorbierten Mengen von Wasserstoff und Luft verändern sich nicht durch den Färbevorgang. Bemerkenswert ist weiter, daß das Eindringvermögen von Benzol in die Baumwollfasern ebenfalls nicht durch den Färbevorgang beeinflußt wird, während bei Seide das Eindringvermögen durch die großen Farbstoffmoleküle erniedrigt wird. Darum wird bei Baumwolle von ihm angenommen, daß infolge der geringen Farbstoffaufnahme eine Verstopfung der Poren der Baumwolle nicht stattfinden kann. Demnach wird der substantive Farbstoff von den Oberflächen der Micellen nur adsorptiv festgehalten, weil die Baumwollfaser keinerlei Gruppen besitzt, die unter den Bedingungen des Färbeprozesses mit dem Farbstoff chemisch reagieren können. Das gleiche gilt in bezug auf die Färbung von regenerierter Cellulose mit Direktfarbstoffen.

NEALE[2] nimmt an, daß beim Färben von Cellulosefasern sowohl elektrische Kräfte von kurzer Reichweite als auch solche von längerer Reichweite wirksam sind. Nach ihm bedingen diejenigen von kurzer Reichweite die Affinität des Farbstoffes zur Faser, indem sie Wasserstoffbrücken bilden und so die Bindung des Farbstoffes an den Faseroberflächen bedingen.

Nachdem MORTON[3] bewiesen hat, daß die substantiven Farbstoffe als Einzelmoleküle von den Cellulosefasern aufgenommen und durch Nebenvalenzkräfte an den Celluloseketten festgehalten werden, befindet sich dies auch im Einklang mit der von KRÜGER und RUDOW[4] gemachten Feststellung, daß substantive anionische Farbstoffe auf Cellulose andere Absorptionsspektren geben als in ihren wäßrigen Lösungen. Beide sind den Veränderungen des Lichtabsorptionsspektrums der Farbstoffe: Congocorinth G, Diaminblau AZ, Erika B, Benzoechtscharlach 8 BS, Dianilblau G, Benzoazurin G, Columbiablau G, Brillantazurin B und

[1] P. M. HEERTJES, Recueil Trav. chim. Pays-Bas 60, 689—699 (1941).
[2] S. M. NEALE, J. Soc. Dyers Colourists 63, 368—371 (1947).
[3] T. H. MORTON, J. Soc. Dyers Colourists 62, 272—280 (1946).
[4] D. KRÜGER u. H. RUDOW, Ber. dtsch. chem. Ges. 71, 707—712 (1938).

Chicagoblau B bei ihrer intramicellaren Einlagerung in Cellulose nachgegangen. Dabei wurden sowohl Viskose- als auch Cuprophanfolien verwendet. In allen untersuchten Fällen zeigen dabei die Farbstoffe eine Verschiebung des Absorptionsmaximums gegenüber der wäßrigen Lösung nach der langwelligen Seite. Weil die Größe der Verschiebung bei den Heliozell- und Cuprophanfolien übereinstimmt, ist sie unabhängig von der Feinstruktur der Folien. Bei der Mehrzahl der untersuchten Farbstoffe ändert auch das dem Färbebade zugesetzte Kochsalz den Charakter der Absorptionskurven nicht merklich. Daß die Verschiebung bzw. die Veränderung der Absorptionsspektren nicht durch eine selektive Aufnahme uneinheitlicher Farbstoffanteile verursacht sein konnte, ergab sich daraus, daß nacheinander im gleichen Färbebade bis zur gleichen Tiefe gefärbte Folien die gleiche Absorption zeigen. Zur Erklärung dieser Erscheinung haben Krüger und Rudow bereits die Anlagerung der Farbstoffe an die OH-Gruppen der Cellulose in Betracht gezogen.

Die von Krüger und Rudow experimentell bestimmten Rotverschiebungen der Lichtabsorptionsmaxima bei den Anfärbungen von Cellulosefolien sind von Niese[1] später nach der Theorie von Kuhn[2] ausgewertet worden. Die Anregung dazu gab die verblüffende Übereinstimmung des von Kuhn zur Deutung der Lichtabsorption angenommenen Farbstoffmodelles mit den Formelbildern, die sich aus den Bedingungen ergeben, die Schirm als Vorbedingung für das Auftreten von Substantivität fordert.

Kuhn nimmt an, daß die Elektronen des Doppelbindungssystems ein eindimensionales oder lineares Elektronengas bilden, und die Lichtabsorption wird damit gedeutet, daß der Lichtvektor mit den leicht verschieblichen Elektronen dieses Elektronengases in Wechselwirkung tritt, wobei das Gas in einen angeregten Zustand gebracht wird. Weil zwischen der Wellenlänge einer Absorptionsbande und der Anregungsenergie ΔE die Bohrsche Frequenzbeziehung besteht, kann man aus der Energie des betreffenden Anregungszustandes Aussagen über die Wellenlänge des zugehörigen Absorptionsmaximums machen. Da die Wellenlänge des Absorptionsmaximums des in Wasser gelösten Farbstoffes bestimmbar ist, läßt sich auch V_0, die Amplitude der sich verändernden potentiellen Energie, empirisch bestimmen. Mit dem so bestimmten Werte von V_0 erhält man eine Größe, in der alle das Potential bestimmenden Einflüsse erfaßt sind. Aus den Konstitutionsformeln der Farbstoffe lassen sich damit die Wellenlängen ihrer Absorptionsmaxima berechnen, wenn man die Bindungslängen zwischen den Farbstoffatomen berücksichtigt. Für die von Krüger und Rudow untersuchten Farbstoffe ergeben sich dann

---

[1] M. Niese, Beitrag zur Theorie der Substantivität. Diss. Leipzig 1953, 167—189.
[2] H. Kuhn, Helv. chim. Acta 31, 1441—1445 (1948).

Wellenlängen für die Maxima der Absorptionsbanden, die mit den beobachteten sehr gut übereinstimmen, wie aus der Tabelle 82 ersichtlich ist.

Tabelle 82

Farbstoff	1. Maximum		2. Maximum	
	λ_2 berechnet	λ_2 exper.	λ_3 berechnet	λ_3 exper.
Columbiablau G. . . .	597,7	597	620,2	620
Kongocorinth G . . .	543,7	533	tritt nicht auf	
Dianilblau G	636,4	621	661,4	648
Brillantazurin B . . .	588,7	584	608,4	609
Chicagoblau B	605,5	606	628,5	628

Demnach ist ein Zusammenhang zwischen dem Mesomeriephänomen der Substantivität und der Lichtabsorption feststellbar und die SCHIRM-schen Forderungen für das Auftreten von Substantivität erfahren damit eine theoretische Begründung der Art, daß sie die Vorbedingungen für eine Energieaufnahme und damit für eine erhöhte Bindungsbereitschaft des Farbstoffmoleküls innerhalb einer Cellulosefaser sind.

Im Sinne dieser Vorstellungen muß man mit VICKERSTAFF[1] annehmen, daß die substantiven Farbstoffe sich mit ihren Wasserstoffbrücken bildenden Gruppen an die Cellulosefasern legen:

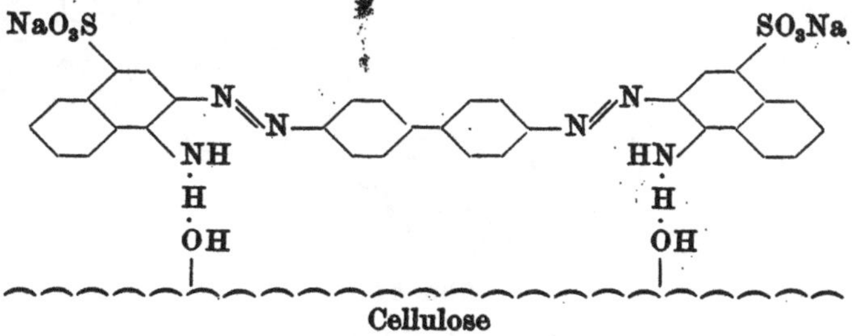

Demnach befinden sich die negativ geladenen Sulfosäuregruppen von der Cellulosefaser abgewendet. Den Nachweis, daß dies so sein muß, hat CENTOLA[2] dadurch erbracht, daß er die Viskosität von Methylcelluloselösungen, denen Congorot zugesetzt war, bestimmte. Es zeigte sich dabei, daß sich Komplexe aus dem Farbstoff und der Methylcellulose bilden und daß Farbstoffe mit Aminogruppen auf der einen und Sulfosäuregruppen auf der anderen Seite am wirksamsten waren. Wenn diese Vorstellungen, daß die hydrophilen Gruppen im Farbstoffmolekül tatsächlich nach außen, d. h. nach dem Färbebade zu gerichtet sind, richtig wäre, dann könnte man erwarten, daß die Faseroberflächen durch das Färben mit Direktfärbstoffen hygroskopischer werden. In dieser

[1] T. VICKERSTAFF, The Physical Chemistry of Dying, London 1954, 183.
[2] G. CENTOLA, Ric. sci. Prog. tecn. Econ. naz. 11, 905—906 (1940).

Hinsicht haben URQUHART, BOSTOCK und ECKERSELL[1] tatsächlich den experimentellen Beweis dafür erbracht, daß mit Diaminreinblau gefärbte Baumwolle hygroskopischer ist als ungefärbte.

Die von VICKERSTAFF herrührende einfache Formulierung der Farbstoffadsorption durch die Celluloseoberfläche kann unter Berücksichtigung der Struktur von Cellulosefasern in der von BOULTON[2] angegebenen

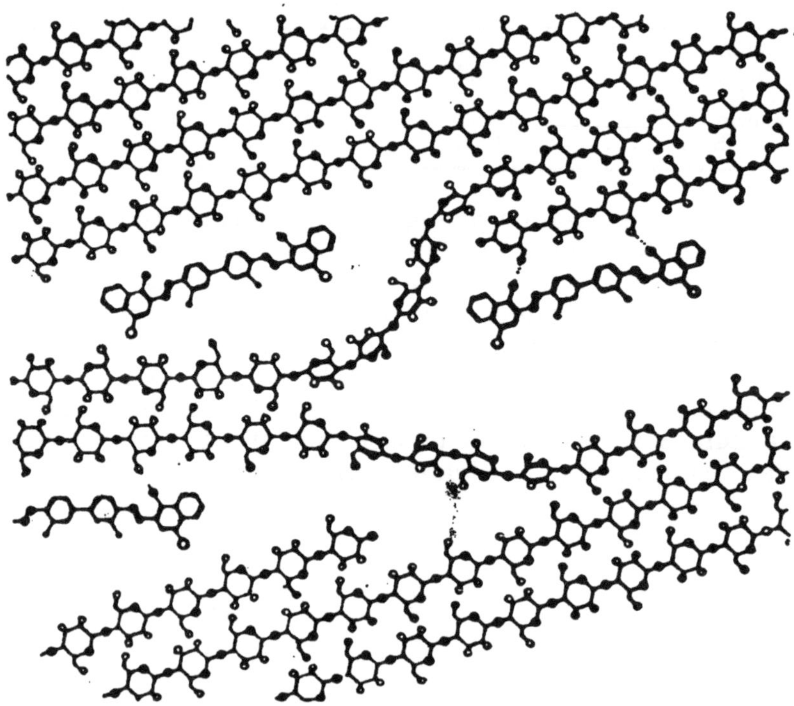

Abb. 54

Weise abgewandelt werden. Danach werden beim Färben Einzelmoleküle und möglicherweise kleine Aggregate von Farbstoffen zu Beginn an der Oberfläche adsorbiert. Von hier diffundieren einzelne Moleküle ins Faserinnere und bilden mit den Celluloseketten innerhalb der amorphen Bereiche Koordinatenkomplexe (Abb. 54).

Dabei erfolgt die Bildung von Wasserstoffbrücken zwischen den Hydroxylgruppen der Cellulose und den Farbstoffsubstituenten oder den Azogruppen der Farbstoffmoleküle, wie das sowohl von GERSTNER[3] als auch von HAPPE[4] begründet worden ist.

---

[1] A. R. URQUHART, W. BOSTOCK u. N. ECKERSELL, J. Textile Inst. 23 T, 135—149 (1932).

[2] J. BOULTON, Melliand Textilber. 34, 436—438. 527—530 (1953).

[3] H. GERSTNER, Melliand Textilber. 30, 302—306 (1949).

[4] W. HAPPE, Melliand Textilber. 35, 871—876 (1954).